FISIOLOGIA GERAL INTEGRATIVA

VOLUME 2
Transporte

Durante o processo de edição desta obra, foram tomados todos os cuidados para assegurar a publicação de informações técnicas, precisas e atualizadas conforme lei, normas e regras de órgãos de classe aplicáveis à matéria, incluindo códigos de ética, bem como sobre práticas geralmente aceitas pela comunidade acadêmica e/ou técnica, segundo a experiência do autor da obra, pesquisa científica e dados existentes até a data da publicação. As linhas de pesquisa ou de argumentação do autor, assim como suas opiniões, não são necessariamente as da Editora, de modo que esta não pode ser responsabilizada por quaisquer erros ou omissões desta obra que sirvam de apoio à prática profissional do leitor.

Do mesmo modo, foram empregados todos os esforços para garantir a proteção dos direitos de autor envolvidos na obra, inclusive quanto às obras de terceiros e imagens e ilustrações aqui reproduzidas. Caso algum autor se sinta prejudicado, favor entrar em contato com a Editora.

Finalmente, cabe orientar o leitor que a citação de passagens da obra com o objetivo de debate ou exemplificação ou ainda a reprodução de pequenos trechos da obra para uso privado, sem intuito comercial e desde que não prejudique a normal exploração da obra, são, por um lado, permitidas pela Lei de Direitos Autorais, art. 46, incisos II e III. Por outro, a mesma Lei de Direitos Autorais, no art. 29, incisos I, VI e VII, proíbe a reprodução parcial ou integral desta obra, sem prévia autorização, para uso coletivo, bem como o compartilhamento indiscriminado de cópias não autorizadas, inclusive em grupos de grande audiência em redes sociais e aplicativos de mensagens instantâneas. Essa prática prejudica a normal exploração da obra pelo seu autor, ameaçando a edição técnica e universitária de livros científicos e didáticos e a produção de novas obras de qualquer autor.

FISIOLOGIA GERAL INTEGRATIVA

VOLUME 2
Transporte

José Guilherme
Chaui-Berlinck

Copyright © 2025 Editora Manole Ltda., por meio de contrato com o autor

Produção editorial: Sônia Midori Fujiyoshi
Projeto gráfico: Departamento Editorial da Editora Manole
Diagramação: R. G. Passo
Ilustrações do miolo: Sirio José Braz Cançado
Capa: Ricardo Yoshiaki Nitta Rodrigues

**CIP-BRASIL. CATALOGAÇÃO NA PUBLICAÇÃO
SINDICATO NACIONAL DOS EDITORES DE LIVROS, RJ**

B437f

    Chaui-Berlinck, José Guilherme
        Fisiologia geral integrativa : transporte, vol. 2 / José Guilherme Chaui-Berlinck. - 1. ed. - Barueri [SP] : Manole, 2025. (Fisiologia geral integrativa ; 2)

        Inclui bibliografia e índice
        ISBN 9788520459416

        1. Fisiologia. I. Título. II. Série.

25-98355.0   CDD: 612
                          CDU: 612

Gabriela Faray Ferreira Lopes - Bibliotecária - CRB-7/6643

Todos os direitos reservados.
Nenhuma parte deste livro poderá ser reproduzida,
por qualquer processo, sem a permissão expressa dos editores.
É proibida a reprodução por fotocópia.

A Editora Manole é filiada à ABDR – Associação Brasileira de Direitos Reprográficos

1ª edição – 2025

Editora Manole Ltda.
Alameda Rio Negro, 967 – cj. 717
Alphaville – Barueri – SP – Brasil
CEP: 06454-000
Fone: (11) 4196-6000
www.manole.com.br | https://atendimento.manole.com.br/

Impresso no Brasil
Printed in Brazil

Sobre o autor

José Guilherme Chaui-Berlinck. Possui graduação em Medicina (1987) pela Universidade de São Paulo (USP), mestrado (1993) e doutorado (1997) em Fisiologia Comparativa do Metabolismo Energético pelo Instituto de Biociências da Universidade de São Paulo (IB-USP) e doutorado (2006) em Engenharia Elétrica pela Escola Politécnica da Universidade de São Paulo (Poli-USP). É professor livre-docente do Departamento de Fisiologia do IB-USP, onde coordena o Laboratório de Energética e Fisiologia Teórica. Tem experiência nas áreas de Fisiologia Geral, Comparativa, Cardiovascular e do Metabolismo Energético, com ênfase nos seguintes temas: modelagem matemática, sistemas dinâmicos, geração de entropia em processos biológicos, escala biológica, efeitos da temperatura, métodos de medição e estimativa. É faixa preta de Kung Fu estilo Tang Lang (2018).

Para D&G

Agradecimentos

Escrever esta obra não seria possível sem a formação e a experiência que tive durante décadas, e o papel exercido pelo meu então orientador José Eduardo Pereira Wilken Bicudo foi essencial nessa formação e nessa experiência. Seu laboratório sempre foi um espaço aberto para discussões científicas e acadêmicas, e sua formação com grandes nomes da Fisiologia Comparativa, como Knut Schmidt-Nielsen e Kjell Johansen, foi muito bem trazida para dentro desse ambiente. Assim, desfrutei de um local no qual pude não somente fazer como também conhecer o que tinha sido feito, de primeira mão. Hoje, Zé Eduardo é meu colega e grande amigo, e mantemos colaborações ativas, tanto científicas quanto gastronômicas.

Já contratado como docente do Instituto de Biociências, conheci, por acaso, José Roberto Castilho Piqueira, professor na Engenharia Elétrica da Escola Politécnica, quando ele apresentou uma palestra sobre sistemas dinâmicos. Procurei-o para um eventual novo mestrado, que se efetivou como um doutorado sob orientação de Luiz Henrique Alves Monteiro. Assim, durante outros tantos anos mantive contato bastante próximo com Piqueira e, obviamente, com Luiz, que se tornaram meus amigos e me possibilitaram um entendimento bem mais aprimorado acerca de sistemas dinâmicos e nuances da "matemática". Nesses, o conhecimento de Luiz é imbatível e muitíssimo do que hoje eu (acho que) domino se deve ao que ele me ensinou.

Durante meu doutorado na Escola Politécnica, conheci Silvio de Oliveria Junior, do Departamento de Engenharia Mecânica, professor da disciplina Termodinâmica Avançada I, a qual cursei. Silvio me proporcionou um entendimento real dessa área, a qual percebi que eu não entendia nada, de fato. Nesse "pacote", conheci Carlos Eduardo Keutenedjian Mady, então doutorando no laboratório de Silvio, e hoje professor do Instituto de Energia e Ambiente. Formou-se, então, outro círculo de amizades, com Silvio e Cadu, do qual tirei muito proveito para tentar aprender as inúmeras sutilezas da termodinâmica. Se tive sucesso nessa empreitada, caberá aos leitores julgarem… nas amizades, nessas sei que tive.

No processo interminável do aprendizado tanto científico quanto didático sobre Fisiologia, muitas outras pessoas tiveram papéis na jornada. Erasmo Garcia Mendes, Professor Emérito e já aposentado na época quando o conheci, tinha seu escritório junto ao laboratório de Zé Eduardo, e com seu amplo conhecimento na área sempre foi um grande incentivador para todos nós. Participando da primeira turma da disciplina Fundamentos Matemáticos em Fisiologia, durante meu mestrado, meus amigos Marcus Vinícius Baldo e Ronald Ranvaud me mostraram o caminho da modelagem matemática como ferramenta importantíssima na vida científica. E como não lembrar das contribuições feitas por meus amigos de infortúnio (ou de departamento, alguns diriam) que, por diferentes caminhos, se fizeram presentes na minha formação. Assim, Gilberto Fernando Xavier, Silvia Cristina Ribeiro de Souza, Marilene Camponez Bianconcini e Luiz Carlos Salomão são pessoas às quais somente tenho agradecimentos.

Os alunos que passaram pelo Laboratório de Energética e Fisiologia Teórica, sob minha coordenação, foram, sem a menor sombra de dúvidas, essenciais para o desenvolvimento do conjunto de conhecimentos que tenho hoje. E tão importante quanto isso é o fato de que se tornaram amigos, tanto entre si quanto meus. Assim, todos têm minha gratidão e meu reconhecimento pelo que fizeram junto a mim, e são elas e eles, Ana Paula Dantas Passos, Breno Teixeira Santos, Eric Cito Becman, Fernando Silveira Marques, Gabriel Pato, Gustavo Bueno Romero, Ingrid El-Dash, José Eduardo Soubhia Natali, Kátia Iadocicco, Paulo Nogueira Starzynski, Pedro Goes Nogueira de Sá, Ricardo Alves Martins, Ricardo Gabriel Oliveira Maia, Sergio Rhein Schirato, Talita Sebrian, Thiago Paes de Barros de Luccia, Vitor Hugo Rodrigues, Vitor Rodrigues da Silva e Vivian El-Dash.

Finalmente, aquilo que para muitos já é claro e evidente, não tenho como retribuir tudo o que me foi dado pela minha mãe, a começar por um óvulo. O que poderia ter terminado nessa doação única, porém essencial, se estende por mais de seis décadas nas mais diferentes formas. Para o presente interesse desta obra, o ambiente crítico e aberto da minha criação foi, e é, impagável.

José Guilherme

Sumário

Sobre o autor V

Agradecimentos VII

Apresentação XV

1 Circulação 1

Introdução 1

    Elementos fundamentais de um sistema circulatório 3

Definição de termos 3

    Anatômicos/morfológicos 3

    Funcionais 5

As árvores arterial e venosa – ramificações 6

Os papéis dos diferentes vasos no sistema circulatório 11

    Histologia das paredes vasculares 11

    O papel das grandes veias 13

    O papel das arteríolas 13

    O papel das grandes artérias 14

A microcirculação 15

    Papel local de arteríolas, capilares e vênulas 15

    Fatores de controle local 17

    Mais sobre arteríolas 20

O coração 20

    Anatomia e histologia gerais 20

        Ápice e base 23

    O coração elétrico 24

        Origem do estímulo para contração 24

        Propagação do estímulo para contração 27

        Eletrocardiograma 28

    O coração mecânico 30

        O coração como músculo 30

        Relação comprimento × força 33

Cargas 34
   Pré-carga 35
   Pós-carga 35
O enchimento diastólico 37
Frank-Starling – pequenos ajustes batimento a batimento 38
A onda de pulso e o fluxo de sangue 41
O diagrama de Wiggers – os vários componentes do ciclo cardíaco em uma única representação 42

QUANTIFICAÇÃO DA CIRCULAÇÃO – O CORAÇÃO 49
A demanda energética do coração 49
O trabalho cardíaco externo – estimativa 49
   Entalpia 50
      Cálculo aproximado de ΔH 51
   Energia cinética 51
      Cálculo aproximado da energia cinética 51
O trabalho cardíaco externo – o que se conclui 52

QUANTIFICAÇÃO DA CIRCULAÇÃO – PRESSÃO E FLUXO 52
A equação de Hagen-Poiseuille 53
   Revisitando a vasoconstrição e a vasodilatação 55
Implicações da equação de Hagen-Poiseuille 56
Considerações gerais sobre o controle do sistema circulatório 58

MODULAÇÃO DO SISTEMA CIRCULATÓRIO 58
Modulação via sistema nervoso autônomo 60
   Coração 60
   A interação entre os ramos simpático e parassimpático 61
   Vasos 64
      Circulação cutânea e termorregulação 65
Sistema nervoso autônomo e barorreceptores 65
Modulação via sistema renina-angiotensina-aldosterona 67
Modulação via peptídeo atrial natriurético 68
Respostas reflexas a alterações agudas do volume sanguíneo 68
Arritmia sinusal ventilatória e variabilidade cardíaca 70

ASPECTOS FÍSICOS DO SANGUE: REOLOGIA 73

HIDROSTÁTICA E GRAVIDADE 79
Balanço hídrico no capilar 83
   Turgor cutâneo, edemas e sistema linfático 85
   Rugas de imersão na água 87
      O contato com a água 87
   O aumento de diurese na imersão em água 88

HIDRODINÂMICA DE FLUXO INTERMITENTE 88
Impedância 89
   Capacitância 89
   Indutância ou inertância 89
      Combinando capacitância e inertância 90

Reflexão de onda 90
Casamento de impedâncias e impedância a 0 Hz 92
AUSCULTA DO SISTEMA CARDIOVASCULAR 94
Ausculta de artérias 95
Número de Reynolds 95
Estenoses arteriais 96
Ausculta cardíaca 97
Medida da pressão arterial 98
EQUACIONANDO O SISTEMA CIRCULATÓRIO 101
Capacitância 102
Pressão de estagnação – condição estática 102
Circulação sanguínea – condição dinâmica 103
Fluxo periférico – Q_p 105
Fluxo cardíaco – Q_c 105
A condição de regime permanente 106
O volume venoso 106
Pressão arterial 106
Hemorragia 107
Hipotensão ortostática 107
Exercício físico 108
Isometria 108
Débito cardíaco 109
O ponto de operação 110
VARIAÇÕES DE CAPACITÂNCIA E RESISTÊNCIA – UMA QUESTÃO DE RAIO 117
ESTRESSE DE PAREDE 118
BOMBAS AUXILIARES E VÁLVULAS VENOSAS 120
Circulação fetal 121
COAGULAÇÃO SANGUÍNEA 126

2   RESPIRAÇÃO 130
INTRODUÇÃO 130
O que é "respiração"? 130
Transição da vida aquática para a terrestre 131
ESTRUTURA DO SISTEMA RESPIRATÓRIO 133
Caixa torácica e pulmões 134
O espaço pleural 135
Vias aéreas 136
Vias aéreas superiores 136
Vias aéreas inferiores 137
Alvéolos 137
SÍMBOLOS 140
VENTILAÇÃO PULMONAR 142
Ciclo inspiratório-expiratório comum – a condição eupneica 142
Volumes pulmonares estáticos 145

Pressões estáticas 147
Capacitância (complacência) pulmonar 150
O problema do tamanho alveolar: tensão superficial, surfactante e elasticidade ... 152
Trabalho ventilatório 155
Fluxo e resistência 156
Fluxo expiratório 158
Distribuição da ventilação 163

TRANSFERÊNCIA DE GASES 164
Alguns princípios físicos 164
Pressão parcial de um gás em uma fase gasosa 164
Composição da atmosfera 165
Vapor d'água 166
Fração de água na fase gasosa..169
Altitude 170
Conversão de volumes: BTPS ↔ STPD 170
Problemas ilustrativos 172
Pressão parcial de um gás em uma fase líquida 174
Gás alveolar 177
Variação aproximada de volume e raio alveolares em eupneia 177
Composição do gás alveolar – cálculo aproximado 179
Revisitando altitude 186
Terminologia/glossário 189
R e QR 190
Diferença entre volume inspirado e volume expirado 191
Trocas nos alvéolos 192
Difusibilidade e condutância gasosa pulmonar 193
Arterialização do sangue venoso 195

TRANSPORTE DE GASES 197
Hemoglobina..197
Estrutura da hemoglobina 198
Dinâmica da ligação do oxigênio à hemoglobina 199
Curva de saturação da Hb 201
Modulação da curva de saturação da Hb 202
Efeitos Bohr e Haldane 204
Hemoglobina fetal 205
Eritrócitos 209
Quantificação do transporte de gases 210
Oxigênio 210
Gás carbônico 215
CO_2 dissolvido...215
Compostos carbamino..215
Ácido carbônico e bicarbonato 216
Visão geral...216
Anemia 217

Intoxicação por monóxido de carbono 218

FATORES DE OXIGENAÇÃO INCOMPLETA DO SANGUE: DIFERENÇA ALVÉOLO-ARTERIAL DE O_2 220

Shunts e admissão venosa 220

Relação ventilação/perfusão 222

Distribuição V_A/Q em indivíduos saudáveis 226

Qual o valor ideal da relação V_A/Q? 228

CONTROLE DA VENTILAÇÃO 233

Sensores 234

Sensores químicos 234

Sensores mecânicos e sensores de irritação 235

Controlador 235

Sinais químicos no controle da ventilação 236

Oxigênio 236

Gás carbônico e pH 238

Resposta combinada entre P_{a,O_2} e P_{a,CO_2} 239

Um exemplo importante: o perigo da prática da hiperventilação antes do mergulho livre 240

Retentores de gás carbônico 242

Controle ventilatório e exercício 242

CIRCULAÇÃO PULMONAR 244

Vasoconstrição hipóxica 245

A ÁREA FUNCIONAL: REVISITANDO A ÁREA ALVEOLAR 246

CONVERSÃO DE PRESSÕES 247

REFERÊNCIAS 247

3 ALIMENTAÇÃO 249

INTRODUÇÃO 249

ANATOMIA DO SISTEMA DIGESTÓRIO 250

O tubo 252

Glândulas focais 253

Glândulas difusas 254

Sistema nervoso autônomo 254

Esquema compacto de regulações no trato gastrointestinal 255

A superfície de absorção: pregas, vilos e microvilosidades 256

MOVIMENTAÇÃO NO TUBO 259

Ondas lentas – células intersticiais de Cajal 260

MASTIGAÇÃO E DEGLUTIÇÃO 260

Deglutição e transporte no esôfago 263

O ALIMENTO NO ESTÔMAGO 264

O quimo 265

Digestão mecânica e esvaziamento gástrico 266

Retropropulsão peristáltica e retenção fúndica 267

Complexos mioentéricos migratórios 268

Regulação da secreção ácida 268

O ALIMENTO NO DUODENO 273

Suco pancreático 274

Bile 275

Compostos orgânicos biliares 276

Ácidos biliares 276

Fosfolípides 276

Colesterol 276

Pigmentos biliares – bilirrubina 276

Produção de bile 277

O ALIMENTO NO JEJUNO E NO ÍLEO 279

Absorção de carboidratos 279

Absorção de proteínas 281

Absorção de gorduras 282

Lipase-colipase 283

Fosfolipase A2 284

Esterase não específica ou lipase bile-dependente 284

Internalização pelos enterócitos e passagem ao organismo 284

O ALIMENTO NO CÓLON 286

Água e eletrólitos 286

Sódio, cloro e água 288

Cálcio 288

Ferro 288

Vitamina B12 – cobalamina 289

Cólon sigmoide e reto 289

ARCOS REFLEXOS E CONTROLE CENTRAL DA MOVIMENTAÇÃO NO TUBO 290

O vômito 290

SISTEMA IMUNITÁRIO E FLORA INTESTINAL 292

ASPECTOS COMPARATIVOS DO TRATO DIGESTÓRIO 293

A FOME 296

REFERÊNCIAS 298

ÍNDICE REMISSIVO 300

Apresentação

O costume acadêmico é a escrita na 1ª pessoa do plural, ou indefinido, de maneira a manter a impessoalidade do texto. Nessa apresentação, contudo, irei utilizar a 1ª pessoa do singular, ou seja, eu, e também me referirei às leitoras e aos leitores por "você". Afinal, aqui, é algo pessoal. Assim…

Esta é uma coleção sobre Fisiologia. Mais especificamente, ou talvez menos dependendo do ponto de vista, sobre Fisiologia Geral, ou seja, não diz respeito a um sistema orgânico particular. Também não é uma coleção voltada à Fisiologia Comparativa, isto é, as adaptações que os sistemas orgânicos apresentam nas diferentes linhagens de animais em decorrência do processo evolutivo da seleção natural. Como podemos perceber, então, estas duas negativas acerca do que esta obra não é nos levam a um paradoxo: todos os sistemas orgânicos que hoje observamos são fruto do processo evolutivo, e, portanto, refletem as adaptações filogenéticas originadas pela seleção natural, e, é claro, o estudo se dá sobre tais sistemas e, portanto, falaremos sobre sistemas particulares. Dessa forma, curiosamente, o adjetivo "geral" acaba sendo definido, nesse contexto, mais por aquilo que não será do que por aquilo que é. Além disso, o título da coleção ainda tem um outro adjetivo: Integrativa. Então, em que pé estamos?

Bem, com o "integrativa" eu pretendo dizer aquilo que o texto será. Ou seja, apesar de não me ater a um sistema específico, esses serão, na medida do possível, apresentados dentro de uma perspectiva de seus funcionamentos interconectados. Mais ainda, também na medida do possível, apresentarei uma perspectiva evolutiva desses sistemas. Dessa maneira, o "geral" termina por indicar que os conceitos apresentados podem ser, a partir da perspectiva proposta, aplicados a uma grande parte dos animais, ou ao menos dos Vertebrados, em termos de operação de seus sistemas orgânicos.

Nem todos os capítulos dizem respeito a sistemas específicos. E nem todos os capítulos, ou parte desses, dizem respeito à "fisiologia" diretamente.

Do ponto de vista científico, as observações empíricas e experimentais são interpretadas a partir de modelos teóricos, e os modelos teóricos são aquilo que criam a possibilidade do entendimento dos processos e da geração de previsões. Assim, há um capítulo dedicado à modelagem teórica básica, pois o entendimento atual que temos dos processos relacionados aos sistemas orgânicos depende de conhecermos essas bases teóricas de intepretação.

Escrevi, também, um capítulo dedicado a questões físico-químicas mais diretamente. Por quê? Porque essas questões são o substrato dos fenômenos orgânicos. Não há mágica nos processos vitais.

Como disse há poucas linhas atrás, há capítulos que não tratam de sistemas específicos. Assim, em "Energética", as questões abordadas têm um cunho termodinâmico embutido e apresentam o organismo de um ponto de vista de suas interações energéticas com o meio ambiente, do controle da temperatura corpórea e das vias moleculares do metabolismo energético. Além disso, nesse capítulo, apresento algumas ideias relacionadas a questões de escala, isto é, dos efeitos do tamanho corpóreo nos processos orgânicos.

Ainda falando sobre capítulos não específicos, a regulação ácido-básica tem um capítulo dedicado a ela. Nesse capítulo, tenho a pretensão de mostrar a abordagem quantitativa criada por Peter Stewart, por volta de 1980. Em um primeiro momento, essa abordagem parecerá muito mais complicada que a direta e tradicional "equação de Henderson-Hasselbach". Contudo, veremos que ela não somente contém e explica a abordagem tradicional como, ainda, termina por simplificar o nosso entendimento acerca da regulação ácido-básica.

Na segunda metade do século XX, criou-se a impressão, tanto no público leigo quanto no acadêmico, que para entendermos o funcionamento orgânico deveríamos entender suas "moléculas", por assim dizer. Em certos níveis de abordagem e em certas situações, isso é fato. Em vários outros níveis e situações, porém, isso não poderia estar mais longe da verdade. Assim, por exemplo, se você quer entender o funcionamento do sistema circulatório de nada adianta conhecer as proteínas e os genes expressos ou reprimidos no coração ou nos vasos sanguíneos. Você terá de entender mecânica de fluidos, ponto.

Dessa maneira, ao mesmo tempo em que não darei uma abordagem microscópica e molecular na maior parte dos processos, é fato que as unidades básicas da vida são as células. Isso torna inexorável falarmos sobre como as diversas funções orgânicas estão relacionadas às células que compõem os respectivos órgãos. De tal modo, há um capítulo acerca de processos celulares no qual faço um apanhado não específico acerca dos eventos celulares que me parecem mais relevantes para o estudo das operações dos sistemas orgânicos no decorrer da coleção.

Sem ter nenhuma pretensão histórica ou filosófica, podemos considerar que o estudo das funções orgânicas se faz de três modos: (1) o da subtração, no qual determinada estrutura é eliminada ou tornada inoperante e observam-se as consequências para o sistema ou o organismo como um todo; (2) o da mensuração direta, no qual uma ou mais propriedades que se julgam relevantes para a operação de um sistema são medidas em diferentes condições de operação; (3) o da abordagem via princípio de Krogh,[1] no

---

1   August Krogh (1874-1949; Prêmio Nobel de Fisiologia ou Medicina de 1920). Em uma tradução livre, o princípio de Krogh diz que "para todo problema fisiológico há um animal no qual este pode ser mais convenientemente estudado". Dessa forma, esse princípio reflete uma perspectiva evolutiva/adaptativa dos organismos.

qual, em determinada espécie animal, se observa uma função exacerbada pela adaptação ao ambiente.

O primeiro modo citado corre o risco de criar um desvio ou uma distração acerca da fisiologia. Utilizamos, muitas vezes, uma patologia para exemplificar a fisiologia de um sistema. Considere uma crise de broncoconstrição (diminuição de calibre das vias aéreas terminais, como em uma exacerbação de um quadro asmático). A dificuldade ventilatória se encontra não na inspiração, mas na expiração,[2] o que exemplifica o regime de pressões no sistema respiratório em um ciclo ventilatório e explica sua relação com as vias aéreas. Dessa maneira, muitas vezes, a linha que separa o estudo da patologia do estudo da fisiologia pode parecer tênue. Não é. E os objetos de estudo não devem ser confundidos.

Com isso, chegamos àquilo que, para muitos, seria esperado como o 1º ou 2º parágrafo de uma apresentação sobre Fisiologia Geral Integrativa: o que é "Fisiologia". Fisiologia é o estudo da função, ou seja, o estudo do funcionamento de órgãos ou sistemas para a manutenção da vida do organismo. Contudo, você poderia abrir um dicionário e facilmente encontrar essa definição, sem necessidade do que acabei de fazer. Assim, muito mais importante é definir qual é o objeto de estudo da fisiologia...

O objeto de estudo da Fisiologia se tornou claramente definido a partir das ideias de Claude Bernard (1813-1878) e Walter Bradford Cannon (1871-1945) e diz respeito à *homoiostasis*. Sim, parece que escrevi errado pois você conhece "homeostase". Contudo, esse que você conhece é uma deturpação linguística, e conceitual, do que foi concebido originalmente. A *homoiostasis* de Cannon/Bernard significa a manutenção de condições similares que preservam a vida do organismo. Esse é o objeto central do estudo da Fisiologia, e, então, começo a coleção justamente por esse assunto...

JGC-B

---

2   É claro que, em casos extremos, tanto a ins quanto a expiração serão dificultados.

1

Circulação

INTRODUÇÃO

Os animais são organismos eucarióticos multicelulares. Isso significa que suas células são grandes quando comparadas a células procariotas, que há uma diversidade de tipos celulares compondo o organismo e, consequentemente, que há arranjos dessas células em múltiplas camadas. Dessa forma, como garantir a sobrevida de células que, agora, encontram-se longe do meio ambiente? Em outras palavras, como garantir que as células do organismo possam ter acesso a nutrientes e oxigênio, e possam se ver livres de produtos de seu metabolismo?

Uma bactéria, por exemplo, vivendo numa poça d'água, obtém os nutrientes e gases necessários à sobrevida diretamente do meio circundante. Da mesma forma, elimina produtos metabólicos finais e gases que se tornariam tóxicos se acumulados em seu interior diretamente para o meio. Tudo isso é feito, basicamente, por meio de processos difusivos, vistos no capítulo "Difusão e potenciais" do volume 1 desta coleção.

A característica essencial dos processos difusivos é que eles são aleatórios, e isso os torna lentos para transportar moléculas por "grandes distâncias". O que se entende por "grande distância" é mais bem definido no capítulo "Difusão e potenciais" do volume 1 desta coleção. De modo resumido, devido à ordem de grandeza dos coeficientes de difusão da maioria dos compostos relacionados ao metabolismo em geral, e ao metabolismo energético em particular, concluímos que 1 mm já é uma grande distância para suprir as demandas. Ou seja, essas "grandes distâncias" se encontram na ordem de grandeza das próprias células.

Dessa maneira, é preciso ter um sistema que faça o transporte de grandes quantidades de matéria de modo direcionado, resultando numa aproximação do meio externo às células que compõem o organismo. Em última instância, as trocas no nível celular se darão por difusão, mas tendo os nutrientes, gases e outras substâncias suficientemente próximos para que a difusão seja suficientemente rápida para manter a vida dessas células.

O sistema circulatório é o responsável por fazer esse transporte direcionado de grandes quantidades de matéria, aproximando o meio externo das células do organismo. Ao transporte direcionado de matéria se dá a designação de **transporte convectivo**

de matéria. Portanto, em essência, o sistema circulatório faz o transporte convectivo dentro do organismo.

Esse transporte está intimamente relacionado às demandas metabólicas, pois estas devem ser supridas de maneira adequada para que as células sobrevivam e respondam às diversas situações que surgem ao longo da vida desse organismo. Por exemplo, em repouso, a necessidade que um músculo tem em receber materiais é menor do que quando este músculo se encontra em atividade, e essa variação de demanda deve ser apropriadamente provida pelo sistema circulatório.

E o que é transportado?

- Gases: oxigênio (O_2) e gás carbônico (CO_2).
- Macro e micronutrientes.
- Hormônios.
- Células e moléculas do sistema imunitário.
- Água e sais.
- Elementos do sistema de coagulação/anticoagulação do sangue.

Além disso, por meio da perfusão da superfície corpórea, o sistema circulatório realiza transporte convectivo de energia associada à matéria: se o centro corpóreo se encontra aquecido além da sua temperatura de regulação, aumenta-se a quantidade de sangue que chega à pele e há dissipação de energia, na forma de calor, para o exterior, diminuindo a temperatura corpórea. Em vertebrados ectotérmicos, essa perfusão cutânea se presta, também, para o aquecimento do animal nas situações nas quais o meio exterior pode fornecer energia (p. ex., radiação solar) que aquece o sangue na pele e, com o retorno desse sangue ao centro corpóreo, o animal se aquece mais rapidamente. Assim, além do transporte convectivo de matéria, o sistema circulatório pode, também, participar nos processos de termorregulação do organismo.

Como veremos, a circulação depende de pressão no sistema. Essa pressão serve, nos glomérulos (rins), como força para promover a ultrafiltração e iniciar o processo de formação da urina.[1] A pressão presente no sistema circulatório é utilizada por aranhas para fazer a extensão das pernas, e por borboletas para fazer a extensão da probóscide.

Dessa forma, o sistema circulatório pode atuar em diversos processos do organismo.

Contudo, é preciso deixar claro e explícito: *a evolução do sistema circulatório se dá sob pressão de seleção para transporte convectivo*. Em outras palavras, **a função básica e primordial do sistema circulatório é o transporte direcionado de matéria**.

---

1   Alguns teleósteos não possuem glomérulos, e a excreção renal se dá por mecanismos de secreção ativa de NaCl em vez de ultrafiltração (Beyenbach, 2004). Além disso, em invertebrados, a diversidade de órgãos excretórios é muito grande e seus respectivos funcionamentos muito diversos.

Elementos fundamentais de um sistema circulatório

Há três elementos básicos que compõem qualquer sistema circulatório, independentemente do organismo no qual este se encontre:

1. Fluido (líquido) circulante – ou seja, o material que compõe o próprio meio de transporte e o que é transportado.
2. Sistema de vasos – ou seja, um sistema de tubulações dentro do qual o fluido circula.
3. Ao menos uma estrutura que coloca energia no sistema para causar o movimento do fluido – ou seja, uma estrutura que funciona como uma bomba.

Como estamos nos restringindo ao estudo de vertebrados e, mais especificamente, mamíferos, o elemento 1 é o sangue, o elemento 2 são as artérias e suas ramificações, as veias e suas ramificações e os capilares, e o elemento 3 é o coração.

DEFINIÇÃO DE TERMOS

Anatômicos/morfológicos

O coração de mamíferos é composto de quatro câmaras: átrio direito, ventrículo direito, átrio esquerdo, ventrículo esquerdo. Os átrios, como o nome indica, são as câmaras de entrada no coração. Os ventrículos[2] são as câmaras que ejetam, efetivamente, o sangue, sendo, portanto, câmaras de saída.

As câmaras do lado direito perfazem a circulação pulmonar, enquanto as do lado esquerdo tomam parte na circulação sistêmica. A circulação pulmonar é aquela que leva sangue vindo dos órgãos e tecidos corpóreos, com menor teor de oxigênio e maior teor de gás carbônico, aos alvéolos pulmonares, nos quais ocorrerão trocas gasosas com o gás alveolar. Esse assunto é tratado no capítulo "Respiração" neste volume da coleção. A circulação sistêmica é aquela que leva sangue com maior teor de oxigênio e menor teor de gás carbônico aos órgãos e tecidos corpóreos.

O coração é, basicamente, um músculo do tipo estriado.[3] No caso, o músculo estriado cardíaco. O nome dado a esse músculo é **miocárdio**.

Artérias são vasos que deixam os ventrículos, ou seja, que levam sangue aos órgãos e tecidos do organismo. A artéria que deixa o ventrículo esquerdo é a aorta; a artéria que deixa o ventrículo direito é o tronco pulmonar (que se ramifica nas artérias pulmonares direita e esquerda).

Veias são vasos que retornam aos átrios, ou seja, vasos que trazem o sangue de volta ao coração. As veias que chegam ao átrio direito são as veias cavas (superior e in-

---

2 Ventrículo: "pequeno ventre", denominação dada por causa da aparência dessas câmaras quando esvaziadas de sangue, em cadáveres.
3 Músculos são estudados no capítulo "Músculos e movimento" do volume 4 desta coleção.

ferior); as quatro veias que chegam ao átrio esquerdo são as veias pulmonares. A Figura 1 ilustra o esquema geral do sistema circulatório de mamíferos na sua porção central.

Note que, assim, **o que define uma artéria ou uma veia não é a qualidade do sangue que se encontra dentro do vaso, mas a direção do fluxo sanguíneo no vaso em relação ao coração**.

As artérias sofrem ramificações e se tornam cada vez mais numerosas, diminuindo, progressivamente, seu calibre (raio ou diâmetro), até a sua menor ramificação, as arteríolas.

De maneira similar às artérias, se seguirmos o percurso inverso do sangue nas veias, estas também vão se ramificando, diminuindo, progressivamente, seu calibre e aumentando em número, atingindo a sua menor ramificação, as vênulas. Ou, se preferirmos, podemos dizer que, a partir das vênulas, o sistema vai confluindo, como se estivéssemos indo dos ramos para o tronco de uma árvore.

Portanto, as arteríolas são a menor e última ramificação da árvore arterial e as vênulas são a menor e última ramificação da árvore venosa. **Entre as arteríolas e as vênulas encontram-se os capilares**.

Os capilares são o principal local das trocas entre o sangue e os tecidos.

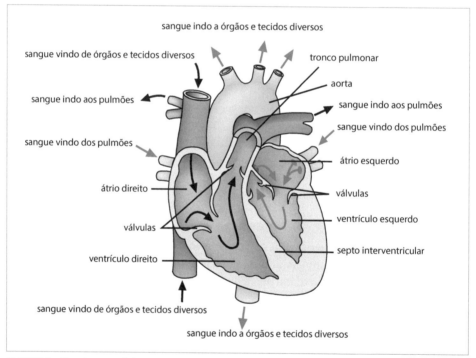

FIGURA 1 Porção central do sistema circulatório de mamíferos. As setas indicam o sentido do sangue (a ser detalhado mais adiante).
Fonte: adaptada de http://3.bp.blogspot.com/-7PzZG0LpeDM/Vlg4qtr15UI/AAAAAAAAlQ/H6huiNhrmhc/s1600/hear%2Bdiagram.jpg

Finalmente, as anastomoses são ligações entre vasos sem passar por capilares. Na vida adulta, anastomoses entre artérias ou entre veias não são fisiológicas. Contudo, na vida fetal estas ocorrem. Por sua vez, anastomoses entre arteríolas e vênulas são encontradas, como veremos mais adiante.

Funcionais

O coração é, em essência, um músculo. Como todo músculo, sua ação se dá pela contração. A contração da musculatura cardíaca é denominada sístole, enquanto o relaxamento é chamado diástole.

Como discutiremos detalhadamente mais adiante, há uma fase de sístole atrial (contração dos átrios) e uma fase de sístole ventricular (contração dos ventrículos). A sístole ventricular é a que realmente importa para a circulação sanguínea e, assim, quando não se explicitar qual é a câmara que está contraindo, fica subentendido que estamos tratando dos ventrículos. Por exemplo, a frase "sístole cardíaca" se refere à contração ventricular.

Pressão será um dos temas mais importantes a serem explorados para o entendimento dos sistemas circulatórios. Se colocarmos um sensor adequado em qualquer vaso sanguíneo iremos medir uma pressão que o sangue exerce no interior desse vaso. Se o vaso for uma grande artéria, denominaremos essa medida como pressão arterial; se for uma grande veia, pressão venosa; e se estivermos medindo a pressão praticamente à entrada de um átrio, chama-se pressão venosa central. Como o coração funciona de maneira cíclica, isto é, existe uma fase de ejeção (durante a sístole) e uma fase de enchimento (durante a diástole), as pressões podem ser, também, cíclicas, ou seja, aumentarem e diminuírem. Esse fenômeno é mais exacerbado na parte arterial do sistema, por motivos que discutiremos ao longo do capítulo. Por causa dessa ciclicidade, a pressão se torna pulsátil nas artérias (principalmente). Muitas vezes, de forma a simplificar as análises, falamos, então, em pressões médias,[4] ou seja, a pressão que seria medida no vaso se, em vez de cíclico, o processo fosse constante.

O sangue contendo maior teor de oxigênio é dito sangue arterial. O sangue com menor conteúdo de oxigênio é dito sangue venoso. Como colocado anteriormente, o vaso sanguíneo não implica a qualidade do sangue que há em seu interior. Assim, nas artérias pulmonares e suas ramificações, o sangue é venoso, enquanto nas veias pulmonares, que chegam ao átrio esquerdo, o sangue é arterial, uma vez que está vindo da região de troca gasosa, os alvéolos. Já na circulação sistêmica, o sangue que se encontra na árvore arterial é do tipo arterial, enquanto o que se encontra na árvore venosa é do tipo venoso, uma vez que está vindo das regiões de troca com os órgãos e tecidos.

Vasoconstrição diz respeito à diminuição do calibre (raio, diâmetro) de um vaso em decorrência da contração da musculatura lisa de sua parede, enquanto vasodilatação diz respeito ao aumento do calibre de um vaso (ver adiante). Dessa forma, **vasodilatação e**

---

4   Como veremos, o correto seria nos referirmos à "pressão RMS" no lugar de "pressão média", mas manteremos a denominação usual.

vasoconstrição não devem ser confundidos com a mudança de diâmetro dos vasos que ocorre com a ramificação (ou confluência) ao longo da árvore circulatória.

O termo *shunt*, originário do inglês, pode ser utilizado para fazer referência a uma estrutura anatômica do tipo anastomose ou comunicação entre vasos e/ou câmaras. Nesse uso, *shunt* e anastomose se confundem, podendo ser tomados como sinônimos. Em contrapartida, o termo *shunt* pode ser utilizado para fazer referência ao efeito da anastomose/comunicação na qualidade do sangue. É nesse sentido que o termo *shunt* será utilizado, ou seja, o resultado funcional (qualitativo) da mistura de sangues.

Taquicardia se refere ao aumento da frequência de batimentos cardíacos, enquanto bradicardia se refere à diminuição dessa frequência.

Para finalizar essa seção de terminologia, vamos descrever o elemento funcional básico do sistema circulatório. A cada vez que o coração realiza uma sístole, um certo volume de sangue é ejetado. Esse **volume de sangue ejetado é denominado volume sistólico** (V_S). O coração se contrai uma certa quantidade de vezes por unidade de tempo (p. ex., 70 vezes por minuto). Isso é a **frequência cardíaca** (f_c). Se multiplicarmos a frequência cardíaca pelo volume sistólico, obtemos um valor que tem a dimensão de volume por tempo, ou seja, um fluxo. **Esse fluxo é chamado de débito cardíaco (Q) e é esse fluxo que deve estar adequado às demandas dos órgãos e tecidos, pois é ele que fornecerá os elementos necessários à taxa metabólica celular.** Explicitamente:

$$Q = fc \cdot Vs \qquad \text{Equação 1}$$

Note que o volume sistólico é o volume ejetado por um dos ventrículos e não a soma dos volumes ejetados por cada ventrículo. Assim, o débito cardíaco diz respeito ao fluxo que passa na circulação sistêmica ou na circulação pulmonar, e não à soma desses fluxos.

AS ÁRVORES ARTERIAL E VENOSA – RAMIFICAÇÕES

A Figura 2 ilustra um plano esquemático da árvore vascular sistêmica em um ser humano adulto. Como dissemos anteriormente, a partir da aorta, saindo do ventrículo esquerdo, o sistema vai sofrendo ramificações até atingir o nível dos capilares. A partir desse nível, os vasos passam a confluir até formarem as veias cavas, que desembocam no átrio direito. Há, aproximadamente, entre 14 e 17 etapas de ramificação até se atingir, a partir da aorta, os capilares, e um número semelhante de confluências até atingir as cavas.

O esquema geral da circulação pulmonar é o mesmo: a partir do tronco pulmonar, o sistema arterial vai se ramificando até os capilares alveolares e, a partir dali os vasos vão confluindo até formarem as quatro veias pulmonares que desaguam no átrio esquerdo.

Conforme se caminha ao longo das ramificações, a estrutura histológica da parede dos vasos vai se modificando, como veremos numa próxima seção. Afora essa questão histológica, há duas características principais de um vaso sanguíneo (de fato, de qualquer tubulação): seu raio r e seu comprimento L. Se seccionarmos um vaso perpendicularmente ao seu comprimento, obteremos um corte que pode ser aproximado como se fosse um círculo (ver Figura 3A). A área de secção (A) de um vaso é dada, então, pela área de um círculo:

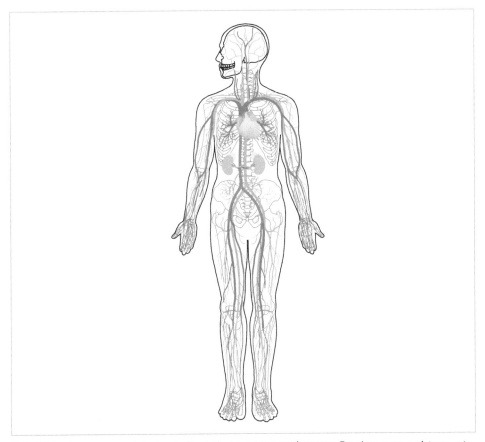

FIGURA 2 Esquema geral da circulação sistêmica em um ser humano. Em cinza escuro, sistema arterial sistêmico; em cinza claro, sistema venoso sistêmico.
Fonte: adaptada de https://oncourse.iu.edu/access/content/group/FA11-KO-OTHR-PRAC-36322/Helpful%20Websites/Nicole_s%20Website%20Pages/WebSite%20-%20UPDATED/circulatory%20system.jpg.

$$A = \pi \cdot Vs$$

Para um vaso específico:

$$A_{i,j} = \pi \cdot r_{i,j}^2 \qquad \text{Equação 2}$$

Sendo que colocamos os subscritos "i" para indicar o nível de ramificação e "j" para indicar um dos vasos deste nível (ver Figura 3B). Se somarmos todas as áreas dos N vasos "j" de um determinado nível hierárquico "i" da árvore de ramificação, temos a área de secção total daquele nível:

$$A_i = \sum_{j=1}^{N_i} A_{i,j} = \pi \cdot \sum_{j=1}^{N_i} r_{i,j}^2 = N_i \cdot \pi \cdot r_{i,j}^2 \qquad \text{Equação 3}$$

Na Equação 3, supõem-se que os N_i vasos de um grau hierárquico i tenham, todos, aproximadamente o mesmo raio $r_{i,j}$.

Ocorrem três fenômenos simultâneos com a ramificação do sistema vascular:

1. A cada ramificação, os vasos-filhos (ou seja, os vasos que se originam de um único vaso) possuem um raio menor que o raio do vaso-mãe (em notação: $r_{i+1} < r_i$ – note que, se estivermos no lado venoso, o processo de confluência é o oposto).
2. A área de secção total do nível hierárquico filho aumenta em relação à área de secção total do nível hierárquico mãe (em notação: $A_{i+1} > A_i$ – novamente, para o lado venoso é o oposto).

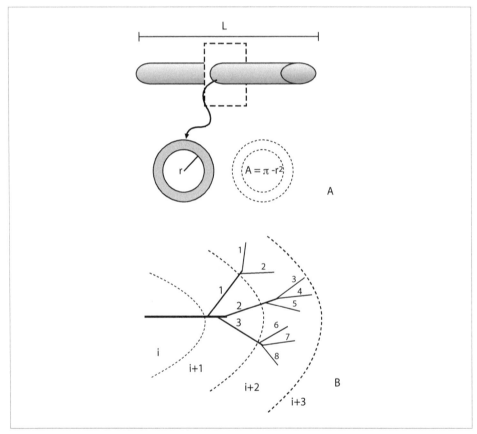

FIGURA 3 A: representação esquemática de um tubo de comprimento L e a sua área de secção, obtida por um corte perpendicular ao comprimento, com raio r. Note que a área diz respeito à luz do tubo, sendo que a espessura da parede não é contada. B: representação esquemática de possível estrutura de ramificação na árvore arterial. Os números ao lado dos ramos são os valores de j do grau hierárquico i. Assim, um vaso no grau hierárquico i dá origem a vasos do grau hierárquico i + 1 (no caso da figura, são três ramos no nível i + 1); cada vaso no grau hierárquico i + 1 dá origem a vasos do grau hierárquico i + 2 (no caso da figura, j = 1 dá origem a dois ramos, enquanto j = 2 e j = 3 dão origem a três ramos cada); cada vaso do grau hierárquico i + 2 dá origem a vasos do grau hierárquico i + 3 (já não representados na figura); até que se chegue aos capilares. Dos capilares em diante, o sistema passa a ser confluente ao invés de ramificado, em esquema semelhante (porém invertido) ao representado na figura. A título de exemplo, $N_i = 1$, $N_{i+1} = 3$, $N_{i+2} = 8$.

3. O comprimento dos vasos-filhos é menor que o comprimento do vaso-mãe ($L_{i+1} < L_i$).

O item 2 implica que o produto do número de vasos vezes o raio médio de um grau hierárquico é maior que esse produto no grau que o precede (isso no lado arterial; o oposto ocorre no lado venoso). A Figura 4 ilustra as relações entre o grau hierárquico na árvore arterial e o número de vasos, o raio dos vasos num dado grau hierárquico e a área de secção total do grau hierárquico. Em mamíferos, **a razão entre a área de secção do leito capilar em relação à da aorta é de 1.000 vezes** (Dawson, 2014, 2005), e isso provavelmente ocorre em todos os vertebrados. Assim, no caso de um ser humano adulto, a área de secção da aorta é ao redor de 4,5 cm² e a área total de secção dos capilares é ao redor de 4.500 cm².

Esse progressivo aumento da área total de secção conforme se caminha das grandes artérias até os capilares e posterior diminuição quando se caminha dos capilares até as grandes veias têm uma importante consequência para a velocidade do sangue ao longo do percurso do ventrículo esquerdo ao átrio direito, como discutiremos a seguir (o mesmo ocorre entre o ventrículo direito e o átrio esquerdo).

Em uma dada situação fisiológica, o organismo pode ser considerado estando em regime permanente. Ou seja, podemos considerar a quantidade de matéria, a temperatura e a taxa metabólica como tendo valores aproximadamente fixos naquele período. Isso implica que o total de sangue que sai do ventrículo esquerdo é o mesmo que retorna ao átrio direito, que é o mesmo ejetado pelo ventrículo direito e é o mesmo que retorna ao átrio esquerdo.[5]

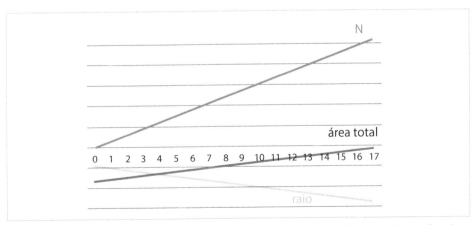

FIGURA 4 Relação entre o grau hierárquico na árvore arterial indo de 0 (aorta) a 17 (capilares) e a quantidade de vasos (N, em cinza escuro), o raio médio dos vasos (em cinza claro) e a área total de secção no grau hierárquico (em preto). Note que o produto $N_i \cdot \pi \cdot r_{i,j}^2$ é tal que a área de secção é crescente. O eixo y está em escala logarítmica.

---

[5] Existem pequenas variações entre o lado esquerdo e o lado direito do coração batimento-a-batimento, mas estas se compensam por mecanismos de autorregulação como veremos mais adiante. De qualquer modo, tais pequenas variações são irrisórias para o que estamos discutindo nesse momento.

Logo, **um dado débito cardíaco Q, que é um fluxo (ver Equação 1), é o mesmo em todos os graus hierárquicos do sistema circulatório.** Em outras palavras, o fluxo que passa pela aorta é o mesmo que passa pelas grandes artérias, é o mesmo que passa pelas arteríolas, é o mesmo que passa pelos capilares, é o mesmo que passa pelas vênulas, é o mesmo que passa pelas grandes veias, é o mesmo que passa pelo tronco pulmonar etc.

Antes de prosseguirmos, dois pontos precisam ficar muito claros:

1. O débito cardíaco não é o mesmo (não é fixo) ao longo da existência de um organismo, pois se ajusta às demandas metabólicas de cada dada situação – ou seja, o que estamos discutindo é "numa dada situação".
2. **Não estamos dizendo que** em **uma** arteríola, em **um** capilar, em **uma** artéria qualquer, em **uma** veia qualquer etc., **esteja passando todo** o débito cardíaco – estamos dizendo que, no conjunto de vasos de um dado grau hierárquico do sistema está passando todo o débito cardíaco (em outras palavras, no conjunto dos capilares está passando todo o débito cardíaco, no conjunto das vênulas está passando todo o débito cardíaco, no conjunto das artérias de médio calibre está passando todo o débito cardíaco etc.) – quanto de fluxo passa por um determinado vaso é outro tópico.

Considere um tubo cilíndrico com uma certa área de secção A. O fluxo que passa por este tubo é dado pelo produto da área vezes a velocidade u com que o fluido se desloca no tubo. Em notação, sendo V o volume do tubo e x uma posição ao longo de seu comprimento:

$$V = A \cdot x \qquad \text{Equação 4A}$$

$$\dot{V} = \frac{dV}{dt} = \frac{d(A \cdot x)}{dt} = A \cdot \frac{dx}{dt} = A \cdot u = Q \qquad \text{Equação 4B}$$

Logo, **se Q é fixo, ao se aumentar a área, diminui-se a velocidade com que o fluido percorre a tubulação e, ao se diminuir a área, aumenta-se a velocidade com que o fluido percorre a tubulação.** Como dissemos, a área do leito capilar é ao redor de 1.000 vezes a área da aorta. **Dessa maneira, a velocidade média do sangue é 1.000 vezes menor no leito capilar em relação à velocidade média na aorta.**

Como, a partir dos capilares em direção ao lado venoso do sistema ocorre a confluência de vasos, então a área total de secção vai se tornando cada vez menor. Tendo como regra aproximada que para cada artéria há duas veias correspondentes, e como o raio de uma grande veia é aproximadamente ⅘ do de uma grande artéria correspondente, então a velocidade do sangue na parte venosa é crescente dos capilares às grandes veias, porém atingindo valores que são, aproximadamente, 80% daqueles encontrados no lado arterial.

Algumas considerações de escala filogenética no padrão de ramificação do sistema cardiovascular em mamíferos, as quais vão além dos objetivos do nosso texto, nos levam à seguinte conclusão: **o tempo médio de permanência do sangue na aorta é similar ao**

tempo de permanência do sangue no leito capilar. Esse tempo se encontra entre 1 e 2 segundos, tempo mais do que suficiente para as trocas gasosas entre o sangue e os tecidos.

Em resumo, **a diminuição de velocidade do sangue entre os grandes vasos e os capilares se deve, exclusivamente, ao aumento de área total de secção que ocorre entre a aorta e os capilares**. O oposto vale para o lado venoso do sistema. A Figura 5 ilustra esses conceitos.

OS PAPÉIS DOS DIFERENTES VASOS NO SISTEMA CIRCULATÓRIO

Todo vaso sanguíneo conduz sangue, ou seja, todos os vasos do sistema circulatório cumprem esse papel. Uma vez que esse transporte ocorre entre dois locais do sistema, vamos denominar tal papel como "papel local" dos vasos. Portanto, sob a óptica de "tubulação", os vasos sanguíneos, todos, cumprem um mesmo tipo de função. Esse papel local será abordado mais adiante.

Contudo, **do ponto de vista global do funcionamento do sistema circulatório, os diferentes vasos desempenham diferentes funções**. Essas diferentes funções dos diferentes vasos estão intimamente relacionadas à localização relativa dos vasos na árvore circulatória e à estrutura histológica das paredes desses vasos.

Histologia das paredes vasculares

A Figura 6 ilustra, esquematicamente, a estrutura histológica da parede dos diversos vasos encontrados no sistema circulatório.

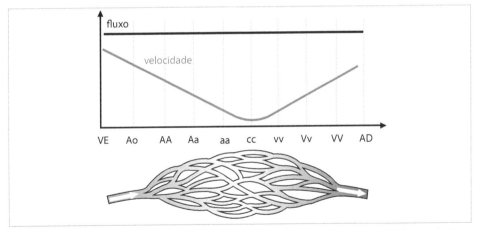

FIGURA 5 Gráfico: fluxo sanguíneo (em preto) e velocidade do sangue (em cinza) ao longo do sistema circulatório (porção sistêmica). Como explicado no texto, o fluxo numa dada condição é o mesmo ao longo dos graus hierárquicos do sistema circulatório. Por outro lado, a velocidade, que depende da área de secção total do grau hierárquico, cai até atingir um mínimo nos capilares, voltando a se elevar na parte venosa. Ilustração: representação da ramificação e confluência ao longo do sistema.
As setas indicam o sentido do fluxo sanguíneo. AA (grandes artérias); Aa (artérias de médio e pequeno calibre); aa (arteríolas); Ao (aorta); AD (átrio direito); cc (capilares); VE (ventrículo esquerdo); VV (grandes veias); Vv (veias de médio e pequeno calibre); vv (vênulas).
Fonte: adaptada de https://upload.wikimedia.org/wikipedia/commons/f/f2/2101_Blood_Flow_Through_the_Heart.jpg.

A primeira característica a ser notada é a presença do **endotélio** em todos os vasos. O endotélio tem origem mesodérmica e é constituído por uma monocamada de células pavimentares e membrana basal. A espessura dessas células é menor que 1 micrometro.

O endotélio é uma estrutura histológica particular aos vertebrados[6] e, além de servir como interface passiva entre o sangue e os tecidos extra luminais dos vasos, tem várias outras funções de caráter ativo, a serem abordadas mais adiante. Particularmente, o endotélio é fonte de estímulos vasodilatadores locais, estímulos para adesão e migração (diapedese) de glóbulos brancos em processos inflamatórios, barreira para agregação plaquetária e para ativação do sistema de coagulação sanguínea (Monahan-Earley et al., 2013).

Como se nota pela Figura 6, os capilares são constituídos apenas por endotélio, não havendo os demais elementos de parede que discutiremos a seguir. Assim, os capilares são os locais nos quais o líquido intravascular irá se encontrar o mais próximo possível das células dos órgãos, sendo, portanto, o local de trocas mais acentuadas entre o sangue e os tecidos.

O próximo elemento relevante é a **musculatura lisa da parede vascular**. Esse é o tecido dominante em arteríolas e em veias. A contração da musculatura lisa da parede vascular causa uma diminuição no raio do vaso, como discutiremos intensamente mais à frente. Por simplicidade, muitas vezes colocaremos "contração (ou relaxamento) da parede", ficando subentendido que estamos nos referindo à contração (relaxamento) da musculatura lisa da parede do vaso.

Apesar de a contração da parede causar diminuição da luz do vaso, essa diminuição tem consequências bastante diversas dependendo do vaso: em arteríolas, a consequência é uma, em veias, a consequência é outra, como veremos.

As grandes artérias também possuem musculatura lisa em suas paredes, contudo a importância dessa musculatura para efetivamente mudar o diâmetro desses vasos é pequena, em condições fisiológicas. Por outro lado, as grandes artérias possuem uma camada de **fibras elásticas** bastante desenvolvida em suas paredes.

Assim, afora o endotélio, os elementos da parede vascular que são de importância para se entender o funcionamento do sistema circulatório são a musculatura lisa e a camada de tecido conjuntivo do tipo elástico.

Antes de prosseguirmos para os diferentes papeis dos vasos, é importante que se note a relação entre a espessura da parede e o diâmetro vascular (ver Figura 6). Note que uma arteríola tem, em média, algo ao redor de 30 micrometros de diâmetro, e a espessura de sua parede, basicamente constituída por musculatura lisa, tem ao redor de 20 micrometros de espessura. Assim, tem-se uma relação de 2/3 entre espessura e diâmetro. Considere, agora, as grandes artérias. Tem-se, então, um diâmetro entre 4 e 25 milímetros, e espessuras entre 1 e 2 milímetros. Ou seja, a razão fica entre 1/10 e 1/4, bem inferior aos 2/3 observados nas arteríolas. Finalmente, nas grandes veias, essa razão

---

6   Existe uma discussão acerca da presença de endotélio "verdadeiro" em moluscos (Burggren e Reiber, 2007), particularmente os cefalópodes, mas não entraremos nesse assunto.

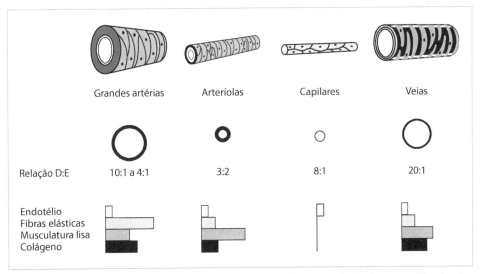

FIGURA 6 Painel superior: vista esquemática dos vasos. Painel central: relação entre diâmetro dos vasos e espessura da parede. Painel inferior: composição histológica da parede dos vasos.
Fonte: adaptada de Holtz, 1996.

está na ordem de 1/20. Portanto, em resumo, as arteríolas são os vasos que mantêm a proporção entre espessura de parede e diâmetro do vaso mais elevada.

O papel das grandes veias

Como visto, as grandes veias possuem uma luz vascular grande e, em média, há duas veias para cada artéria, quando não mais. Dessa forma, as veias contêm uma grande parte do volume sanguíneo total do organismo. Além disso, as veias possuem, como elemento principal de sua parede, a musculatura lisa. Ao contraírem as suas paredes, as veias deslocam parte desse volume para a árvore arterial (o oposto ocorre no relaxamento da parede venosa). Assim, o papel global das grandes veias no sistema circulatório é funcionar como um reservatório de volume sanguíneo, sendo classificadas como vasos de capacitância (que definiremos melhor mais adiante).

Ou seja, **do ponto de vista global do sistema circulatório, o conjunto das grandes veias tem o papel de reservatório de volume**.

O papel das arteríolas

As arteríolas possuem uma parede muscular bastante espessa em relação ao diâmetro da luz do vaso. A manutenção de um certo calibre da luz oferece resistência ao fluxo de sangue, que pode variar de acordo com o grau de constrição. Assim, a variação do diâmetro das arteríolas é o principal componente de variação na resistência oferecida ao fluxo sanguíneo. Note que toda tubulação oferece resistência ao fluxo de fluido em seu interior, contudo, as arteríolas, devido ao seu diâmetro já pequeno e a possibilidade de ampla variação deste diâmetro em decorrência da grande quantidade de musculatura lisa na parede, são os vasos que permitem uma larga variação na resistência. Os capilares, apesar de não possuírem musculatura lisa em suas paredes, devido ao seu pequeno diâmetro, também são vasos que oferecem resistência ao fluxo de sangue. Em conjunto, as arteríolas e os capilares são, então, os principais componentes da chamada resistência periférica. A importância da resistência periférica será discutida em breve.

Ou seja, **do ponto de vista global do sistema circulatório, o conjunto das arteríolas tem o papel de oferecer, e variar, resistência ao fluxo de sangue**. O papel local das arteríolas será discutido mais à frente.

O papel das grandes artérias

Como veremos em outra secção, o coração funciona em ciclos, cada ciclo sendo composto por uma fase de contração (sístole) e uma fase de relaxamento (diástole) da sua musculatura. Durante a fase de contração, há ejeção de sangue para as grandes artérias. Imagine se esse líquido fosse ejetado em tubos de paredes rígidas. Durante a ejeção, haveria um pico de pressão muito alto e, durante a fase de relaxamento da musculatura cardíaca, a pressão iria a zero (Figura 7). Isso implica que, além do pico de pressão elevada na sístole, durante a fase de enchimento do coração (diástole), a pressão no sistema circulatório iria a zero, o que, como veremos, resultaria em ausência de fluxo sanguíneo.

Por outro lado, considere a ejeção em tubos de paredes elásticas (Figura 7). Parte da energia impactada ao sangue pela musculatura cardíaca é transformada em energia elástica nas paredes pois parte da energia oriunda do trabalho cardíaco passa a distender essas paredes. Dessa maneira, o pico de pressão não é tão elevado. Contudo, ainda mais relevante é o fato de que, durante a diástole, a energia elástica acumulada é devolvida ao sangue, mantendo a pressão em valores acima de zero mesmo sem ejeção cardíaca. Portanto, com a devolução de energia elástica, a pressão não vai a zero e o fluxo sanguíneo continua a ocorrer durante a diástole.

Ou seja, **do ponto de vista global do sistema circulatório, o conjunto das grandes artérias tem o papel de acumular energia elástica durante a sístole e devolver essa energia durante a diástole mantendo pressão no sistema durante a fase de relaxamento do coração.**

Até aqui, vimos, basicamente, como conjuntos de certos tipos vasculares atuam de forma global no funcionamento do sistema circulatório. Ainda não vimos, de fato, como o sistema circulatório funciona, tampouco qual é o papel do coração nesse funcionamento. Contudo, antes de estudarmos o coração e o funcionamento do sistema de forma geral, apresentaremos o papel local das arteríolas, capilares e vênulas, pois será de extrema importância para se entender que **existe uma enorme diferença entre o controle global que ocorre no sistema circulatório e o controle do que ocorre localmente.**

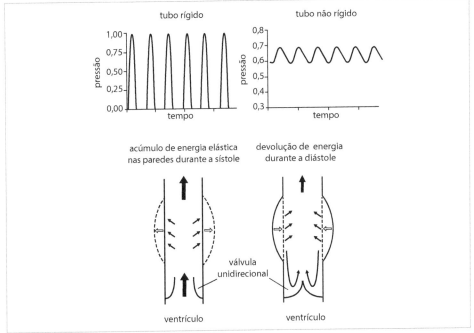

FIGURA 7 Nos painéis superiores, temos gráficos de ejeções cíclicas em um tubo rígido e em um tubo com paredes elásticas, o qual se aproxima do comportamento das grandes artérias durante a sístole e a diástole. Note que o pico de pressão não é tão elevado quanto no caso do tubo rígido, e que a pressão não cai a zero na fase de enchimento da bomba pois as paredes elásticas devolvem energia ao sistema (ver texto). Pressão e tempo em unidades arbitrárias. Nos painéis inferiores, temos representações esquemáticas da distensão e retração das paredes arteriais durante o ciclo cardíaco (setas vazias). O fluxo sanguíneo é indicado pelas setas cheias.
Fonte: adaptada de http://t1.gstatic.com/images?q=tbn:7U61T-I6AY26tM:http://www.biologieunterricht.info/_Media/preview_tafelbild_wk.jpg.

A MICROCIRCULAÇÃO

Papel local de arteríolas, capilares e vênulas

Vamos definir, agora, mais um termo: **microcirculação**. Como o próprio nome indica, é uma parte do sistema circulatório de proporções microscópicas. Em termos conceituais,[7] *uma unidade de microcirculação é formada por uma arteríola, os capilares que dela se originam, as vênulas formadas pela confluência desses capilares, e algumas anastomoses entre a arteríola e as vênulas.*

Qual a importância de uma unidade de microcirculação? A importância da microcirculação se encontra no fato de que é em cada unidade dessas que ocorre o controle local do fluxo sanguíneo.

---

[7] Colocamos "em termo conceituais", pois, na realidade, existem comunicações entre unidades de microcirculação, ou seja, de fato, são "unidades" interconectadas, porém discutir isso foge aos nossos objetivos.

Quantas unidades de microcirculação existem num organismo? Na ordem de bilhão, pois essas são as unidades do sistema circulatório que estão em contato íntimo com as células nos diversos órgãos e tecidos. Assim, além do controle local do fluxo sanguíneo, é na microcirculação onde ocorrem as trocas entre substâncias que estão no sangue e nos tecidos.

Diferentes órgãos e tecidos têm unidades de microcirculação com diferentes características, dependendo da função e/ou demanda metabólica do órgão. Assim, existem órgãos com mais unidades de microcirculação por grama de tecido que outros, existem relações diversas entre a quantidade de arteríolas e a quantidade de capilares que delas se originam, existem quantidades diferentes de anastomoses entre arteríolas e vênulas. Esses fatores diferenciarão o fluxo de sangue que cada órgão pode receber em decorrência das suas diferentes demandas nas diferentes situações que um organismo enfrenta. Por exemplo, diferentes regiões do cérebro recebem diferentes fluxos de sangue conforme estão sendo ativadas ou se tornando inativas; um músculo em repouso recebe uma baixa perfusão sanguínea, a qual pode decuplicar, ou mesmo centuplicar, em condições de exercício físico intenso; a perfusão do trato gastrointestinal depende do estado alimentar do organismo; a perfusão da pele varia dependendo da necessidade de dissipar energia na forma de calor e de evaporação (de suor) (Cai et al., 2018; Laughlin et al., 2012; Segal, 2005; Solass et al., 2016).

Contudo, os fatores que acabamos de citar são de cunho mais anatômico do que funcional, ou seja, são fatores que têm um componente importante já na gênese dos diversos órgãos e tecidos e cuja alteração, quando ocorre, necessita de um período longo. Por exemplo, o treinamento físico levará a um aumento na quantidade de capilares nos músculos que se exercitam, mas isso ocorre ao longo de meses e anos. Por outro lado, os órgãos e tecidos variam suas demandas metabólicas em questão de minutos ou de segundos e, assim, quando nos referimos ao controle local do fluxo sanguíneo estamos nos referindo a esses ajustes que ocorrem de maneira imediata em decorrência da alteração da demanda no local.

E como se dá esse controle local imediato da perfusão sanguínea? A Figura 8A ilustra uma região de um órgão em condições de alta demanda metabólica (é importante ter-se em mente que, aqui, quando nos referimos a "região", estamos falando de uma porção microscópica do órgão). O que se vê é uma ampla rede capilar sendo perfundida, que coloca o sangue em íntimo contato com os tecidos adjacentes, uma ausência de fluxo sanguíneo por anastomoses, e a musculatura lisa da parede arteriolar mais relaxada, numa condição dita de vasodilatação, o que permite um maior fluxo.

Se essa região passa, agora, a uma condição de baixa demanda, ocorrem três fenômenos, de maneira concomitante ou não, ilustrados na Figura 8B. A musculatura lisa da parede arteriolar se contrai, colocando o vaso numa condição de vasoconstrição, o que restringe o fluxo sanguíneo. Esfíncteres pré-capilares se fecham, fazendo com que o sangue deixe de estar em contato mais íntimo com as células nas adjacências. E anastomoses entre a arteríola e vênulas se abrem, desviando o fluxo daquela região.

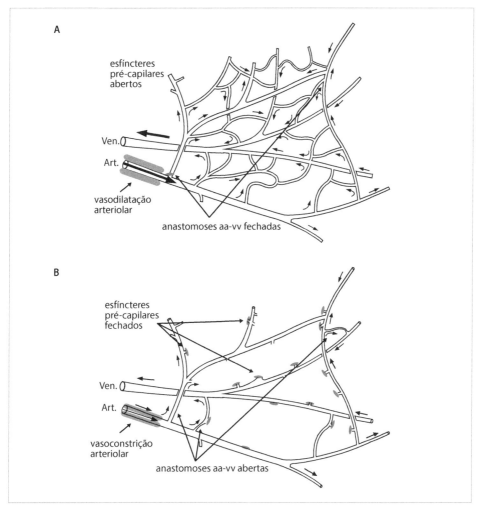

FIGURA 8 Microcirculação em condições teciduais de alta demanda (A) e em baixa demanda (B). A figura ilustra o que seriam estados extremos de perfusão local.

Fatores de controle local

Em essência, a microcirculação é o sítio de trocas entre o sangue e os tecidos e, para os vertebrados em geral, um dos principais compostos a ser levado às células é o gás oxigênio (O_2) devido à sua alta taxa de utilização. Dessa forma, uma das funções primárias da microcirculação é o aporte adequado de O_2 de modo a suprir a demanda celular numa dada região (Ellis et al., 2005).

Como dito, diferentes órgãos têm diferentes graus de controle local de fluxo, tanto por arranjo anatômico da vasculatura quanto funcional (Carlson et al., 2008). Por exemplo, a presença de anastomoses entre arteríolas e vênulas é típica da pele e há órgãos que sequer possuem esses vasos de ligação. Vamos, inicialmente, descrever o que poderia ser chamado como um "estado básico de perfusão local". Esse "estado básico" é uma condição intermediária entre o que está ilustrado nas Figuras 8A e 8B, ou seja, há um grau de perfusão local com alguns capilares abertos e um certo diâmetro arteriolar.

Tal condição basal de perfusão decorre de muitos fatores locais, tanto químicos quanto físicos. Iremos nos ater a três desses fatores, que nos parecem ser os mais relevantes para o estudo e entendimento iniciais do controle local de fluxo, que é o nosso objetivo nesse momento. Tais fatores são:

1. Resposta miogênica.
2. Vasodilatação mediada por fluxo.
3. Vasodilatação induzida por hipóxia capilar/venosa.

A resposta miogênica (1) é o tônus da musculatura da parede vascular (arteriolar) em decorrência da pressão sanguínea no vaso. Assim, o aumento da pressão, o qual tende a aumentar o calibre do vaso, causa uma resposta reflexa na própria musculatura lisa a qual aumenta seu grau de contração, sendo, portanto, uma resposta vasoconstritora. A vasodilatação mediada por fluxo (2) é decorrente da tensão tangencial[8] do sangue sobre o endotélio (Ellis et al., 2005). Como resposta a essa tensão tangencial, o endotélio secreta um conjunto de substâncias que agem como relaxantes da musculatura lisa vascular, permitindo um aumento no calibre dos vasos. Uma dessas substâncias já bem estudada e com papel definido é o óxido nítrico (NO). Portanto, como o nome já indica, esta é uma resposta vasodilatadora. Finalmente, a vasodilatação induzida por hipóxia capilar/ venosa (3) é uma resposta decorrente da quantidade de desoxiemoglobina[9] (hemoglobina sem oxigênio) presente nos capilares e na vênula que drena uma microrregião (Allen et al., 2009; Carlson et al., 2008; Ellis et al., 2005). A desoxiemoglobina libera NO e, ao mesmo tempo, as hemácias com pouco oxigênio têm ativação da glicólise e liberação de ATP. Esses dois fatores induzirão uma resposta de diminuição de tônus na musculatura lisa arteriolar.

Uma das características extremamente importante dos mecanismos descritos é que o estímulo em um local, como capilares ou vênulas, é conduzido retrogradamente, em direção às arteríolas. Dessa maneira, o estado de perfusão de uma microrregião é percebido pelos vasos que suprem de sangue esse local. Essa condução de sinal se dá através de junções celulares entre o próprio endotélio, entre o endotélio e camadas mais profundas e entre as células de musculatura lisa na parede vascular (Bagher e Segal, 2011). A Figura 9 resume e ilustra os processos descritos.

Sabe-se, hoje, que esse tipo de controle local de fluxo é universal entre os órgãos e que a integridade do endotélio é necessária para que haja a sinalização adequada (Bagher e Segal, 2011). Também se sabe que há as vias dependentes e as não dependentes de NO, bem como outros sinalizadores como bradicinina, histamina, serotonina etc. Contudo, um maior detalhamento desse tipo de sinalização celular foge aos nossos objetivos.

---

8   Ou tensão de cisalhamento (em inglês: *shear rate* e *shear stress*). É uma força que surge em decorrência do movimento do fluido.

9   Hemoglobina e hemácias são estudadas em outro capítulo.

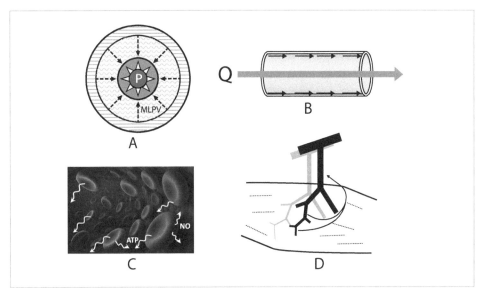

FIGURA 9 Representação esquemática dos processos de autorregulação de fluxo sanguíneo. A: resposta miogênica. B: vasodilatação mediada por fluxo (as pequenas setas junto às paredes do vaso indicam a tensão de cisalhamento que surge em decorrência do fluxo Q). C: vasodilatação induzida por hipóxia capilar/venosa com liberação de NO e ATP pelas hemácias. D: transmissão retrógrada de sinais de controle local de fluxo.
MLPV: musculatura lisa na parede do vaso; NO: óxido nítrico; P: pressão sanguínea.
Fonte: C: imagem gerada por inteligência artificial com ChatGPT (OpenAI) usando o modelo DALL·E, 2025; versão por assinatura.

Assim, o que denominamos por estado basal de perfusão nada mais é que o resultado da combinação desses estímulos, tanto vasoconstritores quanto vasodilatadores, agindo localmente, sem a participação de um mecanismo de controle central. A ocorrência de estados de maior perfusão ou de menor perfusão é, também, ditada localmente, quando o organismo se encontra em condições basais.

Por exemplo, a ativação de uma região no sistema nervoso central causa uma ativação dos neurônios e células da glia[10] naquele pequeno local e isso leva a um aumento na demanda por oxigênio e glicose por essas células. O aumento do consumo de O_2 causa uma queda na quantidade de hemoglobina oxigenada que atinge a parte venosa das unidades de microcirculação que suprem a região e há liberação de NO e de ATP pelas hemácias. Esses são sinais que atingem a musculatura lisa das arteríolas por difusão e por condução de estímulo pelas vias citadas, levando a um relaxamento da musculatura lisa desses vasos. Há um aumento de fluxo sanguíneo, o que aumenta a tensão tangencial endotelial, reforçando o estímulo vasodilatador. Como a pressão arterial não se altera nesse processo, o estímulo vasoconstritor da resposta miogênica não se altera e, assim, a vasodilatação com aumento de fluxo sanguíneo local é o resultado do processo. Nas situações nas quais há diminuição da demanda local, o processo inverso ocorre, com aumento da quantidade de hemoglobina oxigenada na porção venosa e concomitante

---

10   Neurônios e células da glia são estudados em outro capítulo.

diminuição dos estímulos vasodilatadores, e a resposta miogênica passa a prevalecer, diminuindo a perfusão local. Assim, tanto o aumento quanto a diminuição de perfusão local terminam sendo ajustados às necessidades da região sem que haja um controle central para cada unidade de microcirculação.

Há, obviamente, situações nas quais existe um controle central atuando sobre unidades de microcirculação. Esse tema será tratado mais adiante.

Mais sobre arteríolas

Como foi dito quando definimos o termo microcirculação, essa definição foi feita mais em termos conceituais, operacionais, do que em termos anatômicos. Somente a título de completude do texto, vale a pena ressaltar que o que foi chamado por "arteríolas" representa, de fato, um conjunto de vasos originados de uma pequena artéria e que se ramificam em mais níveis.

Assim, a partir da pequenina artéria, denominada artéria de suprimento ou de alimentação, nascem arteríolas primárias, as quais dão origem a arteríolas secundárias, as quais, por seu turno, dão origem a arteríolas terciárias e, dessas, muitas vezes se identificam vasos chamados de meta-arteríolas ou arteríolas terminais, cuja estrutura de parede é um misto entre pouca musculatura lisa e porções somente com endotélio, típico de capilares. Os sinais de controle local de fluxo que foram descritos acima são transmitidos ao longo desses vasos, seja por condução na parede (como descrito), seja por difusão entre vasos (ver Figura 9D).

O que diferencia esses vasos é, assim, a quantidade de musculatura lisa na parede e, obviamente, o calibre do vaso. Por outro lado, o que cria uma identidade entre eles é a quantidade de musculatura lisa grande em relação à luz do vaso e, portanto, seu funcionamento global como vasos de resistência periférica global e de controle de fluxo local.

Passamos, agora, ao estudo do coração.

O CORAÇÃO

Anatomia e histologia gerais

O coração de crocodilianos, aves e mamíferos é um órgão composto por quatro cavidades, como descrito anteriormente. A sua porção interna, o endocárdio, que fica em contato com o sangue, é recoberta por endotélio. Mais externamente ao endocárdio, encontra-se o miocárdio, que como descrito anteriormente, é a própria musculatura cardíaca. Externamente ao miocárdio, está o epicárdio e, recobrindo este último, o pericárdio, uma membrana do tipo serosa composta por um folheto visceral (mais interno, em contato com o órgão) e um folheto parietal (mais externo). Entre os dois folhetos há um espaço virtual, a chamada cavidade pericárdica, que contém o fluido pericárdico (ver Figura 10).

O pericárdio parietal é um tecido fibroso, que resiste à tração exercida pelo sangue durante a diástole se há uma distensão aguda das câmaras ventriculares, ao mesmo tempo em que oferece uma superfície de contenção para o miocárdio durante a sístole. Dessa

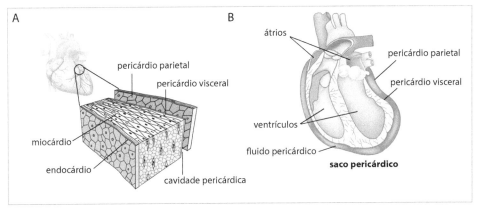

FIGURA 10 A: estrutura histológica do coração, com o endocárdio, o miocárdio e o epicárdio. B: saco pericárdico envolvendo o órgão.

maneira, o pericárdio parietal funciona de maneira muito semelhante às aponeuroses da musculatura estriada esquelética. O fluido pericárdico, por sua vez, atua como um lubrificante, facilitando o deslocamento dos dois folhetos pericárdicos entre si.

O músculo cardíaco tem uma estrutura histológica peculiar. Suas células formam longos cordões, cada um sendo um sincício funcional. Isto é, apesar de cada miócito num dado cordão ter sua individualidade preservada (núcleo, organelas etc.), eles têm seus citoplasmas conectados diretamente através de junções comunicantes. Há, também, junções entre cordões. Dessa maneira, se um estímulo é dado em certo ponto do miocárdio, esse estímulo tem a possibilidade de se espalhar para as células circunjacentes e se propagar para toda a musculatura cardíaca (maiores detalhes acerca desse fenômeno serão dados mais adiante).

Nominalmente, as quatro câmaras são: átrio direito (AD), ventrículo direito (VD), átrio esquerdo (AE) e ventrículo esquerdo (VE). O sangue venoso, vindo da circulação sistêmica, atinge o AD e passa ao VD. Do VD, é ejetado ao tronco pulmonar, sendo levado a passar pelos capilares alveolares e retornando ao AE. Do AE, o sangue, agora arterializado pelas trocas gasosas nos alvéolos, passa ao VE e, deste, é ejetado na aorta (Ao), sendo levado aos órgãos e tecidos sistêmicos (ver Figura 1).

Quando os ventrículos se contraem, há aumento da pressão intracavitária e esta supera a pressão atrial. O sangue tende, então, a refluir para os átrios. Porém, existem válvulas entre os átrios e os ventrículos (válvulas atrioventriculares: entre o AD e o VD, válvula tricúspide; entre AE e o VE, válvula mitral[11]). Por causa da grande pressão intracavitária e ao deslocamento que as paredes ventriculares sofrem, as válvulas atrioventriculares possuem músculos que as tracionam, mantendo a oclusão das válvulas durante a sístole. Esses músculos são chamados músculos papilares, devido ao seu formato, e as ligações entre eles e os folhetos das válvulas são feitas pela cordoalha tendínea.

---

11 A válvula tricúspide recebe esse nome porque possui três folhetos. A válvula mitral tem dois folhetos e recebe este nome pois se assemelha à mitra, o chapéu usado pelos Papas da Igreja Católica.

Quando os ventrículos relaxam, na diástole, a pressão no tronco pulmonar e na aorta se tornam maiores que as dos respectivos ventrículos, e o sangue tende a refluir. Novamente, contudo, existem válvulas entre esses vasos e os ventrículos que impedem o refluxo durante a diástole. Entre o tronco pulmonar e o VD, está a válvula pulmonar, e entre a Ao e o VE está a válvula aórtica. Essas válvulas, devido ao formato de seus folhetos, são, coletivamente, denominadas válvulas semilunares. Diferentemente das válvulas atrioventriculares, as semilunares não possuem musculatura para mantê-las tracionadas e posicionadas durante o fechamento.

É muito importante notar que o fechamento das válvulas, tanto as atrioventriculares quanto pulmonar e aórtica, se deve ao refluxo de sangue que ocorre nos momentos iniciais de alteração no regime de pressão. Em outras palavras, **as válvulas no sistema circulatório são agentes passivos que somente impedem refluxo, mas não causam fluxo** ou criam a direção deste. Voltaremos e este tópico mais à frente.

O miocárdio é suprido pela circulação coronariana, composta por duas artérias: o tronco coronário direito e o tronco coronário esquerdo (Figura 11). As coronárias são os primeiros vasos a se originarem da Ao, logo no ponto em que ela sai do ventrículo esquerdo. De cada tronco surgem ramificações (a título de exemplo, do tronco esquerdo saem os ramos descendente anterior e circunflexa, do tronco direito sai a descendente posterior), que continuam a se ramificar e essas ramificações vão, então, penetrando no miocárdio. Dessa maneira, a irrigação do miocárdio se dá do epicárdio em direção ao endocárdio, e da base em direção ao ápice.

Além disso, diferentes regiões do coração são, obviamente, irrigadas por artérias que têm origem em diferentes ramos. Isso tem importância clínica, pois em certas condições de baixa perfusão (um infarto, por exemplo) o tipo de distúrbio e a gravidade serão diferentes dependendo do ramo coronário afetado. Novamente a título de exemplo, pois

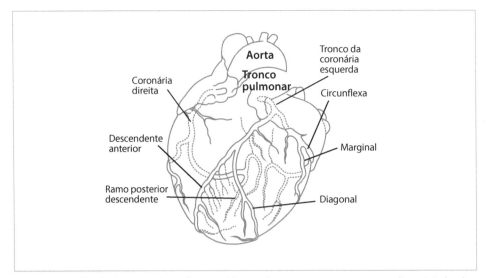

FIGURA 11 Circulação coronariana. As coronárias recebem esse nome porque sua disposição lembra uma coroa (vista de ponta-cabeça).

foge aos objetivos do presente livro esse tipo de discussão, o tronco direito dá origem à artéria que irriga o nó sinoatrial em 60% e à que irriga o nó atrioventricular em 80% das pessoas. Dessa maneira, uma obstrução de fluxo sanguíneo no tronco direito está mais propensa a se apresentar em conjunto a distúrbios da condução atrioventriculares do que obstruções no ramo esquerdo. Os nós sinoatrial e atrioventricular serão apresentados e discutidos em uma seção mais à frente.

Uma vez que o débito cardíaco está relacionado à demanda de energia do organismo, isso significa que o trabalho do coração se encontra atrelado a essa demanda. Por consequência, o fluxo de sangue para o próprio miocárdio é altamente variável dependo do débito cardíaco requerido a cada instante. Dessa forma, a microcirculação coronária tem um alto grau de autorregulação, com os mecanismos que descrevemos anteriormente bastante pronunciados, e o fluxo coronariano pode variar em até 20 vezes entre o repouso e uma condição de máxima atividade física. Ao mesmo tempo, deve-se notar que a irrigação do miocárdio tende a ocorrer mais acentuadamente durante a diástole pois, durante a sístole, a musculatura se encontra contraída e a pressão na parede cardíaca impede a sua própria perfusão.

Ápice e base

O coração ocupa o centro e terço inferior da caixa torácica, na parte anterior desta. O chamado ápice cardíaco é voltado para a esquerda. Durante a sístole, o ápice se choca com a parte interna do gradeado costal, aproximadamente na altura dos 4º e 5º arcos costais na linha hemiclavicular esquerda (ou seja, numa linha imaginária que divide a clavícula em duas metades). Esse choque, chamado *ictus* cardíaco,[12] pode, na maioria das pessoas, ser percebido colocando-se a palma da mão no local descrito.

Como já dito, o miocárdio é um músculo do tipo estriado. **Todo músculo estriado necessita de uma origem e uma inserção para suas fibras de modo que a contração possa gerar um movimento efetivo.** Os músculos estriados esqueléticos têm, então, um osso ao qual um tendão se liga e outro osso, após uma articulação, ao qual um outro tendão se liga e, com a contração do músculo, esses ossos são aproximados[13] (a contração muscular esquelética é assunto do capítulo "Músculos e movimento" do volume 4 desta coleção). Dessa maneira, as fibras do miocárdio têm, também, uma origem e uma inserção, o chamado esqueleto fibroso do coração.

O esqueleto fibroso do coração é uma estrutura planar formada por tecido conjuntivo fibroso denso que se encontra na chamada base do coração (ver Figura 12). Uma dada fibra do miocárdio se liga ao esqueleto fibroso em dois pontos distintos e, assim, o esqueleto fibroso é origem e inserção para a fibras da musculatura cardíaca. O trajeto formado pelas fibras do miocárdio entre a origem e a inserção é um trajeto

---

12 William Harvey (1578-1657) foi o primeiro estudioso ocidental a descrever corretamente o *ictus* como um fenômeno que ocorre na sístole ventricular. Anteriormente, pensava-se que o *ictus* ocorria na diástole, quando os ventrículos estão se enchendo. As contribuições de William Harvey para a compreensão do sistema circulatório de vertebrados foram enormes e ele é considerado o pai da Fisiologia Moderna.

13 A única exceção a essa "regra" de dois ou mais ossos é a musculatura da língua, cuja origem e inserção ocorrem num mesmo osso, o hioide.

helicoidal (ver Figura 12) e, portanto, durante a sístole, os ventrículos se torcem e se movem em direção à base. Durante esse movimento de torção, ocorre o *ictus*.

O esqueleto fibroso, ou a base do coração, divide o órgão em duas porções. Abaixo da base, encontram-se os ventrículos. Acima da base se encontram os átrios e as saídas das árvores arteriais sistêmica (a Ao, vinda do VE) e pulmonar (o tronco pulmonar, vindo do VD), como ilustrado na Figura 12.

Contudo, além de servir como local de apoio/inserção para o miocárdio e grandes artérias, o esqueleto fibroso desempenha outro papel de extrema relevância: essa estrutura funciona como um isolante elétrico entre os átrios e os ventrículos. A importância desse isolamento elétrico ficará clara na próxima seção, quando discutirmos a gênese e a propagação do estímulo para contração do miocárdio.

O coração elétrico

Origem do estímulo para contração

Como todo músculo estriado, as células do miocárdio necessitam de um estímulo para deflagar sua contração. Nesse aspecto, existem, então, dois tipos de "corações": os miogênicos e os neurogênicos.

Os corações neurogênicos dependem de inervação para originar o estímulo que causará a contração da musculatura cardíaca. Sem a participação do sistema nervoso, esses corações não batem. Este **não é** o caso dos vertebrados.

Os corações miogênicos são aqueles nos quais algumas de suas células se diferenciam, perdem as propriedades contráteis e passam a gerar e conduzir o impulso de estímulo para a contração do miocárdio. Este é o caso dos vertebrados, e será este tipo de coração que iremos discutir.

Dessa forma, **corações miogênicos não dependem do sistema nervoso do animal para pulsar**. Isso não significa que o sistema nervoso não possa atuar modulando a

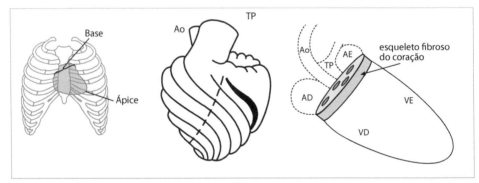

FIGURA 12 À esquerda: relação anatômica do coração em relação à caixa torácica, com a base e o ápice indicados. Ao centro: disposição helicoidal das fibras. De fato, essa disposição é mais complicada do que simplesmente helicoidal, com diferentes camadas em diferentes orientações (Coghlan e Hoffman, 2006), porém esta é uma discussão que vai além dos nossos objetivos. À direita: visão esquemática da relação do esqueleto fibroso (em cinza) com os ventrículos (VE e VD), átrios (AE e AD), aorta (Ao) e tronco pulmonar (TP).

atividade cardíaca. Essa modulação da atividade cardíaca pelo sistema nervoso autônomo (SNA)[14] será apresentada mais adiante. Nesse momento, discutiremos a origem e a propagação do impulso estimulador sem a participação do sistema nervoso.

Em seres humanos, na vida fetal intrauterina, os primeiros vasos se formam por volta da 4ª semana de gestação e os primeiros movimentos cardíacos são detectados nesse período, numa estrutura denominada cone ventricular. Em seguida, iniciam-se uma série de torções na estrutura tubular então presente, levando à colocação do que serão os átrios numa posição mais cefálica em relação ao cone ventricular e os impulsos para os batimentos passam a se originar na região entre a estrutura atrial e a ventricular. Finalmente, a região entre a veia cava superior e o átrio direito assume o controle da gênese dos impulsos.

O conjunto das estruturas que geram e conduzem os impulsos para contração cardíaca é denominado sistema ou **tecido condutor especializado**. Essas estruturas são: o nó sinoatrial (ou nó sinusal) na junção entre o átrio direito e a veia cava superior, os feixes de Bachmann nos átrios, o nó atrioventricular junto ao septo atrial na base do coração, o feixe de His no septo ventricular, os ramos direito e esquerdo do feixe de His e as fibras de Purkinje que formam as ramificações terminais dos ramos do feixe de His, penetrando no miocárdio a partir do endocárdio (assim, o impulso para contração segue o caminho endocárdio → epicárdio, que é o oposto da irrigação coronária no miocárdio). Essas estruturas estão esquematizadas na Figura 13.

Dessa maneira, existem células nos átrios que são capazes de gerar (e conduzir) impulsos, existem células na junção entre os átrios e os ventrículos que são capazes de gerar (e conduzir) impulsos e existem as células nos próprios ventrículos que são, também,

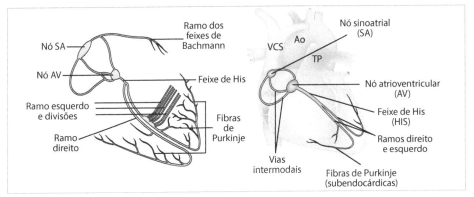

FIGURA 13 Sistema condutor especializado de corações de mamíferos. À esquerda: sistema visto de maneira isolada. À direita: relação do tecido condutor especializado com as demais estruturas do coração. Note, o sistema é todo interno, a aparência de estar na superfície é meramente para representação relacional. Além disso, o sistema é microscópico, não sendo visto diretamente a olho nu.
Ao: aorta; AV: atrioventricular; HIS: feixe de His; SA: sinoatrial; TP: tronco pulmonar; VCS: veia cava superior.

---

14 O sistema nervoso autônomo é composto do simpático e do parassimpático e é estudado no capítulo "Sistema nervoso" no volume 4 da coleção. O mais correto é a denominação sistema neurovegetativo, contudo, por motivos históricos e de uso, manteremos, na maior parte da coleção, o termo sistema nervoso autônomo.

26 FISIOLOGIA GERAL INTEGRATIVA: TRANSPORTE

capazes de gerar e conduzir impulsos de excitação para a musculatura cardíaca. Ou seja, essas células têm as propriedades para agirem como marca-passo para o coração.

O coração de aves e mamíferos se contrai de maneira rítmica e contínua,[15] o que significa que as células que geram os impulsos para contração devem fazer isso de maneira rítmica. Duas perguntas, surgem, então:

1. Como essas células têm um ritmo de despolarização?
2. Qual grupo de células comanda o ritmo e por quê?

A despolarização rítmica é uma propriedade dos canais de membrana dessas células, sendo que canais de membrana e polarização são apresentados nos capítulos "Processos celulares" e "Difusão e potenciais", ambos do volume 1 desta coleção. A Figura 14 apresenta o potencial de membrana de células pertencentes ao nó sinoatrial, de células pertencentes ao nó atrioventricular e de células pertencentes ao sistema His-Purkinje.

Como se nota na fase 4, o potencial de membrana de todas essas células não é estático. Essas células têm, portanto, a característica de se autodespolarizar, ou seja, seu potencial de membrana não tem um valor de repouso. Com isso, essas células atingem o limiar de membrana e disparam um potencial de ação (ver o capítulo "Difusão e potenciais" do volume 1 desta coleção). Esse potencial de ação é o impulso que se propaga para gerar a contração da musculatura cardíaca. Contudo, como se observa na Figura 14, a taxa com que o potencial de membrana se eleva é diferente nas diferentes células, sendo que as pertencentes ao nó sinoatrial têm uma taxa de auto despolarização maior que as do nó atrioventricular e estas, por sua vez, têm uma taxa maior que as células do sistema His-Purkinje. Dessa maneira, as células do nó sinoatrial geram um impulso (potencial de ação) antes das demais, e esse impulso se propaga. O impulso, ao atingir as células do nó atrioventricular, faz com que o potencial de membrana dessas células seja levado ao limiar e elas disparam seus potenciais de ação. Posteriormente, quando o impulso chega às células do sistema His-Purkinje, faz com que o potencial de membrana atinja o limiar e essas células também disparam. Dessa forma, todas as células são levadas a disparar (fase 0) e, ao retornarem à fase 4, novamente são as células do nó sinoatrial que atingem o limiar de disparo primeiro e o ciclo volta a se repetir.

Portanto, o nó sinoatrial é o marca-passo fisiológico do coração pois é ele que tem a frequência natural de disparo mais elevada.

A frequência natural de disparos das células do nó sinoatrial é ao redor de 90 batimentos por minuto; e das células do nó atrioventricular em torno de 60; e das do sistema His-Purkinje ao redor de 30 batimentos por minuto.

O que se quer dizer por "frequência natural" é a frequência com que os disparos ocorrem sem que haja modulação pelo sistema nervoso autônomo, cujas ações no coração serão apresentadas em uma outra seção mais à frente.

---

15 Répteis e anfíbios, tendo uma taxa metabólica bem menor que aves e mamíferos, podem apresentar descontinuidade no ritmo cardíaco, o mesmo ocorrendo em mamíferos em torpor ou hibernação.

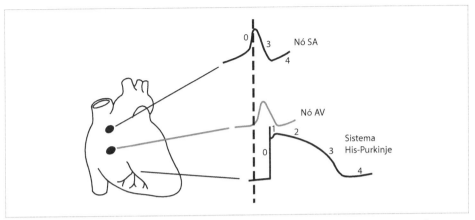

FIGURA 14 Potencial de membrana ao longo do tempo em células das diferentes regiões do sistema condutor especializado.
AV: atrioventricular; SA: sinoatrial.

Como se pode depreender pelo que foi apresentado, caso o nó sinoatrial deixe de funcionar, o nó atrioventricular assumirá o comando do coração, isto é, a geração dos impulsos passará a ocorrer a partir do nó AV. Isso, contudo, é acompanhado por uma diminuição na frequência cardíaca do indivíduo, dado que o nó atrioventricular tem, inerentemente, uma taxa de disparos mais baixa. Caso o nó sinusal e o nó atrioventricular deixem de funcionar, células do sistema His-Purkinje passam a ditar a geração de impulsos de comando do coração, e isso ocorrerá a uma frequência cardíaca ainda mais baixa.

Propagação do estímulo para contração

Vamos considerar que o nó sinusal dispare um impulso num dado momento, estando todo o restante do coração com o potencial de membrana de repouso. Vamos supor que esse disparo ocorra no tempo t = 0.

Ao deixar o nó sinoatrial, o impulso percorre a musculatura atrial, a partir do local no qual se encontra o nó sinusal (isto é, na junção entre o átrio direito e a veia cava superior). Contudo, também partindo do nó sinusal, existem feixes preferenciais de condução, os feixes de Bachmann (ver Figura 13). Esses feixes, à similaridade com o sistema His-Purkinje, conduzem o impulso de maneira mais rápida, tendo, então, dois papéis:

1. Conduzir o impulso de maneira rápida nos átrios.
2. Conduzir o impulso de maneira mais direcionada ao nó atrioventricular.

Como foi dito, o esqueleto fibroso, além de servir como apoio mecânico ao miocárdio, é um isolante elétrico entre os átrios e os ventrículos. Dessa maneira, um impulso que percorra os átrios não pode atingir os ventrículos. **A única maneira de, fisiologicamente, um impulso que se encontre nos átrios atingir os ventrículos é passando pelo nó atrioventricular**. Portanto, o nó atrioventricular é o ponto de ligação elétrica entre átrios e ventrículos.

Uma vez que o impulso atinja o nó atrioventricular, este será conduzido aos ventrículos. Contudo, o nó atrioventricular possui uma importante característica em suas células. Elas se tornam cada vez mais finas (menor diâmetro) e cada vez com menos canais de membrana conforme estão mais para o lado ventricular. Dessa maneira, o impulso elétrico, ao atingir a porção atrial do nó, começa a se propagar em direção à porção ventricular, porém há um progressivo retardo na velocidade de condução desse impulso, o que faz com que haja um atraso na passagem do estímulo elétrico entre os átrios e os ventrículos. Apenas para se ter uma ideia quantitativa desse fenômeno, o impulso que foi gerado pelo nó sinusal em t = 0 atinge o nó atrioventricular em 50 milissegundos. Contudo, esse impulso somente chegará ao feixe de His ao redor de 150 milissegundos.

Qual a importância do atraso na condução do impulso entre átrios e ventrículos? Permitir que a contração atrial ocorra antes da contração ventricular. Voltaremos a esta e outras questões mecânicas numa próxima seção.

Uma vez tendo atingido o feixe de His, o impulso é, rapidamente, conduzido pelos ramos esquerdo e direito desse feixe e distribuído às ramificações terminais nas fibras de Purkinje, espalhando-se na musculatura ventricular adjacente a essas fibras. Isso ocorre, aproximadamente, 225 milissegundos após o impulso ter sido gerado pelo nó sinoatrial. A Figura 15 ilustra o fenômeno da condução do impulso elétrico num coração humano.

Eletrocardiograma

A geração e a condução do impulso elétrico no coração somente podem ser registradas por meio de técnicas invasivas com a colocação de microeletrodos nos locais específicos do sistema condutor. Isso se deve ao fato de que a massa de células envolvidas nesse sistema é pequena. Contudo, a propagação do impulso pela musculatura cardíaca pode

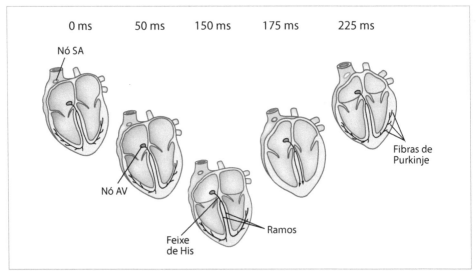

FIGURA 15 Propagação do impulso elétrico no coração.
AV: atrioventricular; SA: sinoatrial.

ser registrada através de eletrodos colocados na superfície corpórea. Essa possibilidade existe devido à massa de células musculares ser grande e, assim, a despolarização dessa massa consegue gerar uma diferença de potencial elétrico que, por sua vez, gera uma corrente elétrica nos fluidos corpóreos.

A propagação da despolarização no miocárdio forma o que se denomina por onda de despolarização, e o registro da propagação dessa onda, feito na superfície corpórea, é o eletrocardiograma (ECG).

O detalhamento de como se dá a formação do sinal eletrocardiográfico está além dos objetivos do presente livro. O mesmo vale quanto à interpretação do registro obtido.

Por sua vez, o entendimento básico do que representa um eletrocardiograma é essencial. A Figura 16A ilustra o registro contínuo obtido em um adulto em repouso. Como se pode notar, o registro é composto de várias "ondas",[16] que formam conjuntos que se repetem. A Figura 16B ilustra um pequeno trecho daquele registro, contendo um dos conjuntos que se repete.

Cada conjunto que se repete corresponde a um ciclo completo de despolarização e repolarização do miocárdio e, portanto, a um episódio de sístole e diástole. Contudo, como será ressaltado adiante, o registro do ECG corresponde aos eventos elétricos no miocárdio, e esses eventos elétricos devem gerar a contração mecânica. Em outras palavras, em condições fisiológicas, um conjunto de ondas como representado na Figura 16B corresponde a um batimento cardíaco. Mas, **o registro em si mesmo não é o fenômeno mecânico do batimento, é um fenômeno elétrico**.

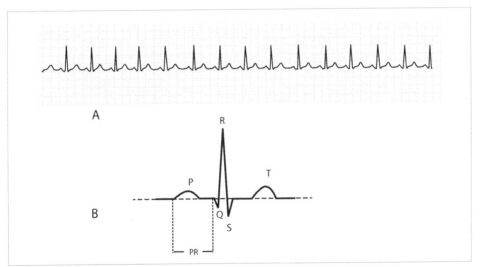

FIGURA 16 Registro eletrocardiográfico normal. A: traçado contínuo obtido durante alguns segundos. Note o padrão que se repete. B: padrão de registro eletrocardiográfico de um ciclo cardíaco normal com a onda P (despolarização atrial), o complexo QRS (despolarização ventricular) e a onda T (repolarização ventricular) identificados, bem como o intervalo PR. Linha de base indicada por uma linha tracejada. A linha de base é também denominada linha isoelétrica.

---

16   Estamos colocando "ondas" entre aspas pois, tecnicamente, todo o registro é uma única onda. Contudo, por motivos práticos, e óbvios, como ficará claro, denomina-se cada trecho que sai da linha de base por uma "onda".

Um conjunto que se repete é composto de três ondas, e o que as define é a saída da linha de base (linha isoelétrica) e posterior retorno, ver Figura 16B. A primeira delas é a onda P. A onda P corresponde à despolarização atrial. A segunda é formada por um conjunto de três deflexões, e denominada por complexo QRS. O complexo QRS corresponde à despolarização dos ventrículos. A terceira é a chamada onda T, a qual corresponde à repolarização ventricular.

A repolarização atrial não é observável no ECG, pois ocorre durante o complexo QRS.

Pode-se, em algumas pessoas, observar uma outra onda após a onda T, de menor amplitude e duração, denominada onda U. A gênese da onda U ainda é discutida, não sendo completamente esclarecido se corresponde à repolarização do septo interventricular ou à repolarização da musculatura papilar, ou algum outro processo.

As amplitudes e as durações das ondas têm valores-padrão, ou seja, um estímulo que se propaga de modo fisiológico gera um registro de características definidas.

Observando a Figura 16B, nota-se que entre o início da onda P e o início do complexo QRS existe um tempo. Esse tempo é denominado intervalo PR e, dentro dele está contido o atraso na condução do estímulo elétrico entre átrios e ventrículos, causado pelo nó atrioventricular, como explicado anteriormente.

Como foi enfatizado, o ECG é o registro do fenômeno elétrico no coração. Por sua vez, o que interessa em termos da circulação sanguínea é o papel mecânico exercido pelo coração, que veremos a seguir.

O coração mecânico

O coração como músculo

Para o bom compreendimento desta seção, é importante que se tenha em mente os processos de membrana e de contração muscular, discutidos em outros capítulos.

Os músculos estriados necessitam de um estímulo elétrico para desencadear sua contração. Como acabamos de ver, o sistema condutor especializado é o responsável por gerar e conduzir o estímulo à musculatura cardíaca. Contudo, até onde se sabe atualmente, não existe uma fibra de Purkinje para cada fibra cardíaca. Assim, o estímulo, ao atingir uma célula do miocárdio, desencadeia dois processos:

- O primeiro é o de transmissão entre fibras cardíacas. O estímulo é conduzido e espalhado a células circunvizinhas e ao longo do comprimento da célula do miocárdio. As fibras cardíacas formam sincícios funcionais, com comunicações citoplasmáticas que permitem essa propagação eletrotônica do estímulo entre células sem a presença de sinapses. Os mecanismos envolvidos na passagem de sinais elétricos entre células é assunto de outro capítulo. Aqui, o que nos interessa é saber que esta passagem ocorre.

1 CIRCULAÇÃO 31

- O segundo processo é local, na própria célula, com o acionamento do chamado acoplamento eletromecânico, ou acoplamento excitação-contração. O acoplamento excitação-contração (ou eletromecânico) muscular é estudado em outro capítulo, e vamos, aqui, apenas chamar atenção para este processo nas células do miocárdio.

Basicamente e em vias gerais, o acoplamento eletromecânico consiste na transformação do sinal elétrico que percorre a membrana citoplasmática em um evento mecânico de contração muscular. Essa transformação ocorre devido à mudança do potencial de membrana e concomitantes aberturas/fechamentos de canais iônicos, ou seja, alterações de condutância de membrana a certos íons.

A membrana citoplasmática de uma célula muscular cardíaca contém invaginações que percorrem a célula transversalmente, formando canais. Nesse percurso, existe uma proximidade do canal com o retículo sarcoplasmático liso. O potencial de ação desencadeado pelo estímulo vindo do sistema de Purkinje percorre a membrana celular e "entra" nos canais. O potencial de ação causa a abertura de canais rápidos de sódio, com entrada desse íon de acordo com seu potencial eletroquímico (ver o capítulo "Difusão e potenciais" do volume 1 desta coleção), levando a uma inversão de polaridade de membrana, que proporciona a abertura de canais de cálcio, que adentra, então, o citoplasma.

Devido à proximidade do retículo sarcoplasmático, a mudança na concentração de cálcio causa um fenômeno de abertura de canais de cálcio, agora na membrana do retículo, e isso libera mais cálcio para o citoplasma da célula muscular. Numa célula da musculatura estriada esquelética, a abertura de canais de sódio é seguida, imediatamente, pela abertura de canais de potássio voltagem-dependentes e, assim, o potencial de membrana tende ao potencial eletroquímico do potássio, restaurando a polaridade da célula rapidamente. É o que se chama de "abalo" ou *twitch* (ver o capítulo "Músculos e movimento" do volume 4 desta coleção). No miocárdio, diferentemente, a abertura de canais de potássio é concomitante à manutenção da abertura dos canais de cálcio e, dessa maneira, o potencial de membrana é mantido elevado por um período bem mais longo. Com isso, o cálcio é mantido elevado no citoplasma da célula cardíaca por um tempo mais prolongado (discutiremos sua relevância mais adiante). Posteriormente, os canais de cálcio da membrana se fecham, há efluxo de potássio com retorno da polaridade da membrana aos níveis de repouso. Concomitantemente, a cálcio-ATPase do retículo bombeira íons Ca^{++} para dentro do retículo, e trocadores de Na^+/Ca^{++} tomam parte na extrusão de cálcio para fora da célula. Dessa forma, a concentração de cálcio no citoplasma é reduzida e a formação das pontes cruzadas não mais ocorre, havendo o relaxamento da musculatura. Como apresentado em outro capítulo, bombas (ATPases) de Na^+/K^+ na membrana mantém, a longo prazo, a concentração de sódio baixa e de potássio alta no interior das células.

A Figura 17A apresenta o potencial de membrana de uma célula ventricular ao longo do tempo após um estímulo. Na legenda, maiores detalhes dos canais envolvidos são brevemente apresentados. A Figura 17B apresenta uma comparação ilustrativa entre a duração do potencial de ação numa célula ventricular e numa célula de musculatura esquelética.

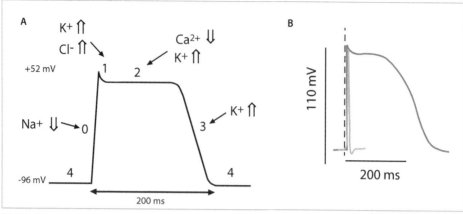

FIGURA 17 A: potencial de ação em célula ventricular. As correntes iônicas de entrada (⇓) e de saída (⇑) estão indicadas no gráfico. Note a existência de um platô no estado despolarizado que se estende por algo ao redor de 200 ms. Esse platô é em razão da abertura de canais de cálcio e da condutância não elevada ao potássio nesse período. B: comparação entre o potencial de ação ventricular (em cinza escuro) e de uma célula muscular esquelética (em cinza claro).
Fonte: adaptada de Chaui-Berlinck e Rodrigues da Silva, 2021.

Qual o possível motivo evolutivo para a diferença entre a duração do potencial de ação de uma célula da musculatura cardíaca e uma célula de musculatura esquelética (Figura 17B)? Muitos autores consideram que a longa duração do potencial de ação cardíaco impede que o coração entre em tetania (Antoni, 1996), uma condição que levaria o animal à morte. A tetania é uma contração muscular vigorosa e sustentada decorrente da somação temporal de estímulos sobre o músculo (ver o capítulo "Músculos e movimento" do volume 4 desta coleção). Obviamente, se o coração entrasse em tetania, não haveria mais batimentos e, portanto, o débito cardíaco iria a zero e a vida do organismo estaria em risco imediato.

Por outro lado, existem condições experimentais que podem levar o coração à tetania (Binah, 1987; Burridge, 1920) e, assim, o potencial de ação longo não previne a possibilidade desse tipo de evento. Além disso, tetania é provocada por uma frequência de impulsos muito alta. Em outras palavras, para que, fisiologicamente, o coração de um vertebrado entrasse em tetania, o marca-passo do animal teria de disparar potenciais de ação numa frequência muito mais alta que as frequências máximas que essas células disparam.

Dessa forma, a evolução desse potencial de ação nas células do miocárdio deve ter ocorrido por outra pressão de seleção e não a questão do tétano.

Na musculatura esquelética, a contração do músculo é desencadeada por impulsos nervosos nas unidades motoras permitindo a somação espacial e temporal dos estímulos. Uma unidade motora é compreendida por várias fibras musculares e a somação dos estímulos garantirá que, desde a origem até a inserção das fibras, esteja ocorrendo a contração em determinado instante. Dessa maneira, não ocorre a contração de uma porção do músculo tendo as unidades em série a essa porção relaxadas. Caso isso ocorresse, a contração, ao invés de tracionar os tendões na origem e inserção, iria tracionar apenas o próprio músculo.

Na musculatura cardíaca, o estímulo tem uma origem única focal – o nó sinusal, sendo conduzido e espalhado no miocárdio. Caso as porções que se despolarizassem por último encontrassem as que se despolarizaram primeiro já relaxadas, teríamos o fenômeno descrito acima, ou seja, o coração tracionaria apenas sua própria parede, mas não ejetaria o sangue. Assim, a manutenção da contração devido ao prolongamento temporal do potencial de ação garante que todas as fibras cardíacas estejam em contração de modo simultâneo durante uma grande parte da sístole, e isto é o que permite a geração efetiva de pressão para ejeção do sangue (Chaui-Berlinck e Rodrigues da Silva, 2021). A Figura 18 mostra as relações temporais entre o fenômeno elétrico e o fenômeno mecânico para células cardíacas e para células da musculatura esquelética, ilustrando o que acabamos de descrever. Como se pode notar, a força desenvolvida numa célula da musculatura cardíaca é de longa duração (mais que 3 vezes a duração na célula esquelética) e essa força é desenvolvida ainda na vigência do potencial de ação.

Relação comprimento x força

A Figura 19 ilustra a relação entre comprimento do sarcômero e a força desenvolvida para uma célula da musculatura estriada esquelética e para uma cardíaca. Como explicado detalhadamente no capítulo "Músculos e movimento" do volume 4 desta coleção, o formato dessas curvas está associado à quantidade de pontes cruzadas que podem ser formadas em decorrência do estiramento do sarcômero: basicamente, sarcômeros mantidos muito estirados ou muito encurtados não podem formar pontes cruzadas e, assim, não desenvolvem força quando estimulados. Com isto, existe um comprimento no qual a força máxima é obtida.

Notam-se tanto uma grande semelhança entre os perfis de força desenvolvidos em função do comprimento do sarcômero nas fibras esqueléticas e cardíacas, quanto uma diferença qualitativa importante: o fenômeno na fibra cardíaca é mais íngreme do que

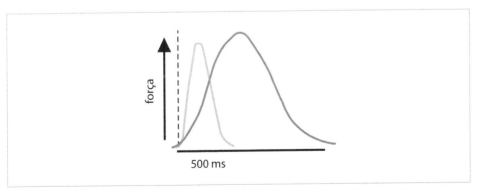

FIGURA 18 Comparação da dinâmica temporal da força desenvolvida ao longo do tempo para um potencial de ação numa célula ventricular (em cinza escuro) e numa célula muscular esquelética (em cinza claro). Note como a força na célula ventricular demora mais para atingir um máximo e como a realização de força se estende no tempo em relação a uma célula muscular esquelética.
Fonte: adaptada de Adams e Schwartz, 1980.

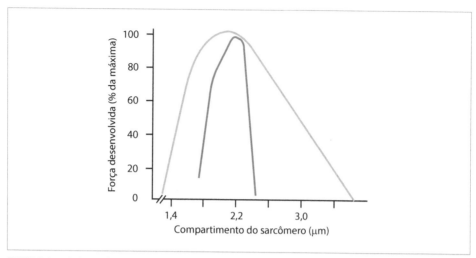

FIGURA 19 Relação força *versus* comprimento para sarcômeros de musculatura esquelética (linha em cinza claro) e de musculatura cardíaca (linha em cinza escuro). Note que a força máxima é desenvolvida em comprimentos ao redor de 2 μm (2 x 10^{-6} m).

na fibra esquelética. Ou seja, a taxa de variação de força por unidade de comprimento do sarcômero é mais acentuada na fibra cardíaca, tanto para comprimentos abaixo quanto para comprimentos acima daquele que resulta na força máxima.

Os motivos para tal diferença não estão completamente esclarecidos. O que se sabe é que, no coração, os miofilamentos (actina, miosina, troponina C etc.) têm uma reatividade ao estiramento que não depende de estímulo elétrico. Esse mecanismo de reatividade ao estiramento é encontrado, também, na musculatura de voo de insetos que batem suas asas a frequências extremamente elevadas (Schmidt-Nielsen, 1997). Os experimentos indicam que essa reatividade tem origem em um aumento da sensibilidade ao cálcio presente no citoplasma. Dessa forma, ao serem estirados, os sarcômeros cardíacos respondem com aumento de formação de pontes cruzadas e tendem a resistir ao estiramento (Campbell e Chandra, 2006; Fuchs e Smith, 2001; Solaro, 2007). Voltaremos à relação força *versus* comprimento mais adiante, discutindo, então, as consequências desse fenômeno para o órgão como um todo.

Cargas

Uma carga é uma força aplicada a uma determinada estrutura. A carga pode ser estática ou dinâmica. Uma vez que se aplica uma carga a uma estrutura, esta deve ser capaz de resistir à carga ou haverá a quebra. Caso a estrutura deva mover a carga (ou parte dessa carga), além de resistir sem se romper, a estrutura deverá ser capaz de gerar uma força superior à carga. Esse assunto é mais detalhado no capítulo "Músculos e movimento" do volume 4 desta coleção.

O miocárdio recebe, portanto, cargas, que são didaticamente divididas em dois tipos: a pré-carga e a pós-carga. A Figura 20 é uma representação esquemática e abstrata dessas cargas e do papel exercido pelas válvulas atrioventriculares e semilunares. Deixamos, contudo, a figura após a descrição textual das cargas, pois seu entendimento depende de um conhecimento mínimo acerca da problemática.

Pré-carga

Pré-carga são todas as forças às quais o miocárdio está submetido antes do início da sístole. A pré-carga é dada, basicamente, pelo volume de sangue durante a diástole, atingindo seu valor máximo ao final dessa fase, quando os volumes ventriculares são os máximos. Esse é o chamado volume diastólico final (para o VD e para o VE, respectivamente).

Pela 1ª Lei de Newton, um corpo se mantém em velocidade constante se as forças de superfície sobre esse corpo se anulam. Ficar parado é ter velocidade constante (no caso, zero), e é nessa perspectiva que estamos nos referindo a "resistir à carga", ou seja, realizar uma foça igual em sentido oposto de forma a que todo o sistema (estrutura + carga) se mantenha estático.

O volume diastólico final causa, portanto, uma tensão na parede ventricular, a qual deve ser contrabalanceada para manter o sistema estático.

Existem alguns elementos da estrutura cardíaca que participam da sustentação da pré-carga (leia-se, volume diastólico final), sem gasto de energia, porém com pequena importância no total.

O pericárdio é um dos componentes que realiza uma força contrária à distensão das paredes ventriculares. Contudo, essa força somente se torna importante em situações de grandes distensões agudas. Caso contrário, o saco pericárdico tem pouca participação em sustentar a pré-carga. Os elementos passivos da estrutura celular (como a própria membrana plasmática) e a matriz extracelular também oferecem resistência à distensão, mas, novamente, não são o principal componente de sustentação da pré-carga.

Portanto, a sustentação da pré-carga é dada por um elemento ativo de contração muscular cardíaca, na forma de energia mecânica potencial: há um gasto de energia para manter o balanço de forças dentro das cavidades ventriculares mesmo durante a diástole. Parte desse processo está associado ao que descrevemos na relação força *versus* comprimento. O estiramento das fibras musculares cardíacas leva a uma abertura de canais de cálcio dependentes do estiramento mecânico da membrana celular e isso permite um contrabalanço de forças através da ativação da formação de pontes cruzadas.

Pós-carga

A pós-carga é o que deve ser vencido pelos ventrículos para ejetar sangue na aorta (VE) e no tronco pulmonar (VD). Os componentes da pós-carga são vários, como mostraremos a seguir.

- Impedância arterial: é a resistência ao fluxo quando ele é dado por uma fonte osciladora (ou seja, quando a diferença de potencial para gerar fluxo não é contínua, mas alternada). Fazem parte na impedância: a capacitância arterial ("elasticidade das paredes arteriais"), a viscosidade sanguínea, a massa de sangue a ser movida, a frequência cardíaca. O tratamento formal da impedância arterial está

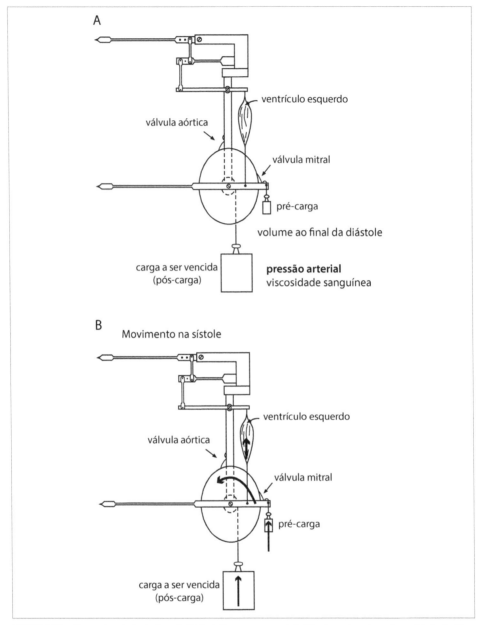

FIGURA 20 Somador de trabalho de Fick. A: Esquema geral. B: Movimentos durante a sístole, indicados pelas setas. Esse aparato foi elaborado para explicar as forças às quais um músculo esquelético está sujeito durante a sua contração. Com pequenos arranjos, os mesmos princípios podem ser aplicados à musculatura cardíaca. No exemplo, mostra-se o que seria correspondente ao ventrículo esquerdo, sendo que os mesmos princípios se aplicam ao ventrículo direito. A pré-carga cria uma tensão prévia na musculatura e é suportada na válvula mitral na fase isovolumétrica da sístole (descrita adiante). A pós-carga é suportada pela válvula aórtica durante a diástole e a fase isovolumétrica da sístole, de modo que o ventrículo não "vê" essa carga até o momento em que consegue haver o deslocamento efetivo e a válvula aórtica deixa de suportar a carga. Consequências mecânicas de insuficiência das válvulas podem ser apreciadas pelo exame do somador de trabalho.
Fonte: adaptada de Wiggers, 1952.

além dos objetivos do presente texto. Contudo, de uma maneira mais simplificada, voltaremos, mais adiante, aos elementos que compõem a impedância.

- Velocidade de ejeção: está relacionada à aceleração e, portanto, força, sofrida pelo sangue para ser ejetado.
- Pressão arterial: para que o ventrículo possa ejetar, ele tem de vencer a força (pressão) que já existe no sistema arterial sistêmico (VE) ou pulmonar (VD).

Dessa forma, a pré-carga é a força (ou pressão) que o coração tem de desenvolver na fase de diástole e a pós-carga é força (ou pressão) que deve ser desenvolvida na fase de sístole. A pré-carga e a pós-carga não são elementos dissociados: um depende do outro. Essa interdependência deve ser mantida em mente para o bom entendimento do funcionamento do sistema cardiovascular.

O enchimento diastólico

Após a ejeção sistólica, os ventrículos entram na fase de relaxamento diastólico. Na sístole, os ventrículos não ejetam todo o sangue presente nas respectivas cavidades. O volume que resta num ventrículo ao final da sístole é chamado de *volume sistólico final*. Obviamente, a diferença entre o volume diastólico final e o volume sistólico final é o quanto foi ejetado, ou seja, o volume sistólico.

Vamos considerar um conjunto de alguns ciclos cardíacos, ou seja, alguns episódios seguidos de sístole/diástole. O volume sanguíneo total não se altera nesse período e, assim, como já dissemos anteriormente, todo o volume que sai de um lado do coração deve retornar ao outro lado (o mesmo princípio vale para corações de outros vertebrados que não possuem divisão entre dois ventrículos, como os anfíbios e répteis não crocodilianos, ou que possuem apenas uma única via circulatória, como peixes). Consideraremos, assim, para simplificar, que se o VE ejeta, por exemplo, 100 mL por batimento, chegam 100 mL no VD e este ejeta 100 mL por batimento, que é o volume que chega ao VE. Logicamente, esses 100 mL são o volume sistólico e volume diastólico final – volume sistólico final = V_S = 100 mL (no exemplo). Como dito anteriormente, o volume sistólico é o volume ejetado por um dos ventrículos e não a soma dos volumes ejetados por cada ventrículo (ver Equação 1).

Esses 100 mL do exemplo devem entrar nas respectivas câmaras ventriculares durante a diástole. A pergunta que se faz é, então, como pode haver enchimento se o coração não está ejetando nada?

Como vimos anteriormente, o papel das grandes artérias é acumular energia elástica oriunda da sístole. Durante a diástole, essa energia é devolvida ao sistema circulatório. Além disso, como também vimos, as pequenas artérias, arteríolas e capilares oferecem resistência ao fluxo, ou seja, dificultam a passagem do fluido da parte arterial para a venosa. Dessa maneira, a pressão arterial tem um tempo de decaimento longo e há manutenção de fluxo no sistema mesmo na diástole. Esse fluxo é o que dará o enchimento ventricular.

Logo, a pressão colocada pelo coração (VD na circulação pulmonar e VE na circulação sistêmica) durante a sístole é responsável pelo próprio enchimento ventricular durante a diástole.

38 FISIOLOGIA GERAL INTEGRATIVA: TRANSPORTE

Uma vez que há fluxo da porção arterial para a venosa, como acabamos de explicitar, a pressão venosa também é mantida acima de zero, tendo como referencial a pressão ventricular. A diferença entre a pressão venosa e a pressão ventricular durante a diástole é a responsável por gerar o fluxo de enchimento ventricular. Essa pressão na parte venosa corresponde à pressão medida nas grandes veias junto aos átrios, sendo chamada de pressão venosa central (PVC). Como veremos adiante, a PVC tem, de fato, um valor baixo e, consequentemente, a diferença de pressão para enchimento ventricular é pequena e o fluxo decorrente, também pequeno. Esse fluxo é chamado de retorno venoso. **O enchimento ventricular dado pelo retorno venoso é a fase de enchimento lento**.

Note, portanto, que *o enchimento ventricular não é dado pela sístole atrial*. Em outras palavras, apesar de que no imaginário leigo o enchimento dos ventrículos é decorrente da ejeção (sístole) dos átrios, não é isso o que ocorre para o organismo em repouso.

A próxima pergunta é, assim, quanto do enchimento ventricular é de responsabilidade da sístole atrial num indivíduo em repouso? A resposta é entre 20 e 30%. Ou seja, se os átrios não se contraírem, o organismo continua a ter um enchimento ventricular satisfatório decorrente da pressão arterial gerada pela sístole ventricular anterior.

Por outro lado, quando o organismo tem um aumento na demanda metabólica, como numa situação de exercício físico, por exemplo, a frequência cardíaca aumenta e o tempo total de um ciclo diminui (ou seja, o tempo da sístole e, principalmente, o tempo da diástole se encurtam). Com a diminuição do tempo diastólico, o tempo para enchimento ventricular diminui. Como o enchimento dado pela diferença entre a PVC e a pressão na câmara ventricular é um enchimento a fluxo baixo, o encurtamento do tempo diastólico passa a comprometer o retorno venoso e, por consequência, a parte do enchimento ventricular dependente desse retorno. Agora, a sístole atrial começa a ganhar maior importância, pois ela é um evento rápido e de pressão mais elevada, passando a ser responsável por 80% ou até mais do enchimento ventricular em condições de frequência cardíaca muito elevada. A fase de enchimento ventricular decorrente da sístole atrial é chamada de fase de enchimento rápido. A Figura 21 ilustra a fase de enchimento lento e a de enchimento rápido.

Frank-Starling – pequenos ajustes batimento a batimento

Como foi visto, os sarcômeros cardíacos apresentam uma reatividade ao estiramento que se manifesta por um aumento no número de pontes cruzadas formadas na ausência de estímulo elétrico (mas na presença de Ca^{++}). Disso resulta uma relação entre a força e o comprimento das fibras cardíacas, ilustrada na Figura 19. Basicamente, o processo é um aumento de força de contração na sístole em função do enchimento cardíaco na diástole, e o oposto, uma diminuição da força sistólica com a diminuição do enchimento.

Esse fenômeno foi descrito ainda no século XIX. Ao que tudo indica, Carl Ludwig, em 1856, descreve a relação entre o enchimento ventricular diastólico e o trabalho cardíaco realizado na sístole e, desde então, tem atraído a atenção de muitos pesquisadores (uma breve história das pesquisas pode ser encontrada em Katz, 2002). No começo do século XX, o fenômeno passou a ser conhecido como "Lei de Frank-Starling" ou, mais adequadamente, "Mecanismo de Frank-Starling". Assim, **o mecanismo de Frank-Starling, ou relação de força-comprimento**, é a expressão do fenômeno de estiramento dos sarcô-

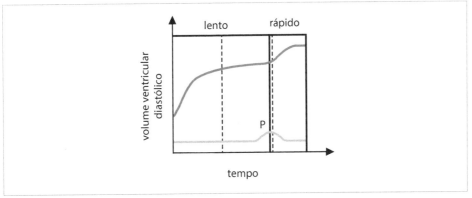

FIGURA 21 Fases de enchimento lento e de enchimento rápido (em cinza escuro). Em cinza claro, sinal eletrocardiográfico mostrando a relação da onda P com a fase de enchimento rápido.

meros (Figura 19) sendo refletido no funcionamento do órgão como um todo, e pode ser enunciado como (ver Figura 22): **o aumento do volume diastólico final leva a um aumento na força de contração durante a sístole**.

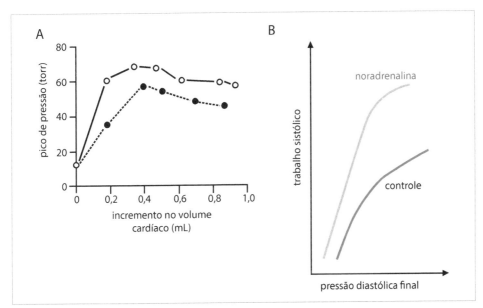

FIGURA 22 Relação enchimento-força, ou mecanismo de Frank-Starling. A: pico de força em relação ao volume ventricular em corações de sapos. Note o aumento da força com o enchimento ventricular até atingir um máximo. O posterior incremento de volume passa a ser acompanhado por diminuição da força de ejeção pelos motivos delineados no texto. B: trabalho sistólico (utilizado como índice de força) em função da pressão diastólica final (utilizada com índice de enchimento ventricular) em uma situação controle e ao se adicionar noradrenalina (norepinefrina) ao meio de perfusão. Note como a atuação do sistema nervoso autônomo simpático (através da norepinefrina) desloca a curva para a esquerda, aumentando a força de ejeção para um mesmo volume de enchimento (esse assunto voltará a ser estudado na seção de quantificação da circulação, mais adiante).
Fonte: A: adaptada de Katz, 2002; B: adaptada de Levy e Pappano, 2007.

O volume diastólico final corresponde ao máximo enchimento que os ventrículos têm, pois é o volume da câmara imediatamente antes do início da sístole. Assim, esse volume está relacionado ao estiramento que as fibras cardíacas estão sofrendo em tal momento e, consequentemente, se torna relacionado à força de contração subsequente.

Além disso, o volume diastólico final se relaciona à pressão de enchimento ventricular, a qual é dada pela pressão venosa central (visto na seção anterior). Assim, muitas vezes, em vez de se fazer referência ao volume diastólico final, faz-se referência à PVC como índice de estiramento das fibras cardíacas.

A força sistólica se relaciona ao encurtamento das fibras, à força de ejeção e, consequentemente, ao volume ejetado. Como veremos mais adiante, estes se relacionam ao trabalho cardíaco. Assim, muitas vezes, em vez de se fazer referência à força sistólica (ou pressão), faz-se referência ao volume ejetado, ao encurtamento da cavidade ventricular ou ao trabalho cardíaco como índice da força desenvolvida em decorrência do estiramento prévio.

Vamos supor que o débito cardíaco de um dado indivíduo seja 6 litros por minuto, e que esse indivíduo tenha uma frequência cardíaca de 60 batimentos por minuto. Assim, o volume sistólico é de 100 mL. Esse é o valor médio do volume ejetado por cada ventrículo a cada ciclo. Considere que o ventrículo esquerdo, numa determinada sístole, tenha ejetado 102 mL, mas o ventrículo direito tenha ejetado o valor médio de 100 mL. Assim, chegarão, ao VD, 102 mL, sendo que este ejetou 100 mL. No ventrículo esquerdo, chegarão 100 mL, sendo que este ejetou 102 mL. Portanto, o resultado é que, agora, o VD está mais cheio do que no ciclo anterior, e o VE menos cheio. Em outras palavras, os volumes diastólicos finais mudaram ligeiramente, sendo um pouco menor no VE e um pouco maior no VD. Como consequência do mecanismo de Frank-Starling, o VD irá ejetar um pouco mais de sangue na próxima sístole, e o VE um pouco menos. Dessa forma, sem qualquer participação de um centro controlador, existe um ajuste de volumes ejetados entre os ventrículos, sendo que este ajuste ocorre a cada batimento.

Contudo, a relação de força-comprimento (mecanismo de Frank-Starling) está presente em todos os vertebrados estudados, como anfíbios e peixes, os quais têm somente um ventrículo. Portanto, do ponto de vista evolutivo, a relação de força-comprimento não foi resultado de seleção para ajuste de fluxos em organismos com circulação dupla. O ajuste de fluxo em organismos com dois ventrículos é, por assim dizer, um bônus evolutivo, e o mecanismo de Frank-Starling deve ter tido origem em alguma outra pressão de seleção que não este ajuste de fluxo entre ventrículos.

Um ponto de operação do sistema cardiovascular é dado por um par (pressão venosa central, débito cardíaco) (ver "O ponto de operação" mais adiante e Guyton et al., 1957) e representa, portanto, o fluxo de sangue que está sendo dado aos tecidos para suprir as necessidades metabólicas. Um modelo teórico sugere que o mecanismo de Frank-Starling tenha sua origem evolutiva em permitir que o sistema cardiovascular, ao sofrer uma perturbação, retorne ao ponto de operação mais rapidamente e sem a necessidade de controles neurais para isso, ou, sob uma óptica diferente, que ao haver a necessidade de mudança no ponto de operação (p. ex., em uma mudança na taxa metabólica) esta ocorra mais rapidamente (Chaui-Berlinck e Monteiro, 2017).

O mecanismo de Frank-Starling atua dentro de certos limites. Como se observa na Figura 19, existe um comprimento de sarcômero que resulta na força máxima obtida. A partir desse comprimento, a força diminui, e o efeito no órgão pode ser visto na Figura 22. Assim, em casos patológicos, nos quais a cavidade ventricular sofreu um aumento crônico de volume (cardiopatias dilatadas), a força desenvolvida já não mais mantém relação com o estiramento das fibras.

A onda de pulso e o fluxo de sangue

Ao se colocar a polpa digital sobre uma artéria de médio ou grande calibre, sente-se uma pressão oscilatória na polpa digital. Cada elevação de pressão corresponde a uma sístole, e é uma "onda de pulso". O que se está sentindo, exatamente? Vejamos aquilo que essa onda não é. **A onda de pulso não é**:

- O fluxo de sangue passando na artéria.
- O sangue ejetado pelo coração.
- O aumento de volume na artéria.
- A pressão na artéria.

A onda de pulso é exatamente aquilo que o termo indica: uma onda. Ao entrar em sístole e começar a ejeção, o VE causa uma distensão na parede da aorta (o mesmo ocorre no tronco pulmonar às custas do VD). Essa distensão da parede se propaga pela aorta e vai sendo transmitida às suas ramificações, podendo ser percebida pela palpação de uma artéria. Assim, a onda de pulso (ou pulso) é uma onda de distensão de parede sendo propagada na árvore arterial.

Como apresentamos no capítulo "Modelos genéricos básicos" do volume 1 desta coleção, uma onda simples é composta de um pico e de um nadir. Portanto, se há um aumento da área de secção num determinado local (a distensão que se propaga), existe uma diminuição justaposta a este aumento (que também se propaga). Dessa forma, não há, efetivamente, alteração de volume causado pela onda em seu trajeto.

Sendo uma onda em propagação, existe uma velocidade para tal fenômeno. Assim, a onda de pulso é percebida após um tempo do início da ejeção. Esse tempo depende da distância do ponto em que está sendo palpado do coração e de propriedades mecânicas das paredes arteriais pelas quais a onda caminha. A detecção da onda numa carótida ocorre antes da detecção da onda na artéria radial e esta ocorre antes da detecção na artéria pediosa. Alterações no tempo de propagação de onda numa mesma pessoa indicam alterações de propriedades mecânicas das paredes arteriais, como alteração do tônus de musculatura lisa da parede dos vasos.

A onda em propagação vai, por diversos mecanismos, perdendo energia ao longo do trajeto e, assim, ela deixa de ser perceptível após algumas ramificações (ver "Impedância", mais adiante). Nas arteríolas, já não se identifica mais a onda.

Uma pergunta similar à seguinte foi respondida por William Harvey (ver nota de rodapé 12) no século XVII. Quando o coração começa ejetar sangue, qual artéria terá aumento de fluxo primeiro: a carótida (no pescoço, a alguns centímetros do coração) ou a pediosa (no dorso do pé, a mais de um metro do coração)?

Antes de irmos à resposta, note que foi dito "aumento de fluxo", e não simplesmente "fluxo". Isto pois, como já visto, mesmo na fase de diástole, com o coração relaxado, as grandes artérias mantêm pressão no sistema e, portanto, há fluxo sanguíneo mesmo na diástole. Na sístole, ocorre um aumento de fluxo nas artérias (ver discussão adiante). Daí a formulação da pergunta como foi feita.

Respondendo à pergunta. Como também já visto, para os regimes de pressão biológicos, os líquidos (e, basicamente, a água) se comportam como fluidos incompressíveis. Isso significa que a pressão exercida num certo ponto é transmitida imediatamente a todos os pontos e, consequentemente, o deslocamento de uma porção do líquido é acompanhado por deslocamento em todos os pontos. Assim, **o aumento de fluxo detectado na carótida e na artéria pediosa é simultâneo, independentemente da distância ao coração.** Essa constatação foi uma dentre as inúmeras feitas por Harvey (ver Rebollo, 1999).

Note que, portanto, o fluxo de sangue nada tem a ver com a onda de pulso, pois esta é percebida, como explicado anteriormente, em tempos diferentes dependendo da distância da artéria até o coração.

Durante a sístole, há aumento de fluxo no sistema, sendo que o pico de pressão é amortecido devido às propriedades elásticas das paredes de grandes artérias. Durante a diástole, o fluxo diminui, mas é mantido graças às mesmas propriedades das paredes arteriais. Ao mesmo tempo, as arteríolas oferecem resistência ao fluxo e há, portanto, dissipação de energia ao longo do trajeto (isso será mais aprofundado adiante). A junção desses processos acarreta uma progressiva perda do caráter pulsátil do fluxo sanguíneo quando se caminha da árvore arterial para a árvore venosa. Enquanto, como acabamos de ver, o fluxo nas artérias tem um claro caráter pulsátil, com aumento na sístole e diminuição (mas não extinção) na diástole, o fluxo venoso é quase contínuo, sem se perceber muita diferença durante o ciclo cardíaco.

Note, mais uma vez, que a mudança de característica do fluxo entre a árvore arterial e a árvore venosa não tem sua causa no amortecimento que ocorre na onda de pulso. São fenômenos associados, mas não são relacionados como causa-e-efeito.

O diagrama de Wiggers – os vários componentes do ciclo cardíaco em uma única representação

Vamos retomar o que sabemos até este ponto acerca do ciclo cardíaco:

a. O sinal elétrico para despolarização do miocárdio é gerado no próprio coração, percorre o órgão através de um tecido especializado e, então, espalha-se na musculatura propriamente dita.

b. A despolarização/repolarização da musculatura cardíaca gera um sinal que pode ser registrado na superfície corpórea, o chamado eletrocardiograma.

c. O eletrocardiograma é composto, basicamente, de três elementos: onda P, correspondente à despolarização atrial; complexo QRS, correspondente à despolarização ventricular; onda T, correspondente à repolarização ventricular.

d. O impulso elétrico é o que desencadeia o processo mecânico da contração muscular, havendo o chamado acoplamento excitação-contração, ou acoplamento eletromecânico.

e. O enchimento da câmara ventricular se dá na diástole, numa primeira etapa através da pressão venosa central e, posteriormente, com a sístole atrial – o volume presente ao final da diástole é o volume diastólico final e representa a pré-carga cardíaca.

f. Para ejetar, o ventrículo tem de vencer a pressão que já está presente na porção arterial do sistema (pulmonar ou aorta) – este é um dos componentes da pós-carga cardíaca.

g. Quando a pressão na câmara ventricular se torna maior que a do átrio, o sangue tende a refluir e as válvulas atrioventriculares se fecham.

h. O volume ejetado (volume sistólico) é uma fração do total que se encontra num ventrículo ao final da diástole, ou seja, os ventrículos não ejetam todo o sangue neles contido – a fração de ejeção normal é ao redor de 60%.

i. Quando a pressão nas grandes artérias se torna mais elevada que nos ventrículos, o sangue tende a refluir e ocorre o fechamento das válvulas entre esses vasos e seus respectivos ventrículos.

j. A elasticidade da parede das grandes artérias faz com que os picos de pressão não sejam muito elevados durante a sístole e que pressão seja mantida no sistema durante a diástole.

k. A manutenção da pressão arterial na diástole mantém a pressão venosa acima da pressão das câmaras ventriculares.

l. A pressão venosa central sendo mais elevada que a pressão ventricular permite que haja fluxo de sangue para o enchimento ventricular – é a fase de enchimento lento.

m. Ao ocorrer a sístole atrial, mais um tanto de sangue é colocado na câmara ventricular – é a fase de enchimento rápido.

A Figura 23 ilustra todos esses pontos citados numa única representação, chamada de Diagrama de Wiggers. O Diagrama de Wiggers permite que se visualize as relações temporais entre as variáveis envolvidas num ciclo cardíaco, bem como seus valores, de uma forma bastante rápida e fácil. O diagrama será detalhado no texto a seguir.

Iremos, inicialmente, nos ater aos eventos ventriculares. Posteriormente, detalharemos os eventos atriais (Figura 23). Note o registro mais inferior, que é o ECG. Como já sabemos, esse registro corresponde ao sinal elétrico percorrendo a musculatura cardíaca e causará a sua contração. Portanto, os eventos elétricos devem preceder os eventos mecânicos. Assim, o complexo QRS tem início, mas o início da sístole (mecânica) só ocorre algum tempo após. Isso se nota pelo início da elevação da pressão intraventricular já no meio do tempo da despolarização ventricular (cuidado: não entenda que a contração ventricular se inicia no pico R do complexo QRS, como pode ser erroneamente interpretado).

A contração ventricular se inicia, mas não há ejeção de sangue. Isso pode ser visto no registro de volume ventricular e no registro de fluxos. No primeiro, nota-se que não

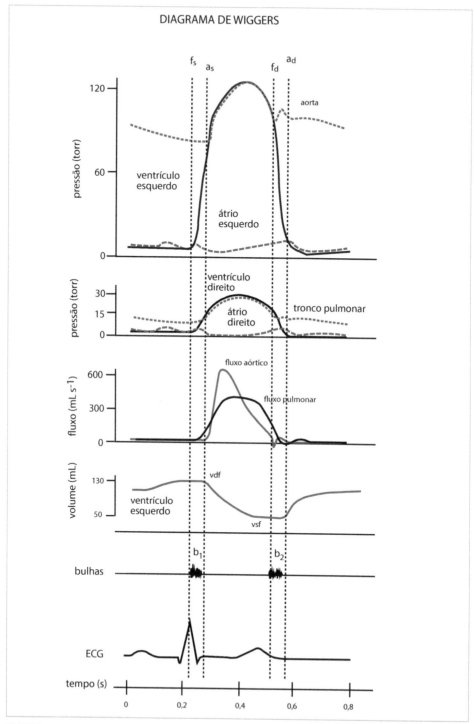

FIGURA 23 Painel superior: diagrama de Wiggers. Painel inferior: curva de pressão venosa central (ou atrial direita) em maior detalhe. (*continua*)

a_d: aberturas diastólicas; a_s: aberturas sistólicas; b_1: primeira bulha; b_2: segunda bulha; ECG: eletrocardiograma; f_d: fechamentos diastólicos; f_s: fechamentos sistólicos; vdf: volume diastólico final; vsf: volume sistólico final.

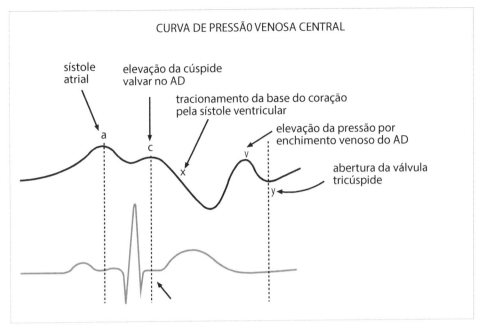

FIGURA 23 (continuação)

há alteração do volume enquanto, no segundo, nota-se que não há elevação do fluxo, apesar da pressão (força) intracavitária estar se elevando. Isso decorre do fato de que o ventrículo (seja o esquerdo ou direito) apesar de estar desenvolvendo força ainda não conseguiu gerar pressão suficiente para vencer a pressão que já se encontra na árvore arterial (aorta e tronco pulmonar, respectivamente). Essa é a fase de contração isovolumétrica.[17]

Com o aumento das pressões intraventriculares, o sangue tende a refluir para os átrios. Isso provoca o fechamento das válvulas mitral (entre AE e VE) e tricúspide (entre AD e VD) – indicados pela linha vertical tracejada f_s. As válvulas, em si mesmas, são estruturas maleáveis e flexíveis. Contudo, o seu fechamento causa uma brusca desaceleração no sangue que tendia a refluir para cada um dos átrios. Essa brusca desaceleração implica que a energia cinética do sangue que se deslocava tem de ser transformada em algum outro tipo de energia. Como discutido no capítulo "Energética" do volume 3 desta coleção, as formas de dissipação de energia são o calor e o som e, dessa maneira, pode-se ouvir um ruído que corresponde a esse fechamento das válvulas atrioventriculares. Esse ruído se denomina primeira bulha, e se encontra indicado por b_1. A título de deixar o assunto esclarecido, a primeira bulha (e a segunda, a ser descrita mais adiante) não é

---

[17] De fato, em qualquer contração muscular existe uma fase inicial na qual o músculo ainda não conseguiu gerar força suficiente para vencer a carga, ou seja, em qualquer contração muscular existe uma fase isométrica. No caso do coração, essa fase é denominada isovolumétrica apenas por estar-se tratando de volume de um fluido a ser deslocado.

o fechamento das válvulas em si, como seria o bater de uma porta, mas a vibração do tecido valvular devido à desaceleração do sangue pelo fechamento.

Quando a pressão intracavitária supera a pressão na árvore arterial, inicia-se a fase de ejeção, com concomitante abertura das válvulas entre os ventrículos e as suas respectivas artérias de saída. Nessa fase, há diminuição do volume da cavidade ventricular com ejeção efetiva de volume, gerando fluxo elevado nas grandes artérias. Ao mesmo tempo, a pressão nas artérias sobe. Na aorta e no tronco pulmonar, a pressão se torna praticamente idêntica à dos respectivos ventrículos, apenas ligeiramente mais baixas.

O que vamos descrever, agora, é mais evidente e acentuado no lado esquerdo (VE e Ao), por causa do regime de pressão mais elevado nesse lado. Note que o fluxo aórtico atinge um valor máximo (pico) em determinado momento da sístole. Contudo, o pico de fluxo não corresponde ao momento do pico de pressão, que ocorrerá posteriormente. Ou seja, apesar da pressão intracavitária ainda estar em ascensão e o VE estar ejetando, o fluxo aórtico começa a cair. Por que isso ocorre?

É importante ter em mente que os líquidos, como o sangue, para os regimes de pressão biológicos se comportam como fluidos incompressíveis. Ou seja, para as pressões encontradas nos sistemas biológicos, os líquidos não alteram sua densidade.

Como veremos mais adiante, o fluxo é dado pela diferença de pressão. A diferença de pressão entre o VE e a Ao não se altera significativamente durante a fase de ejeção. Dessa maneira, o fato de a pressão intracavitária ainda estar aumentando quando o fluxo registrado na Ao começa a cair não têm uma relação causal. O fluxo começa a cair pois o volume já ejetado pelo ventrículo causa elevação da pressão em toda a árvore arterial (e na venosa também, mas isso é irrelevante para o caso em questão). Portanto, apesar de entre o VE e a Ao, a diferença de pressão ser praticamente a mesma durante a ejeção, entre a aorta e o restante do sistema, não. Agora, a pressão do VE tem de enfrentar uma pressão crescente na árvore arterial e, com isso, o fluxo cai mesmo com o progressivo aumento da pressão intracavitária.

Em algum momento após o maior valor de pressão (do lado esquerdo e do lado direito, individualmente) inicia-se a diástole, a fase de relaxamento da musculatura cardíaca. Note, assim, que a pressão cai ainda na fase de ejeção. Ou seja, nos três parágrafos anteriores, apresentamos e discutimos a questão de o fluxo cair a despeito do aumento de pressão. Agora, estamos vendo que a sístole ainda está ocorrendo, mas a pressão intracavitária já começa a cair. Por que isso ocorre?

A Figura 19 contém, em essência, a explicação para o fenômeno, o qual ocorre, de fato, para qualquer músculo estriado. Como vimos, quando os sarcômeros se encurtam, a força desenvolvida começa a cair devido ao menor número de pontes cruzadas que podem se formar. Com a ejeção de volume, as cavidades ventriculares estão diminuindo de tamanho e, consequentemente, há um encurtamento dos sarcômeros. Isso causa uma diminuição na força desenvolvida, ainda na sístole.

Como dito, em algum momento logo após o pico de pressão, inicia-se a diástole. Com isso, a pressão intracavitária começa a cair e, em um dado momento, torna-se inferior à pressão na aorta (VE) ou tronco pulmonar (VD). Nesse momento, o sangue tende a refluir das grandes artérias para os respectivos ventrículos, causando o fechamento das válvulas (aórtica e pulmonar) – indicados pela linha f_d. Como descrito, para o que ocorre no início da sístole ventricular, o sangue que tende a refluir é bruscamente desacelerado pelo fechamento das válvulas e a energia é dissipada. O som resultante é a chamada segunda bulha, e o registro desse som pode ser visto no registro sonoro das bulhas. Assim, a segunda bulha corresponde ao fechamento das válvulas entre as grandes artérias e os respectivos ventrículos.

Nota-se que o momento de fechamento das válvulas na segunda bulha é acompanhado por uma rápida alteração de pressão arterial (aorta e tronco pulmonar). Essa chamada incisura (*notch*) decorre do seguinte processo. O sangue tende a refluir e causa o fechamento das válvulas. Quando as válvulas se fecham, a pressão que caía rapidamente (acompanhando a queda da pressão intraventricular) deixa de cair, e parte da energia da desaceleração do sangue pelas válvulas é transferida para a parede do vaso e para o próprio sangue (efeito de martelo d'água), causando um aumento brusco na pressão.

Os ventrículos já estão, agora, em diástole, com relaxamento das paredes, mas o volume ventricular não se altera. A explicação para isso se encontra na curva de pressão atrial (que corresponde à pressão venosa central). Como se pode observar, a pressão venosa, no início da diástole, ainda é menor que a pressão intracavitária e, assim, não há passagem de sangue dos átrios para os ventrículos. É a fase de relaxamento isovolumétrico.

Ao mesmo tempo, pode-se observar que a pressão arterial (aorta e tronco pulmonar) deixou de acompanhar a pressão ventricular, mantendo-se elevada. O fechamento das válvulas entre as grandes artérias e os seus respectivos ventrículos permite a completa dissociação entre o perfil de pressão intraventricular e o perfil de pressão arterial durante a diástole. Como vimos anteriormente, energia elástica acumulada nas paredes das grandes artérias é, agora, devolvida ao sistema, mantendo a pressão arterial alta durante a diástole.

Quando a pressão intraventricular se torna mais baixa que a pressão venosa central, sangue passa a entrar na cavidade ventricular, com abertura das válvulas atrioventriculares, e tem início a fase de enchimento lento, com o volume ventricular agora aumentando. Após um certo tempo, ocorre a despolarização atrial (onda P), que irá causar o fenômeno mecânico da contração atrial, iniciando um novo ciclo cardíaco. Quando ocorre a contração atrial, nota-se um aumento complementar no volume ventricular, sendo essa a fase de enchimento rápido. Note que, como explicado anteriormente, em condições de repouso, a sístole atrial tem uma participação pequena no enchimento ventricular.

Note, ainda, que o enchimento ventricular durante a diástole é acompanhado de pequena alteração da pressão intracavitária. Isso decore do fato de que, nessa fase, a capacitância ventricular é alta e, assim, grandes alterações de volume são acompanhadas por pequenas alterações de pressão. Voltaremos a falar sobre o conceito de capacitância mais à frente.

Antes de passarmos a descrever o perfil de pressão atrial, é essencial que se tenha reparado em como se dá o processo de enchimento ventricular. Percebe-se que a pressão ventricular nunca se torna menor do que o zero de referência (que é o mesmo, tanto para átrios quanto para ventrículos). Isso significa que os ventrículos não "sugam" o sangue para realizar o enchimento, ou seja, não há pressão negativa para "trazer o sangue" à cavidade ventricular. Como já visto, o enchimento ventricular ocorre quando a pressão venosa central se torna maior que a intracavitária, logo, o enchimento é feito às custas da pressão existente na parte venosa do sistema.

Existem estudos que sugerem que a disposição das fibras do miocárdio seja tal que o término da contração ventricular possa causar uma diminuição da pressão intracavitária mais rápida e, assim, a fase de relaxamento isovolumétrico teria uma duração menor que a que seria resultante somente do relaxamento da musculatura cardíaca. Essa disposição das fibras permite, então, que a fase de enchimento lento possa ter uma duração maior já que a pressão intracavitária se tornaria menor que a venosa central mais rapidamente.

Os elasmobrânquios (peixes cartilaginosos, basicamente tubarões e raias) têm um pericárdio mais rígido e, durante a ejeção ventricular, uma pressão subsistêmica se desenvolve na cavidade pericárdica. Essa pressão negativa em relação ao ventrículo funciona como uma sucção que auxilia o enchimento diastólico (Farrell e Smith, 2017). Entre os invertebrados, o processo do enchimento diastólico é muito variado. Em aranhas, por exemplo, a disposição do coração em relação ao saco pericárdico rígido permite, também, a existência de pressões negativas em parte do ciclo cardíaco.

Vamos, agora, descrever em maiores detalhes a curva de pressão atrial direita, que corresponde à pressão venosa central (Figura 23). Como se nota, o perfil pressórico do átrio direito é composto por várias elevações e quedas. Começando pelo que ocorre antes de haver uma onda P, percebe-se que a pressão atrial é crescente, mesmo com sangue passando para o ventrículo direito (pois nos encontramos na diástole). Esse fenômeno é decorrente de uma combinação entre o fluxo de sangue chegando da parte arterial do sistema e o enchimento ventricular que, a despeito da capacitância grande, vai causando um aumento na pressão intracavitária.

Ocorre, então, a onda P e, algum tempo depois, a sístole (mecânica) atrial tem início, causando um aumento mais intenso e rápido na pressão atrial. Esse é o pico "a". Com deslocamento de volume do átrio para o ventrículo, a pressão atrial cai. Em seguida, tem início a sístole ventricular. Com o aumento da pressão no VD, o sangue tende a refluir para o AD e a válvula tricúspide se fecha. A incursão dos folhetos valvares para dentro do átrio direito causa um aumento de pressão, correspondendo ao pico "c". O movimento da contração ventricular traciona a base do coração e, por consequência, as estruturas que estão cefalicamente localizadas em relação ao esqueleto fibroso do miocárdio, como o AD. O tracionamento causa uma queda de pressão nessa câmara, correspondendo à queda "x". Terminada a sístole ventricular, inicia-se a diástole ventricular, com a fase de relaxamento isovolumétrico. Assim, o sangue que vai chegando no AD ainda não consegue passar para o VD, pois a pressão no VD ainda está mais alta que no AD. Com isso, a pressão no AD sobe rapidamente, levando ao pico "v". Em seguida, a pressão intraventricular cai abaixo da pressão venosa central e sangue passa a fluir para a cavidade ventricular, causando uma queda de pressão no átrio. Assim, o nadir "y" corresponde ao momento no qual há a abertura da válvula tricúspide com fluxo de sangue do AD para o VD, e um novo ciclo tem início.

QUANTIFICAÇÃO DA CIRCULAÇÃO – O CORAÇÃO

Até agora, o sistema circulatório foi tratado, basicamente, sob um ponto de vista qualitativo, com a circulação, em seus vários níveis, sendo apresentada de modo descritivo. Nesta seção passaremos a tratar o processo do ponto de vista quantitativo, ou seja, os aspectos físicos que regem o funcionamento do sistema circulatório.

Nosso primeiro passo é explicar por que o coração é dito ser uma bomba.

A demanda energética do coração

O coração de um ser humano em repouso gasta, aproximadamente, 5% do total de energia que está sendo consumida pelo organismo. Em quais processos essa energia está sendo utilizada?

1. Metabolismo basal do miocárdio.
2. Energia mecânica potencial.
3. Trabalho mecânico externo.
4. Acoplamento excitação-contração e outros processos relacionados aos potenciais de membrana e trocas iônicas.

O item 1 é a energia que as células do coração gastam para se manter vivas, sem realizar qualquer outra função. O item 2 é a energia gasta para sustentar a pressão de parede em função da pressão no sistema, sendo parte do que foi apresentado como pré-carga. O item 3 é a energia colocada, efetivamente, para fazer o sangue circular.

Os três primeiros itens da lista representam 50% do consumo de energia do miocárdio. O item 4 representa os demais 50%. O item 2 representa algo em torno de 20% a 25%. Ou seja, do gasto total do coração, apenas 25% surge, de fato, como "circulação" do sangue. Os demais 75% são demandas energéticas que, obviamente, estão relacionadas ao funcionamento do sistema, mas não são, de fato, colocadas na circulação.

Vejamos, então, como a energia que é colocada na circulação se apresenta no sistema.

O trabalho cardíaco externo – estimativa

A energia colocada na circulação de sangue é o que se denomina por trabalho cardíaco externo, ou seja, o trabalho colocado pelo coração para fazer o sangue circular. Esse trabalho cardíaco externo surge como dois componentes de energia: energia cinética e entalpia. Quantificaremos quanto de energia se apresenta como cada um desses componentes. Faremos isso para o lado esquerdo da circulação (circulação sistêmica).

Entalpia

A função entalpia, denominada por H, é a soma da energia interna, U, com o produto pressão (P) vezes volume (V).[18] A variação infinitesimal da entalpia é, portanto:

$$dH = dU + d(P \cdot V) \qquad \text{Equação 5A}$$

Desta maneira, a variação mensurável de entalpia, ΔH, é:

$$\Delta H = \Delta U + \Delta(P \cdot V) \qquad \text{Equação 5B}$$

A energia interna U é uma função da temperatura. Para simplificarmos a análise, vamos considerar que no processo de enchimento e de esvaziamento ventricular não ocorre alteração significativa da temperatura do sangue e do coração (uma análise mais detalhada pode ser encontrada em Chaui-Berlinck e Martins, 2013). Assim, $\Delta U = 0$ e a variação de entalpia é dada por $\Delta H = \oint(P \cdot V)$, ou seja, a integral do produto P · V no ciclo cardíaco.

Considere as curvas de volume ventricular e pressão ventricular ao longo de um ciclo cardíaco (Figura 23). Iremos projetar, então, a relação entre a pressão e o volume, um gráfico dito "PV", no qual o tempo deixa de ser representado (mas ficará indicado).

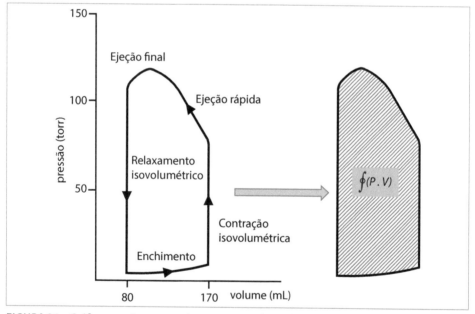

FIGURA 24 Gráfico pressão *versus* volume em um ciclo cardíaco, com as fases mecânicas do ciclo indicadas. A variação de entalpia, dada por $\Delta H = \oint(P \cdot V)$, está realçada no gráfico. As setas indicam o sentido do tempo no ciclo.

---

18 A função entalpia como potencial termodinâmico tem um escopo mais restrito do que o que estamos utilizando aqui. A ideia principal, contudo, é a de obtermos uma quantidade de energia relacionada às variações de volume e pressão no coração.

Esse gráfico está ilustrado na Figura 24. Nesse gráfico, identificam-se as várias fases do ciclo cardíaco. A integral $\oint(P \cdot V)$, que representa a variação de entalpia, ou, em outras palavras, a energia colocada na forma de entalpia no sistema circulatório é dada pela área englobada pela curva "PV", e está realçada na figura.

Cálculo aproximado de ΔH

Como se percebe, a área englobada pela curva da relação PV não tem um formato simples que possa ser definido por meio de uma função (ou de um conjunto de funções simples). Assim, faremos uma estimativa da área realçada em cinza na Figura 24. O cálculo exato não é importante, o que tem relevância é a ordem de grandeza que obteremos.

Para obtermos a entalpia (energia) em Joules (SI), utilizaremos pascal e metros cúbicos para pressão e volume, respectivamente A variação de pressão está na ordem de 15×10^3 Pa e a variação e volume na ordem de 9×10^{-5} m³. Num cálculo aproximado, temos, então, $\Delta H \cong 1,25$ J.

Energia cinética

A energia cinética é uma forma de energia relacionada ao movimento da matéria de um dado sistema. Assim, a massa M e a velocidade u da matéria se relacionam à energia cinética E_c por meio de:

$$E_c = \frac{1}{2} \cdot M \cdot u^2$$

Como vimos anteriormente, a velocidade cai progressivamente entre as artérias e os capilares devido ao aumento da área total de secção dos graus hierárquicos, conforme o sistema vai se ramificando (Figuras 3 a 5). Conforme o sistema vai confluindo, entre os capilares e as veias, a velocidade volta a aumentar, pois a área de secção total diminui. A Tabela 1 apresenta as quantidades aproximadas de sangue (massa) e velocidade nos diferentes graus hierárquicos da circulação sistêmica.

TABELA 1 Massa média, velocidade média e fluxo médio de sangue em diferentes graus hierárquicos da circulação sistêmica. A densidade do sangue foi considerada 1.060 kg/m³. A velocidade média na porção venosa do sistema foi estimada considerando uma área de secção duas vezes maior que a de uma artéria correspondente

	Massa (kg)	Velocidade média (m/s)	Fluxo x 10^{-6} (m³/s)
Aorta e grandes artérias	0,53	0,1900	83
Capilares	0,32	0,0002	83
Médias e grandes veias	3,92	0,1000	83

Cálculo aproximado da energia cinética

Utilizando os valores apresentados na Tabela 1, podemos fazer uma estimativa da energia cinética do sangue nos diferentes locais do sistema:

- Artérias: $\frac{1}{2} \cdot 0,53$ kg $\cdot (0,19$ m/s$)^2 = 0,0096$ J
- Capilares: $\frac{1}{2} \cdot 0,32$ kg $\cdot (0,0002$ m/s$)^2 = 6 \times 10^{-9}$ J

- Veias: $\frac{1}{2} \cdot 3,92 \text{ kg} \cdot (0,1 \text{ m/s})^2 = 0,02 \text{ J}$

Dessa forma, somando as diversas energias cinéticas no sistema, temos $E_c \cong 0,03 \text{ J}$

O trabalho cardíaco externo – o que se conclui

O trabalho cardíaco externo, ou seja, a energia que efetivamente surge no sangue para causar a sua circulação, tem dois componentes: entalpia e energia cinética. A entalpia é um componente de energia relacionado à pressão. A energia cinética é um componente de energia relacionado ao movimento. Como acabamos de calcular, o componente de energia relacionado à pressão é cerca de 40 vezes maior que o componente de energia relacionado ao movimento, ou, em outras palavras, **a entalpia colocada no sistema pelo coração é cerca de 40 vezes maior que a energia cinética** por ele também colocada. O que se conclui disso?

A conclusão a que somos levados é óbvia: **do ponto de vista energético, a função do coração é colocar pressão no sangue, e não movimento.** Por esse motivo, o coração é dito ser uma bomba. Uma bomba é, basicamente, um aparato que recebe fluido a uma baixa pressão e devolve esse fluido a uma pressão mais elevada num sistema (que pode ser, ou não, o mesmo do qual ela recebeu o fluido). Note que o modo como bombas podem causar a elevação de pressão num fluido é extremamente variável. No caso do coração, energia química (ATP) é convertida em mecânica (contração muscular) e, esta, transferida para o fluido (sangue) na forma de aumento de pressão.

> Portanto, não se deve confundir o elemento funcional básico do sistema circulatório que é o débito cardíaco (Equação 1), um fluxo (logo, deslocamento do fluido), com o modo como o coração cria a condição para haver esse fluxo, que é através de entalpia (pressão) e não energia cinética (movimento).

Em outras palavras, o papel do coração não é o de colocar movimento no sangue, mas, sim, colocar pressão. O movimento (fluxo) será gerado pela diferença de pressão entre os pontos do sistema (como discutiremos em seguida).

QUANTIFICAÇÃO DA CIRCULAÇÃO – PRESSÃO E FLUXO

Como acabamos de concluir, o papel do coração é colocar pressão no sistema. Por outro lado, como vimos, os órgãos e tecidos têm suas necessidades supridas pelo débito cardíaco, que é um fluxo. Ou seja, as células necessitam de fluxo, mas o coração fornece pressão. Como essa pressão se relaciona, então, ao fluxo necessário?

Discutiremos essa relação sob a perspectiva de um funcionamento contínuo, como se o coração não operasse em ciclos, mas mantivesse uma condição não oscilante no sistema circulatório. Essa é uma abordagem do tipo "corrente contínua" ou em campo médio. Posteriormente, faremos uma breve abordagem levando em consideração a operação cíclica da bomba.

Um fluido vai de um ponto a outro num sistema em decorrência da diferença de pressão entre esses pontos. A pressão tem (ou pode ter) dois componentes: um estático e um dinâmico. Obviamente, como o próprio nome indica, **o termo estático não pode causar fluxo pois está relacionado à parte estática das forças (pressões)**. Assim, é o componente dinâmico que irá causar fluxo, ou, em outras palavras, é a diferença no componente dinâmico da pressão que causa fluxo. Quando discutirmos a questão do efeito da força da gravidade no sistema circulatório falaremos sobre o componente estático. Por enquanto, basta saber que **o coração é o responsável por colocar o componente dinâmico de pressão no sistema e, portanto, causar fluxo**. Ou seja, tudo o que discutirmos agora se refere ao componente hidrodinâmico da pressão sanguínea. De fato, quando anteriormente nos referimos à pressão arterial e à pressão venosa, estávamos, já, nos referindo somente a esse componente da dinâmico da pressão.

A equação de Hagen-Poiseuille

A Figura 25 ilustra uma tubulação de raio r e comprimento L pela qual passa um fluido com fluxo Q no sentido indicado. O fluido tem viscosidade μ e entre a entrada da tubulação e a saída (portanto, o comprimento L) existe uma diferença de pressão, ΔP, dada pela diferença entre a pressão de entrada e a pressão de saída.

A equação de Hagen-Poiseuille relaciona o fluxo à diferença de pressão da seguinte maneira:[19]

$$Q = \frac{\pi \cdot r^4}{8 \cdot \mu \cdot L} \cdot \Delta P \qquad \text{Equação 6}$$

A equação de Hagen-Poiseuille (H-P) descreve a relação entre o fluxo e as demais variáveis para fluidos newtonianos[20] em tubos rígidos de área de secção circular. Basicamente, nenhum local do sistema circulatório tem essas características. Contudo, a

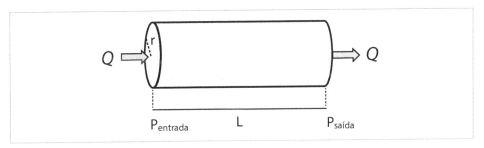

FIGURA 25 Fluxo em uma tubulação.

---

19 π é um número transcendental, sendo a razão entre o perímetro de um círculo e o diâmetro desse círculo, que é uma constante para qualquer circunferência.
20 Um fluido newtoniano é um fluido cuja viscosidade é independente da velocidade com a qual o fluido se move.

equação de H-P é uma ótima aproximação para muitos vasos e, por fim, termina sendo uma boa aproximação para descrever e modelar o fluxo sanguíneo em condições não extremas.

O formato da equação de H-P é o mesmo do tipo básico de equação de fluxos termodinâmicos generalizados (ver o capítulo "Difusão e potenciais" do volume 1 desta coleção). Dessa maneira, sabemos que o primeiro termo do lado da mão direita na Equação 6 representa o inverso da resistência ao fluxo volumétrico (vazão), ou seja, como está colocado, esse termo é uma condutância. Além disso, sabemos, também, que essa equação implica em dissipação de energia. Voltaremos à questão da dissipação de energia mais adiante. Vamos, inicialmente, discutir o termo de condutância.

Se tomarmos o inverso do termo de condutância na equação de H-P, temos a resistência R ao fluxo (atenção, "R" maiúsculo indica resistência, "r" minúsculo indica raio):[21]

$$R = \frac{8 \cdot \mu \cdot L}{\pi \cdot r^4}$$

Equação 7

Considere uma dada diferença de pressão ΔP fixa. De acordo com o termo de resistência (Equação 7), se o comprimento L é mais longo e/ou a viscosidade do fluido é maior, o fluxo diminui (a resistência aumenta). Por sua vez, se o raio da tubulação aumenta, o fluxo aumenta numa proporcionalidade da 4ª potência desse raio. Assim, a resistência ao fluxo tem uma grande dependência no raio da tubulação, ou, em outras palavras, as variações no raio têm um grande impacto sobre o fluxo do fluido por alterarem, muito, a resistência.

Vamos considerar um certo órgão num dado organismo num dado momento. O comprimento L dos vasos nas unidades de microcirculação não irá variar. A viscosidade sanguínea também pode ser considerada fixa em períodos nos quais não há alteração da quantidade de glóbulos vermelhos[22] (isso será melhor discutido mais adiante, na seção sobre reologia). Assim, a alteração na resistência ao fluxo numa unidade de microcirculação está relacionada, básica e somente, às variações no raio da tubulação.

É por esse motivo que, como vimos na seção sobre controle local do fluxo, falou-se em vasodilatação e em vasoconstrição, ou seja, alterações no raio das arteríolas como fator de regulação da vazão no local. É também por esse motivo que as arteríolas, com a possibilidade de uma ampla variação no seu raio devido à grande quantidade de musculatura lisa na parede, são o principal componente do que se denomina resistência periférica. Os capilares, em virtude de seu pequeno calibre, são, também, parte importante da resistência periférica. Contudo, como não alteram seu raio, não tomam parte, efetivamente, no controle de fluxo local no sentido de regulação da resistência.

---

21 O mais correto seria colocarmos "R_{H-P}" para deixar explícito que estamos nos referindo à resistência da equação de Hagen-Poiseuille, uma vez que existem outras fontes de dissipação de energia no sistema circulatório. Contudo, por uma simplicidade de notação, deixaremos apenas "R".

22 De fato, a questão da viscosidade sanguínea é bastante complexa e se encontra além dos objetivos do presente livro uma apreciação mais extensa sobre o assunto.

Revisitando a vasoconstrição e a vasodilatação

A título de se ter uma ideia numérica da importância da variação do raio de uma arteríola, vamos considerar que uma certa unidade de microcirculação tenha, num dado instante, a arteríola que a supre com um raio r_0, e o fluxo no local seja q_0 (estamos utilizando "q" minúsculo para deixar claro que se trata de um fluxo local numa microscópica região do sistema). Considere que essa vazão seja baixa para as demandas locais no dado momento. Assim, como vimos anteriormente, estímulos para relaxamento da musculatura lisa arteriolar aumentam. Suponhamos que esse aumento de estímulos de relaxamento cause uma diminuição do tônus da musculatura lisa e isso leve a um aumento de 10% no raio, ou seja, $r_1 = 1,1 \cdot r_0$. Qual o impacto dessa mudança de raio sobre o fluxo q_0?

Como estamos considerando que a diferença de pressão é fixa, e que não ocorram alterações nem de comprimento nem de viscosidade, então, pela equação de H-P, temos:

$$q_1 = \frac{\pi \cdot r_1^4}{8 \cdot \mu \cdot L} \cdot \Delta P = \frac{\pi \cdot (1,1 \cdot r_0)^4}{8 \cdot \mu \cdot L} \cdot \Delta P = (1,1)^4 \cdot \frac{\pi \cdot r_0^4}{8 \cdot \mu \cdot L} \cdot \Delta P$$

O último termo à direita nada mais é que o fluxo inicial, q_0. Como $1,1^4 \cong 1,46$, então:

$$q_1 \cong 1,46 \cdot q_0$$

Ou seja, um aumento de 10% no raio causou um aumento de quase 50% no fluxo e, assim, o fluxo seria quase 1,5 vez maior que o anterior.

Suponha, agora, que o fluxo esteja alto para as demandas num determinado momento e haja perda dos estímulos de relaxamento da musculatura lisa da arteríola que supre o local e que, com isso, o raio diminua em 20%. Nesse caso, a diminuição do fluxo é ao redor de 60%, ou seja, o fluxo passa a ser, aproximadamente, 0,4 vez o fluxo anterior (o que é menos que a metade, 0,5).

Dessa forma, pode-se perceber a grande relevância que o raio das arteríolas tem no controle da vazão local e, o conjunto das arteríolas, na resistência periférica total.

A vasoconstrição é decorrente do aumento do tônus da musculatura lisa da parede vascular. Essa musculatura tem uma disposição circular e sua contratura causa uma diminuição do calibre do vaso.

Por sua vez, do que decorre a vasodilatação? Ou seja, qual é o fator causal da abertura (aumento de calibre) de um vaso? Um músculo, ao se relaxar, não realiza trabalho de forma inversa ao realizado com a contração. Ele simplesmente para de exercer força (ou diminui a força exercida). Em outras palavras, enquanto a contração da musculatura lisa realiza trabalho e diminui o raio do vaso, o relaxamento dessa mesma musculatura não é o que leva a um aumento no raio. Como a disposição da musculatura lisa é apenas circular e não há fibras com disposição radial, não é a contração de outros grupamentos de fibras musculares que causa um aumento no diâmetro do vaso.

Vamos responder à pergunta de maneira inversa. Quando houve a vasoconstrição, dissemos que a musculatura lisa realizou trabalho. Realizou trabalho contra o quê? Contra a pressão que existe dentro do vaso, a pressão sanguínea. Assim, ao haver o relaxamento da musculatura lisa, a pressão sanguínea realiza trabalho contra a parede do vaso e é o fator causal da vasodilatação. Portanto, o relaxamento da musculatura lisa é fator permissivo, mas não causal, da vasodilatação. **Essa dilatação ocorre por haver pressão dentro do vaso.** *Em outras palavras, o sangue não é "sugado" para a região na qual houve vasodilatação e essa vasodilatação depende da pressão sanguínea presente no sistema.*

Implicações da equação de Hagen-Poiseuille

Como acabamos de ver, a variação no raio das arteríolas é o principal componente de regulação do fluxo pois a vazão sanguínea local tem uma dependência muito grande em relação ao raio da tubulação. Pequenos incrementos no raio causam grandes aumentos de fluxo (e vice-versa para decrementos).

Considere, agora, uma dada condição na qual, devido a mecanismos tanto locais quanto centrais, exista um estímulo vasodilatador. Por exemplo, numa condição de aumento da temperatura corpórea (não febre), ocorrem sinais para vasodilatação periférica com o intuito de levar o sangue quente do núcleo corpóreo para a pele e, com isso, aumentar a taxa de trocas térmicas com o ambiente e impedir um maior aumento da temperatura. Se, contudo, não há a dissipação térmica adequada, os sinais de vasodilatação aumentam, e mais sangue é dirigido à periferia. Se esse processo se acentua muito, o indivíduo passa a ter tonturas e, eventualmente, síncope. Tanto a tontura quanto a síncope são decorrentes de baixa perfusão no sistema nervoso central, ou seja, diminuição do fluxo sanguíneo.

Mas, se há vasodilatação, que permite aumento da vazão, por que ocorre diminuição de fluxo?

Quando se faz uso da equação de H-P para quantificar o fluxo, considera-se que o termo de diferença de pressão, ΔP, tem um valor fixo. No entanto, no sistema circulatório, a pressão depende da resistência periférica, papel exercido, principalmente, pelas arteríolas e capilares. Quando ocorre a abertura simultânea de muitas (entenda-se uma quantidade realmente enorme) unidades da microcirculação, a resistência periférica cai. Ao mesmo tempo, o fluxo fica direcionado, principalmente, a esses locais que estão em intensa vasodilatação (isto é, chamado de "roubo de fluxo"). A combinação da queda da resistência periférica, que causa uma queda na pressão arterial, e o roubo de fluxo pelos locais vasodilatados resulta numa diminuição da perfusão em outros locais, como o sistema nervoso central. Agora, quanto maior for a tentativa de obter parte do débito cardíaco, ou seja, promoção de vasodilatação local, pior fica o quadro, pois a resistência periférica diminui mais ainda, o que acarreta maior diminuição da pressão arterial e consequente redução ainda mais acentuada do fluxo local.

Ou seja, **o aumento do raio de arteríolas para promover o controle local do fluxo depende de haver a manutenção da pressão no sistema, o que, por sua vez, depende da resistência periférica.** Afinal, o sistema é circulatório! Voltaremos a esse tópico mais adiante, mostrando a relação entre resistência, pressão e débito cardíaco de modo mais preciso.

O segundo ponto a se ter em mente quanto à equação de Hagen-Poiseuille é que nela está implícita a dissipação de energia no sistema circulatório.

O principal componente de energia colocado no sistema circulatório pelo coração é a entalpia, que se manifesta, neste caso, como aumento de pressão. Portanto, a dissipação de energia está relacionada à perda de entalpia ao longo do sistema, que surgirá como queda da pressão sanguínea. Vamos retomar a Figura 5 e traçar, junto ao gráfico de velocidade do sangue, o gráfico da pressão média ao longo do sistema, como ilustrado na Figura 26.

O que a Figura 26 mostra é que a pressão sanguínea média cai ao longo do sistema circulatório e que a queda mais acentuada ocorre na região das arteríolas e capilares. Isso é exatamente o que foi explicado no parágrafo anterior: é nessa região que ocorre a maior dissipação de energia no sistema.

É importante notar, também, que **as variações de velocidade** estão relacionadas às variações na área de secção total ao longo do sistema, como foi amplamente discutido anteriormente, e **não estão relacionadas às variações de pressão**. Esse fato é claramente visto na porção venosa do sistema, onde há queda progressiva na pressão (como esperado, dada a dissipação de energia), mas há aumento de velocidade (como esperado, dada a progressiva diminuição na área de secção total).

Portanto, não se deve confundir resistência ao fluxo com desaceleração de velocidade, tampouco o sistema circulatório deve ser abordado por meio de modelos baseados em conservação de energia mecânica.

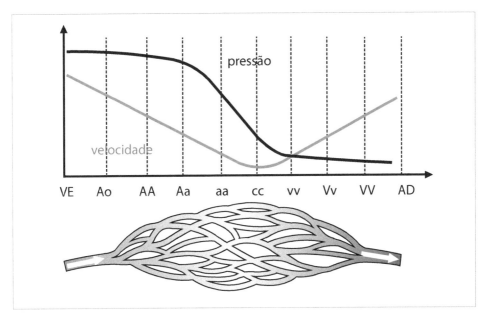

FIGURA 26 Pressão (em preto) e velocidade (em cinza) ao longo do sistema circulatório (porção sistêmica). A reta de fluxo sanguíneo foi omitida para simplificação da visualização.

Considerações gerais sobre o controle do sistema circulatório

Vamos encerrar esta seção fazendo um breve apanhado acerca do controle da circulação. Mais adiante, retomaremos esse tema introduzindo, de maneira mais completa, os elementos neurais e hormonais envolvidos e mecanismos de ação mais específicos.

Como visto até o momento, o papel do coração é o de colocar entalpia no sistema circulatório, tomando sangue a baixa pressão no lado venoso e devolvendo sangue com alta pressão no lado arterial. O trabalho cardíaco externo não surge como movimento (energia cinética). Contudo, o que interessa para o funcionamento dos órgãos e tecidos é o fluxo sanguíneo, que é movimento do líquido. Assim, o controle sobre a circulação tem duas grandes alças.

Localmente, o controle se dá sobre o fluxo, ou seja, o quanto de sangue passa por uma unidade de microcirculação e, por consequência, o quanto as células daquele local recebem de perfusão. Esse controle, como vimos, está associado a elementos locais que se relacionam, direta ou indiretamente, às demandas das células. Esse controle é dependente da manutenção da pressão arterial no sistema circulatório como um todo, de modo que variações no raio das arteríolas possam ser acompanhadas por alterações de fluxo.

Globalmente, o controle se dá sobre a pressão arterial, que é o elemento que garante o fluxo para os órgãos e tecidos. Por que sobre a pressão? Porque é a variável diretamente relacionada ao trabalho cardíaco. Ou seja, globalmente, para garantir o funcionamento da circulação, a regulação é exercida sobre o elemento oriundo do papel do coração no sistema.

Em outras palavras, **localmente se regula o fluxo, sem haver, no nível local, consideração sobre a pressão; enquanto globalmente se regula a pressão, sem haver, do ponto de vista global, consideração sobre o fluxo nos diversos órgãos e tecidos**.

Uma visão caricatural ou anedótica do processo é a seguinte. Imagine que você seja um consumidor que vai a um supermercado para fazer compras. A você, não importa quantos caminhões chegaram nem quanto de mercadoria foi entregue. O que importa, para você, é encontrar os produtos necessários nas prateleiras. Ou seja, sua preocupação é meramente local. Imagine, agora, que você é o dono do supermercado. A você, não interessa qual cliente está comprando o quê. O que importa, para você, é que as prateleiras estejam com os produtos. Ou seja, sua preocupação não é com quem compra o que e quanto, sua preocupação é que, globalmente, todos possam ser atendidos. É em uma lógica similar que funciona o controle sobre a circulação sanguínea. A regulação local é pelo quanto se recebe de fluxo, a regulação global é a de garantir que todos possam receber.

MODULAÇÃO DO SISTEMA CIRCULATÓRIO

Além de toda a série de mecanismos de autorregulação já vistos, como o mecanismo de Frank-Starling, o controle local do fluxo sanguíneo, o marca-passo cardíaco etc., e alguns outros que serão estudados mais adiante, existe a modulação neural e hormonal do sistema circulatório. Essa modulação se dá, principalmente, sobre a pressão arterial que, como citado, é o elemento básico de controle global da circulação.

Há, em essência, quatro elementos que podem ser alterados e, com isso, modificar a pressão arterial de modo agudo:

- Frequência cardíaca.
- Força de contração cardíaca.
- Resistência periférica: já foi vista quando exploramos a equação de Hagen--Poiseuille, e identificamos, nesta equação, ao que corresponde o componente de resistência. A resistência é, como visto, uma dificuldade imposta ao fluxo de fluido e, dessa maneira, se existe uma grande resistência à saída de um compartimento, existe uma dificuldade no escoamento de fluido desse compartimento. Como há dificuldade no escoamento, o volume de fluido varia pouco ao longo do tempo e, com isso, a pressão no compartimento é mantida por maior tempo com pouca variação.
- Capacitância vascular (particularmente, venosa): (informalmente) é o volume de fluido em um dado compartimento em função da pressão do fluido nesse compartimento. Dessa maneira, dois compartimentos contendo o mesmo volume, mas sob diferentes pressões, têm diferentes capacitâncias, sendo que o que tem menor pressão é o de maior capacitância. Ou, dois compartimentos sob a mesma pressão, mas contendo diferentes volumes, têm diferentes capacitâncias, sendo que o que contém o maior volume é o de maior capacitância.

Além desses, um quinto elemento, cuja alteração como controle não ocorre de maneira aguda, é o volume sanguíneo total. Portanto, a modulação do funcionamento do sistema circulatório operará sobre ao menos um desses elementos e, na maior parte das vezes, sobre um conjunto destes.

Os três sistemas envolvidos na modulação da circulação e no controle da pressão arterial são:

- Sistema neurovegetativo ou sistema nervoso autônomo (SNA).
- Sistema renina-angiotensina-aldosterona (RAA).
- Peptídeo atrial natriurético (PAN).

Tanto o SNA quanto o RAA são estudados, também, em outros capítulos; e o foco, aqui, será unicamente o da relação deles com o sistema circulatório. Como dissemos, há quatro elementos básicos sobre os quais os moduladores atuam para mudanças agudas ou de curto prazo, e um quinto elemento, o volume sanguíneo, para mudanças de médio a longo prazo. As alterações no volume sanguíneo implicam numa alteração da quantidade de líquido corpóreo e, assim, existe a participação do sistema excretório nessa regulação. Porém, os detalhes das alterações de diurese são estudados em outro capítulo e, aqui, apenas a interface entre a produção renal de urina e o controle da pressão arterial será apresentada.

Modulação via sistema nervoso autônomo

Coração

Os dois ramos do SNA atuam na modulação da atividade cardíaca. O parassimpático atua via nervo vago (X par craniano), enquanto o simpático atua via fibras com origem cervical e torácica alta. Na maioria dos seres humanos, as fibras vagais da direita inervam, preferencialmente, o nó sinusal, enquanto as da esquerda inervam o nó atrioventricular. As fibras simpáticas da direita inervam tanto o nó sinusal quanto o atrioventricular, enquanto as da esquerda inervam, preferencialmente, a musculatura ventricular. A Figura 27 ilustra a inervação cardíaca pelo SNA.

A ação do SNA simpático se dá em receptores β-adrenérgicos pela liberação das catecolaminas adrenalina e noradrenalina (epinefrina e norepinefrina). Esses hormônios aumentam a condutância da membrana ao cálcio, o que aumenta a concentração intracelular desse cátion. Nas células marca-passo, esse aumento do potencial de mem-

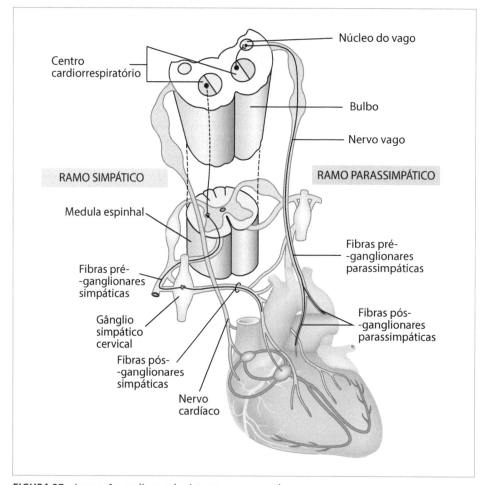

FIGURA 27 Inervação cardíaca pelo sistema nervoso autônomo.

brana permite que o tempo entre a repolarização e atingir o limiar de disparo diminua, levando a um aumento na frequência cardíaca e na velocidade de condução do impulso. Nas células do miocárdio propriamente ditas, o aumento do cálcio intracelular leva a um aumento na força de contração. Assim, a modulação simpática no coração incorre em aumento da frequência cardíaca, aumento da velocidade de condução do impulso elétrico e aumento da força de contração.

A ação da adrenalina e noradrenalina se dá através de segundos mensageiros (ver o capítulo "Processos celulares" do volume 1 desta coleção) e, assim, existe um tempo de latência entre o estímulo neural e a resposta cardíaca. Além disso, a quantidade de catecolaminas lançadas por batimento cardíaco é suficiente para causar apenas pequenas mudanças de frequência e de força. Assim, **a resposta ao estímulo simpático se desenvolve ao longo de alguns batimentos e, após a retirada do estímulo, o retorno à condição prévia também se estende por vários batimentos**. Esse processo é ilustrado na Figura 28A.

A ação do SNA parassimpático se dá através da liberação de acetilcolina nos terminais nervosos. A acetilcolina diminui a condutância ao cálcio e aumenta a condutância ao potássio. Essas alterações de condutância incorrem em dois efeitos: hiperpolarização da membrana e diminuição do cálcio livre intracelular. Nas células marca-passo, com a hiperpolarização da membrana, o tempo entre a repolarização e atingir o limiar de disparo aumenta, causando redução da frequência cardíaca. A diminuição do cálcio intracelular, além de contribuir para a hiperpolarização, diminui a força de contração nas células musculares. Dessa maneira, a modulação parassimpática leva a diminuição da frequência cardíaca, da velocidade de propagação do impulso elétrico e da força de contração do miocárdio.

Diferentemente das catecolaminas, que necessitam de segundos mensageiros para efetivar sua ação, a acetilcolina atua diretamente em receptores de membrana para alterar a condutância aos íons. Além disso, a quantidade liberada por batimento é suficiente para causar mudanças significativas de frequência. A acetilcolina é rapidamente degradada pela colinesterase, e essa enzima está amplamente presente nos nós sinusal e atrioventricular. Assim, **a resposta ao estímulo parassimpático ocorre rapidamente, no tempo de um ou dois batimentos e, após a retirada do estímulo, o retorno à condição prévia também se dá em poucos batimentos**. Esse processo é ilustrado na Figura 28B.

A interação entre os ramos simpático e parassimpático

Do modo como descrito anteriormente, pode-se ter a impressão de que os dois ramos do SNA operam em antagonismo e que a ação de um implica na inativação do outro. Contudo, não é isso o que ocorre nas condições mais basais de funcionamento do sistema circulatório. Por outro lado, quando se caminha para situações mais extremas, tanto de diminuição da frequência cardíaca (bradicardia) quanto de aumento (taquicardia), então, sim, um dos ramos passa a ser praticamente o único atuante. Veremos, primeiramente, a atuação conjunta do simpático e do parassimpático.

Como vimos, o coração de vertebrados é do tipo miogênico, ou seja, a gênese e a propagação do estímulo de contração têm origem em células do próprio órgão, não dependendo do sistema nervoso para ocorrer. Também como visto, a frequência na-

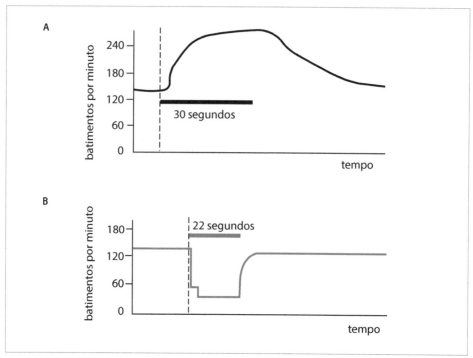

FIGURA 28 Modulação do sistema nervoso autônomo sobre a frequência cardíaca em um cão. As barras horizontais indicam o tempo de estimulação do nervo. A: modulação simpática. Note a latência entre o início do estímulo neural e o início da resposta cardíaca. Além disso, a resposta se desenvolve ao longo de vários batimentos, demorando para atingir o seu máximo. Após a cessação do estímulo, a frequência cardíaca demora para retornar aos patamares anteriores à estimulação. B: modulação parassimpática. Note a breve latência entre o início do estímulo e a resposta cardíaca, sendo que esta atinge o seu grau máximo de diminuição da frequência rapidamente. Após a cessação do estímulo, a frequência volta, rapidamente, aos patamares anteriores.
Fonte: adaptada de Levy e Pappano, 2007.

tural (inerente) de disparos do nó sinusal, que funciona como marca-passo, é ao redor de 100 batimentos por minuto (bpm). Mas, nas condições de repouso e nas de baixa demanda energética pelo organismo, a frequência cardíaca de um ser humano adulto é, na maioria das pessoas, ao redor de 70 bpm.

Logo, existe uma inibição da frequência natural de disparos do nó sinusal, e poderíamos pensar que tal inibição decorre, obviamente, da atividade parassimpática, sem a participação do ramo simpático. Entretanto, examinando o experimento cujos resultados são apresentados na Figura 29, a conclusão a que se chega é distinta.

O experimento consistiu na inibição farmacológica sequencial dos ramos simpático e parassimpático, sendo que em um dos testes inibe-se primeiro um dos ramos e, no outro teste, inibe-se primeiro o outro ramo. A inibição do parassimpático foi feita com atropina, que é um inibidor competitivo e reversível dos receptores muscarínicos da acetilcolina. A inibição do simpático foi feita com propranolol, um bloqueador não seletivo de receptores β-adrenérgicos. Ao início dos testes, a frequência cardíaca é a da condição de repouso (controle), ao redor de 60 bpm.

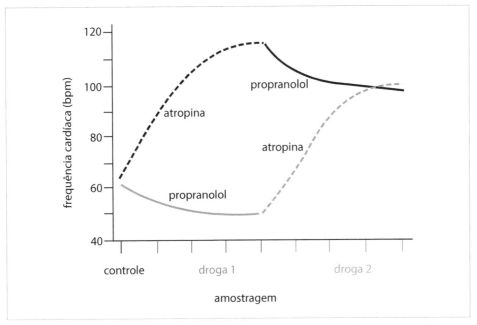

FIGURA 29 Efeito sobre a frequência cardíaca da inibição farmacológica dos ramos simpático e parassimpático do sistema nervoso autônomo.
Fonte: adaptada de Levy e Pappano, 2007.

Inibição do parassimpático seguida de inibição do simpático (linha preta na figura). Ao se administrar atropina, há o aumento da frequência cardíaca, como seria previsto dado que a frequência natural do nó sinusal é maior que a de repouso. Ou seja, a frequência de repouso é mantida através de ativação do parassimpático. Contudo, a frequência sobe acima dos 100 bpm e, ao se administrar propranolol, há a queda da frequência, indo, então, para algo ao redor de 100 bpm. **Ou seja, havia ativação simpática concomitante à parassimpática durante o repouso**.

Inibição do simpático seguida de inibição do parassimpático (linha cinza na figura). Ao se inibir o ramo simpático, ocorre uma queda na frequência cardíaca a partir da condição de repouso. Tal efeito não é previsto pela frequência natural do nó sinusal, e indica que, como no caso anterior, a frequência de repouso tem um componente simpático na sua manutenção. Então, ao se administrar atropina, ocorre um aumento na frequência cardíaca, e esta sobe aos níveis obtidos no caso anterior, ou seja, ao redor de 100 bpm, que é a frequência intrínseca do marca-passo.

Esse experimento nos mostra, claramente, que **existe uma ativação simultânea dos dois ramos do SNA** na manutenção das condições basais e nas de baixas demandas energéticas do organismo. Essa atividade simultânea dos dois ramos do SNA se manifesta como uma variabilidade na frequência cardíaca que ocorre batimento a batimento, e será apresentada mais adiante. Tal variabilidade é extremamente importante e indica o funcionamento adequado do sistema circulatório. Sua perda está associada a várias patologias, como a insuficiência cardíaca congestiva, fibrilação ventricular, infarto agudo do miocárdio etc.

Como dito anteriormente, nas condições mais extremas de frequência cardíaca ocorre a preponderância quase completa de um dos ramos do SNA. Centralmente, a ativação de um dos ramos causa uma inibição do outro, ou seja, em nível dos controladores no sistema nervoso central existe a tendência a se desativar um ramo ao se ativar o outro.

Porém, além desse processo central, há uma inibição cruzada periférica. A ativação das vias simpáticas leva a liberação do transmissor neuropeptídio Y junto às terminações nervosas do nervo vago, que atua como um inibidor da transmissão ganglionar da acetilcolina. Por outro lado, a ativação das vias parassimpáticas leva a liberação de acetilcolina junto às terminações simpáticas, funcionando como um inibidor da atividade desse ramo. Assim, ao mesmo tempo em que existe a atividade simultânea dos dois ramos na manutenção da frequência cardíaca de repouso e de condições não extremadas, esses ramos competem entre si, com a inibição recíproca que acabamos de descrever. Nas condições não extremadas, ambos os ramos terminam por ter um certo grau de atividade (Figura 29). Contudo, quando o organismo atinge condições mais extremas de demanda (tanto aumento quanto diminuição), um dos ramos se torna mais ativado e, agora, termina por inibir a atividade do outro. A situação resultante é que, nessas condições, apenas a atividade de um dos ramos será detectada (isto é, mais facilmente observável em aumentos de demanda, como no exercício físico intenso, no qual apenas a atividade simpática cardíaca se torna evidente).

Vasos

Foi amplamente discutido anteriormente a regulação local do fluxo sanguíneo. Essa regulação é decorrente das condições locais e visa atender às demandas locais. Paralelamente a esse controle, existe uma modulação do tônus vascular pelo SNA associada a condições gerais do organismo, e não às demandas locais.

Os dois ramos, simpático e parassimpático, inervam vísceras abdominais, genitália e trato urinário. Por outro lado, a pele e a musculatura estriada esquelética são inervadas apenas pelo simpático. Nos tecidos com dupla inervação, a atividade simpática causa vasoconstrição de pequenas artérias e arteríolas, enquanto a atividade parassimpática leva à vasodilatação.

A atividade simpática é mediada por noradrenalina via receptores α-adrenérgicos na musculatura lisa vascular, levando a um aumento do tônus e consequente vasoconstrição. A vasoconstrição tem dois efeitos diretos no sistema circulatório e um terceiro, indireto.

Vasoconstrição de pequenas artérias e arteríolas causa um aumento na resistência periférica. O aumento do tônus da musculatura lisa na parede de veias leva a uma diminuição da capacitância desses vasos, deslocando sangue da parte venosa para a parte arterial do sistema. Esses são os dois efeitos diretos e o tempo de resposta é da ordem de segundos.

A vasoconstrição arteriolar leva a uma diminuição na pressão hídrica na região que está sofrendo esse processo. Essa **queda na pressão hídrica causa uma reabsorção de líquido intersticial em direção aos capilares** (ver "Balanço hídrico no capilar", mais adiante), e consequente aumento do volume plasmático. Esse é o efeito indireto, e o tempo de resposta é da ordem de minutos.

Se, por um lado, o efeito da atividade simpática via liberação de noradrenalina pelos terminais neurais causa uma estimulação α-adrenérgica vasoconstritora, por outro lado, a liberação de adrenalina (epinefrina) pelo córtex suprarrenal tem uma ação diferente. A adrenalina causa, via receptores β-adrenérgicos, uma vasodilatação na microcirculação da musculatura estriada esquelética e no miocárdio (Holtz, 1996). Dessa maneira, a combinação de vasoconstrição visceral e cutânea pelo efeito da noradrenalina e de vasodilatação muscular e cardíaca pelo efeito da adrenalina prepara o organismo para a situação de luta-ou-fuga que se apresenta. Esse assunto é retomado no capítulo sobre "Sistema nervoso", no volume 4 da coleção, no qual se estuda o sistema neurovegetativo.

Algumas pessoas vivenciam quadros de tontura ou até mesmo síncope em algumas situações de estresse agudo, como um susto. Essa tontura/síncope se deve a um desbalanço entre as cargas liberadas de adrenalina e noradrenalina, com a ação β-adrenérgica vasodilatadora suplantando a α-adrenérgica vasoconstritora e levando a uma queda de pressão arterial, com diminuição de perfusão do sistema nervoso central (ver "Equacionando o sistema circulatório", mais adiante).

Circulação cutânea e termorregulação

A pele e o tecido subcutâneo têm, aproximadamente, 4% da massa corpórea total. A taxa metabólica desses tecidos é baixa, mas eles recebem aproximadamente 5% do débito cardíaco em condições de repouso e conforto térmico. Para comparação, a musculatura estriada esquelética compõe algo entre 30 e 40% da massa corpórea e recebe, nas condições descritas, 17% do débito cardíaco (ICRP, 2006).

Esse fluxo sanguíneo elevado tem relação com a termorregulação, pois a pele é um órgão de interface para trocas térmicas com o ambiente. As anastomoses entre arteríolas e vênulas são amplamente distribuídas no subcutâneo e ricamente inervadas pelo SNA simpático, da mesma maneira que as arteríolas dessa região. Em condições de aumento da temperatura corpórea, como em ambientes quentes ou durante o exercício físico, o tônus simpático para os vasos da pele diminui muito. Com isso, ocorre uma intensa vasodilatação no subcutâneo o que permite que mais sangue quente, vindo do centro corpóreo, atinja a superfície de troca térmica e haja dissipação de energia para o meio externo, com diminuição da temperatura do sangue que retorna ao núcleo do corpo. Por outro lado, em condições de frio, há aumento da atividade simpática levando a um aumento da vasoconstrição e fechamento das anastomoses. Isso diminui o fluxo de sangue na pele e, consequentemente, há menor troca com o ambiente, fazendo com que o sangue aquecido permaneça no centro corpóreo.

Sistema nervoso autônomo e barorreceptores

Como acabamos de ver, em termos globais, o SNA tem a possibilidade de alterar a resistência periférica e a capacitância venosa por meio, principalmente, da atividade simpática. A quantificação dessas mudanças, ou seja, o impacto que têm sobre o débito cardíaco, será estudado mais à frente. No momento, ficaremos apenas com uma apreciação qualitativa do papel dessas alterações.

Como também já vimos, o controle global sobre a circulação se dá através da regulação da pressão arterial. Vertebrados em geral possuem sensores de pressão intravascular, os barorreceptores (receptores do grupo dos mecanorreceptores). Nos mamíferos, em particular, tais receptores são encontrados nos seios carotídeos (bifurcação da carótida comum em interna e externa) e no arco aórtico. Os impulsos nervosos oriundos dos seios carotídeos trafegam via aferências do nervo glossofaríngeo (IX par craniano) enquanto os oriundos do arco aórtico sobem via aferências vagais, sendo todos levados ao núcleo do trato solitário (NTS), no bulbo. Entre outras funções, o NTS opera como um centro integrador de várias aferências e, no caso em questão, recebe informação dos barorreceptores e dos quimiorreceptores (a serem estudados no capítulo "Respiração" deste volume).

Os barorreceptores são sensíveis ao estiramento e aumentam suas taxas de disparo quando a pressão arterial se eleva (devido à distensão do arco aórtico e dos seios carotídeos). A Figura 30 apresenta, de modo esquematizado, a relação entre a taxa média de disparos dos neurônios dos barorreceptores em função da pressão arterial média. Nota-se que o aumento da pressão arterial causa um aumento na taxa de disparos, que atingirá um valor máximo para pressões médias muito elevadas. Por outro lado, a queda da pressão arterial leva a uma diminuição na taxa de disparos e, para pressões muito baixas, os barorreceptores deixam de sinalizar.

A taxa de disparos dos barorreceptores tem um papel inibidor dos centros simpáticos e ativador do parassimpático. A ativação do parassimpático causa, em essência, diminuição da frequência cardíaca e da força de contração, levando a uma diminuição da pressão arterial. Como foi visto, o ramo simpático do SNA mantém um tônus basal

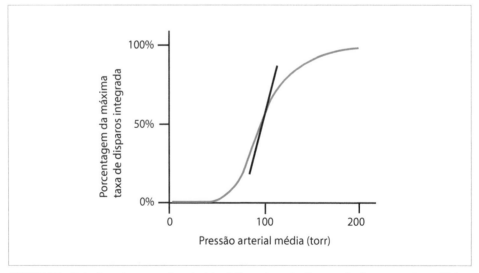

FIGURA 30 Relação entre a pressão arterial média e a taxa de disparos dos barorreceptores. Note a região de máxima inclinação (máxima derivada – linha preta) que se encontra ao redor da pressão arterial média de 90 torr. Isso significa que a maior mudança na taxa de disparos dos barorreceptores ocorre para alterações da pressão arterial ao redor dos 90 torr.

de disparo que contribui para a manutenção da resistência periférica num certo grau. Com a inibição desse ramo, há uma diminuição do tônus vascular e queda na resistência periférica, complementando a diminuição na pressão arterial.

Por outro lado, a cessação dos impulsos oriundos dos barorreceptores, que ocorre quando a pressão arterial cai, tem um papel passivo. O ramo parassimpático deixa de ser estimulado e o ramo simpático fica liberado. Com isso, há aumento na resistência periférica, na frequência cardíaca e da força de contração, que tendem a elevar a pressão arterial.

Como ilustrado na Figura 30, existe, entre os extremos descritos nos dois parágrafos anteriores, uma faixa de pressão arterial na qual as taxas de disparo são intermediárias entre o máximo e o zero. Nessa faixa, que engloba a pressão arterial média fisiológica (ao redor de 90 torr), encontra-se a faixa de maior sensibilidade dos barorreceptores, indicada na Figura 30. Assim, dentro da faixa fisiológica da manutenção da pressão arterial, o controle opera na região de máxima sensibilidade do sistema, com pequenas variações de pressão arterial causando grandes alterações na taxa de disparos desses receptores e, consequentemente, as maiores taxas de alterações na estimulação parassimpática e inibição simpática.

Além dos barorreceptores acima descritos, os átrios contêm, em suas paredes, mecanorreceptores de tensão e de estiramento que, quando estimulados, enviam sinais via nervo vago à medula. Há, ainda, mecanorreceptores ventriculares e em vasos pulmonares, cuja ativação inibe a vasoconstrição e a liberação de renina e hormônio antidiurético (Levy e Pappano, 2007).

A inervação cardíaca é bem mais complexa que a apresentada aqui. Existe uma rede de neurônios, aferentes e eferentes, no próprio coração em comunicação com gânglios intratorácicos e estes, além de manterem comunicação entre si, comunicam-se, também com os núcleos no sistema nervoso central (como o centro cardiovascular e respiratório em ponte e bulbo, como descrito anteriormente) (Armour, 2008). Dessa maneira, ocorre um processamento local da informação acerca do estado funcional do coração e da pressão arterial, com repercussões no desempenho cardíaco que independem a modulação central. Parte do resultado desse processamento surge como componentes da variabilidade cardíaca (apresentada numa seção mais adiante) e supõe-se que parte dos problemas de certas patologias, como a insuficiência cardíaca, esteja relacionada à perda desse processamento em decorrência da destruição da rede neural local (Armour, 2008).

Modulação via sistema renina-angiotensina-aldosterona

A estimulação do aparato justaglomerular, a ser estudado no capítulo sobre sistema excretório, leva à liberação de uma enzima, a renina. A renina age sobre o angiotensinogênio (uma α-2-globulina) circulante, liberando um decapeptídeo, a angiotensina I. Nas células endoteliais, particularmente nos pulmões e nos próprios rins, a angiotensina I é transformada num octapeptídeo, a angiotensina II, pela ação da enzima conversora de angiotensina.

A angiotensina II é um dos mais potentes vasoconstritores conhecidos e, assim, tem uma ação direta na resistência periférica, com tempo de resposta na ordem de segundos a minutos. Além dessa ação direta, a angiotensina II altera certas taxas de reabsorção tubular renal, estimula a liberação de hormônio antidiurético no sistema nervoso central e, no córtex adrenal, estimula a liberação de aldosterona.[23] Dessa maneira, as ações indiretas da angiotensina II se relacionam à regulação do volume sanguíneo, com tempo de resposta da ordem de minutos a horas.

A ativação dos mecanorreceptores cardíacos e nos vasos pulmonares leva a uma inibição da atividade simpática renal. Essa diminuição da atividade simpática leva a uma concomitante diminuição da liberação de renina e, consequentemente, uma diminuição dos efeitos descritos. Portanto, no conjunto, a ativação do RAA se relaciona a respostas que visam causar um aumento na pressão arterial.

Modulação via peptídeo atrial natriurético

Células musculares das paredes atriais são, elas mesmas, receptores de estiramento e, caso ocorra aumento do volume atrial, liberam o PAN[24] (hormônio que pertence a um sistema hormonal denominado de sistema de peptídeos natriuréticos). Esses peptídeos estão relacionados à regulação do volume extracelular, como brevemente descrito a seguir.

O PAN age em diversos tecidos, mas sua ação principal relacionada ao sistema cardiovascular se dá nos rins, levando a um aumento na excreção de sódio. Os mecanismos para aumento da excreção de sódio são vários, como a inibição dos efeitos da noradrenalina e da angiotensina II, aumento dos poros nos capilares glomerulares, inibição da reabsorção de sódio na porção ascendente da alça de Henle, inibição da secreção de renina. O aumento na excreção de sódio leva a uma perda de água concomitante e, com isso, diminuição do volume de fluido extracelular. A diminuição do volume extracelular é acompanhada por uma diminuição do volume sanguíneo total.

Respostas reflexas a alterações agudas do volume sanguíneo

Há duas condições básicas de variação aguda do volume sanguíneo: hemorragias (perda) e infusão intravenosa de fluido (ganho). Ambas representam alterações que colocam o organismo fora das condições fisiológicas e podem ser um risco à sobrevivência. Contudo, enquanto a resposta à hemorragia é uma condição da qual podemos traçar as origens evolutivas, a resposta à infusão intravenosa de fluido é uma condição completamente artificial criada pelo ser humano. Apesar disso, após apresentarmos a resposta à infusão intravenosa, traçaremos um paralelo evolutivo para essa resposta. Vamos considerar, inicialmente, a perda de volume sanguíneo.

As respostas apresentadas pelo organismo são progressivamente mais acentuadas conforme a perda sanguínea aumenta, sendo hemorragias importantes aquelas nas quais a perda é maior que 15% da volemia do indivíduo (ao redor de 900 mL para uma pessoa entre 60 e 70 kg). As perdas sanguíneas importantes levam a uma diminuição do

---

23 A serem estudados em outros capítulos.
24 O peptídeo atrial natriurético tem várias outras denominações, por exemplo, fator atrial natriurético.

volume sistólico, que surge como queda na pressão arterial. As respostas são oriundas, basicamente, da menor atividade dos barorreceptores e dos mecanorreceptores cardíacos, o que se associa a uma concomitante elevação do tônus simpático. Na tentativa de manter o débito cardíaco, há elevação da frequência cardíaca e da força de contração. O aumento do tônus simpático e do sistema RAA causa, também, um aumento da vasoconstrição periférica e visceral. Ou seja, do ponto de vista do controle global, o sistema cardiovascular trata uma perda de volume sanguíneo como uma queda de pressão arterial. A Figura 31 ilustra essa resposta.

A resposta à infusão intravenosa de fluido foi descrita por Bainbridge em 1915, sendo conhecida, então, como reflexo de Bainbridge. Essa resposta depende da integridade da inervação vagal cardíaca e surge em decorrência da estimulação de receptores atriais. A resposta consiste, apenas, na alteração da frequência cardíaca, mas não da força de contração ventricular. O aumento da frequência cardíaca e da volemia levam a um aumento da atividade dos barorreceptores, o que, sob condições outras, causaria uma diminuição na frequência cardíaca e na força de contração. Contudo, nas condições de aumento de volemia, o reflexo de Bainbridge se sobrepõe ao da atividade dos barorreceptores e tanto a frequência é mantida elevada quanto a força é mantida constante (Figura 31).

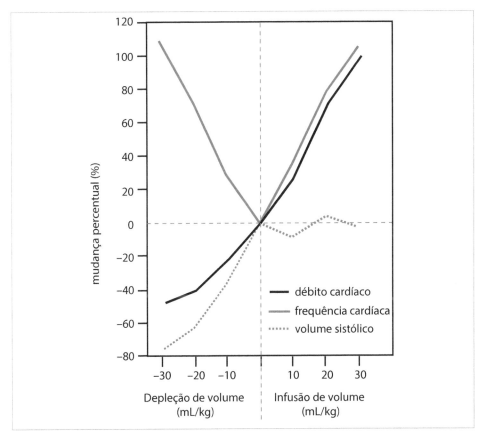

FIGURA 31   Respostas a perdas (depleção) e a ganhos (infusão) de volemia.
Fonte: adaptada de Levy e Pappano, 2007.

O reflexo de Bainbridge é acompanhado, também, por aumento de diurese, e é isto que nos dá a chave para a origem evolutiva dessa resposta.

Como dissemos, a infusão intravenosa de fluido é uma condição completamente artificial criada pelos seres humanos em tempos recentes. Qual condição natural que ela poderia mimetizar?

Os rins dos vertebrados terrestres são herdados dos Sarcopterygii que invadiram águas doces (Homer Smith, 1959). Esses tiveram que lidar com excesso de líquido decorrente da baixa concentração osmótica dessas águas. Os néfrons evoluem eliminando grandes volumes de água e o mecanismo de ultrafiltração passa a ser dependente da pressão arterial para formação inicial da urina. Posteriormente, com a invasão do ambiente aéreo, a escassez de água passa a ser mais importante. Sua perda necessita ser bem regulada e a formação do ultrafiltrado inicial continua a depender da pressão arterial. Dessa maneira, quando o organismo se encontra em uma situação na qual há aumento da quantidade de água no compartimento vascular, a resposta desencadeada assume o contorno do que deve ter sido a resposta mais primordial ao excesso de água: aumento da pressão arterial para aumentar a taxa de ultrafiltração e eliminar o excesso de líquido.

Assim, a infusão intravenosa simula a condição de ingestão de grandes quantidades de água livre que, no processo evolutivo, associou-se à necessidade de eliminação do excesso de água agudamente obtido. Isso explica a similaridade das respostas de frequência cardíaca tanto para perdas quanto para ganhos hídricos de relevância. Maiores detalhamentos acerca da evolução do sistema excretor de vertebrados e da função renal são apresentados no capítulo "Regulação hidreletrolítica" do volume 3 desta coleção.

Arritmia sinusal ventilatória e variabilidade cardíaca

A ventilação pulmonar, assim como a ejeção ventricular, ocorre em ciclos. Há tempos foi observado que o tônus simpático cardíaco se eleva durante a inspiração e o tônus parassimpático durante a expiração. A Figura 32A ilustra essa relação. Com o aumento da atividade no nervo frênico, que estimula a contração do diafragma e, portanto, a fase inspiratória da ventilação pulmonar, ocorre um aumento na taxa de disparos pelo simpático e uma diminuição da taxa de disparos no ramo parassimpático. Durante a expiração, o nervo frênico não apresenta atividade e isso é acompanhado por uma diminuição da taxa de disparos no ramo simpático e aumento no parassimpático. Dessa maneira, durante a inspiração, a frequência cardíaca sofre uma pequena elevação e, durante a expiração, um pequeno decréscimo. Isso é ilustrado na Figura 32B e foi denominado arritmia sinusal ventilatória (ou respiratória). Esse fenômeno é observado em todos os grupos de vertebrados estudados (ver Figura 32C).

Qual o possível papel dessa variação de frequência cardíaca acompanhando a ventilação pulmonar? Vários estudos mostram que existe uma melhora na oxigenação sanguínea com esse fenômeno em relação à manutenção de uma frequência cardíaca fixa ou, eventualmente, invertida em relação à ventilação (Hayano et al., 1996; Yasuma e Hayano, 2004). Essa melhora está relacionada ao melhor ajuste da relação ventilação/perfusão decorrente da sincronização dos ciclos nas condições de repouso (Hayano et

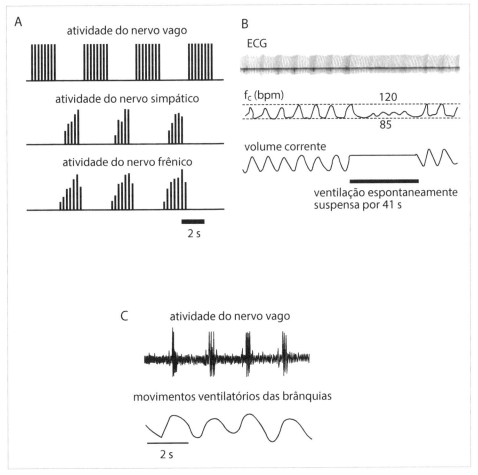

FIGURA 32 Arritmia sinusal ventilatória. A: registro da atividade do nervo vago e da inervação simpática cardíaca em relação à atividade do nervo frênico. Quando a atividade no nervo frênico aumenta, na inspiração, a atividade vagal é inibida e a atividade simpática é estimulada. B: relação entre o sinal eletrocardiográfico (painel superior), a frequência cardíaca instantânea (painel central) e o volume pulmonar (painel inferior). Note que durante a inspiração (aumento do volume pulmonar) há o aumento da frequência cardíaca. No ECG, nota-se a maior densidade de complexos QRS (zonas mais escuras) acompanhando cada inspiração. Nota-se, ainda, que a parada da ventilação é acompanhada por uma diminuição na variação da frequência cardíaca. C: registro da atividade do nervo vago e de movimentos de ventilação das brânquias em um elasmobrânquio (cação *S. canícula*).
Fonte: A: adaptada de Levy e Pappano, 2007 (A); B: Hirsch e Bishop, 1981; C: Butler e Metcalfe, 1988.

al., 1996; Vaschillo et al., 2004; Yasuma e Hayano, 2004). A relação ventilação/perfusão é estudada no "Respiração" deste volume.

Como foi visto anteriormente, o tempo de resposta da frequência cardíaca ao estímulo parassimpático é da ordem de um batimento, enquanto para a estimulação simpática, é da ordem de alguns batimentos. Assim, por causa da rapidez do fenômeno, a arritmia sinusal ventilatória tem origem na atividade parassimpática e a atividade simpática atua como uma modulação extra no processo.

A frequência cardíaca de repouso não é um valor fixo. Mesmo que o indivíduo não esteja fazendo nenhuma atividade, existe uma variação decorrente da ventilação. Contudo, mais ainda, a cada batimento, com a ejeção de sangue pelos ventrículos, há alteração cíclica da pressão arterial e, consequentemente, alterações cíclicas na taxa de disparos dos mecanorreceptores. Isso impõe mais uma camada de modulações cíclicas sobre a variação decorrente da ventilação. A própria ventilação altera, ligeiramente, a pressão intratorácica, com diminuição na inspiração e aumento na expiração, o que altera, ligeiramente, o retorno venoso ao átrio direito e, portanto, o enchimento ventricular direito. A expansão pulmonar durante a inspiração distende o raio de capilares alveolares, o que diminui, ligeiramente, a resistência periférica vista pelo ventrículo direito que, somado à alteração de retorno venoso, leva a um pequeno aumento de ejeção pelo ventrículo direito e concomitante maior enchimento de ventrículo esquerdo. Essas variações de enchimento proporcionam variações na força de ejeção (mecanismo de Frank-Starling) e, portanto, concorrem para alterações de pressão arterial e de débito cardíaco.

Portanto, uma série de alças de controle se sobrepõem na modulação cardíaca, incluindo mecanorreceptores, quimiorreceptores, interações entre os centros neurais cardiovascular e respiratório no bulbo, os fenômenos mecânicos relacionados à ventilação e à circulação, o mecanismo de Frank-Starling etc. A sobreposição destes vários elementos de controle resulta em alterações constantes da frequência cardíaca, que ocorrem batimento a batimento. Isto é, a chamada variabilidade cardíaca, ilustrada na Figura 33A.

Para caracterizar e quantificar a variabilidade existem vários métodos que não cabem aqui serem apresentados e discutidos. Por exemplo, obtém-se o desvio padrão dos intervalos dos batimentos, o chamado SDNN (do inglês, *standard deviation of normal to normal* [*beats*]). O espectrograma é outro método de análise, no qual se faz a decomposição da série temporal dos valores de frequência cardíaca obtidos batimento a batimento (Figura 33B). Em pessoas saudáveis em repouso, o espectrograma revela algumas bandas de frequência de maior potência na geração da série temporal. Notamos que existem dois picos principais identificáveis, um ao redor de 6 ciclos por minuto (0,1 Hz) e outro ao redor de 17 ciclos por minuto (0,25 Hz). Essas são as bandas de frequência (do espectrograma) denominadas por banda de baixa frequência (LF [*low frequency*], ao redor de 0,1 Hz) e banda de alta frequência (HF [*high frequency*], 0,25 Hz). Em condições de repouso, a LF tem uma forte correlação com atividade dos barorreceptores e a HF com os ciclos ventilatórios.

Por outro lado, como dissemos anteriormente, em certas patologias que afetam o sistema circulatório, e mesmo outros sistemas orgânicos, existe uma perda de variabilidade cardíaca. Portanto, a variabilidade cardíaca serve como um marcador da condição fisiológica saudável do sistema circulatório em geral e do coração em particular.

Ao mesmo tempo, a colocação do indivíduo em condições fora do repouso também afeta a variabilidade cardíaca. Talvez o melhor exemplo desse tipo de situação, que são condições fisiológicas normais, mas não de repouso, seja o exercício físico. Com o aumento da demanda energética muscular há elevação do débito cardíaco, obtida,

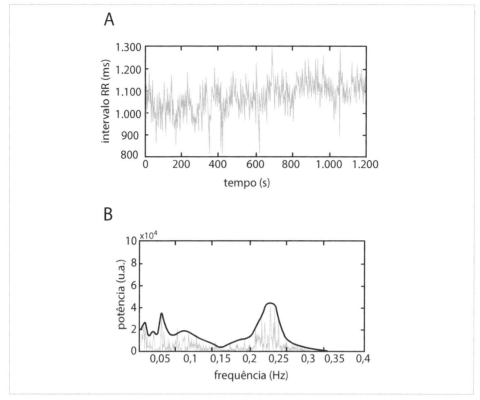

FIGURA 33 Variabilidade cardíaca. A: variação da frequência cardíaca (intervalo entre ondas R no ECG) de repouso, batimento a batimento, ao longo do tempo. Note como a frequência cardíaca não tem um valor fixo e varia, muito, ao longo do tempo. B: espectro de frequências componentes da série temporal da frequência cardíaca. Espectrograma, em cinza, obtido através da transformada rápida de Fourier. Em preto, linha envoltória.
Fonte: dados não publicados do Laboratório de Energética e Fisiologia Teórica (IB-USP).

principalmente, por aumento da frequência cardíaca. Esse acréscimo, decorrente do aumento da atividade simpática, diminui e desloca a banda HF para frequências mais elevadas e reduz a banda LF, causando, no geral, uma perda de variabilidade que, no caso, é fisiológica. Com o cessar da atividade física, tanto a frequência cardíaca quanto a variabilidade tendem a retornar aos valores basais de repouso. O tempo para retorno dessas variáveis (frequência e variabilidade) aos seus respectivos valores de repouso são importantes indicadores da saúde do indivíduo, e são, atualmente, utilizados como critério tanto de condicionamento físico adequado quanto de possíveis patologias.

ASPECTOS FÍSICOS DO SANGUE: REOLOGIA

A reologia é o estudo do fluxo de matéria, geralmente no estado líquido. O fluxo é gerado por uma diferença de força mecânica aplicado a pontos diferentes da matéria e, assim, associa-se a uma deformação causada tanto pela força aplicada quanto pelo contato da matéria em movimento com as paredes da estrutura que a contém. A deformação causada pelas forças aplicadas se relaciona à compressibilidade do material e a deformação causada pelo contato com as paredes se relaciona à viscosidade desse material.

A viscosidade de um fluido é a relação entre a velocidade tangencial do fluido (isto é, a velocidade na direção paralela à parede da estrutura) e a distância à parede. Informalmente, a viscosidade é uma medida da resistência à deformação em decorrência do contato ("atrito") com a parede que se transmite às camadas mais distantes do fluido. Isso aparece, no dia a dia, como a "facilidade" de escoamento de um fluido. Pense, por exemplo, em água, mel e óleo.

Por simplificação, vamos considerar o fluxo de um líquido entre duas paredes (ou placas) planas e "grandes" em tamanho. Uma das paredes é fixa e a outra se move, causando movimento no líquido. Esse é o chamado fluxo de Couette. A camada de moléculas em contato com a parede fixa da tubulação move-se muito pouco. De fato, considera-se que essa camada de contato não se mova.[25] A próxima camada, move-se com baixíssima velocidade. A próxima, com uma velocidade ligeiramente maior; e assim por diante. Porém, o mesmo ocorre em relação à parede móvel, com a camada de moléculas junto a ela permanecendo imóvel em relação à placa e, portanto, movendo-se com a velocidade da própria parede. Como na outra extremidade (parede fixa) a camada em contato está com baixíssima velocidade, há, então, um perfil de velocidade do fluido entre as paredes. A Figura 34 apresenta esse processo.

Note que se escolhermos chamar por "eixo x" a direção do deslocamento da placa, a velocidade a que estamos nos referindo é a do fluido nessa direção (ver Figura 34). Como a velocidade do fluido pode variar em três dimensões e no tempo (apesar de que iremos considerar apenas uma dimensão na apresentação a seguir, e sem variação no tempo), o perfil ao qual estamos nos referindo passa a ser chamado de gradiente e é indicado por meio de derivadas parciais (símbolo ∂[26]). Perpendiculares ao eixo x, tem-se o eixo y e o eixo z. Este último está, pela definição adotada, no plano da parede (que seria, na Figura 34, o plano que "sai" da folha). Assim, o eixo y está, então, no plano da folha, e é em relação a este eixo que estamos determinando o perfil de velocidade. Em vários fluidos, a velocidade tem um perfil linear, ou seja, a taxa de variação da velocidade u em relação à distância y para a parede fixa é dada por uma reta:

$$\frac{\partial u}{\partial y} = c \qquad \qquad \text{Equação 8}$$

Sendo c uma constante. Experimentalmente, estabelece-se uma relação entre a força F aplicada para mover a placa não fixa, a área A das placas e o perfil de velocidade:

$$F = A \cdot \mu \cdot \frac{\partial u}{\partial y} \qquad \qquad \text{Equação 9A}$$

---

25 A chamada *non-slip condition*.
26 Ver o capítulo "Modelos genéricos básicos" do volume 1 desta coleção para maiores detalhes sobre derivadas.

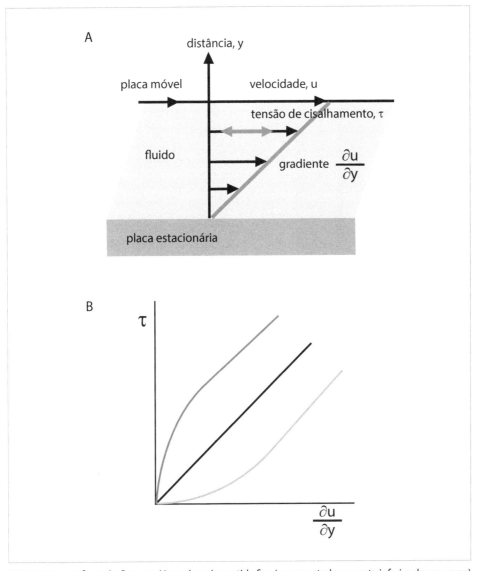

FIGURA 34 A: fluxo de Couette. Uma placa é mantida fixa (representada na parte inferior do esquema) enquanto outra placa é forçada a se deslocar sobre o fluido (representada na parte superior do esquema) com uma certa velocidade u. O deslocamento da placa cria deslocamentos das camadas de fluido que assumem diferentes velocidades dependendo da distância da camada à placa que se move, sendo máxima nas camadas adjacentes à placa que se move e zero nas adjacentes à placa estacionária. Esse perfil de velocidades se relaciona à viscosidade do fluido. B: gráfico esquemático de três fluidos, um newtoniano (reta) e dois não newtonianos (com aumento da viscosidade conforme a velocidade aumenta – linha cinza claro; e com diminuição da viscosidade conforme a velocidade aumenta – linha cinza escuro). Note que, pela Equação 9B, a viscosidade é a derivada da relação entre o gradiente de velocidade e a tensão de cisalhamento: $\mu = d\tau/d\left(\frac{\partial u}{\partial y}\right)$ e, assim, é a reta tangente às funções representadas na figura. Essas funções e suas inclinações são meramente representações esquemáticas de possíveis fluidos.

Dessa forma, existe uma constante de proporcionalidade entre a força aplicada e o perfil de velocidade obtido. Essa constante de proporcionalidade μ é a denominada **viscosidade**.

A razão F/A é chamada de tensão de cisalhamento ou taxa de deformação angular, τ. Assim:

$$\frac{F}{A} = \tau = \mu \cdot \frac{\partial u}{\partial y} \qquad \text{Equação 9B}$$

A Equação 9B é geral. Para os casos particulares nos quais o gradiente de velocidade é fixo, isto é, o caso da reta acima discutido, tem-se:

$$\tau = \mu \cdot c$$

Um fluido é dito newtoniano se a sua viscosidade é independente da velocidade do deslocamento. Em condições comuns, a água é um líquido com esta característica, assim como vários outros líquidos e gases.

Vamos considerar, então, o deslocamento de um líquido newtoniano numa tubulação de secção circular. Agora, as paredes estão imóveis e somente o líquido se desloca. Nesse escoamento, como vimos, as camadas próximas à parede da tubulação têm velocidade menor que a das camadas mais centrais (isto é, em essência, o gradiente $\partial u/\partial y$). Como o fluido em questão é newtoniano, tem-se que o gradiente (perfil da velocidade) é dado pela Equação 8. Se a equação da derivada é uma reta, isso quer dizer que a função primitiva, ou seja, a velocidade ao longo do eixo y da tubulação, é uma equação de segundo grau, uma parábola (Figura 35).

Contudo, uma grande quantidade de fluidos tem a viscosidade dependente da velocidade do deslocamento. Esses fluidos são ditos não newtonianos e podem apresentar diversos tipos de comportamento. Particularmente de interesse aqui é o caso da diminuição da viscosidade com o aumento da velocidade, ou seja, o fluido apresenta menor resistência ao fluxo conforme a velocidade aumenta (ver Figura 34B, linha cinza escura). Este é o caso do sangue.

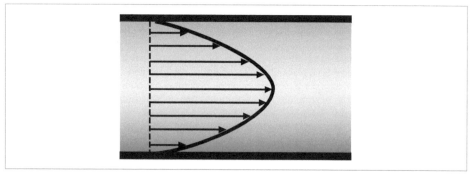

FIGURA 35 Perfil da velocidade de um fluido newtoniano num fluxo plenamente desenvolvido em uma tubulação. Note o perfil parabólico, com as regiões centrais tendo velocidade maior que as periféricas.

O sangue é um tecido líquido, constituído por uma fase celular e uma fase acelular. A fase celular contém os glóbulos vermelhos (ou eritrócitos, ou hemácias), elementos essenciais no transporte de oxigênio e gás carbônico; os glóbulos brancos (também chamados de leucócitos, divididos em várias linhagens, como linfócitos e neutrófilos), que são elementos celulares do sistema imunitário; e plaquetas,[27] que participam no processo de coagulação e na modulação de respostas imunitárias. Em termos numéricos, quantidade de glóbulos vermelhos por mililitro de sangue é 1.000 vezes maior que a de leucócitos, e vinte vezes que a de plaquetas. Ainda, como o volume de uma plaqueta é nove vezes inferior ao volume de uma hemácia, o volume total da fase celular é dado, basicamente, pelos eritrócitos. Esse volume é de, aproximadamente, 40% do volume sanguíneo total. Os outros 60% são constituídos pelo plasma, composto de água e inúmeras substâncias em solução, como sais inorgânicos (sódio, potássio, cloro, magnésio, cálcio etc.), gases (oxigênio, nitrogênio, gás carbônico), proteínas, carboidratos, lipídeos etc. Importantes componentes da parte proteica são os elementos da cascata da coagulação (como o fibrinogênio), o sistema do complemento (imunidade inata), anticorpos (imunidade adquirida), albumina (que termina sendo um transportador de outras moléculas). Os aspectos relacionados ao sistema imunitário fogem ao escopo do presente livro. Os aspectos químicos do transporte de gases são apresentados no capítulo "Respiração".

O comportamento não newtoniano do sangue é ainda mais complexo que o de fluidos como aqueles apresentados na Figura 34B. A diminuição da viscosidade em decorrência da velocidade é um fenômeno relacionado à agregação e dispersão dos eritrócitos. Esse fenômeno ocorre em vasos de grande calibre (Figura 36A).

Contudo, em vasos de pequeno calibre, entre 10 μm e 500 μm de diâmetro, a viscosidade passa a ser dependente do diâmetro e não mais da velocidade. É o denominado efeito de Farheus-Linquist (Pries et al., 1992). Nesse intervalo de calibres, a viscosidade diminui conforme o diâmetro diminui. Isso decorre do alinhamento dos eritrócitos no centro do fluxo, com o plasma ficando mais na periferia. Assim, os primeiros ramos de capilares recebem sangue de hematócrito um pouco menor, pois plasma é o que sairá primeiro (pois está na periferia do vaso).[28] O efeito de Farheus-Linquist está ilustrado na Figura 36B e os resultados experimentais na Figura 37.

Para vasos de calibre menor que 10 μm, o fenômeno se inverte. Agora, conforme o diâmetro diminui, a viscosidade aumenta. Isso decorre do fato de que, nesses casos, os diâmetros dos vasos e o diâmetro dos próprios eritrócitos são similares. Com isso, os glóbulos vermelhos se empilham e "raspam", literalmente, no endotélio, aumentando o

---

27 As plaquetas, muitas vezes, não são consideradas elementos celulares verdadeiros, pois não possuem organelas citoplasmáticas, sendo, em princípio, porções destacadas de uma célula maior na medula óssea, os megacariócitos – contudo, mais recentemente, a atividade plaquetária regulada vem sendo evidenciada, o que torna discutível não as considerar elementos celulares.

28 Esse é o chamado plasma *skimming*, que ocorre *in vivo*. Há, como parte do efeito de Farheus-Linquist, o fenômeno, *in vitro*, de aumento no hematócrito na saída do tubo de teste por causa das hemácias, mais centrais percorrerem o tubo de teste mais rapidamente que o plasma, mais periférico.

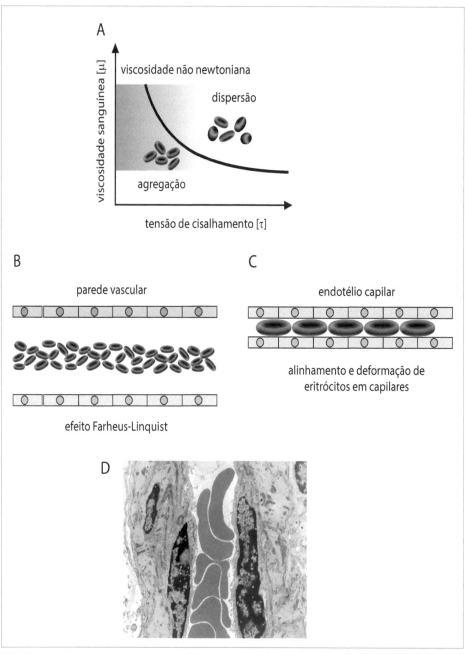

FIGURA 36 Viscosidade sanguínea nos diferentes vasos. A: em grandes vasos, a viscosidade é dependente da velocidade do sangue (associada à tensão de cisalhamento) em decorrência de agregação e dispersão de eritrócitos. B: em vasos de pequeno calibre, o efeito de Farheus-Linquist ocorre e a velocidade deixa de ser um fator relevante para a viscosidade, que passa a depender somente do diâmetro do vaso (ver Figura 37). C: em capilares, os eritrócitos se empilham e se deformam para passar pelo vaso. D: micrografia eletrônica colorida artificialmente mostrando o empilhamento de eritrócitos (no centro) num capilar (endotélio em ouro). Em cinza claro no centro: plasma; em preto: núcleos celulares.
Fontes: http://www.ghrnet.org/index.php/jct/article/viewFile/941/1050/4257; https://medcraveonline.com/ICPJL/images/ICPJL-02-00052-g002.png; https://media.sciencephoto.com/image/c0320832/800wm.

atrito e, por consequência, a viscosidade do fluido (Figuras 36C e 36D). Os resultados experimentais são apresentados na Figura 37.

HIDROSTÁTICA E GRAVIDADE

A pressão do sangue no sistema vascular é o resultado da pressão hidrostática, em decorrência da coluna de sangue e da capacitância dos vasos na condição de estagnação, mais a pressão hidrodinâmica, resultante do trabalho cardíaco. Os componentes dessa pressão hidrodinâmica são a capacitância vascular dinâmica, a resistência periférica e somação de ondas de pulso. Note que esses componentes surgem, somente, porque o coração colocou energia no sistema vascular.

Como o próprio nome indica, o componente hidrostático não pode gerar fluxo. Portanto, é preciso atenção para não confundir a pressão que surge em decorrência desse componente com a pressão que efetivamente causa a vazão de sangue no sistema.

Coluna hídrica: um fluido num campo gravitacional tem pressão relacionada à altura da coluna do fluido. Para líquidos que possam ser tratados como incompressíveis num dado regime de pressão, apenas a altura da coluna líquida determina a pressão, como mostramos a seguir.

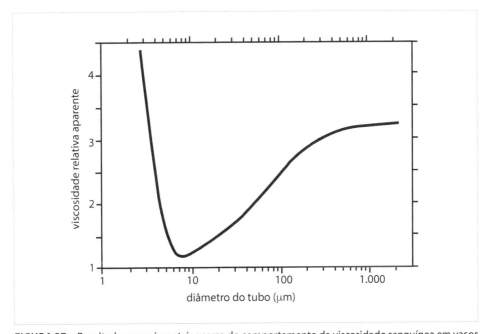

FIGURA 37 Resultados experimentais acerca do comportamento da viscosidade sanguínea em vasos de pequeno calibre. Note que a viscosidade diminui com a redução do calibre dos vasos até ao redor de 10 μm. Para diâmetros menores que este, a viscosidade aumenta.
Fonte: adaptada de Pries et al., 1992.

Vamos considerar uma certa quantidade de líquido contido num dado reservatório. Por exemplo, água no mar ou numa piscina. Imagine, agora, uma porção infinitesimal desse líquido a uma determinada profundidade h, como ilustrado na Figura 38.

Por simplicidade, assumimos que essa porção infinitesimal tem o formato de um disco, de raio r e espessura dz. Por assunção, esse disco se encontra parado na dada profundidade. É a condição estática. Assim, pela primeira lei de Newton, a soma das forças nesse disco deve ser nula. Quais as forças presentes? Imagine uma coluna acima do disco. A força-peso ("p" minúsculo) dessa coluna é dada pela massa m da coluna vezes a aceleração da gravidade g. A massa é dada pelo volume V da coluna vezes a densidade ρ do líquido. Como estamos considerando o líquido como incompressível, então a densidade tem um valor fixo que não depende da pressão. O volume é o de um cilindro de área da base $A = \pi \cdot r^2$ e altura h. Assim, a força-peso é:

$$F_p = m \cdot g = g \cdot \rho \cdot h \cdot \pi \cdot r^2 = g \cdot \rho \cdot h \cdot A \qquad \text{Equação 10A}$$

Como a força-peso se dirige para baixo (sentido da aceleração no campo gravitacional), para que o disco esteja imóvel há uma força para cima, que chamaremos por ("P" maiúsculo):

$$F_P = -F_p$$

O sinal de menos apenas indica que a força que surge é oposta à força-peso. Em termos de magnitude, elas têm o mesmo valor: $\|F_P\| = \|F_p\|$. Se dividirmos ambas as forças pela área do disco, temos:

$$\frac{F_P}{A} = \frac{F_p}{A} = g \cdot \rho \cdot h \qquad \text{Equação 10B}$$

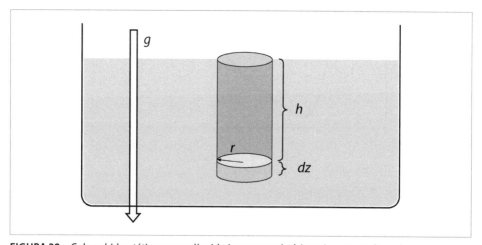

FIGURA 38 Coluna hidrostática em um líquido incompressível. Imagina-se um disco de raio r e espessura infinitesimal dz a uma certa profundidade h. A coluna de líquido acima desse disco imaginário sofre a ação da gravidade g.

Pressão é força dividida por área. Nessa condição estática, a força que surge em decorrência do peso da coluna líquida resulta na pressão. O peso da coluna depende da aceleração da gravidade e da densidade do líquido. Contudo, a pressão estática **não depende da área, apenas da profundidade h** (ver Equação 10B). Como as "bordas" do disco também estão paradas, concluímos que, também nas "bordas", a pressão é a mesma, ou seja, de qualquer ângulo que se meça a pressão, apenas a profundidade importa na condição estática.

Considere um ser humano em pé dentro d'água. Como a densidade do sangue e da água são muito semelhantes, a coluna hídrica formada pelo sangue dentro dos vasos é similar à coluna hídrica formada pela água no exterior. Assim, do ponto de vista estático, as paredes dos vasos sistêmicos[29] se encontram sujeitas a duas forças iguais e opostas: a da coluna hídrica interna e a da coluna hídrica externa. Quando essa pessoa sai da água, uma situação completamente diferente ocorre. Agora, a coluna externa, formada por ar, não resulta numa força igual à interna, formada por sangue. As paredes vasculares passam a sofrer uma força (pressão) interna maior que a externa e, para não alterarem seu volume necessitam que uma força de parede surja. Isso é dado pelo tônus da musculatura lisa na parede dos vasos.

Assim, nos seres vivos terrestres, que vivem em meio aéreo, a pressão hidrostática gerada pela coluna hídrica passa a ser um problema em decorrência da altura do organismo. Um ser humano deitado tem uma coluna fronto-dorsal da ordem de 20 cm de água (a "espessura" da pessoa). Quando em pé, na posição ortostática, a coluna entre a cabeça e os pés equivale à altura da pessoa. Há três consequências básicas:

- Em primeiro lugar, os capilares das extremidades inferiores apresentam uma pressão hídrica maior, o que causa um transudato de fluido maior (ver "Balanço hídrico no capilar", adiante) e, portanto, propicia-se a formação de edema de pés e pernas, com passagem de fluido vascular para os tecidos.
- Em segundo lugar, as veias de membros inferiores também ficam sujeitas a uma pressão maior e, sendo vasos de grande capacitância, sofrerão uma dilatação com inicial diminuição do retorno venoso e posterior sequestro de volume.
- Em terceiro lugar, o coração fica sujeito a uma coluna da distância dele até o topo do crânio. Essa coluna causa uma pressão intracavitária que deve ser contrabalanceada por meio do tônus muscular cardíaco e pelo saco pericárdico.

Quando se assume a posição ortostática, ocorre um ligeiro aumento na pressão arterial. Isso foi interpretado, inicialmente, como decorrente da necessidade de aumentar a pressão para vencer a coluna hídrica que se estabelece entre o coração e a cabeça, para manutenção do fluxo sanguíneo cerebral. Contudo, existe um debate na literatura que se estende há décadas quanto a essa questão. **Tal debate não deveria existir. Ele**

---

29 Para os vasos da circulação pulmonar o caso é diferente pois estes fazem contato com a atmosfera e, assim, no lado externo, estão sujeitos somente à pressão atmosférica. Esse é o problema relacionado ao tamanho de "*snorkel*" e é discutido no capítulo "Respiração".

decorre de uma percepção errada acerca de "vencer a coluna hídrica", que não se aplica ao sistema circulatório.

Vencer a coluna hídrica para levar água de um poço a uma caixa-d'água é completamente diferente de "levar sangue para a cabeça". O sistema circulatório se fecha em si mesmo criando uma condição muito diversa da bomba que leva água à caixa-d'água.

Em primeiro lugar, há o efeito sifão: a pressão que seria necessária para elevar o sangue pelo lado arterial existe, no lado venoso, com sinal invertido. Ou seja, o trabalho para "empurrar" o sangue pelo lado arterial é compensado no lado venoso, que "puxa" o líquido. Evidências experimentais mostram que quando se assume a posição ortostática há uma diminuição de fluxo pelas jugulares externas (que colapsam parcialmente) com concomitante aumento por jugulares mais internas, não havendo diminuição de fluxo arterial para a cabeça (Ciuti et al., 2013). Logo, o efeito sifão se mantém a despeito do colapso parcial de veias mais superficiais.

Em segundo lugar, procedimentos neurocirúrgicos feitos com retirada da calota craniana (isto é, da ossatura que protege o cérebro) com o paciente na posição sentada têm, como vantagem, melhora da drenagem de sangue do campo cirúrgico pelas veias e, como desvantagem, a possibilidade de embolismo aéreo.[30] Tanto a vantagem quanto a desvantagem são evidências experimentais de que o efeito sifão se mantém na posição ortostática e, portanto, o coração não tem de vencer uma coluna hídrica para enviar sangue ao cérebro (Badeer, 1997; Hicks, 2005).

Em terceiro lugar, a girafa. Tendo-se o animal deitado, a pressão arterial média fica em torno de 160 torr. Levantando-se a cabeça do animal (o qual permanece deitado) até 1,5 metro acima da altura do coração, há um aumento de 60 torr na pressão. Contudo, o aumento esperado pela coluna hídrica formada é de 110 torr. Assim, o componente estático de uma coluna hídrica não explica às observações experimentais (Goetz et al., 1960; Hicks, 2005).

Portanto, o ligeiro aumento da pressão arterial que se observa ao passar da posição de decúbito para a ortostática não é devido à necessidade de o coração aumentar a pressão para vencer a coluna hídrica que se forma.

O mais provável é uma combinação de algumas causas:

1. Ativação simpática pela necessidade de diminuição da capacitância venosa em membros inferiores para evitar o roubo de fluxo (queda no retorno venoso e sequestro de volume citados anteriormente).
2. Aumento do trabalho muscular com concomitante necessidade de aumento de débito cardíaco.
3. Em razão da diminuição de área venosa (colapso das jugulares citado anteriormente) ocorre um aumento na resistência e há necessidade de aumento de pressão para manter o fluxo.

---

30 Ver NEUROSURGERY WIKI – https://operativeneurosurgery.com/doku.php?id=sitting_position.

Pressão de estagnação. O que ocorre, em termos de pressão intravascular, se o coração cessa seus batimentos? No decorrer do tempo, como a fonte de entalpia (pressão) foi retirada, o fluxo sanguíneo deixa de existir. Portanto, a pressão passa a ser a mesma em todos os vasos. Essa é a pressão de estagnação e o volume de sangue em cada vaso é decorrente da capacitância do vaso em questão em relação à capacitância dos demais vasos e do volume sanguíneo existente no sistema.

Assim, esses dois componentes, isto é, a coluna hídrica e a pressão de estagnação, são componentes estáticos de pressão e não geram fluxo sanguíneo, porém, de alguma forma, estão presentes no sistema circulatório. Ou seja, quando fazemos uma medida da pressão arterial, esses componentes, que não causam fluxo, se somam ao componente dinâmico. **A falta de percepção de que a medida da pressão é composta por componentes estáticos acrescidos ao dinâmico é o motivo de interpretações erradas acerca das causas de alteração da pressão arterial em determinadas situações.**

Quando ocorrem os ciclos de batimentos, a pressão no lado venoso diminui, pois há o fluxo em direção aos ventrículos, e a pressão no lado arterial aumenta, pois há a ejeção cardíaca, ocasionando o componente dinâmico no sistema vascular, que causa o fluxo de sangue. Esse tópico será aprofundado quando equacionarmos o sistema circulatório, numa seção mais adiante.

Balanço hídrico no capilar

Diversas forças agem sobre a água intravascular e, particularmente nos capilares, o balanço dessas forças ditará se há saída excessiva de líquido para os tecidos (transudato) ou, ao contrário, entrada de fluido no sistema circulatório. Em 1896, Ernest Starling propôs que a força resultante movente da água entre os capilares e o tecido circundante seria dada pela combinação da pressão hídrica intravascular e tecidual (h_c e h_e, respectivamente) e a pressão osmótica intravascular e tecidual (O_c e O_e, respectivamente) (Levick e Michel, 2010).

Como dissemos anteriormente, a pressão hídrica é o resultado da pressão hidrostática mais a pressão hidrodinâmica. Já a pressão osmótica é dada pela concentração de solutos orgânicos e inorgânicos sendo, geralmente, referida como pressão coloidosmótica ou oncótica. Os diferentes solutos têm diferentes graus de passagem pelo glicocálix da membrana basal endotelial, e este grau é dado pelo coeficiente de reflexão de Staverman (Levick e Michel, 2010), σ, um número adimensional entre 0 e 1.

Dessa forma, o fluxo de água J_{H_2O} do capilar c para o exterior é o resultado do balanço entre essas forças:

$$J_{H_2O} = k_{H_2O} \cdot A \cdot [\Delta h - \sum \sigma_i \cdot \Delta O_i] \qquad \text{Equação 11}$$

Sendo A a área de troca k_{H_2O}, a permeabilidade da membrana à água, $\Delta h = (h_c - h_e)$ e $\Delta O_i = (O_c - O_e)$ para cada composto "i".

Como se observa na Equação 11, caso a diferença de pressão hídrica seja maior que a diferença da soma das pressões osmóticas, há saída de água do capilar para o tecido circundante ($J_{H_2O} > 0$). Por outro lado, caso a diferença de pressão hídrica se torne menor que a osmótica, há entrada de água do tecido de volta para o capilar ($J_{H_2O} < 0$).

Dessa maneira, na concepção de Starling, haveria saída de água na porção arteriolar do capilar, pois a diferença de pressão hídrica nessa porção suplantaria a diferença de pressão osmótica. Com a saída de água, a pressão osmótica plasmática aumentaria, o que, associado à queda de pressão hídrica ao longo do capilar, permitiria que parte dessa água retornasse ao sangue na porção venular do vaso (Figura 39A).

Várias discrepâncias entre o fluxo de água observado e o previsto pela formulação original de Starling levaram a uma modificação da concepção inicial (ver Jacob e Chappell, 2013).

Como apresentado e ilustrado na Figura 39, na porção venosa do capilar ocorreria reabsorção de água devido à queda da pressão hídrica e aumento da pressão osmótica. Contudo, na maior parte dos tecidos com capilares contínuos e não fenestrados, não ocorre a reabsorção de água e solutos na porção venosa e, de fato, ainda há saída de filtrado para o espaço tecidual nas vênulas (Jacob et al., 2007). Em outras palavras, **a elevação da pressão osmótica não é suficiente para suplantar a pressão hídrica** (Figura 39).

Na ideia inicial, o endotélio seria a barreira entre o plasma e o tecido circundante, e o comportamento dessa barreira seria indiferente ao filtrado. No começo do século XXI, propõem-se que o glicocálix da membrana basal endotelial seja a barreira e que os espaços entre as células endoteliais definam um gradiente de solutos. Além disso, a matriz extracelular teria, devido ao seu arranjo, a possibilidade de alterar a pressão hídrica tecidual. Em outras palavras, o próprio processo de filtração leva a alterações do fluxo de água por alterações da barreira.

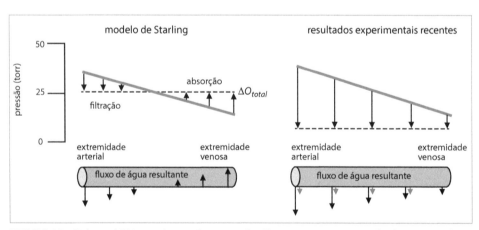

FIGURA 39 Balanço hídrico ao longo de um capilar. Esquema proposto por Starling, no qual, em virtude da saída de água na extremidade arterial, ocorre aumento da pressão coloidosmótica intravascular com reabsorção de água na parte venosa do capilar. Resultados experimentais mais recentes indicam que a água tende somente a sair dos capilares, pois a pressão coloidosmótica não atinge valores superiores aos da pressão hídrica. Setas pretas: fluxo de água; setas cinzas: modelo que leva em conta propriedades do glicocálix.
Fonte: adaptada de Levick e Michel, 2010.

Finalmente, como há a concomitância entre fluxo de água e fluxo de solutos, a concentração ao longo do capilar e no tecido circunjacente tem uma dinâmica mais complicada que a obtida pela Equação 11. Em outras palavras, é necessário um sistema de equações diferenciais para descrever, adequadamente, o processo. Assim, o fluxo de água entre capilares e tecidos é parcialmente descrito pela Equação 11 se a variação na pressão osmótica for pequena e o fluxo de coloides não interferir nas propriedades da membrana (isto é, não alterar os valores dos coeficientes de reflexão de Staverman dos diferentes solutos e na permeabilidade à água).

Turgor cutâneo, edemas e sistema linfático

Como visto, o fluxo de água é, basicamente, dos capilares para o tecido circundante, não havendo reabsorção na porção venular desses vasos. Esse fluxo é ditado, em essência, pela pressão hídrica intravascular em relação à tecidual.

Uma vez que não há reabsorção do transudato na porção venular, a água que migra para fora dos vasos sanguíneos cria uma pressão hídrica nos tecidos, ou seja, o fluido intersticial é mantido sob pressão. Essa pressão hídrica, gerada nos tecidos devido ao transudato oriundo da microcirculação, mantém todos os órgãos ligeiramente tensionados. Na pele, tal tensionamento é o chamado turgor cutâneo, que é o leve estiramento presente na pele, facilmente observável em alguns locais, particularmente como a ponta dos dedos e o lóbulo auricular.

Contudo, uma vez que nas condições fisiológicas normais não há reabsorção de água na microcirculação, isto implica que a pressão hídrica tecidual, apesar do constante transudato, é menor que a intravascular. Há, portanto, algum outro sistema de escoamento que permite a saída de água dos tecidos, que não é o sistema circulatório. Essa saída de água (e solutos) dos tecidos ocorre pelo sistema linfático.

O sistema linfático é um sistema de vasos que se assemelha à porção venosa. Contudo, os capilares linfáticos terminam em fundo-cego nos tecidos (ver Figura 40A), ou seja, o sistema linfático não forma uma circulação.

Água e solutos, como proteínas, são drenados dos tecidos para os capilares linfáticos e, por esse sistema, levados até a porção venosa central do sistema circulatório, retornando, então, ao sangue. O fluxo médio de linfa em um ser humano adulto, criado a partir do transudato capilar nos tecidos, é ao redor de 8 litros por dia e, assim, um total diário maior que o próprio volume sanguíneo, que está ao redor de 5 a 6 litros.

O sistema linfático se relaciona ao sistema imunitário, contendo gânglios linfáticos (ver Figura 40B) nos quais alguns processos de respostas imune ocorrem ou se iniciam. Em algumas classes de vertebrados, como anfíbios, o sistema linfático é altamente desenvolvido, contando inclusive com bombas ("corações"), e utilizado para absorção de água do meio externo.

Com o funcionamento adequado da drenagem linfática, o turgor tecidual é mantido num certo valor. Caso haja aumento da pressão hídrica no capilar, a despeito da drenagem funcionante, haverá aumento do transudato e aumento do turgor. Caso esse aumento de pressão capilar seja grande, a quantidade de água acumulada nos tecidos também aumenta muito e passa a haver um inchaço. Esse inchaço é denominado edema.

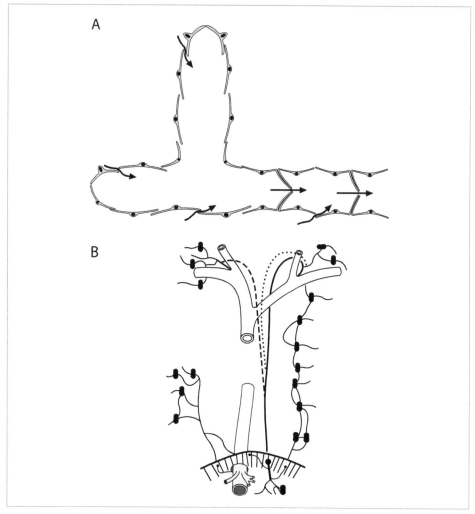

FIGURA 40 Sistema linfático. A: capilares linfáticos nos tecidos terminam em fundo-cego não sendo, portanto, um sistema circulatório no sentido estrito do termo. Nos tecidos, os capilares linfáticos drenam água e solutos (setas), como proteínas, oriundos do sangue. B: vista de vasos linfáticos torácicos drenando para o sistema venoso na porção central do sistema circulatório.
Fonte: Holtz, 1996.

Há, basicamente, três tipos de edema:[31]

- Edema vascular (ou angioedema), resultado do processo descrito, no qual há aumento da água tecidual por causa de um desbalanço entre as forças intravasculares e as teciduais. Esse tipo de edema é caracteristicamente "mole", ou seja, cede facilmente à pressão feita com os dedos pois é, essencialmente, um acúmulo de água. Há muitas causas para esse tipo de edema, sendo as mais comuns as rela-

---

[31] Por simplicidade didática, aqui são colocados os diversos edemas moles dentro da categoria "vascular".

cionadas ao sistema circulatório, patológicas ou não (p. ex., a manutenção da posição ortostática prolongada), perda de proteínas séricas (como na desnutrição proteica), insuficiência renal (com acúmulo de água e eletrólitos) etc.

- Edema inflamatório, desencadeado por reação inflamatória local no qual há aumento da permeabilidade capilar e desarranjo da matriz extracelular (com concomitante diminuição da pressão hídrica tecidual (Woodcock e Woodcock, 2012). Há intensa vasodilatação local que leva, além do aumento do exsudato, a uma vermelhidão e dor, devido aos mediadores inflamatórios e destruição celular. Tanto o edema vascular quanto o inflamatório regridem se o fator causal for resolvido.

- Edema linfático, decorrente de insuficiência de drenagem. Diferentemente dos dois tipos anteriores, no qual o fluxo linfático está preservado, nesse edema há acúmulo de proteínas juntamente à água. Essas proteínas acumuladas tendem a se conjugar com a matriz extracelular e esses complexos se desnaturam, tornando-se insolúveis e não mais apresentando as propriedades fisiológicas necessárias. Com isso, o edema se torna "duro", isto é, não cede à palpação. O exemplo mais clássico de edema linfático é o da elefantíase (filariose). Em contaste com os outros dois tipos de edema, neste, mesmo se o fator causal for resolvido, o edema não mais regride, pois as proteínas desnaturadas acumuladas nos tecidos não podem ser retiradas.

Rugas de imersão na água

Um fenômeno particularmente evidente em seres humanos é o surgimento de rugas nas mãos e nos pés quando imersos em água. Uma outra observação que se tem é a do aumento da diurese nas pessoas que estão imersas na água. Assim, para entender este tópico, precisamos fazer a distinção entre o processo decorrente do aumento da pressão externa e o processo ocasionado pelo mero contato com água.

O contato com a água

A pele é muito pouco permeável à água. As perdas cutâneas de água se dão pela sudorese, através de estruturas especializadas, as glândulas sudoríparas. Portanto, a formação das rugas de imersão não deve estar relacionada à passagem de água do meio externo para a pele, ou da pele para o meio externo, pois, se assim fosse, esperaríamos efeitos opostos na imersão em água doce e na imersão em água do mar. O que se sabe desde o início do século XX é que mãos ou dedos desnervados não apresentam o fenômeno das rugas de imersão. Mais recentemente, evidenciou-se que a presença de água junto à pele causa uma alteração de osmolaridade nos canais das glândulas sudoríparas e que essa alteração é sinalizada, por vias neurais, ao sistema nervoso autônomo, **desencadeando uma reação simpática de vasoconstrição local** (Wilder-Smith, 2004), com concomitante diminuição da pressão hídrica capilar. Como visto, a pressão hídrica é o principal fator causador de saída de água dos capilares para os tecidos. Assim, a vasoconstrição arteriolar causa uma queda no componente dinâmico da pressão hídrica e, com isso, a pressão tecidual se torna maior que a capilar. Há, agora, reabsorção de água para dentro do sistema circulatório diretamente nos capilares e vênulas, com diminuição do turgor cutâneo local e formação das rugas de imersão. Com a retirada da água, a vasoconstrição cessa, a reabsorção não mais ocorre e o turgor volta aos níveis anteriores, desfazendo as rugas de imersão. Há a hipótese, sustentada por evidências experimentais, de que as rugas de imersão tenham um papel adaptativo no sentido de promover um aumento de contato da pele com objetos úmidos e funcionar como as raias de pneus, aumentando a aderência a tais objetos ou solos (Summers, 2013).

O aumento de diurese na imersão em água

Os seres humanos são animais terrestres e temos, como meio externo, a atmosfera gasosa. A diferença de pressão atmosférica entre a cabeça e os pés em uma pessoa ereta é irrisória (isso vale para todos os animais terrestres, de fato). Por outro lado, como apresentamos no início da seção, o sangue forma uma coluna hídrica e, como toda coluna hídrica, a pressão é dependente da altura da coluna. Ao se entrar na água (piscina ou mar, por exemplo), o meio externo deixa de ser gasoso e passa a ser líquido. Agora, a diferença de pressão externa entre a parte superior do corpo e a parte inferior deixa de ser irrisória pois é uma coluna hídrica semelhante à do sangue. A pressão hídrica tecidual ganha um componente devido à coluna externa. O termo $\Delta h = (h_c - h_e)$ da Equação 11 diminui muito, pois o componente hidrostático se iguala entre o lado interno do capilar e o tecido circundante. Com isso, da mesma maneira que a vasoconstrição causa uma diminuição do turgor cutâneo, o aumento da pressão externa pela coluna hídrica também leva a uma menor filtração de água dos capilares para os tecidos circundantes e há, concomitantemente, uma diminuição do turgor e formação de rugas.

Contudo, diferentemente do mero contato com a água, nesse caso, a diminuição de filtração nos tecidos é generalizada e há retorno de água para a circulação de modo mais intenso. Assim, há **aumento da volemia que desencadeia aumento da diurese** (ver capítulo "Regulação hidreletrolítica" no volume 3 da coleção) e, por isso, há aumento da formação de urina quando a pessoa entra em piscinas, banheiras ou mar.

HIDRODINÂMICA DE FLUXO INTERMITENTE

Esta seção apresenta uma análise que aprofunda o estudo do sistema circulatório considerando a operação cíclica do coração, ou seja, a bomba funcionando de maneira oscilatória. Esse é um estudo de caráter mais avançado e a seção pode ser saltada sem prejuízo do estudo no nível básico de graduação.

Na seção anterior, algumas questões relacionadas à hidrostática foram apresentadas. Agora, examinaremos algumas questões relacionadas à hidrodinâmica, ou seja, relacionadas com a formação do fluxo sanguíneo. Na seção "Pressão e fluxo", dissemos que estaríamos, naquele ponto, apresentando as relações ditas de "corrente contínua" ou em campo médio, pois não estaríamos levando em conta a operação cíclica do coração. Assim, alguns conceitos de hidrodinâmica já foram, de fato, apresentados. O foco desta seção são as questões relacionadas à natureza oscilatória com que o coração coloca pressão no sistema circulatório.

Impedância

Impedância é a resistência que surge a um fluxo de característica oscilatória. Um exemplo didático que podemos dar é o de comparar empurrar uma criança num balanço e num carrinho. Num carrinho, a dificuldade se encontra em vencer o atrito com o solo e acelerar a massa da criança + carrinho. Num balanço, as idas e vindas dão um caráter oscilatório ao processo e, diferentemente do caso do carrinho, a dificuldade em obter a continuidade do movimento ("fluxo") passa a depender de fatores além da massa e do atrito.

A impedância surge, basicamente, pela dificuldade imposta ao fluxo devido à capacitância dos vasos e à aceleração da massa sanguínea (que funciona como um elemento de indutância). Adicionalmente, a reflexão da onda de pulso pode funcionar como mais um elemento que aumenta a dificuldade de ejeção, como explicaremos a seguir.

Capacitância

Capacitância é um termo geral que se refere à variação e uma quantidade extensiva em decorrência da variação de uma quantidade intensiva. Por exemplo, a variação da quantidade de carga elétrica em decorrência da variação de voltagem. No caso dos vasos sanguíneos, o termo se refere à variação do volume do vaso em decorrência da pressão do sangue. A capacitância será definida na seção "Equacionando o sistema circulatório".

A questão de como a capacitância interfere no funcionamento cíclico do sistema pode ser entendida a partir do exemplo do balanço. Imagine que a aorta e grandes artérias estejam com as suas paredes bastante distendidas e, portanto, exercendo grande pressão no sangue em seu interior. Tentar ejetar nesse momento é semelhante a empurrar o balanço quando ele ainda está vindo na sua direção; você terá de aplicar força para parar o movimento e força para fazer retornar o movimento, gastando, assim, mais energia. É mais fácil ejetar quando as paredes estão menos distendidas e a pressão exercida por elas é menor.

Por outro lado, se a ejeção ocorre quando as grandes artérias estão com pressão muito baixa, uma quantidade relevante do volume ejetado será retida nas próprias artérias devido ao enchimento que irá ocorrer. A ejeção será fácil, mas o fluxo nos tecidos será baixo. Assim, dependendo do momento em que o coração vá ejetar, a capacitância arterial oferecerá maior ou menor dificuldade para tal ejeção e fluxos maiores ou menores serão obtidos.

Levando em conta apenas a questão da capacitância, quanto maior a frequência do processo menor é a resistência oferecida ao fluxo (note, essa é a "resistência" oriunda do processo capacitivo, não é a resistência periférica do tipo de Hagen-Poiseuille).

Indutância ou inertância

Acelerar a massa de sangue cai no polo oposto. Imagine um automóvel que está inicialmente parado e é acelerado até atingir uma certa velocidade, 60 km h^{-1}, por exemplo.

Gasta-se energia para acelerar o veículo até a velocidade desejada, mas, posteriormente, apenas para mantê-la. Contudo, se, ao atingir a velocidade desejada, deixarmos o veículo perder velocidade até parar, gastaremos, novamente, energia para acelerá-lo até a velocidade final. Isto é, meramente, a primeira lei de Newton, que nos fala sobre a inércia. Assim, do ponto de vista inercial, o menor gasto energético se associa à frequência zero, ou seja, um processo contínuo.

É importante notar que tanto no caso da capacitância quanto no caso da inércia, não nos preocupamos com um valor de fluxo, mas apenas com a relação que o gasto energético tem com a frequência dos eventos.

Combinando capacitância e inertância

Dessa maneira, capacitância e aceleração da massa de sangue (inertância) resultam em papeis opostos no que diz respeito à frequência cardíaca. Enquanto fluxo seria maximizado por frequências altas pelo lado da capacitância, pelo lado da inertância o fluxo seria mínimo, e vice-versa para frequências baixas. Compare a análise de agora com a equação de Hagen-Poiseuille. Nessa, o fator tempo não existe: "o momento em que se exerce a pressão" é irrelevante e um determinado ΔP sempre leva a um mesmo valor de fluxo. Na análise que estamos fazendo agora, um mesmo ΔP irá gerar valores diferentes de fluxo dependendo do momento no qual é aplicado.

Reflexão de onda

O terceiro processo que compõe a impedância no sistema circulatório são as reflexões de ondas de pulso. Como já abordamos anteriormente, a onda de pulso é um fenômeno das paredes dos vasos, basicamente no lado arterial do sistema. Quando uma artéria se bifurca ou se ramifica, cada ponto de divisão funciona como um local de reflexão de onda, assim como as bordas de uma piscina refletem as ondas de água que nela batem.

De maneira mais estrita, quando uma onda sendo propagada num meio passa a outro meio com características físicas diferentes das do primeiro, parte da onda é refletida e parte da onda é transmitida ao segundo meio. Quanto maior for a reflexão, menor é a energia transmitida à onda no segundo meio e maior a energia que volta ao primeiro.

O que ocorre nas ramificações do sistema é essa mudança nas características físicas dos vasos que surgem como alterações de capacitância. Por exemplo, pode-se passar de uma artéria com paredes mais rígidas para uma com paredes menos rígidas. Essa mudança incorre, portanto, em ondas de pulso sendo parcialmente refletidas em direção ao coração.

Apesar de todos os pontos de ramificação serem locais nos quais ocorre a reflexão da onda gerada pela sístole, nem todos são relevantes para interferir no que ocorre no sistema. De fato, estudos mostram que o principal local de relevância para o fenômeno de reflexão interferir no sistema é a bifurcação final da aorta nas ilíacas comuns e a transição para os vasos de resistência (pequenas artérias e arteríolas).

Quando a onda de pulso é refletida, caminha no sentido oposto da onda original e, no caso em questão, caminha aorta acima. Essa onda refletida causa, por onde está passando, um aumento de pressão. A Figura 41 apresenta esse fenômeno.

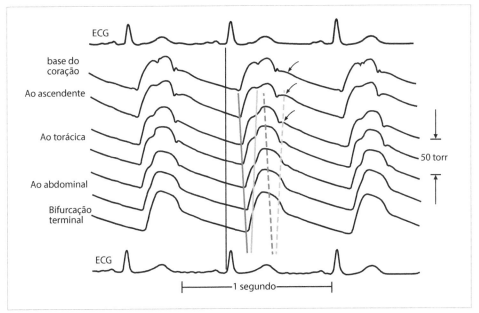

FIGURA 41 Reflexão de onda de pulso. A onda originada pelo início da ejeção caminha ao longo da aorta (linha contínua cinza escuro) e, na sua porção terminal, é refletida, percorrendo a aorta no sentido oposto (linha contínua cinza claro). Essa onda refletida atinge a câmara ventricular e causa um aumento de pressão. Possivelmente, uma segunda onda de reflexão agora se forma (linha tracejada cinza escuro), voltando a percorrer a aorta até a porção terminal e sendo, novamente, refletida (linha tracejada cinza claro), levando a um aumento de pressão na aorta proximal durante a diástole (setas). O registro eletrocardiográfico foi colocado para referência em relação às fases do ciclo cardíaco.
Fonte: adaptada de Murgo et al., 1980.

A onda refletida pode atingir a câmara ventricular ainda durante a ejeção. Ao atingir a câmara ventricular durante a sístole, a onda refletida causa, então, um aumento de pressão, podendo contribuir para a fase tardia da ejeção. Com o término da sístole e fechamento da válvula aórtica, o padrão de fluxo que se observa na aorta é dito bifásico, pois há um grande fluxo durante a sístole e um fluxo menor mantido durante a diástole pelo efeito elástico das paredes das grandes artérias.

Por outro lado, se a onda refletida percorre a aorta em tempos nos quais a pressão exercida pelo ventrículo já decaiu, um padrão diverso de fluxo será observado. Como já dito, a onda refletida é acompanhada por um aumento local de pressão. Se a pressão num dado local mais afastado do coração se torna mais elevada que a pressão num local mais próximo, há uma inversão de fluxo, com o sangue sendo levado, por alguns instantes, em direção ao coração, naquele local. Nesses casos, o fluxo na aorta ou na artéria em questão é dito trifásico, com o alto fluxo sistólico sendo seguido por um breve período de fluxo negativo para, em seguida, tornar-se novamente positivo como no caso bifásico (Hatsukami et al., 1992; Middleton et al., 1988; Nautrup, 1998). A Figura 42 ilustra os padrões tri e bifásicos.

O padrão bifásico representa um sistema operando em condições mais adequadas que o de um padrão trifásico, no qual há a breve inversão de fluxo. Este funcionamento

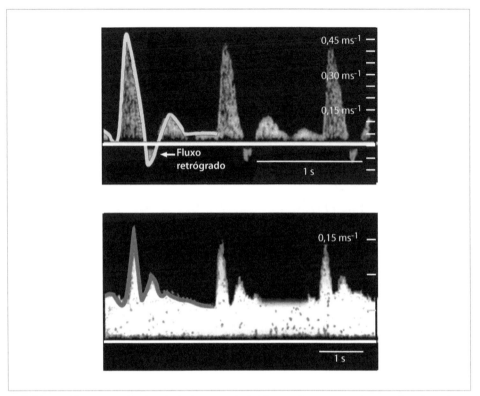

FIGURA 42 Fluxo arterial (velocidade do sangue) obtido por ultrassonografia com efeito Doppler. A linha branca indica o referencial zero. Acima da linha branca, fluxos positivos; abaixo da linha branca, fluxos negativos. O perfil (envelope) do fluxo é realçado em cinza para um ciclo cardíaco. Painel superior: artéria de grande calibre que se ramifica formando a artéria menor cujos dados estão no painel inferior. Note o fluxo retrógrado que se forma momentaneamente durante a diástole na artéria de grande calibre por causa da reflexão da onda de pulso. Esse fenômeno não é observado nas artérias de menor calibre (painel inferior), em razão da amortização da onda propagada. Note, ainda, a diferença de escala de velocidades.
Fonte: adaptada de Nautrup, 1998.

mais adequado é decorrente do chamado casamento de impedâncias, que é discutido em seguida.

Casamento de impedâncias e impedância a 0 Hz

O casamento de impedâncias diz respeito a um acerto entre a dificuldade ao fluxo imposta numa parte de um sistema e a dificuldade imposta em uma outra à qual se pretende transmitir o fluxo. A impedância Z em um sistema mecânico é dada por (Fleisch e Kinnaman, 2015):

$$Z = \frac{F_y}{u_y} \qquad \text{Equação 12}$$

Sendo F_y a força exercida pela fonte (no caso, a pressão exercida pela contração cardíaca) e u_y a velocidade transversal do deslocamento da onda (no caso, a velocidade com que a parede do vaso num determinado ponto se afasta ou se aproxima do centro do vaso). No termo da velocidade transversal se encontram as características físicas do meio (no caso, a parede das artérias). A onda refletida na passagem entre dois meios (1 e 2) é dada por:

$$y_{refletida} = \frac{Z_1 - Z_2}{Z_1 + Z_2} \cdot y_{incidente}$$

Assim, se a impedância dos meios é a mesma, não há reflexão e toda a energia é transmitida adiante (se Z_2 é maior que Z_1, a "negatividade" de $y_{refletida}$ significa que a onda refletida é invertida).

A impedância colocada na Equação 12 é dependente da frequência com que o fenômeno oscilatório ocorre, pois tanto o termo F_y quanto o termo u_y têm dependência na frequência. Dessa maneira, minimizar a reflexão depende de um ajuste de frequência do processo oscilatório.

O casamento de impedâncias diz respeito a um ajuste na frequência da fonte de potência (no caso, o coração) e a frequência de oscilação dita natural do sistema de fluxo (no caso, os vasos e o sangue) de modo que a energia gasta seja minimizada. Aqui é onde o exemplo da criança no balanço melhor se encaixa, pois, para minimizar o gasto de energia para manter o brinquedo balançando, o objetivo é sincronizar o momento de aplicar a força com o momento do ápice do movimento do balanço.

A frequência natural de oscilação de um sistema é a frequência na qual o sistema oscilaria se deixado livre de influências externas. No caso de sistemas puramente mecânicos, como é o circulatório, a frequência natural é decorrente somente de características mecânicas. Essas características são a capacitância arterial, a resistência periférica (que se relaciona ao tempo de queda na pressão durante a diástole), a massa de sangue sendo acelerada, a velocidade de propagação de ondas e a reflexão destas.

Como mencionado anteriormente, a impedância é, em termos físicos, o correspondente à resistência ao fluxo. Portanto, a impedância impõe uma dificuldade para o coração realizar a ejeção. A Figura 43 ilustra resultados de cálculo de impedância a partir de dados obtidos em indivíduos saudáveis em condições de repouso.

Notamos que há uma impedância média ao longo de uma faixa de frequências, indo de 1 a 12 hertz nos cálculos executados. *O valor dessa impedância média é, aproximadamente, 1/20 a 1/10 da impedância a 0 Hz.*

A impedância a 0 Hz nada mais é que a resistência periférica tipo Hagen-Poiseuille amplamente discutida anteriormente. É a impedância que existe no sistema se este operasse de maneira não cíclica. **Assim, a impedância arterial representa 10% ou menos que a resistência periférica.**

Dessa forma, por um lado, a resistência periférica é o fator extra cardíaco vastamente dominante na *performance* ventricular, representando o gasto energético primordial da ejeção. Por outro, o casamento de impedâncias tem importância evolutiva, pois, em termos adaptativos, pequenas melhoras num sistema, que não são aparentemente relevantes no nível do indivíduo, tornam-se pressões seletivas numa população ao longo do tempo.

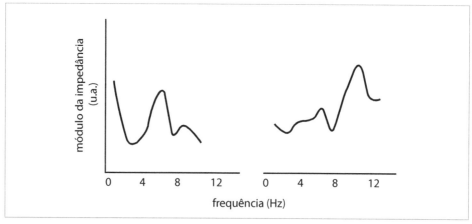

FIGURA 43 Impedância arterial calculada em dois indivíduos saudáveis.
Fonte: adaptada de Murgo et al., 1980.

Uma nota final antes de passarmos ao próximo tópico diz respeito à descrição física e matemática do sistema circulatório. Como visto até aqui, fizemos, sempre, referência à dissipação de energia no sistema. **Isso significa que o funcionamento do sistema circulatório não é conservativo e, portanto, o uso de equações que pressuponham conservação de energia mecânica, como a equação de Bernoulli,[32] não é adequado.**

AUSCULTA DO SISTEMA CARDIOVASCULAR

A ausculta é um procedimento de caráter clínico, basicamente. Pode ser imediata ou mediata. A ausculta imediata é feita colocando-se o pavilhão auditivo diretamente sobre o local que se quer escutar, sendo uma prática bastante rara nos dias atuais. A mediata se faz através de algum aparato interposto entre o conduto auditivo do examinador e o local que se deseja escutar. O mais comum e conhecido desses aparatos é o estetoscópio.

Apesar de ser um procedimento de caráter eminentemente clínico, a ausculta pode ser utilizada para evidenciar e ajudar na compreensão de vários aspectos da mecânica do sistema cardiovascular.

Nos atentaremos a três tipos de ausculta: de artérias, do coração e da utilizada para medida da pressão arterial com esfigmomanômetro.

---

32 Daniel Bernoulli (1700-1782). A chamada equação de Bernoulli (ou princípio de Bernoulli) se aplica a casos nos quais existe a conservação de energia mecânica no fluxo de um fluido. A equação diz que a soma da energia cinética, potencial e entalpia se mantém constante. Assim, nesses casos, se, por exemplo, a velocidade diminui, a soma da energia potencial e a entalpia (pressão) irão aumentar.

Ausculta de artérias

Número de Reynolds

Os fluxos de fluido podem ocorrer em dois regimes distintos: laminar ou turbulento. Um fluxo laminar é aquele no qual as camadas do fluido deslizam umas sobre as outras havendo troca de *momentum*[33] entre elas, mas não de matéria. A troca de momento é, em termos conceituais, a viscosidade. Num fluxo laminar não há, portanto, passagem de matéria no sentido transversal ao fluxo e, assim, não existe mistura do que está contido numa camada com o que está contido em outras. Um dos exemplos mais dramáticos de fluxo laminar é o encontro das águas dos rios Negro e Solimões as quais, já estando em um leito comum, podem ser identificadas por centenas de metros após o encontro (Figura 44). Como não há trânsito de matéria, a energia se dissipa na forma do atrito entre as camadas.

Por outro, um fluxo turbulento tem troca de *momentum* e de matéria entre as camadas, e existe a mistura do que está contido nelas (Figura 44). Nesse caso, a dissipação de energia ocorre tanto pelo atrito entre camadas e pelo choque direto da matéria entre as camadas.

O que determina se o regime de fluxo será laminar ou turbulento é a razão entre as forças inerciais e as forças viscosas no fluido. As forças viscosas são as forças que tendem a parar o movimento do fluido. Em contrapartida, as forças inerciais são aquelas que, como o próprio nome indica, tendem a fazer o fluido permanecer em movimento.

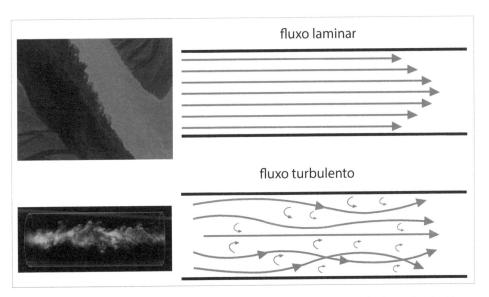

FIGURA 44 Fluxo laminar e fluxo turbulento. No painel superior, o encontro das águas dos rios Negro e Solimões é um exemplo de fluxo laminar. No painel inferior, imagem de fluxo turbulento. À direita, temos a comparação esquemática entre os regimes.
Fonte: imagens da esquerda geradas por inteligência artificial com ChatGPT (OpenAI) usando o modelo DALL·E, 2025; versão por assinatura.

---

[33] *Momentum*, ou quantidade de movimento, é o produto massa vezes velocidade.

Pela Equação 9B, temos que a força viscosa é:

$$F_\mu = \tau \cdot A = \mu \cdot \frac{\partial u}{\partial y} \cdot A$$

A força inercial é a aceleração causada em determinada massa:

$$F_I = m \cdot a = \rho \cdot V \cdot \frac{du}{dt}$$

A razão entre F_I e F_μ é o chamado número de Reynolds, Re:

$$Re = \frac{F_I}{F_\mu}$$

Utilizando as respectivas equações de cada força, e ignorando constantes, obtém-se, para um fluxo Q instalado em uma tubulação:

$$Re \propto \frac{\rho \cdot Q \cdot \ominus}{\mu \cdot A} \qquad \text{Equação 13A}$$

Sendo ρ a densidade e μ a viscosidade do fluido, A a área de secção da tubulação e $\ominus$ o diâmetro hidráulico da tubulação (o qual é o mesmo que o próprio diâmetro no caso de tubo de secção circular). O símbolo $\propto$ indica proporcionalidade.[34]

No caso de um tubo de secção circular de raio r, como o diâmetro é o próprio diâmetro do tubo e a área é a de secção circular, o número de Reynolds é proporcional a:

$$Re \propto \frac{2 \cdot \rho \cdot Q}{\pi \cdot \mu \cdot r} \qquad \text{Equação 13B}$$

Em tubulações circulares, o regime é laminar para números de Reynolds menores que 2.300 e turbulento para números de Reynolds maiores que 2.900. Assim, fluidos de grande viscosidade em relação à sua densidade tendem a ter fluxos laminares. Por sua vez, fluidos com grande vazão diante da área da tubulação tendem a ter fluxos turbulentos.

Um fluxo de regime laminar tem uma dissipação de energia bastante menor que a de um fluxo em regime turbulento. Assim, com essa menor dissipação de energia, o fluxo laminar gera menos ruído ("barulho") que um fluxo turbulento, e este último tende a se apresentar com um "chiado".

O que escutaremos se colocarmos o estetoscópio sobre uma artéria saudável?

Nada. Não se escuta nenhum som do fluxo de sangue em uma artéria saudável. Isso indica que **o regime do fluxo no sistema circulatório operando em condições fisiológicas (não patológicas) é, em essência, laminar.**

Estenoses arteriais

Considere, agora, a condição ilustrada na Figura 45, com a oclusão progressiva de uma artéria por uma placa de ateroma. O fluxo q no local é uma função do grau de

---

34 Como estamos ignorando as constantes, não temos uma igualdade.

estenose (diminuição do raio), do comprimento da placa, da diferença de pressão entre os extremos da placa, da viscosidade que o sangue assumirá em decorrência da mudança de velocidade no local do estreitamento (ver "Reologia"). Note que estamos utilizando q minúsculo, como fizemos anteriormente, para indicar que se trata de um fluxo local e não do débito cardíaco todo. A diferença de pressão é dada pela pressão à montante, que é a pressão arterial no sistema, e pela pressão a jusante da estenose. Como vimos anteriormente, o fluxo local é autorregulado e assim, dependendo do grau da estenose (e consequente restrição de fluxo), os mecanismos de regulação na microcirculação podem causar vasodilatação o que torna a pressão a jusante menor (ou seja, a diferença de pressão aumenta no local da estenose e há manutenção de fluxo).

Como acabamos de ver, o fluxo numa artéria saudável é laminar. Contudo, quando há uma estenose, as alterações de viscosidade, fluxo e raio podem ser tais que o número de Reynolds se eleve na região comprometida, passando a ter característica turbulenta (Figura 45). Nessas condições, a ausculta revelará um sopro, indicando a turbulência do fluxo no local. Por outro lado, quando o grau de estenose é muito grande e, portanto o raio muito pequeno, a restrição ao fluxo é de tal monta que o número de Reynolds volta a ser baixo e o sopro some. Isso pode parecer inusitado, pois o raio indo a zero torna o número de Reynolds grande (ver Equação 13B).

Vejamos por que isso ocorre. Como estamos pressupondo que o fluxo se torna pequeno devido à estenose, podemos utilizar a equação de Hagen-Poiseuille para substituir o fluxo na Equação 13B, obtendo:

$$Re \propto \frac{\rho \cdot \Delta P \cdot r^3}{4 \cdot \mu^2 \cdot L} \qquad \text{Equação 14}$$

Assim, como L é um valor fixo, ΔP tem um valor máximo e a viscosidade do sangue, como visto anteriormente, deixa de ser uma função da velocidade para raios pequenos, o número de Reynolds passa a ter uma dependência direta com o raio do tubo. Se o raio tender a valores muito pequenos, leva o número de Reynolds a valores muito pequenos e o sopro deixa de existir, como dito no parágrafo anterior.

Ausculta cardíaca

Quando apresentamos o diagrama de Wiggers (Figura 23), falamos acerca das bulhas cardíacas, explicando que o som gerado corresponde ao fechamento de válvulas, mas não é o fechamento em si que se ouve e, sim, a vibração dos folhetos valvares pela brusca desaceleração do sangue. Como dissemos, há, fisiologicamente, duas bulhas, a primeira correspondendo ao fechamento das válvulas atrioventriculares e, a segunda, ao fechamento das válvulas pulmonar e aórtica. Esse par de bulhas forma o famoso "tum-tum" de um ciclo cardíaco.

Entre a primeira e a segunda bulhas se dá a sístole, com ejeção de sangue. Entre a segunda e a primeira, ocorre a diástole ventricular, com entrada de sangue nessas câmaras. Note que no registro sonoro do diagrama de Wiggers (Figura 23) ocorrem somente esses dois episódios de som. Portanto, como no caso da ausculta arterial, o fluxo dentro do coração também é laminar, a despeito de toda a dinâmica do ciclo cardíaco.

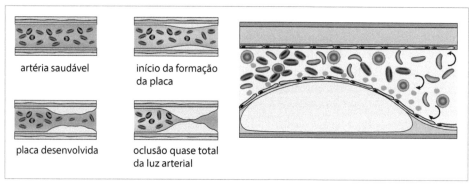

FIGURA 45 Ilustração esquemática de uma placa de ateroma ocluindo, progressivamente, uma artéria. À direita, estenose levando a fluxo turbulento no local.

Considere, agora, que exista um mal fechamento de uma válvula entre um dos átrios e seu respectivo ventrículo. Forma-se, então, um fluxo retrógrado por uma passagem de raio pequeno (mas não ínfimo[35]) e, como no caso apresentado para a estenose arterial na seção anterior, esse fluxo tende a ser turbulento no orifício, auscultando-se um sopro sistólico por insuficiência valvular. Caso a alteração se encontre em uma das saídas arteriais, com estenose do orifício valvar, também surge um sopro sistólico.

O caso inverso é o de mal fechamento (insuficiência) de válvula entre artéria e o respectivo ventrículo ou de estenose na válvula entre átrio e ventrículo. Nesses casos, o sopro que surge é diastólico, pois o fluxo pela válvula insuficiente ou pelo orifício valvar estenosado se dá na diástole.

Note que, num aparente paradoxo, se a insuficiência valvar é muito importante e, portanto, com um mal fechamento muito grande, ou se a estenose é muito importante, com a passagem de sangue muito comprometida, os respectivos sopros tendem a diminuir de intensidade ou até desaparecer (no caso de insuficiência). O motivo desse fenômeno fica claro pela explicação dada ao sopro da estenose arterial, na seção anterior (Equação 14): para escapes muito grandes, o fluxo deixa de ser turbulento, pois não há quase restrição; para restrições muito grandes, o fluxo deixa de ser turbulento devido ao raio muito reduzido.

Medida da pressão arterial

Uma grande parte das pessoas já teve, ou ao menos já viu alguém ter, a pressão arterial medida através de esfigmomanômetro e estetoscópio, sendo que o resultado dessa mensuração é dado na forma de dois números distintos. O método foi desenvolvido pelo médico russo Nikolai Sergeevich Korotkoff em 1905. A técnica consiste em

---

[35] Em casos de "raio ínfimo" de mal fechamento, tende-se a não se auscultar sopro, mas um ligeiro abafamento da bulha. Esses casos são ditos de "escape valvar" e são, na maior parte, fisiológicos e sem repercussões hemodinâmicas.

localizar a artéria braquial, envolver o braço da pessoa com o manguito do esfigmo-manômetro, inflar o manguito palpando-se, ao mesmo tempo, o pulso radial, parar de insuflar quando o pulso radial deixa de ser percebido, colocar o estetoscópio sobre a artéria braquial e desinflar, lentamente, o manguito, observando o leitor de pressão do esfigmomanômetro. A Figura 46A ilustra o procedimento.

Como funciona essa mensuração e por que surgem dois números? A Figura 46B ilustra a relação entre as posições do manguito, do estetoscópio, da artéria axilar e da artéria braquial, a qual é um ramo da axilar. Note que o manguito tem um tamanho adequado para recobrir um comprimento grande da artéria braquial.

Quando o manguito é inflado e o pulso na artéria radial (a qual é um ramo da braquial) deixa de ser percebido, indica que a pressão no manguito supera a pressão existente na artéria braquial. Assim, ela se encontra completamente ocluída, nesta condição. Em seguida, já com o estetoscópio sobre a artéria braquial na sua porção distal, o manguito começa a ser desinflado lentamente e, conforme o tempo passa, a pressão na artéria braquial pode superar a pressão no manguito, dependendo da pressão existente na artéria axilar, que é semelhante à pressão na aorta.

Observando o diagrama de Wiggers, vemos que a pressão na aorta atinge um valor máximo durante uma fase da sístole ventricular. Se esse valor é superior à pressão no

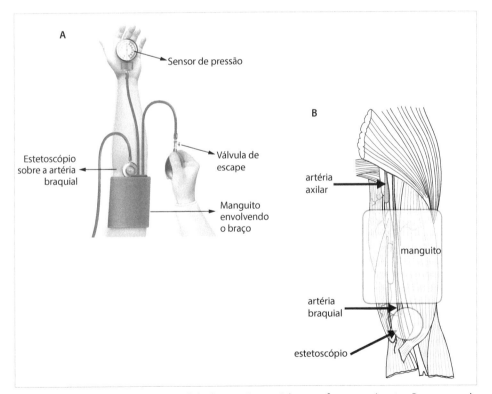

FIGURA 46 A: procedimento de medida da pressão arterial com esfigmomanômetro. B: esquema da relação entre a colocação do manguito e do estetoscópio e as artérias axilar e braquial.
Fonte: A: Freepik.

manguito, a artéria braquial se abre. Contudo, essa abertura é momentânea, pois a pressão na aorta cai e, então, a pressão no manguito volta a superar a pressão na artéria braquial, ocluindo-a novamente. Num próximo ciclo cardíaco, como a pressão no manguito agora já diminuiu um pouco mais, a abertura da artéria braquial se dá numa pressão um pouco menor e o seu fechamento também, ou seja, a artéria permanece aberta por um tempo um pouco maior. E, assim, a cada ciclo, o processo se repete, com o tempo de abertura se estendendo e o intervalo entre as aberturas se encurtando. Isso está esquematizado na Figura 47.

O processo de abertura da artéria braquial se dá com sangue vindo da artéria axilar indo em direção ao antebraço (porção distal da artéria braquial). Contudo, quando esse sangue chega à última porção ainda ocluída e a abre, encontra, pela frente, o sangue estagnado que está nas porções distais da artéria braquial, todo o sistema de ramificações do antebraço e mão e do sistema venoso, o qual também se encontra ocluído. Assim, o sangue que chega é bruscamente desacelerado, sendo forçado a parar. De maneira semelhante ao que foi descrito para as bulhas cardíacas, essa desaceleração brusca é acompanhada por liberação de energia, parte na forma de som, e ouve-se um "tum".

Quando a pressão arterial começa a diminuir e a pressão do manguito supera a da artéria braquial, o sangue é levado retrogradamente para a artéria axilar, já que a pressão é menor mais distalmente, e a artéria braquial volta a ser ocluída. No próximo ciclo,

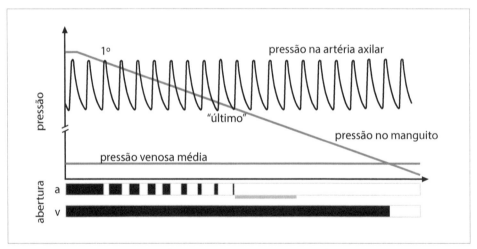

FIGURA 47 No painel superior, relação entre a pressão na artéria axilar, pressão no manguito e pressão venosa média no antebraço ao longo do tempo de esvaziamento do manguito. O primeiro ciclo no qual a pressão arterial supera a do manguito e o "último" ciclo no qual a pressão no manguito ainda pode superar a arterial estão indicados (o motivo das aspas é explicado no texto). No painel inferior é ilustrada a oclusão (barra em preto) e a abertura (barra branca) da artéria braquial (a) e das veias do antebraço (v). Note, na barra da artéria braquial, as aberturas vão se tornando cada vez mais próximas umas das outras até que a artéria permaneça aberta o tempo todo. Por outro lado, as veias ainda estão ocluídas, pois a pressão no manguito é maior que na porção venosa, e somente quando a pressão no manguito está abaixo da venosa é que esses vasos também passam a permanecer abertos o tempo todo. Note, ainda, que não há, na parte venosa, a característica tipicamente oscilatória da parte arterial. A barra cinza indica o período no qual a artéria braquial já permanece aberta o tempo todo, porém existe certo grau de compressão do vaso pelo manguito.

como explicado, esse processo volta a se repetir, mas agora em pressões do manguito mais baixas. E cada vez que há a abertura da artéria braquial, ausculta-se um "tum". Posteriormente, a pressão do manguito se torna tangencialmente semelhante à menor pressão no sistema arterial, e um "último tum" é escutado (mais detalhes adiante).

Note que, até o momento descrito, não pode haver fluxo efetivo pela artéria braquial, pois o sistema venoso se encontra ocluído pela pressão do manguito, e somente se abrirá quando essa pressão já for bem baixa.

Como se pode notar pelo esquema na Figura 47, o primeiro "tum" corresponde à pressão máxima existente no sistema e o número observado no medidor de pressão no momento em que se ausculta tal ruído é a chamada pressão sistólica. O "último tum" corresponde ao valor de pressão diastólica. Assim, o par de números que compõe a mensuração da pressão arterial por esfigmomanômetro é o par pressão sistólica, pressão diastólica.

Por que estamos colocando "último" entre aspas? Pois, de fato, após o "último tum" ainda se auscultam mais alguns "tuns", mesmo com a artéria braquial já aberta o tempo todo. Esses ruídos têm, no entanto, uma tonalidade diferente da dos anteriores (até o "último"), e não devem ser considerados como verdadeiros ruídos correspondentes à abertura da artéria braquial. Esses ruídos surgem porque a artéria radial ainda está sendo comprimida pelo manguito e, diferentemente da obstrução pontual descrita para as estenoses, como o manguito tem um comprimento longo e não há fluxo efetivo para o antebraço (as veias estão ocluídas), ainda ocorre a desaceleração do sangue.[36]

Finalmente, insistimos no termo "fluxo efetivo" pois, durante a ausculta da mensuração da pressão arterial, surgem sopros associados aos "tuns". Sendo as veias os vasos de capacitância, um pequeno deslocamento de sangue da parte arterial para a venosa pode ocorrer, mesmo com veias ocluídas pelo manguito. Assim, existe um "fluxo", mas não é efetivo no sentido de perfusão tecidual.

Note que a medida da pressão arterial não tem, então, nenhuma relação com o "fluxo" que passa pela artéria braquial durante o procedimento de mensuração.

EQUACIONANDO O SISTEMA CIRCULATÓRIO

Nesta seção, iremos procurar, por meio de uma versão simplificada, obter uma visão generalizada sobre o funcionamento da circulação, colocando juntos os vários elementos que foram estudados anteriormente. Começamos por definir capacitância e a pressão de estagnação.

---

36 Há algumas recomendações recentes para que se utilize o desaparecimento dos ruídos (e, portanto, não a mudança de tonalidade) como pressão diastólica, por ser de mais fácil reconhecimento e, assim, criar maior homogeneidade nas mensurações.

Capacitância

Anteriormente neste capítulo, definimos, de maneira informal, capacitância como sendo o volume de fluido em um dado compartimento em função da pressão do fluido neste compartimento. Agora, definiremos esse termo de modo estrito para relações entre pressão e volume. A capacitância C de um reservatório é a taxa de variação de volume V desse reservatório por unidade de pressão P:

$$C = \frac{dV}{dP}$$

Equação 15A

Se a capacitância for independente da pressão, ou seja, a capacitância for um valor fixo, então a Equação 15A pode ser escrita na forma de variação não infinitesimal, por simplificação:

$$C_{fixa} = \frac{\Delta V}{\Delta P} = \frac{V_2 - V_1}{P_2 - P_1}$$

Como, em geral, para pressão nula o volume também é nulo (ou seja, $P_1 = 0 \rightarrow V_1 = 0$), então, no caso de capacitância fixa, simplifica-se mais ainda:

$$C_{fixa} = \frac{V}{P}$$

Equação 15B

A Figura 48 ilustra dois casos hipotéticos, um de capacitância fixa e outro de capacitância variável. Como explicitado pela Equação 15A (que é o caso geral e tem validade sempre), a capacitância é a derivada do volume como função da pressão (ver o capítulo "Modelos genéricos básicos" do volume 1 desta coleção para maiores detalhes acerca de derivadas). Assim, para um caso de capacitância fixa, a relação entre pressão e volume é uma reta. No caso variável, a capacitância corresponde à inclinação da reta tangente à curva volume *versus* pressão em cada ponto.

Pressão de estagnação – condição estática

O coração é o elemento que coloca energia no sistema de modo a causar o fluxo de sangue. Essa energia se manifesta, primordialmente, como pressão. O que ocorrerá se o coração deixar de contrair? Criando uma situação como esta, e aguardando o tempo para que o sangue deixe de circular, a pressão em todos os vasos será a mesma (não levando em conta o efeito gravitacional, que é, por definição, estático). Essa é a chamada pressão de estagnação e, como o próprio termo indica, é a pressão medida em qualquer vaso do sistema na condição de não circulação sanguínea.

O volume sanguíneo total V_T não se altera nessa condição e, ignorando a fração do volume que se encontra nos capilares, o volume total é, aproximadamente, a soma dos volumes venoso v e arterial a:

$$V_T = V_a + V_v$$

Equação 16

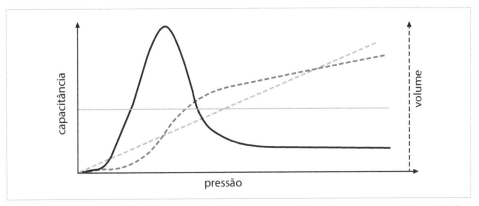

FIGURA 48 Capacitância obtida a partir da relação entre pressão e volume num *container*. As linhas tracejadas indicam a relação entre o volume e a pressão para dois casos distintos, um de capacitância fixa (em cinza) e outro de capacitância variável (em preto). As linhas cheias são as respectivas capacitâncias em cada caso. Note que, no caso fixo (cinza), a capacitância é um valor que independe da pressão. Por outro lado, no caso variável (preto), o valor da capacitância depende da pressão do *container*.

Como o compartimento venoso tem uma capacitância maior que a do compartimento arterial, e a pressão de estagnação é a mesma em todo o sistema, então o volume sanguíneo se distribui de acordo com essas capacitâncias:

$$V_a = \frac{C_a}{C_a + C_v} \cdot V_T \qquad \text{Equação 16A}$$

$$V_v = \frac{C_v}{C_a + C_v} \cdot V_T \qquad \text{Equação 16B}$$

Essas ideias estão esquematizadas na Figura 49.

Circulação sanguínea – condição dinâmica

Considere, agora, que uma bomba (o coração) foi colocada no sistema apresentado na Figura 49, sendo que tal bomba leva o líquido do lado venoso para o lado arterial. Como a bomba retira líquido do lado venoso e coloca no lado arterial, o nível do fluido diminui em um lado e se eleva no outro, criando uma diferença de pressão. Essa diferença de pressão gera fluxo pela tubulação que representa a resistência periférica. Como se percebe pela descrição que acabamos de fazer, o elemento que causa a existência do fluxo é a bomba por estabelecer uma diferença de pressão entre os lados arterial e venoso. A Figura 50A ilustra esta nova condição do sistema.

O modelo a ser desenvolvido é, como dito no início da seção, uma versão simplificada do sistema real. Assim, não levaremos em conta a circulação pulmonar, tratando o sistema como se houvesse somente um átrio e um ventrículo (como no caso de peixes). As pressões serão tomadas como pressões médias, ou seja, sem haver o fenômeno

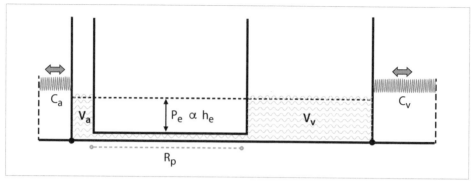

FIGURA 49 Representação esquemática de volumes arterial (V_a) e venoso (V_v) na pressão de estagnação (P_e) em decorrência da parada do funcionamento do coração. As capacitâncias estão representadas como molas que permitem o deslocamento das paredes dos *containers* arterial e venoso em decorrência da pressão no respectivo compartimento. Na condição de estagnação, a pressão se iguala nos dois compartimentos e, no esquema, essa pressão é proporcional à altura h_e da coluna hídrica. A resistência periférica R_p é o componente entre os compartimentos arterial e venoso. Como a condição ilustrada é de estagnação, não há fluxo pela resistência e isso é indicado pela linha cinza tracejada. Note que esse esquema visa facilitar o entendimento da dinâmica que se instalará num sistema circulatório através de uma representação desse sistema como se ele fosse composto de dois compartimentos abertos para a atmosfera, que não é o caso de sistemas circulatórios. Assim, a "altura" h_e da coluna hídrica é, meramente, um modo para representarmos a pressão de estagnação no esquema.

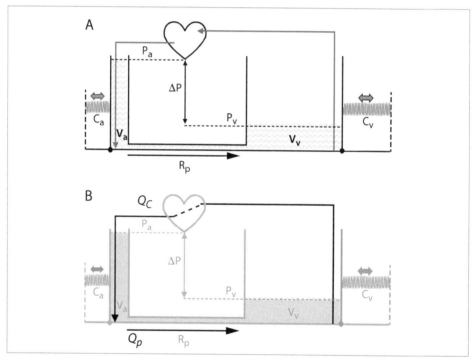

FIGURA 50 A: sistema em condição dinâmica imposta por uma bomba. Note que a bomba retira volume do compartimento venoso, diminuindo a pressão deste em relação à pressão de estagnação, e joga esse volume no compartimento arterial, que passa a ter pressão acima da de estagnação. Cria-se, assim, uma diferença de pressão ΔP entre os compartimentos e passa a haver fluxo pela resistência periférica. B: fluxos do modelo ressaltados em preto.

pulsátil, e as capacitâncias serão independentes da pressão, ou seja, podemos aplicar a Equação 15B.

Fluxo periférico – Q_p

O volume sanguíneo total, como dito anteriormente (Equação 16), é dado pela soma dos volumes arterial e venoso, sendo um parâmetro do modelo.[37] Dessa maneira, apesar de o volume arterial e o volume venoso serem duas incógnitas do problema, um pode ser escrito em função do outro:

$$V_a = V_T - V_v \qquad \text{Equação 17}$$

E, utilizando Equação 15B, escrevemos as pressões nos compartimentos arterial e venoso como função dos volumes e capacitâncias:

$$P_a = \frac{V_a}{C_a} = \frac{V_T - V_v}{C_a} \qquad \text{Equação 18A}$$

$$P_v = \frac{V_v}{C_v} \qquad \text{Equação 18B}$$

Aplicando a equação de Hagen-Poiseuille para o fluxo estabelecido entre a parte arterial e a parte venosa do sistema decorrente da diferença de pressão causada pela bomba, temos o fluxo periférico:

$$Q_p = \frac{\Delta P}{R_p} = \frac{\left(\dfrac{V_T - V_v}{C_a} - \dfrac{V_v}{C_v}\right)}{R_p} = \frac{V_T \cdot C_v - (C_a + C_v)V_v}{C_a \cdot C_v \cdot R_p} \qquad \text{Equação 19}$$

Fluxo cardíaco – Q_c

A Equação 1 nos dá o débito cardíaco como sendo o produto da frequência cardíaca pelo volume sistólico. Como foi visto, o mecanismo de Frank-Starling relaciona a pressão diastólica final à força de ejeção e, por conseguinte, ao volume sistólico. Por sua vez, a pressão diastólica final é uma função da pressão venosa. Dessa forma, considerando uma região na qual a força de ejeção seja linear à pressão na câmara ventricular, o volume sistólico é dado por:

$$V_S = K \cdot P_v = K \cdot \frac{V_v}{C_v} \qquad \text{Equação 20}$$

Sendo K a constante de proporcionalidade entre a força de ejeção e o volume da câmara ventricular (mecanismo de Frank-Starling). Essa constante K tem unidades de volume por pressão, como uma capacitância. Assim, o fluxo cardíaco é escrito como:

---

37 Mais detalhes acerca de parâmetros de um modelo podem ser encontrados no capítulo "Modelos genéricos básicos" do volume 1 desta coleção.

$$Q_c = f \cdot V_S = \frac{f \cdot K \cdot V_v}{C_v} \qquad \text{Equação 21}$$

A condição de regime permanente

Quando o sistema se encontra em regime permanente, o fluxo periférico é igual ao fluxo cardíaco: $Q_p = Q_c$. Dessa forma, igualando as Equações 19 e 21, temos:

$$\frac{V_T \cdot C_v - (C_a + C_v)V_v}{C_a \cdot C_v \cdot R_p} = \frac{f \cdot K \cdot V_v}{C_v}$$

E fazendo os devidos arranjos e simplificações, obtém-se:

$$V_T \cdot C_v - \left(f \cdot K \cdot R_p \cdot C_a + C_a + C_v\right) \cdot V_v = 0 \qquad \text{Equação 22}$$

Note que o produto $f \cdot K \cdot R_p$ é adimensional e, assim, o produto $f \cdot K \cdot R_p \cdot C_a$ tem dimensão de capacitância.

A partir da Equação 22, podemos estudar o efeito dos vários componentes do sistema sobre a circulação sanguínea.

O volume venoso

Rearranjando a Equação 22, o volume venoso na condição dinâmica é obtido diretamente:

$$V_v = \frac{C_v}{f \cdot K \cdot C_a \cdot R_p + C_a + C_v} \cdot V_T \qquad \text{Equação 23}$$

Comparando essa equação com a Equação 16B, que dá o volume venoso na condição estática, percebe-se que, agora, surge um termo a mais no denominador: $f \cdot K \cdot R_p \cdot C_a$. Esse termo é, justamente, a alteração de volume venoso causada pela ação da bomba. Ou seja, a presença desse termo, oriundo da atividade do coração, leva a uma diminuição do volume venoso em relação à condição estática da pressão de estagnação.

Tratando o termo $f \cdot K \cdot R_p \cdot C_a$ como uma variável única, nota-se que quanto maior for este termo, menor é o volume venoso na condição dinâmica do sistema, sendo que se o termo cresce muito (tendendo ao infinito), o volume venoso tende a zero. Dessa forma, o aumento da frequência cardíaca e/ou da força de ejeção, causam uma queda de volume venoso pelo coração extrair mais sangue desse compartimento; o aumento da resistência periférica causa uma diminuição do volume venoso por represar o sangue no lado arterial, e o aumento da capacitância arterial leva a uma diminuição do volume venoso por sequestrar uma parcela maior do volume total na parte arterial do sistema. Considerando o caso no qual a capacitância venosa não se altere, todas as condições descritas acima levam a uma diminuição concomitante da pressão venosa.

Pressão arterial

Do mesmo modo que obtivemos o volume venoso em função dos parâmetros do modelo, podemos obter o volume arterial:

$$V_a = \frac{f \cdot K \cdot R_p \cdot C_a + C_a}{f \cdot K \cdot R_p \cdot C_a + C_a + C_v} \cdot V_T$$

E dividindo-se o volume arterial pela capacitância, obtém-se a pressão arterial:

$$P_a = \frac{f \cdot K \cdot R_p + 1}{f \cdot K \cdot R_p \cdot C_a + C_a + C_v} \cdot V_T \qquad \text{Equação 24}$$

Como amplamente discutido em seções anteriores, o controle global da circulação se dá sobre a pressão arterial, ou seja, a manutenção da variável em um valor operacional por meio de controle de parâmetros do sistema circulatório. Vejamos exemplos disso.

Hemorragia

Considere um caso de hemorragia, com perda de volume, ou seja, V_T diminui. Com a queda de V_T a pressão arterial cai e, potencialmente, cai a perfusão tecidual. Na equação de Hagen-Poiseuille isso se traduziria por diminuição do termo ΔP. Observando a Equação 24, quais são as possíveis alterações de parâmetros de modo a compensar a queda no volume total? Temos como possíveis respostas: diminuição da capacitância venosa (com deslocamento de volume da parte venosa para a parte arterial), aumento da frequência cardíaca, aumento da força de contração, aumento da resistência periférica. Esses são, basicamente, os eventos desencadeados por um aumento do tônus simpático. Ou seja, ao promover esses eventos, ocorre uma manutenção dos níveis da pressão arterial. Observando-se a Equação 24 pode-se perceber, também, porque o reflexo de Bainbridge parece ser paradoxal ao se ter aumento da frequência cardíaca mediante um aumento do volume total (ver discussão acerca deste reflexo apresentada anteriormente).

Hipotensão ortostática

Podemos utilizar a Equação 24 para interpretar o que ocorre quando se passa da posição deitada para em pé (ortostática). Para isso, devemos considerar que ao ficar de pé há um aumento no volume venoso em membros inferiores. De maneira interpretativa, podemos considerar que a pessoa continuou deitada, mas teve aumento de capacitância venosa, representando, assim, sequestro de volume para a parte venosa do sistema. Pela Equação 24, um aumento da capacitância venosa incorre em diminuição da pressão arterial. Logo, a resposta adequada se assemelha à descrita anteriormente para a perda de volume total. Contudo, a resposta que melhor se adequa a essa situação é diminuição da capacitância venosa, pois, com isso, a pressão arterial retorna aos valores de regulação. A resposta simpática de diminuição de capacitância venosa é a que ocorre em pessoas saudáveis.

Como visto, a ativação simpática, mesmo que preferencialmente dirigida às veias, termina por causar alterações de frequência cardíaca e de resistência periférica, que ocorrem ao se ficar de pé. Pessoas que perdem esse reflexo simpático de diminuição da capacitância venosa ao ficar de pé apresentam um quadro chamado intolerância ortostática ou hipotensão ortostática, no qual a pessoa tem tonturas e pode chegar à síncope ao ficar em pé, e isso se acentua com a rapidez com que a pessoa transita entre a posição de decúbito ou sentada para a posição ortostática. Pessoas mais velhas e pessoas acamadas por longo tempo apresentam esse distúrbio.

Exercício físico

Em condições de repouso, a musculatura estriada esquelética recebe em torno de 15 a 20% do débito cardíaco, o que é um fluxo relativamente baixo em relação à massa muscular, entre 30 e 40% da massa corpórea (a título de comparação, o cérebro, com 2% da massa, recebe 14% do débito cardíaco e o fígado, com 2,5% da massa, recebe 27%). Assim, grosso modo, podemos considerar que a resistência vascular da musculatura em condições de repouso é "alta".

Quando se inicia uma atividade física, ocorre a abertura de unidades de microcirculação na musculatura que entra em atividade, o que causa uma queda na resistência periférica total. Ou seja, o termo R_p diminui. Com isso, a pressão arterial tende a cair. A resposta do sistema nervoso autônomo é uma diminuição do tônus parassimpático, o que causa aumento da frequência cardíaca e, assim, o produto $f \cdot K \cdot R_p \cdot C_a$ tende a não se alterar e não há alteração da pressão arterial para exercícios físicos leves até moderados.

Por sua vez, um aumento de carga ainda maior, levando o exercício para intenso, incorre no seguinte problema. As unidades de microcirculação na musculatura em atividade já estão todas abertas e, assim, não há mais como diminuir a resistência vascular, porém a demanda da alta carga precisa ser atendida. Agora, para aumentar o fluxo na musculatura (cuja resistência já está minimizada nesse momento) é preciso aumentar a pressão arterial. Assim, o aumento do tônus simpático se impõe e há vasoconstrição visceral com conseguinte aumento da resistência periférica, maior aumento de frequência cardíaca e de força de contração, resultando em aumento de pressão arterial observada em exercícios intensos.

Essa transição entre exercício leve, moderado e intenso não é categórica, mas gradual. Ou seja, não existem marcas que informam "até aqui o exercício é moderado, a partir daqui é intenso". Assim, as mudanças nos parâmetros da Equação 24 são todas concomitantes e gradativas e, como regra, os exercícios leves e moderados não são acompanhados por alterações significativas de pressão arterial e os intensos são. Note, ainda, a associação que fizemos: exercícios leves são regulados por meio de retirada de tônus parassimpático, exercícios intensos são regulados por meio de aumento do tônus simpático. A Figura 29 oferece uma parte da explicação para esses eventos.

Isometria

A isometria é um processo de aumento da força no músculo sem que haja contração macroscópica. Ou seja, o músculo é ativado além de seu tônus de repouso, mas não causa movimento na carga (esses conceitos são mais bem desenvolvidos no capítulo "Músculos e movimento" do volume 4 desta coleção). Em pessoas realizando exercícios do tipo isométricos ocorre progressivo aumento da frequência cardíaca e da pressão arterial. Por que ocorre aumento de frequência e pressão se a carga é fixa?

O músculo ativado tem demanda metabólica aumentada. Quando a ativação tem caráter cíclico, como o andar ou correr, existem períodos nos quais a tensão muscular diminui e, por consequência, a pressão intramuscular diminui. Assim, durante esses períodos, o músculo pode ser perfundido e ter sua demanda metabólica suprida. Contudo, na condição de isometria, por causa da tensão ininterrupta, não existem esses períodos de perfusão. Como a demanda também está aumentada, ocorrem estímulos locais para a vasodilatação e a abertura de unidades de microcirculação, mas que devido à pressão intramuscular aumentada não são acompanhados da perfusão esperada. Assim, geram--se estímulos via sistema nervoso autônomo, e o sistema cardiovascular responde com aumento da frequência cardíaca e pressão arterial na tentativa de suplantar a pressão intramuscular e perfundir o músculo em isometria. Se a carga não é extremamente elevada, a pressão arterial se eleva o suficiente para suprir a demanda muscular.

Em contrapartida, se a carga é muito elevada e os grupamentos musculares envolvidos são muito grandes, por exemplo, musculatura extensora de pernas, coxas e costas em levantamentos de peso, a pressão arterial não consegue suplantar a pressão intramuscular. Nesses casos, não há a perfusão, o que acarreta um incremento cada vez maior dos estímulos vasodilatadores locais. Ao término do exercício, se esse término for muito abrupto para o indivíduo em particular, a microcirculação nesses grandes grupamentos musculares está em intensa vasodilatação e há importante queda de resistência periférica com queda de pressão arterial. Esse quadro pode, então, levar a tonturas e síncope (essa relação entre pressão arterial e resistência periférica é mais explorada mais adiante).

Débito cardíaco

A regulação global do sistema circulatório se dá com o controle sobre a pressão arterial, como já foi bastante discutido neste capítulo. Contudo, como também visto, o que importa para os tecidos é o fluxo de sangue recebido, isto é, o débito cardíaco. No item anterior, apresentamos as respostas que ocorrem para a regulação da pressão arterial diante de algumas situações, com base na Equação 24.

Assim, quanto vale o débito cardíaco em função dos parâmetros do modelo? Colocando-se o volume venoso obtido na Equação 23 no fluxo periférico dado pela Equação 19, temos:

$$Q = V_T \cdot \frac{f \cdot K}{f \cdot K \cdot R_p \cdot C_a + C_a + C_v} \qquad \text{Equação 25}$$

Note que retiramos o subscrito "p" do termo Q em (Equação 25), pois estamos considerando, daqui em diante, que o sistema está em regime permanente e, portanto, o fluxo periférico é o mesmo que o fluxo cardíaco, sendo, ambos, iguais ao débito cardíaco. Agora podemos observar que nem todas as respostas para manutenção da pressão arterial num valor fixo se refletem na manutenção do débito cardíaco. Particularmente, o aumento da resistência periférica, que resulta em elevação da pressão arterial (Equação 24), causa queda no débito cardíaco (Equação 25).

Mais ainda, os impactos relativos de mudanças em dado parâmetro sobre a pressão arterial e sobre o débito cardíaco são diferentes. A título de um exemplo numérico, em uma condição de repouso com valores médios dos parâmetros (ver Box 1), a variação da resistência periférica tem impacto relativo ao redor de 80% na pressão arterial e, no débito cardíaco, de 16%.[38] Em outras palavras, uma pequena mudança na resistência

---

38   16% negativos, pois aumento da resistência causa queda no fluxo.

periférica dentro da condição de repouso tem impacto relativo cinco vezes maior na pressão arterial que no débito cardíaco.

O ponto de operação

Anteriormente, dissemos que o ponto de operação do sistema é definido por um par – pressão venosa central, débito cardíaco (ver "Frank-Starling – pequenos ajustes batimento a batimento"). Vamos explorar este conceito, agora.

Em 1957, Guyton e colaboradores apresentam a ideia do ponto de operação. A ideia é baseada, em um lado, pela relação existente entre a força de ejeção e a pressão de enchimento ventricular (pressão venosa central), em essência, o mecanismo de Frank-Starling; e por outro, na relação de fluxo entre a pressão arterial e a pressão venosa, em essência, a equação de Hagen-Poiseuille aplicada ao sistema como um todo. A primeira relação foi chamada curva de função ventricular, e essa curva é crescente com a pressão venosa, pois a força de ejeção cresce com o enchimento ventricular. Já a segunda relação foi chamada curva de função vascular, e essa curva é decrescente com a pressão venosa, pois quanto mais elevada esta última, menor o fluxo entre a parte arterial e a venosa. Note, assim, que toda essa conceituação está inerentemente embutida na modelagem que nós desenvolvemos anteriormente. Dessa maneira, a curva de função vascular é a Equação 19, enquanto a função ventricular é dada pela Equação 21 (tendo uma frequência cardíaca fixa $\bar{f}$):

$$\text{Função vascular} \rightarrow \text{débito cardíaco} = Q_p = \frac{\Delta P}{R_p} = \frac{P_a - P_v}{R_p}$$

$$\text{Função ventricular} \rightarrow \text{débito cardíaco} = Q_c = \bar{f} \cdot V_S = \frac{\bar{f} \cdot K \cdot V_v}{C_v} = \bar{f} \cdot K \cdot P_v$$

A concepção gráfica do ponto de operação é ilustrada na Figura 51. A importância do conceito do ponto de operação é que se pode estabelecer uma relação passível de ser obtida tanto experimental quanto clinicamente entre o débito cardíaco e a pressão venosa central. Além disso, se perturbado, o sistema cardiovascular retorna a esse ponto de operação sem a necessidade de atuação de controladores.[39] Dessa maneira, uma vez dado um patamar de funcionamento, o sistema cardiovascular tende a permanecer nele mesmo que ocorram pequenas perturbações[40] batimento a batimento. No Box 1, fazemos a análise do ponto de operação a partir da nossa modelagem anterior e examinamos algumas condições de alterações de parâmetros do sistema e as respostas elicitadas por essas alterações.

---

39   O ponto de operação é um ponto de equilíbrio estável do sistema (ver Chaui-Berlinck e Monteiro, 2017).
40   A "perturbação" à qual estamos fazendo referência nesse momento é um conceito matemático e não deve ser confundida com alterações de parâmetros, que é o que trataremos a seguir.

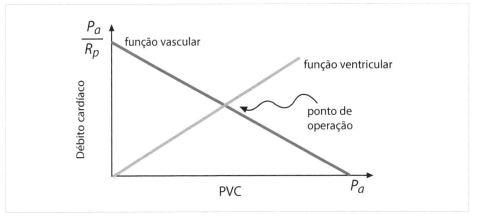

FIGURA 51 O ponto de operação delineado por Guyton e colaboradores é a intersecção das funções vascular (decrescente, em cinza escuro) e ventricular (crescente, em cinza claro), indicado pela seta. Essa intersecção é o par – pressão venosa central, débito cardíaco – para um dado conjunto de variáveis de controle. Assumimos, por simplificação, que tanto a função vascular quanto a função ventricular são funções lineares da pressão venosa central (PVC).

Box 1 – Respostas de regulação cardiovascular analisadas via ponto de operação

Do ponto de vista de respostas de controle, a análise feita em Equacionando o sistema circulatório já dá conta dos processos fisiológicos de regulação da pressão arterial e de débito cardíaco em situações gerais. Do ponto de vista histórico, essa análise foi implementada por meio do ponto de operação. Assim, aqui repassaremos essa abordagem. Note que não haverá nenhuma informação nova em relação ao que já desenvolvemos nas seções precedentes, o que apresentaremos é apenas para que seja entendido como se dá a apreciação via ponto de operação.

Ponto de operação gráfico

Na seção anterior, analisamos os impactos de alterações de certos parâmetros sobre a circulação sanguínea por meio do modelo delineado pelo qual obtivemos as Equações 24, 25 e 26. Vamos retomar, agora, a concepção gráfica do ponto de operação como delineado por Guyton e colaboradores e ilustrado na Figura 51. Desenvolveremos uma situação-exemplo de perda de volume sanguíneo com resposta por aumento de força de contração e posteriormente aumento da resistência periférica.

No gráfico B da Figura Box 1, ilustra-se uma queda de volume sanguíneo total. A função ventricular não é alterada por essa diminuição de volume, mas a função vascular sim, uma vez que a pressão arterial diminui. Como a resistência periférica não sofre alteração, o resultado da queda de volume sanguíneo é um deslocamento paralelo da curva de função vascular para a esquerda de quem observa o gráfico. Com isso, o ponto de operação é deslocado, com queda do débito cardíaco e da PVC.

Considere que, como resposta, haja aumento da força de contração cardíaca (isto é, o termo K da Equação 21 aumente de valor). Isso representa aumento na inclinação da reta da função ventricular e está ilustrado no gráfico C da Figura Box 1. Com essa resposta, ocorre aumento do débito cardíaco acompanhado de nova diminuição de pressão venosa central.

Finalmente, suponha que a perda de volume foi extremamente significativa e que a resposta por aumento da força de contração não tenha sido suficiente para garantir perfusão em órgãos nobres. O aumento do tônus simpático acentua a vasoconstrição periférica e há aumento da resistência periférica. Como veremos na seção analítica desenvolvida a seguir, a alteração da resistência periférica leva a alterações da pressão arterial, com aumento da pressão se há aumento da resistência. Isso desloca o intercepto x da função vascular para a direita de quem observa o gráfico. Por outro lado, a razão $\frac{P_a}{R_p}$, que é o intercepto y da função vascular, a despeito do aumento da pressão arterial,

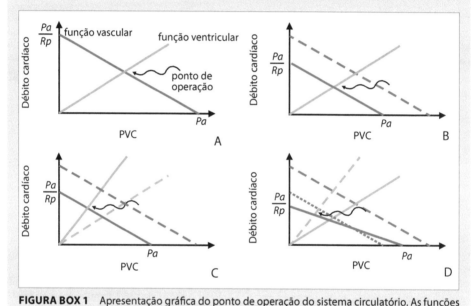

FIGURA BOX 1 Apresentação gráfica do ponto de operação do sistema circulatório. As funções vasculares (em cinza escuro) e ventricular (em cinza claro) foram consideradas lineares. A: ponto de operação "normal" do sistema, como na Figura 51. Pela linearidade assumida para as duas funções, tem-se que se a pressão venosa central for zero, a função ventricular vale zero e a função vascular vale a razão entre a pressão arterial e a resistência periférica. Ou seja, para $P_v = 0$, o débito cardíaco pela função ventricular é, também, zero, uma vez que não há enchimento da câmara; enquanto o débito cardíaco pela função vascular é máximo, dado que a diferença de potencial $\Delta P = P_a - P_v = P_a - 0 = P_a$ se torna máxima e maximiza a razão $\frac{P_a}{R_p}$, que representa o intercepto y dessa função. Com o progressivo aumento da pressão venosa central, novamente pela linearidade assumida, o débito cardíaco pela função ventricular cresce, enquanto pela função vascular decresce até se tornar nulo se a pressão venosa se iguala à pressão arterial, que é o intercepto x dessa função. Isso ocorre na pressão de estagnação. B: perda de volume sanguíneo com deslocamento da função vascular (ver texto). A linha tracejada cinza escuro foi deixada como referência do "normal". C: resposta por aumento de força de contração causa um aumento na inclinação da função ventricular, com novo deslocamento do ponto de operação. As linhas tracejadas foram deixadas como referência da condição "normal". D: aumento da resistência periférica leva a um deslocamento não paralelo da curva de função vascular (ver texto) e a um novo valor no ponto de operação. Linhas tracejadas e linha pontilhada foram deixadas como referência das condições precedentes.

se reduz.[41] Assim, há um deslocamento não paralelo da função vascular e o resultado é, como já foi visto anteriormente, uma diminuição do débito cardíaco no novo ponto de operação, acompanhado de diminuição da pressão venosa. Como também discutido anteriormente, essa redução no débito cardíaco como um todo é uma tentativa do SNA em manter o fluxo para órgãos nobres nessa condição extremada.

Ponto de operação analítico

Primeiramente, devemos obter a pressão venosa, que nada mais é que o volume venoso dividido pela capacitância, ou seja, a partir da Equação 23, tem-se:

$$P_v = \frac{V_T}{f \cdot K \cdot C_a \cdot R_p + C_a + C_v} \qquad \text{Equação Box 1}$$

O débito cardíaco já foi obtido (Equação 25) e, assim, do ponto de vista analítico, o ponto de operação é dado por um conjunto de valores dos parâmetros {V_t, R_p, C_a, C_v, F, K}. A Tabela Box 1 apresenta valores de resistência e capacitância, bem como a estimativa do parâmetro K para condições de repouso em um ser humano adulto.

TABELA BOX 1   Valores de parâmetros do sistema circulatório em seres humanos em repouso

Parâmetro	Valor	Unidades
Resistência periférica sistêmica	17,5	torr · min · L^{-1}
Capacitância arterial sistêmica	0,006	L · torr^{-1}
Capacitância venosa sistêmica	0,75	L · torr^{-1}
Frequência cardíaca de repouso	60 a 100	bpm
Volume sanguíneo total	≅ 10% da massa corpórea	L
K estimado para f = 72 bpm	0,012	L · torr^{-1}

A Figura Box 2 mostra o valor do ponto de operação para um conjunto {V_t, R_p, C_a, C_v, F, K} de parâmetros e o que ocorre com esse ponto diante de alterações nos parâmetros (ver legenda para detalhes).

A Figura Box 2 ilustra vários conceitos importantes. Primeiramente, o papel fundamental do volume sanguíneo na manutenção da operação adequada do sistema circulatório. Uma queda nesse parâmetro é a que incorre na maior alteração de débito cardíaco, pressão venosa central e pressão arterial. Ao mesmo tempo, podemos observar como o papel de vasos de capacitância do sistema venoso se assemelha ao papel do volume sanguíneo: o aumento da capacitância venosa (com conseguinte sequestro de volume nessa parte do sistema) tem consequência similar à da perda de volume sanguíneo, com queda de débito cardíaco e de pressão venosa central. A diminuição da força

---

41 A explicação detalhada do porquê ocorre essa redução na razão vai além dos objetivos do presente texto. A título de explicação, o impacto relativo (chamado "elasticidade") da variação da resistência sobre a pressão arterial vale zero para $R_p = 0$, tende a zero para $R_{p \to \infty}$ e, no ponto de máximo entre esses extemos, é menor que 1; assim, a razão $\frac{P_a}{R_p}$ sempre diminuirá com o aumento da resistência periférica.

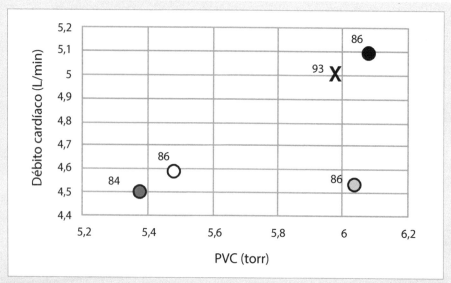

FIGURA BOX 2 Gráfico do débito cardíaco em função da pressão venosa central ilustrando o ponto de operação em condições normais (X) e alterações nos parâmetros: queda do volume sanguíneo total (círculo cinza escuro), aumento na capacitância venosa (círculo branco), queda na força de contração do miocárdio (círculo cinza claro) e queda na resistência periférica (círculo preto). Os números ao lado de cada símbolo indicam a pressão arterial média na dada condição. As alterações dos parâmetros foram de 10% ao redor do valor da condição normal. Os valores dados como normais são apresentados na Tabela Box 1, com frequência cardíaca de 72 bpm e volume sanguíneo total de 5 litros.

de contração do miocárdio, por outro lado, leva ao aumento da pressão venosa central com queda do débito cardíaco.

Finalmente, a queda na resistência periférica aparece como uma resposta aparentemente paradoxal: aumento de débito cardíaco e da pressão venosa. Voltaremos a esse aparente paradoxo mais adiante, porém pode-se adiantar que nada há de paradoxal, pois a diminuição da resistência ao fluxo deve aumentar o fluxo, por definição. Note, ainda, que as mudanças de 10% nos parâmetros causaram impacto semelhante de queda na pressão arterial, mas, como ressaltado acima, a mudança no volume total tem maior impacto.

Vamos utilizar a queda no volume total (p. ex., uma hemorragia) para ilustrar o que ocorre com o ponto de operação em respostas isoladas por cada um dos parâmetros do sistema. A Figura Box 3 ilustra o ponto de operação normal e os pontos de operação decorrentes da perda de volume sanguíneo acompanhada por alteração nos parâmetros (ver legenda).

Como discutido anteriormente, o compartimento venoso tem o papel de reservatório sanguíneo e a diminuição da sua capacitância simula uma restituição de volume ao sistema. Isso é bastante evidente pela Figura Box 3, pois a diminuição em 10% da capacitância venosa leva o ponto de operação, alterado por 10% de perda de volume sanguíneo, quase que de volta ao valor de operação normal (e, também, da pressão arterial).

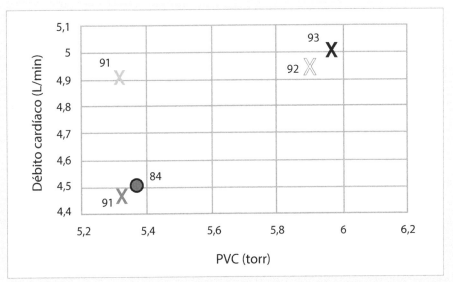

FIGURA BOX 3 Exemplo de resposta à queda de 10% no volume sanguíneo total. Como ilustrado na Figura Box 2, a queda em V_T leva o ponto de operação normal "X" (em preto) para o ponto marcado por um círculo. Os pontos indicados por "X" coloridos são respostas em decorrência da alteração em 10% em um dos parâmetros: branco = diminuição da capacitância venosa; cinza claro = aumento da frequência cardíaca; cinza escuro = aumento da resistência periférica. Os números ao lado de cada ponto são os respectivos valores de pressão arterial.

A resposta via aumento da frequência cardíaca recupera o débito cardíaco e a pressão arterial, mas isso ocorre com queda ainda mais acentuada da pressão venosa. De qualquer maneira, há recuperação do fluxo sanguíneo. Por outro lado, a resposta via aumento da resistência periférica leva a uma acentuação do quadro de diminuição do débito cardíaco e da pressão venosa, o mesmo aparente paradoxo colocado anteriormente, ou seja, essa resposta piora o quadro deflagrado pela queda de volume sanguíneo total. Contudo, o elemento de controle global, a pressão arterial, é retornado aos valores iniciais.

Considere que tenha ocorrido uma perda de volume grande (ou seja, houve hemorragia significativa, com importante impacto sobre o funcionamento adequado do sistema circulatório). A resposta de aumento de frequência cardíaca, força de contração e diminuição da capacitância venosa já atingiram valores de saturação, mas o quadro não foi revertido de maneira efetiva. Em outras palavras, frequência, força e capacitância venosa não podem mais ser alterados, e o débito cardíaco não retornou aos valores normais. Isso significa que nem todos os tecidos e órgãos podem ser adequadamente supridos como o eram anteriormente.

O aumento da resistência periférica como um todo é decorrente de vasoconstrição em órgãos menos nobres, que podem passar por períodos sem perfusão adequada, mas não em órgãos vitais, como cérebro, coração e rins.

Em relação ao fluxo na aorta, os vários órgãos se dispõem em paralelo. Resistências em paralelo resultam em resistência total obtida pela soma dos inversos de cada resistência. Assim, a título de exemplificação, vamos considerar que houvesse apenas dois órgãos em paralelo, um com resistência R_A e outro com resistência R_B, na condição inicial 1 (pré-hemorragia). A resistência periférica total nessa condição seria:

$$\frac{1}{R_p(1)} = \frac{1}{R_A} + \frac{1}{R_B} \leftrightarrow R_p(1) = \frac{R_B \cdot R_A}{R_B + R_A}$$

Na situação pós-hemorragia, o órgão nobre "A" mantém sua resistência inalterada, mas o órgão não nobre "B" tem a sua resistência aumentada, por exemplo, o triplo. Agora, temos:

$$\frac{1}{R_p(2)} = \frac{1}{R_A} + \frac{1}{3R_B} \leftrightarrow R_p(2) = \frac{3R_B \cdot R_A}{3R_B + R_A}$$

É simples mostrar que $R_p(2) > R_p(1)$, ou seja, houve aumento da resistência periférica total, apesar de que a resistência no órgão nobre "A" não se alterou. Como o fluxo é inversamente proporcional à resistência, ao se aumentar a resistência periférica total por meio do aumento de resistência em órgãos que podem suportar períodos de baixa perfusão, recupera-se pressão arterial garantindo que órgãos que não possam suportar esses períodos de baixa perfusão possam continuar a receber o suprimento sanguíneo adequado. Portanto, o resultado aparentemente paradoxal de piora do quadro com o aumento da resistência periférica é uma tentativa do controle circulatório para manter perfusão em órgãos nobres em condições fora das fisiológicas.

Vamos, agora, examinar um quadro diferente, sem perda de volume sanguíneo. Considere um caso de hipertermia. Nesse quadro, a resistência periférica se encontra bastante reduzida devido à tentativa do SNA em dissipar energia pela superfície corpórea através de uma intensa vasodilatação periférica (cutânea). A Figura Box 4 ilustra a repercussão da queda da resistência periférica para metade do valor nas condições não patológicas.

Observamos que a queda da resistência periférica causa uma condição na qual há aumento de fluxo (débito cardíaco) e aumento na pressão venosa. Contudo, há, também, uma intensa queda na pressão arterial. Como consequência, apesar de haver aumento de débito cardíaco, ele é dirigido à região de menor resistência, no caso, a pele e, assim, há perfusão inadequada de outros órgãos. Por exemplo, a baixa perfusão do sistema nervoso central causa tonturas ou até síncope, já nos rins, a perfusão inadequada causará diminuição da diurese e, eventualmente, até um quadro de insuficiência renal aguda por necrose tubular. Portanto, condições de aumento de débito cardíaco não devem ser tomadas como sinônimos de aumento de perfusão de todos os órgãos. A perfusão particular de cada um dependerá da sua participação na resistência periférica total.

Claro que fizemos, aqui, uma separação didática entre os vários componentes de resposta diante de determinada alteração. No organismo, a ação dos controles é uma resposta orquestrada entre os vários componentes (parâmetros) de maneira mais ou menos simultânea.

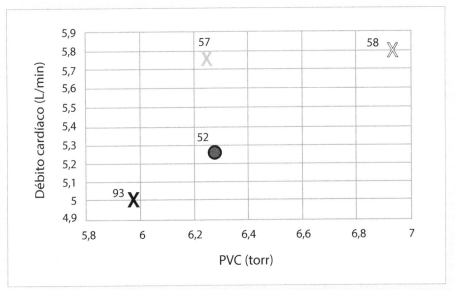

FIGURA BOX 4 A queda de 50% na resistência periférica leva o ponto de operação normal ("X" em preto) para valores mais altos de pressão venosa e de débito cardíaco (ponto em cinza escuro), e diminuição da pressão arterial. Os pontos indicados por "X" coloridos são respostas em decorrência da alteração em 10% em um dos parâmetros: branco = diminuição da capacitância venosa; cinza claro = aumento da frequência cardíaca.

VARIAÇÕES DE CAPACITÂNCIA E RESISTÊNCIA – UMA QUESTÃO DE RAIO

Tanto os vasos de capacitância (grandes veias) quanto os vasos de resistência (pequenas artérias e arteríolas) têm seus respectivos papéis relacionados à mudança no tônus da musculatura lisa da parede vascular. Como amplamente visto, a mudança de calibre de arteríolas altera a resistência, sendo fator primordial para o controle local do fluxo sanguíneo e da resistência periférica do ponto de vista global. A mudança de tônus da parede venosa altera a capacitância desses vasos, transferindo sangue para a parte arterial do sistema ou acumulando mais sangue na parte venosa. Assim, em ambos os casos, existe uma alteração do diâmetro vascular, porém, em um caso, fazemos referência apenas à capacitância e, no outro, apenas à resistência. Por quê?

A explicação para essa diferença se encontra no impacto da mudança do raio. Por simplicidade, vamos considerar que tanto arteríolas quanto veias são tubos cilíndricos com área de secção definida pelo diâmetro do vaso e com comprimento fixo. Assim, o volume V e a resistência R são dados, respectivamente, por:

$$V = 2 \cdot \pi \cdot L \cdot r^2$$

$$R = \frac{8 \cdot \mu \cdot L}{\pi \cdot r^4}$$

Dessa maneira, a razão entre volume e resistência é:

$$\frac{V}{R} = \frac{\pi^2 \cdot r^6}{4 \cdot \mu}$$

Vamos considerar uma mudança de raio, que pode ser positiva (aumento do raio) ou negativa (diminuição do raio), dada como uma fração w do raio anterior:

$$r_{novo} = r \cdot (1 + w)$$

A título de comparação, vamos considerar que o raio venoso é 500 vezes maior que o raio arteriolar: $r_v = 500 \cdot r_{aa}$. Assim, ao haver uma alteração fracionária w no raio, o impacto sobre a razão volume/resistência é proporcional a:

$$\text{Arteríolas} \rightarrow \Delta \left(\frac{V}{R}\right)_{aa} \propto r_{aa}^6 \cdot (1 + w)^6$$

$$\text{Veias} \rightarrow \Delta \left(\frac{V}{R}\right)_{v} \propto 500^6 \cdot r_{aa}^6 \cdot (1 + w)^6$$

Ou seja, o impacto da mudança de raio num vaso de raio já grande é $1,5625 \times 10^{16}$ maior em termos de volume que em termos de resistência, e o inverso vale para vasos de raio pequeno, isto é, o impacto da mudança no raio é $1,5625 \times 10^{16}$ maior sobre a resistência que sobre o volume.

É importante ressaltar que a grandeza física "capacitância" não está relacionada à mudança de diâmetro do contâiner. A capacitância diz respeito ao que se poderia chamar, num modo mais leigo, de rigidez das paredes. Contudo, do ponto de vista operacional do sistema cardiovascular, a alteração da rigidez da parede do vaso termina por se associar a alterações concomitantes do calibre.

Dessa forma, **apesar de tanto os vasos de capacitância quanto os vasos de resistência atuarem por meio da mudança de raio vascular, nos de grande calibre o impacto se dá sobre o volume e minimamente sobre a resistência, enquanto nos de pequeno calibre, o impacto se dá sobre a resistência e minimamente sobre o volume.**

ESTRESSE DE PAREDE

O estresse de parede, σ, é a pressão suportada pelas paredes de uma estrutura em relação à espessura dessas paredes. Em estruturas circulares, com uma pressão interna definida, a tensão da parede relaciona a força que surge em decorrência da curvatura da estrutura com a pressão (Figura 52).

Não iremos, aqui, desenvolver o conceito da tensão de parede. Apresentaremos, diretamente, o estresse sofrido nessa estrutura. Assim, sendo P a pressão, r o raio e z a espessura da parede, tem-se, para esferas:

$$\sigma_{esferas} = \frac{P \cdot r}{2 \cdot z}$$

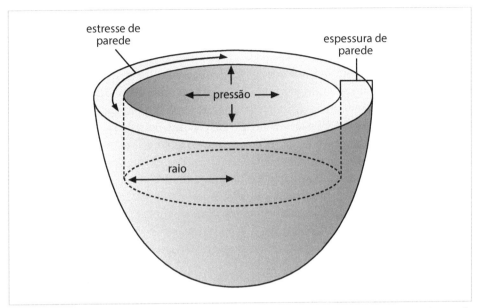

FIGURA 52 Estresse de parede. A figura ilustra as relações entre pressão, raio e espessura de parede numa estrutura e o estresse de parede resultante. Note que o estresse de parede é uma força que surge nas direções ortogonais à pressão interna.

E para cilindros:

$$\sigma_{cilindros} = \frac{P \cdot r}{z}$$

Dessa forma, para uma mesma pressão, o estresse de parede aumenta se a espessura da parede diminui e/ou se o raio da estrutura aumenta.

Vamos considerar o coração saudável tendo certo estresse de parede. Comparando-se esse coração com o coração de uma cardiomiopatia dilatada, como no mal de Chagas, por exemplo, nota-se que o órgão doente tem uma cavidade ventricular aumentada e, ao mesmo tempo, uma espessura de parede diminuída. Logo, além da doença que ataca diretamente as células cardíacas, esse órgão ainda sofre um problema adicional: estresse de parede aumentado por causa do aumento de raio e da diminuição da espessura da parede, o que predispõe o paciente a uma deterioração maior do quadro.

Um outro exemplo interessante quanto à questão do estresse de parede são as girafas. Nesses animais, em razão da altura do pescoço, há aumento do componente hidrostático de pressão pela coluna de sangue formada acima do coração. Portanto, o órgão estaria sujeito a um estresse de parede maior que os demais mamíferos. Contudo, os dados experimentais indicam que o coração de girafas tem cavidade ventricular ligeiramente diminuída e espessura de parede ligeiramente aumentada em relação ao que seria esperado para um mamífero de mesma massa corpórea (Smerup et al., 2016) (ver "Noções de escala biológica", no capítulo "Energética" do volume 3 desta coleção para maiores detalhes). Assim, esses animais têm volume sistólico menor que o esperado para sua massa corpórea, mas o estresse de parede é o mesmo que nos demais mamíferos.

Vamos, agora, analisar o estresse de parede em vasos sanguíneos. A Tabela 2 apresenta valores de σ para diversos vasos. Como os valores indicam, a aorta tem um estresse de parede bem mais alto que os demais vasos, enquanto as grandes veias têm os menores valores. Na tabela, constam os valores de estresse de parede para arteríolas, capilares e vênulas, mas tais valores foram deixados sem realce, porque esses vasos se encontram imersos nos tecidos e, assim, a delimitação de onde termina a parede desses vasos (isto é, a espessura da parede) é uma arbitrariedade histológica, pois, do ponto de vista físico, o tecido circundante também faz parte da estrutura. Assim, os valores apresentados na tabela para esses vasos serão tratados como meramente ilustrativos e não serão analisados.

O estresse de parede ao qual a aorta está sujeita explica por que a maior parte das lesões envolvendo roturas microscópicas (placas ateromatosas, calcificações etc.) e/ou progressões macroscópicas (como aneurismas) são encontradas nesse vaso, seguida pelas grandes artérias, como carótidas, ilíacas etc., mas não são observadas em veias. Isso também explica, em grande parte, porque esses tipos de lesões se tornam mais comuns em hipertensos de longa data.

TABELA 2 Valores de estresse de parede (σ) para diferentes vasos sanguíneos. O estresse de parede e a razão entre raio e espessura estão colocados em negrito, a não ser para arteríolas, capilares e vênulas (ver explicação no texto)

	Aorta	Grandes e médias artérias	Arteríolas	Capilares	Vênulas	Grandes veias	Unidades
r	12×10^{-3}	2×10^{-3}	15×10^{-6}	4×10^{-6}	10×10^{-6}	10×10^{-3}	m
z	2×10^{-3}	1×10^{-3}	20×10^{-6}	$0,5 \times 10^{-6}$	2×10^{-6}	1×10^{-3}	m
r/z	**6**	**2**	0,75	8	5	**10**	adim
P	120	80	40	20	10	5	Torr
σ	**720**	**160**	30	160	50	**50**	Torr

BOMBAS AUXILIARES E VÁLVULAS VENOSAS

Durante todo o transcorrer desse capítulo, a bomba cardíaca foi o elemento mostrado como aquele que coloca pressão no sistema de modo a causar o fluxo sanguíneo e é evidente que a falência dessa bomba resulta em ausência de circulação (fluxo) de sangue. Portanto, o coração é o órgão que permite, ou causa, a vazão de sangue no sistema.

Pelo que foi visto, também, a energia se dissipa ao longo do sistema e, com isso, a pressão na parte venosa é substancialmente mais baixa que na parte arterial. Portanto, a compressão de uma artéria e de uma veia tem impacto maior sobre esta última. Nesse sentido, um músculo esquelético, ao se contrair, causa uma compressão vascular tanto nos vasos internos ao músculo (ver "Isometria") quanto nos que se encontram entre o músculo e a pele. Assim, a contração muscular esquelética causa um aumento na pressão intravascular, particularmente nas veias que o circundam.

Com a contração cíclica dessa musculatura, a pressão venosa também passa a sofrer ciclos de aumento de pressão e, assim, *a musculatura esquelética pode funcionar como uma bomba auxiliar aumentando o retorno venoso ao coração.*

Esse papel de bombas auxiliares é, no caso dos seres humanos, mais evidente nos membros inferiores. Quando em posição ortostática, como já discutido anteriormente, forma-se uma coluna hídrica e os vasos mais próximos aos pés têm o componente hidrostático de pressão elevado. Isso incorre em dois processos: aumento da pressão hidrostática nos capilares com maior formação de transudato (ver "Balanço hídrico no capilar") e consequente edema; e aumento da pressão venosa com dilatação desses vasos. Esse é o quadro que se observa, por exemplo, em pessoas que passam horas em pé sem se locomover ou movendo-se pouco. Com o andar ou correr, a contração cíclica da musculatura atua como uma bomba auxiliar, causando diminuição da pressão venosa pelo aumento do retorno a coração. Ao mesmo tempo em que ocorre a diminuição da pressão venosa, essa contração aumenta a pressão tecidual, ambos diminuindo a formação de transudato.

A observação das veias superficiais de antebraços e pernas evidencia a presença de pequenas protuberâncias a intervalos não regulares nesses vasos. Essas protuberâncias são válvulas presentes nas paredes venosas nessas localidades (note bem, **as artérias não possuem válvulas**). Como enfatizamos anteriormente, as válvulas no sistema circulatório são agentes passivos, que somente impedem refluxo e não causam fluxo. Essas válvulas venosas cumprem dois papéis. Em relação ao componente hidrostático da pressão, as válvulas permitem uma certa quebra na coluna hídrica. Parte da força (pressão) criada gravitacionalmente no sangue é "dissipada" (força de reação) pelo apoio da válvula na parede do vaso, deixando de ser, assim, integralmente transmitida para porções mais abaixo. Em relação ao componente dinâmico, agora auxiliado pela musculatura esquelética em contrações cíclicas como descrito, a presença das válvulas auxilia na transmissão da pressão "vaso acima" impedindo o refluxo de sangue "vaso abaixo".

A Figura 53 ilustra o papel da musculatura esquelética como bombas auxiliares e o papel das válvulas venosas, tanto em relação ao componente hidrostático quanto em relação ao componente dinâmico de pressão.

Circulação fetal

Na vida intrauterina, o feto não tem acesso ao meio ambiente, de modo que todas as trocas de materiais se realizam com o sangue materno. Essas trocas ocorrem na placenta, na qual o sangue materno se aproxima dos capilares coriônicos do feto. De particular importância em termos agudos são as trocas gasosas, e utilizaremos a pressão parcial de oxigênio no sangue fetal como marcador para o estudo de sua circulação. O esquema anatômico dos vasos fetais está ilustrado na Figura 54. Uma descrição mais detalhada acerca da placenta é dada em "Controle e regulação hormonal", no volume 4 da coleção.

Vamos, então, traçar o trajeto do sangue nesse sistema, iniciando pela veia umbilical. Este vaso se origina da confluência dos capilares coriônicos, na placenta e, assim, tem a mais alta concentração de oxigênio e a mais baixa concentração de gás carbônico encontradas no sistema. Ao chegar no fígado, a veia umbilical se bifurca no ducto venoso e num ramo que se juntará à veia porta hepática, formando o seio portal. Esse ramo serve, assim, para irrigar o fígado, um órgão de alto metabolismo, tanto na vida extrauterina quanto na vida fetal. Algo ao redor de 40% do fluxo da via umbilical

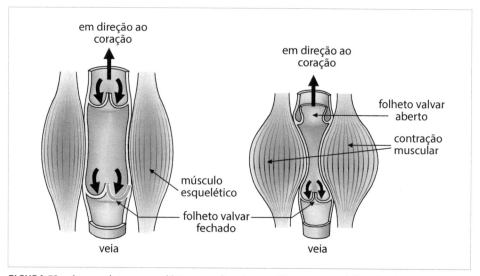

FIGURA 53 A musculatura esquelética como bombas auxiliares e o papel das válvulas venosas. Note como, no caso hidrostático (à nossa esquerda), as válvulas venosas quebram a coluna hídrica ao funcionarem como apoio sustentado pela parede vascular (linha cinza junto a uma das valvas), isto é, a parede vascular serve como ponto de reação à força gravitacional. No caso dinâmico (à nossa direita), a contração muscular aumenta a pressão venosa e as válvulas impedem o refluxo, permitindo, assim, aumento do retorno venoso ao coração.

é dirigido ao seio portal. O fluxo que segue pelo ducto venoso se junta ao fluxo que retorna pela veia cava inferior e atingem o átrio direito, no qual também conflui a veia cava superior. Na vida fetal, o átrio direito tem uma pressão cavitária maior que a do átrio esquerdo, e há uma comunicação entre essas câmaras, o chamado forame oval. A pressão no átrio direito é maior que no átrio esquerdo pois os pulmões se encontram em formação com os alvéolos colapsados e, assim, o fluxo pulmonar, como veremos a seguir, é baixo. Consequentemente, o retorno venoso ao átrio esquerdo também é baixo e isso resulta numa baixa pressão atrial esquerda. Do átrio direito o sangue tem, então, dois possíveis trajetos: uma parte é dirigida ao ventrículo direito e uma parte é dirigida ao átrio esquerdo.

A partir do ventrículo direito, o sangue é ejetado para o tronco pulmonar, como na vida extrauterina. Contudo, como dito, os pulmões não são locais de trocas gasosas e se encontram com alta resistência, o que limita o fluxo a estes. Ao mesmo tempo, o tronco pulmonar possui uma comunicação com a porção inicial da aorta descendente após a saída da artéria subclávia esquerda. Essa comunicação é o ducto arterioso, por onde a maior parte do sangue ejetado pelo ventrículo direito passa.

O sangue que é dirigido ao átrio esquerdo a partir do átrio direito passa, como na vida extrauterina, ao ventrículo esquerdo e é ejetado para a aorta, na sua porção ascendente. Como visto anteriormente, as artérias coronárias são os primeiros vasos a sair da aorta, logo no início desta junto ao coração. Já na croça[42] da aorta, temos a saída

---

42 Croça é um termo que faz referência à parte curva de bengalas e cajados, parte na qual o usuário apoia a mão.

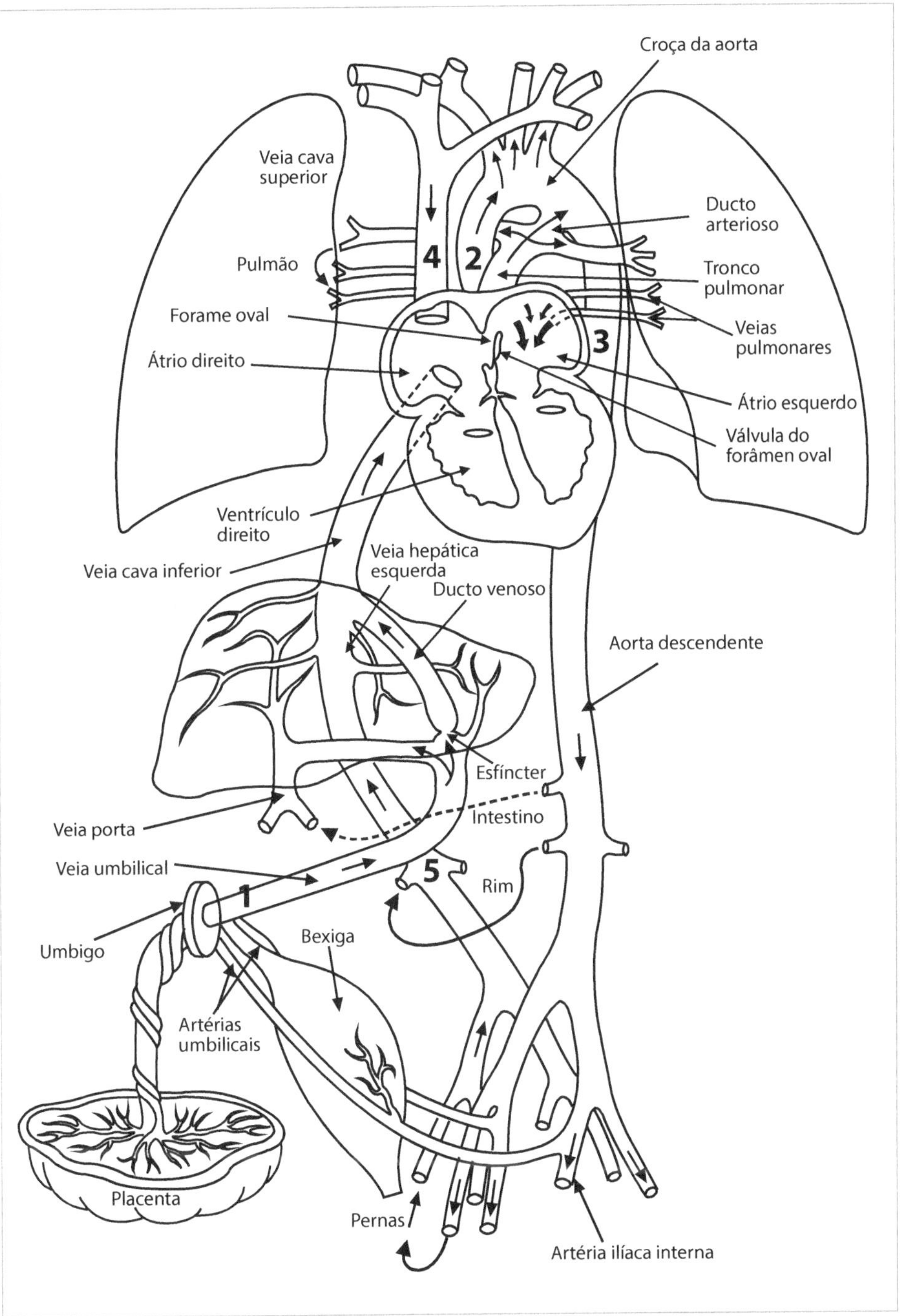

FIGURA 54 Disposição anatômica do sistema circulatório fetal. A numeração de 1 a 5 corresponde aos vasos apresentados na Tabela 3.
Fonte: adaptada de Jensen, 1996.

do tronco braquiocefálico, que, em seguida, se bifurca em artéria subclávia direita e carótida comum direita. Após a saída do tronco braquiocefálico encontra-se a carótida comum esquerda e, em seguida, a saída da artéria subclávia esquerda. Então, a aorta entra na sua porção descendente, existindo, aí, a comunicação com o tronco pulmonar feita pelo ducto arterioso mencionado no parágrafo antecedente.

A partir da aorta descendente, o fluxo sanguíneo segue os trajetos habituais da vida extrauterina, irrigando órgãos da cavidade peritoneal, retroperitoneal, inguinais, membros inferiores etc. Das artérias ilíacas internas direita e esquerda saem as artérias umbilicais, que se dirigem, então, à placenta, fechando o circuito.

Uma vez que temos o esquema anatômico, veremos, agora, o que ocorre com a qualidade do sangue que percorre o trajeto descrito. A Tabela 3 apresenta valores de algumas variáveis relacionadas à composição de gases no sangue, pH e pressão sanguínea em alguns vasos do sistema circulatório fetal.

TABELA 3 Pressão sanguínea, pressão parcial de gases e pH fetal. Os números de 1 a 5 entre parênteses fazem referência às localizações especificadas na Figura 54

	Veia umbilical (1)	Aorta ascendente (2)	Aorta descendente (3)	Veia cava superior (4)	Veia cava abdominal (5)
PO_2 (torr)	33	24	22	19	17
Saturação (%)	86	67	58	46	40
Conteúdo de O_2 (mL/L)	98	78	68	54	48
pH	7,42	7,40	7,39	7,37	7,37
PCO_2 (torr)	44	47	50	51	54
Pressão sanguínea (torr)	11	44	–	3,3	–

Fonte: adaptada de Jensen, 1996.

O primeiro dado a ser notado é a composição do sangue na veia umbilical. Como esperado, esse vaso contém a maior quantidade de oxigênio e a menor de gás carbônico. A baixa concentração de CO_2 leva a um aumento de pH em relação a outros vasos, particularmente as cavas, cujo conteúdo de CO_2 é maior pois estão retornando de órgãos e tecidos onde oxigênio foi consumido e gás carbônico foi produzido. A relação entre CO_2 e pH é estudada em "Regulação ácido-base", no volume 3 da coleção, e na seção sobre transporte de gases, no capítulo "Respiração" deste volume.

Na aorta ascendente, que recebe sangue vindo do ventrículo esquerdo, a quantidade de oxigênio é menor que na veia umbilical. Observando o trajeto sanguíneo que antecede a chegada ao ventrículo esquerdo, temos que o átrio esquerdo recebe o pequeno fluxo vindo dos pulmões (nos quais há, somente, consumo de O_2 e produção de CO_2, pois, como ressaltado anteriormente, os pulmões não são funcionais na vida intrauterina). Além disso, na cava inferior, o sangue proveniente do ducto venoso se encontra com sangue vindo da cava abdominal e da circulação hepática. Dessa forma, existe uma queda na quantidade de oxigênio e uma elevação na quantidade de gás carbônico entre o sangue na veia umbilical e o sangue na aorta ascendente.

Curiosamente, na aorta descendente, que recebe sangue vindo da aorta ascendente e do ducto arterioso, a quantidade de oxigênio é menor que no sangue da aorta ascendente. Tal fato causa estranheza pois o sangue vindo pelo ducto arterioso é proveniente do ventrículo direito, o qual, por sua vez, vem do átrio direito, sendo que é o sangue do átrio direito que passa ao átrio esquerdo. Ou seja, supostamente, a quantidade de O_2 no sangue da aorta ascendente deveria ser menor que na aorta descendente, pois, como dito, o átrio esquerdo recebe sangue vindo dos pulmões com baixa concentração de oxigênio. Em outras palavras, tem-se uma alteração na composição gasosa entre dois pontos da aorta que, aparentemente, é contrária ao que poderia ser esperado. Como explicar tais alterações?

Como bastante discutido quando foi apresentado o tópico sobre ausculta do sistema cardiovascular, o fluxo sanguíneo é, essencialmente, laminar. Dessa forma, o átrio direito recebe sangue vindo da cava inferior, o qual tem alto conteúdo de O_2, pois esse vaso recebe aproximadamente 60% do fluxo vindo da veia umbilical; e sangue vindo da cava superior, o qual tem, portanto, bem menor quantidade de O_2 se comparado com o sangue da cava inferior. **Esses dois sangues, da cava inferior e da cava superior, ao adentrarem o átrio direito não se misturam completamente devido ao caráter laminar do fluxo**. O sangue vindo pela cava inferior é preferencialmente direcionado ao forame oval, indo ao átrio esquerdo, enquanto o sangue vindo da cava superior é direcionado preferencialmente ao ventrículo direito.

Dessa maneira, apesar de haver uma única câmara de distribuição, o átrio direito, a qualidade do sangue é diferenciada entre as saídas para o átrio esquerdo e para o ventrículo direito, o que resulta nas diferentes composições de gases entre a aorta ascendente e a descendente após encontro com o ducto arterioso. Qual a relevância de tal diferenciação?

Como apresentado anteriormente, da aorta ascendente saem as coronárias, irrigando o coração, e as carótidas, irrigando o sistema nervoso central do feto. Assim, com isso, há uma oferta maior de oxigênio a esses órgãos de alto consumo e, particularmente o sistema nervoso, altamente dependente de O_2.

À primeira vista, a diferença de pressão parcial de oxigênio entre a aorta ascendente e a descendente é irrisória: 24 torr na primeira; e 22 torr na segunda. Contudo, ao se observar a saturação da hemoglobina e o conteúdo total de O_2, percebe-se que essa diferença aparentemente irrisória na pressão parcial tem grandes consequências na quantidade de oxigênio ofertada. O motivo para tal diferença tão grande no conteúdo de O_2 em decorrência de uma mudança tão pequena na pressão parcial desse gás é estudada no capítulo "Respiração" deste volume. Apenas para adiantar, essa faixa de pressão parcial de oxigênio está na pressão de maior capacitância da curva de saturação da hemoglobina e, com isso, pequenas alterações da PO_2 causam grandes alterações de saturação.

Além de irrigar o sistema nervoso central com um sangue mais rico em oxigênio a partir da aorta ascendente, deve-se ter em mente que o sangue que se encontra na aorta descendente atinge as artérias umbilicais, sendo, assim, levado ao órgão de trocas na vida intrauterina, a placenta. Dessa forma, irrigar a placenta com um sangue de conteúdo de oxigênio mais baixo amplifica o gradiente de trocas, aumentando a quantidade de O_2 obtida a partir do sangue materno.

COAGULAÇÃO SANGUÍNEA

Numa perspectiva finalista, o processo de coagulação sanguínea visa a hemostasia, isto é, o estancamento de um sangramento devido a uma lesão vascular. Há, contudo, a possibilidade da ativação desse sistema mesmo na ausência de uma lesão, o que pode, eventualmente, desencadear outros problemas.

A coagulação depende de um conjunto bastante grande e relativamente intrincado de componentes, envolvendo proteínas, enzimas, cofatores como a vitamina K e elementos celulares – as plaquetas. Esses componentes se encontram no próprio sangue, sendo que grande parte das proteínas envolvidas se encontra na forma de zimogênios, isto é, uma forma inativa da molécula. Não iremos, aqui, nos preocupar em detalhar extensamente esses componentes[43] e manteremos o foco nos eventos principais tendo, como base para comparação, uma lesão vascular.

Nessa situação, os fatores teciduais como o colágeno, antes obliterados pelo endotélio e membrana basal vascular, tornam-se expostos. O primeiro evento então desencadeado é a formação do chamado coágulo vermelho, composto por uma malha de plaquetas, ativadas por esse contato com fatores teciduais, que se aderem umas às outras e ao colágeno da parede vascular e tecido expostos. Nessa malha ficam retidas hemácias, de onde resulta a nomenclatura.

As plaquetas ativadas e o tecido exposto ativam, então, a chamada via extrínseca da coagulação, na qual um conjunto de compostos vão sendo sequencialmente ativados, atuando como enzimas para subsequentes ativações, formando a cascata da coagulação. Ao mesmo tempo, ocorre, também, a ativação de uma outra série de reações, chamadas coletivamente por via intrínseca,[44] a qual forma uma outra cascata amplificadora de reações. Essas duas vias tem um pequeno conjunto final comum de reações que forma, então, o coágulo branco: uma rede de fibrina englobando a malha inicial de plaquetas.

Esse conjunto comum final de reações se inicia com a ativação do fator X em fator Xa. O fator Xa catalisa a reação de protrombina em trombina, a qual catalisa a passagem de fibrinogênio em fibrina e a ativação do fator XIII em XIIIa. A fibrina forma, então, a rede que citamos, e o fator XIIIa dá estabilidade a essa rede. A Figura 55 ilustra, esquematicamente, a cascata da coagulação que descrevemos.

A cascata da coagulação tem, também, fatores moduladores (inibidores), de modo a manter o processo regulado. Como citamos inicialmente, um descontrole da coagulação pode levar a sérios problemas, como a coagulação intravascular formando trombos e

---

43 Parte das moléculas envolvidas recebe nomenclatura particular, por exemplo, "fibrinogênio", enquanto a maior parte recebe denominação por numerais romanos, como VII, X etc. Esses componentes recebem um "a" após o numeral para indicar a sua forma ativada.

44 Historicamente, a motivação para essa nomenclatura deriva de como se observavam as ativações da coagulação: por contato com vidro (ativação "intrínseca") ou por contato com fatores teciduais (ativação "extrínseca").

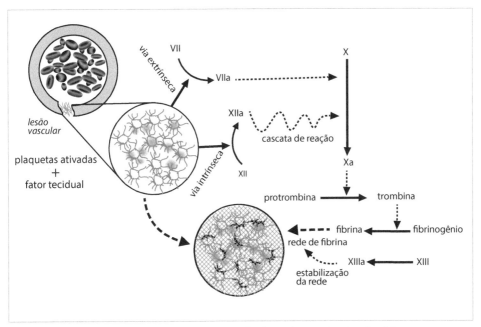

FIGURA 55 Cascata da coagulação. As setas pontilhadas indicam ativações de vários componentes. As setas tracejadas indicam a transformação da malha inicial de plaquetas em um coágulo recoberto por uma rede de fibrina.

êmbolos na circulação. Ocorre, também, consumo dos próprios fatores de coagulação, deixando o organismo exposto a hemorragias de difícil contenção.

Cofatores relevantes na cascata da coagulação são a vitamina K (tanto na formação hepática de pró-coagulantes como na de anticoagulantes como a proteína C), heparinas (anticoagulantes), antitrombina e proteína C. Posteriormente à hemóstase, o coágulo na parede do vaso tende a ser desfeito pela ação fibrinolítica de outra cascata de compostos, sendo o principal a ativação do plasminogênio em plasmina, que refreia o crescimento do coágulo de fibrina.

REFERÊNCIAS

1. Adams RJ, Schwartz A. Comparative mechanisms for contraction of cardiac and skeletal muscle. Chest. 1980;78:123-39.
2. Allen BW, Stamler JS, Piantadosi CA. Hemoglobin , nitric oxide and molecular mechanisms of hypoxic vasodilation. 2009.
3. Antoni H. Functional properties of the heart. In: Greger R, Windhorst U (eds.). Comprehensive human physiology. Berlin, Heidelberg: Springer Berlin Heidelberg; 1996. p. 1801-23.
4. Armour JA. Potential clinical relevance of the 'little brain' on the mammalian heart. Exp. Physiol. 2008;93:165-76.
5. Bagher P, Segal SS. Regulation of blood flow in the microcirculation: role of conducted vasodilation. Acta Physiol. 2011;202:271-84.
6. Beyenbach KW. Kidneys sans glomeruli. Am J Physiol Ren Physiol. 2004;286.
7. Binah O. Tetanus in the mammalian heart: Studies in the shrew myocardium. J Mol Cell Cardiol. 1987;19:1247-52.
8. Burggren WW, Reiber CL. Evolution of cardiovascular systems and their endothelial linings. In: Endothelial biomedicine. Cambridge University Press; 2007. p. 29-49.
9. Burridge M. Cardiac tetanus. J Physiol. 1920;54:248-52.

10. Cai C, Fordsmann JC, Jensen SH, Gesslein B, Lønstrup M, Hald BO, et al. Stimulation-induced increases in cerebral blood flow and local capillary vasoconstriction depend on conducted vascular responses. Proc Natl Acad Sci USA. 2018;115:E5796-E5804.
11. Campbell KB, Chandra M. Functions of stretch activation in heart muscle. 2006;127:89-94.
12. Carlson BE, Arciero JC, Secomb TW. Theoretical model of blood flow autoregulation: roles of myogenic, shear-dependent, and metabolic responses. Am J Physiol Circ Physiol. 2008;295:H1572-H1579.
13. Chaui-Berlinck JG, Martins RA. As duas primeiras leis: uma introdução à termodinâmica. São Paulo: Unesp; 2013.
14. Chaui-Berlinck JG, Monteiro LHA. Frank-Starling mechanism and short-term adjustment of cardiac flow. J Exp Biol. 2017;220:4391-8.
15. Chaui-Berlinck JG, Rodrigues da Silva V. The long-lasting cardiac action potentials are related to pressure generation in the heart. Acad Lett. 2021;2.
16. Ciuti G, Righi D, Forzoni L, Fabbri A, Pignone AM. Differences between internal jugular vein and vertebral vein flow examined in real time with the use of multigate ultrasound color doppler. Am J Neuroradiol. 2013;34:2000-4.
17. Coghlan C, Hoffman J. Leonardo da Vinci's flights of the mind must continue: cardiac architecture and the fundamental relation of form and function revisited. Eur J Cardio-thoracic Surg. 2006;29:4-17.
18. Dawson T. Allometric relations and scaling laws for the cardiovascular system of mammals. Systems. 2014;2:168-85.
19. Dawson TH. Modeling of vascular networks. J Exp Biol. 2005;208:1687-94.
20. Ellis CG, Jagger J, Sharpe M. The microcirculation as a functional system 3-8. 2005.
21. Farrell AP, Smith F. Cardiac form, function and physiology. In: Fish Physiology. 2017;36(Part A):155-264.
22. Fleisch D, Kinnaman L. A student's guide to waves. Cambridge: Cambridge University Press; 2015.
23. Fuchs F, Smith SH. Calcium, cross-bridges, and the Frank-Starling relationship. News Physiol Sci. 2001;16:5-10.
24. Guyton AC, Lindsey AW, Abernathy B, Richardson T.. Venous return at various right atrial pressures and the normal venous return curve. Am J Physiol – Leg Content. 1957;189:609-15.
25. Hatsukami TS, Primozich J, Zierler RE, Strandness DE. Color doppler characteristics in normal lower extremity arteries. Ultrasound Med Biol. 1992;18:167-71.
26. Hayano J, Yasuma F, Okada A, Mukai S, Fujinami T. Respiratory sinus arrhythmia. Circulation. 1996;94:842-7.
27. Hirsch JA, Bishop B. Respiratory sinus arrhythmia in humans: how breathing pattern modulates heart rate. Am J Physiol. 1981;241:H620-9.
28. Holtz J. Peripheral circulation: fundamental concepts, comparative aspects of control in specific vascular sections, and lymph flow. In: Greger R, Windhorst U (eds.). Comprehensive human physiology. Berlin, Heidelberg: Springer Berlin Heidelberg; 1996. p.1865-1915.
29. ICRP. Annals of the ICRP. Ann ICRP. 2006;36:i-i.
30. Jacob M, Bruegger D, Rehm M, Stoeckelhuber M, Welsch U, Conzen P, et al. The endothelial glycocalyx affords compatibility of Starling's principle and high cardiac interstitial albumin levels. Cardiovasc Res. 2007;73:575-86.
31. Jacob M, Chappell D.. Reappraising Starling: the physiology of the microcirculation. Curr Opin Crit Care. 2013;19:282-9.
32. Jensen A. The circulatory and respiratory systems of the fetus. In: Greger R, Windhorst U (eds.). Comprehensive human physiology. Berlin, Heidelberg: Springer Berlin Heidelberg. 1996., p.2527.
33. Katz AM. Ernest Henry Starling, his predecessors, and the "law of the heart". Circulation. 2002;106:2986-92.
34. Laughlin MH, Davis MJ, Secher NH, van Lieshout JJ, Arce-Esquivel AA, Simmons GH, et al. Peripheral circulation. In: Comprehensive physiology. Hoboken, NJ: John Wiley & Sons; 2012. p.321-447.
35. Levick JR, Michel CC. Microvascular fluid exchange and the revised Starling principle. Cardiovasc Res. 2010;87:198-210.
36. Levy MN, Pappano AJ. Cardiovascular physiology. 9.ed. Philadelphia: Mosby-Elsevier; 2007.
37. Middleton WD, Foley WD, Lawson TL. Flow reversal in the normal carotid bifurcation: color Doppler flow imaging analysis. Radiology. 1988;167:207-10.
38. Monahan-Earley R, Dvorak AM, Aird WC. Evolutionary origins of the blood vascular system and endothelium. J Thrombosis Haemostasis. 2013.
39. Murgo JP, Westerhof N, Giolma JP, Altobelli SA. Aortic input impedance in normal man: relationship to pressure wave forms. Circulation. 1980;62:105-16.
40. Nautrup CP. Doppler ultrasonography of canine maternal and fetal arteries during normal gestation. Reproduction. 1998;112:301-14.
41. Pries AR, Neuhaus D, Gaehtgens P. Blood viscosity in tube flow: dependence on diameter and hematocrit. Am J Physiol Circ Physiol. 1992;263:H1770-H1778.
42. Rebollo RA. Estudo anatômico sobre o movimento do coração e do sangue nos animais. Cad Tradução. 1999;5:1-47.
43. Schmidt-Nielsen K. Animal physiology: adaptation and environment. 5.ed. Cambridge: Cambridge University Press; 1997.
44. Segal SS. Regulation of blood flow in the microcirculation. 2005:33-45.

45. Smerup M, Damkjaer M, Brondum E, Baandrup UT, Kristiansen SB, Nygaard H, et al. The thick left ventricular wall of the giraffe heart normalises wall tension, but limits stroke volume and cardiac output. J Exp Biol. 2016;219:457-63.
46. Solaro RJ. Mechanisms of the Frank-Starling law of the heart: the beat goes on. Biophys J. 2007;93:4095-6.
47. Solass W, Horvath P, Struller F, Königsrainer I, Beckert S, Königsrainer A, et al. Functional vascular anatomy of the peritoneum in health and disease. Pleura Peritoneum. 2016;1:145-58.
48. Summers B.. Science gets a grip on wrinkly fingers. Nature. 2013;9.
49. Vaschillo E, Vaschillo B, Lehrer P, Yasuma F, Hayano JI. Heartbeat synchronizes with respiratory rhythm only under specific circumstances [6] (multiple letters). Chest. 2004;126:1385-6.
50. Wiggers CJ. Dynamics of ventricular contraction under abnormal conditions. Circulation. 1952;5:321-48.
51. Wilder-Smith EPV. Water immersion wrinkling: physiology and use as an indicator of sympathetic function. Clin Auton Res. 2004;14:125-31.
52. Woodcock TE, Woodcock TM. Revised Starling equation and the glycocalyx model of transvascular fluid exchange: an improved paradigm for prescribing intravenous fluid therapy. Br J Anaesth. 2012;108:384-94.
53. Yasuma F, Hayano JI. Respiratory sinus arrhythmia: why does the heartbeat synchronize with respiratory rhythm? Chest. 2004;125:683-90.

2

Respiração

INTRODUÇÃO

O que é "respiração"?

Respiração é um termo que pode se tornar confuso se não definido ou contextualizado. Isso ocorre porque seu uso faz referência a diversos processos os quais, apesar de muitas vezes relacionados, não são um único evento. Assim Pierre Dejours inicia um livro que hoje pode ser considerado um clássico na área (Dejours, 1975), tratando exatamente de fazer a distinção entre os processos aos quais o termo **respiração** pode fazer referência. Em razão da importância de termos claras essas distinções, faremos o mesmo aqui.

O termo respiração é utilizado, em grande parte das ocasiões, como sinônimo de **ventilação pulmonar**,[1] ou seja, o processo de causar a entrada e a saída de ar da caixa torácica. Apesar de ser o uso mais comum, **aqui nos referiremos à entrada e à saída de ar da caixa torácica exclusivamente como ventilação**, de modo a não haver nenhuma confusão entre os eventos mecânicos de movimentação de gás e os eventos (bio)químicos de transferência de energia.

O segundo uso que se faz do termo respiração é o da utilização do oxigênio como aceptor final de elétrons no processo de transferência de energia. Nesse sentido, a respiração diz respeito ao consumo de uma substância (oxigênio) e fica associada à terminologia **respiração aeróbia**, como visto em "Energética", no volume 3 desta coleção. Naquele capítulo também ressaltamos que a terminologia respiração anaeróbia diz respeito a processos que têm outras substâncias como aceptoras finais de elétrons (p. ex., nitrato, nitrito, sulfato; sendo um processo que ocorre, basicamente, em plantas – Dejours, 1975). Dessa maneira, deve-se ter muito claro que **respiração anaeróbia não é equivalente a metabolismo anaeróbio. O metabolismo anaeróbio equivale à fermentação**, a qual,

---

1   Isso quando se trata de vertebrados terrestres. No caso de peixes, por exemplo, o equivalente é a passagem de água pelas câmaras branquiais.

no reino animal, é basicamente restrita à produção de lactato (ver "Energética"). Logo, nessa acepção de respiração, o termo faz referência ao metabolismo aeróbio.

O terceiro uso que se faz do termo respiração é o da **respiração celular**, ou seja, é referente ao conjunto de eventos de transferência de energia a partir de uma cadeia de três carbonos com a formação de ATP e H_2O, além do consumo de oxigênio. Como estudado em "Energética" (volume 3 da coleção), esses são processos mitocondriais. Note que, apesar de intimamente relacionados, o segundo e o terceiro uso do termo respiração não dizem respeito a exatamente os mesmos eventos.

Uma vez que temos claras as distinções entre os possíveis usos para o termo respiração, podemos notar que tais termos fazem referência ao início dos processos e ao fim deles (considerando sob o ponto de vista do oxigênio, temos a ventilação como o início da obtenção desse gás e a respiração celular como o término, com sua utilização). Contudo, o termo respiração não faz referência aos processos que se encontram no meio do caminho, ou seja, as trocas e o transporte dos gases em si. Obviamente, esses processos são essenciais e também são estudados dentro do âmbito do sistema respiratório. Particularmente, o transporte de gases poderia ser incluído como parte do sistema circulatório. Porém, em virtude da característica mais química do que física dos fatores associados ao transporte de gases, é costume colocar o estudo do transporte de gases como parte do processo geral de respiração. Entretanto, é extremamente importante ter em mente que se trata de sistemas integrados e imbricados uns nos outros, e a divisão que se faz é mais por conta didática do que por qualquer separação fisiológica ou biológica real. Essas ideias são extremamente bem capturadas e resumidas na Figura 1.

Transição da vida aquática para a terrestre

A vida se originou na água e todos os animais terrestres vieram de antepassados aquáticos. O meio aéreo tem características físico-químicas muito diversas das do meio aquático. Como consequência, teve lugar uma série de alterações morfofuncionais. Parte delas foi discutida quando tratamos de questões relacionadas à termorregulação (ver o capítulo "Energética" no volume 3 desta coleção). Outra parte importante diz respeito aos sistemas de troca gasosa (isto é, troca de oxigênio e de gás carbônico entre o sangue e o meio externo). O comparativo a seguir ilustra parte das diferenças entre os meios aéreo e aquático para esses dois gases, e podemos perceber o quão marcantes elas são.

Vamos considerar, inicialmente, o coeficiente de difusibilidade D, que é uma variável relacionada a quão rapidamente uma molécula se move em determinado meio (note que não é velocidade da molécula). **Meios gasosos têm, de uma maneira geral, D ao redor de mil a 10 mil vezes maiores que meios líquidos**. Dessa maneira, a difusão de gases ocorre muito mais rapidamente em meios gasosos do que em meios líquidos, e isso se aplica no caso da água e do ar, como vemos no comparativo.

O próximo termo a ser observado é a capacitância β, que, neste caso, indica quanto de uma dada substância é suportada pelo meio para cada unidade de pressão da subs-

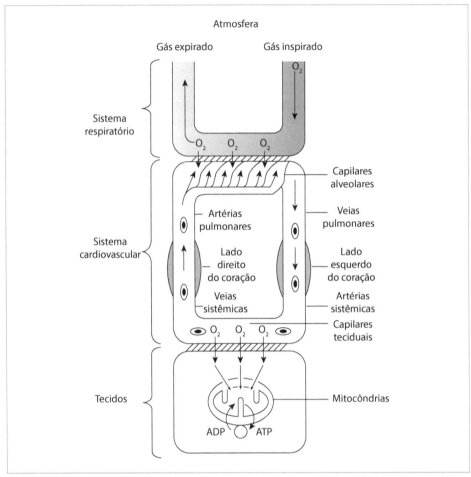

FIGURA 1 O caminho da transferência de oxigênio entre o ar atmosférico e as mitocôndrias. A figura resume, de modo esquemático, as várias etapas: 1) ventilação (transporte convectivo), que renova o gás alveolar aumentando a quantidade de O_2 e diminuindo a de CO_2; 2) as trocas entre o gás e o sangue nos capilares alveolares, ditadas por difusão; 3) o transporte de O_2 pelo sangue, que é composto de uma parte química e a convecção física do fluido; 4) a perfusão dos tecidos com difusão de O_2 entre o sangue capilar e as células e, finalmente, para as mitocôndrias. O CO_2 tem um trajeto inverso, indo dos tecidos aos pulmões. Note a sobreposição funcional entre o sistema respiratório e o sistema cardiovascular nos pulmões.
Fonte: adaptada de https://erj.ersjournals.com/cont5ent/erj/45/1/227/F1.large.jpg

tância (isso será visto em mais detalhes em uma seção mais adiante[2]). Um meio gasoso tem a mesma capacitância para qualquer espécie gasosa nesse meio (ao menos para os regimes de temperatura e pressão com os quais se lidam nos processos biológicos, que são tais que o meio pode ser tratado como um gás ideal – ver mais adiante). Por outro

---

[2] Note que já nos encontramos com a propriedade **capacitância** em outros contextos, particularmente quando vimos o papel global dos vasos no sistema circulatório.

lado, **a capacitância da água para o O_2 é cerca de 25 vezes menor em relação ao ar, mas quase não há diferença para o CO_2** (isso decorre da hidratação do gás carbônico, apresentada no capítulo "Regulação ácido-base" do volume 3). Isso significa que a retirada de uma dada quantidade de oxigênio (por exemplo, 1 μmol) de um dado volume de ar tem um impacto 25 vezes menor que a retirada dessa mesma quantidade em um volume semelhante de água, mas, para o gás carbônico, os impactos são quase iguais.

Como tanto o coeficiente de difusibilidade quanto a capacitância ditam a taxa de transferência por difusão, notamos que esse processo, para o CO_2, deve ser ao redor de 10 mil vezes mais intenso no ar que na água, enquanto para o O_2 esse valor salta para algo ao redor de 250 mil vezes. Ou seja, a abundância difusiva do oxigênio no ar é extremamente mais elevada do que na água. Ao mesmo tempo, como apresentado logo acima, retiradas de O_2 e adições de CO_2 têm consequências bastante diversas nos meios aéreo e aquoso.

Finalmente, observando a última linha do comparativo, percebe-se que, para obter uma mesma quantidade de oxigênio, é preciso mover uma massa 23 mil vezes maior de água do que de ar. **Ou seja, não só existe maior facilidade difusiva para trocas no meio aéreo como, também, o trabalho (gasto energético) para obter oxigênio é bastante menor nesse meio.**

Além das consequências diretas para as trocas gasosas, essas diferenças de disponibilidade difusiva, de capacitância e da quantidade de meio a ser movida têm consequências no controle da ventilação, como será discutido na seção correspondente.

Comparativo de propriedades físico-químicas entre ar e água para o oxigênio (O_2) e o gás carbônico (CO_2). Os coeficientes de difusibilidade e as capacitâncias foram obtidos para temperaturas entre 20 e 30 °C. O "–" indica quantidade negligenciável; as células em branco para o CO_2 decorrem da quantidade negligenciável na linha anterior. Baseado em Denny, 1993.

Propriedade	Ar		Água	
	O_2	CO_2	O_2	CO_2
Coeficiente de difusibilidade D ($m^2\ s^{-1}$)	$1,96 \times 10^{-5}$	$1,55 \times 10^{-5}$	$1,6 \times 10^{-9}$	$1,5 \times 10^{-9}$
Capacitância β ($mol\ m^{-3}\ torr^{-1}$)		$5,4 \times 10^{-2}$	$1,7 \times 10^{-3}$	$4,8 \times 10^{-2}$
Quantidade relativa (L/L)	0,2094	–	0,007	–
Massa do meio/volume do gás ($kg\ L^{-1}$)	0,0062		143	

ESTRUTURA DO SISTEMA RESPIRATÓRIO

Como acabamos de descrever, o sistema respiratório e o sistema circulatório, vistos em conjunto, operam como um sistema de transporte convectivo de matéria, no caso, de oxigênio e de gás carbônico, de modo a aproximar o meio externo do meio interno. O principal fator dessa necessidade é, como vimos no capítulo "Difusão e potenciais" do volume 1 desta coleção, a não direcionalidade do processo difusivo. Esse processo, tendo o caráter aleatório de movimento das moléculas como "força movente" torna-se lento para distâncias grandes, como são os organismos de metazoários em geral.[3] E, por sua vez, como vimos na seção sobre "Escala" no capítulo "Energética" (volume 3 da coleção), as distâncias nos organismos se tornam "grandes" em decorrência da relação área/volume.

Portanto, **para funcionar como um sistema que amplifique as trocas, há a necessidade de obter uma grande área em um volume restrito**, o volume da caixa torácica. As ramificações do sistema vascular fazem esse aumento de área pela parte da perfusão sanguínea. Para as trocas gasosas com o meio externo, a área de superfície de troca deve acompanhar essa área vascular (capilares). Isso se dá, em qualquer órgão de troca gasosa, através de uma sucessão de invaginações de tubos que se ramificam.[4] Assim, o que vamos ver nesta seção é, basicamente, como o volume (interno) da caixa torácica é ocupado pelos pulmões de maneira a amplificar a área de contato entre o meio externo (o ar da atmosfera) e o meio interno (o sangue).

Caixa torácica e pulmões

A caixa torácica é a estrutura que contém os pulmões. Dentro da caixa torácica também estão o coração, os grandes vasos sanguíneos, vasos e nódulos linfáticos, o esôfago, a traqueia e as demais ramificações das vias aéreas superiores etc. De nosso interesse em relação ao sistema respiratório, o importante é ressaltar que a caixa torácica funciona como um receptáculo fechado contendo os pulmões. Esse receptáculo pode mudar de volume e, com isso, causar alterações de pressão que se refletem nos pulmões. Esses, sendo estruturas não rígidas, responderão às alterações de pressão com concomitante mudança de volume, acompanhando, dessa maneira, as mudanças de volume da caixa torácica. Apesar de a caixa torácica ser um container fechado, os pulmões não o são, e estão ligados à atmosfera por meio das vias aéreas. Com isso, as alterações de volume pulmonar terminam causando entrada ou saída de ar pelas vias aéreas. O sistema de transmissão de alterações de volume da caixa torácica para os pulmões é o líquido no espaço pleural, do qual daremos mais detalhes mais adiante.

A caixa torácica, para o que nos interessa no presente momento, é composta pelo gradeado costal (ou seja, a estrutura óssea das costelas), esterno na porção ventral e coluna vertebral na porção dorsal. A porção superior é formada pelo primeiro arco costal, clavícula e músculos da cintura escapular, enquanto a porção inferior é formada pelo diafragma. Externamente, é recoberta por pele e, internamente, pela pleura parietal.[5] Entre os arcos costais se encontram músculos, ditos intercostais. Os arcos costais mais superiores são reativamente imóveis e o esterno se articula com a clavícula, também com baixa mobilidade.

A musculatura intercostal tem duas camadas. A mais externa se orienta em 45° no sentido lateral para medial, enquanto a mais interna se orienta 45° no sentido medial

---

3   No capítulo "Difusão e potenciais" (volume 1 da coleção), definimos o que significa ser lento.
4   No caso de animais com brânquias externas, não são invaginações, mas, sim, evaginações sucessivas, porém o conceito é o mesmo.
5   Parietal: de parede.

para lateral. Em decorrência dessa orientação, quando a camada externa se contrai, causa elevação do gradeado costal, que gira nas articulações com a coluna vertebral e, com isso, há aumento do volume da caixa. O inverso se dá se a musculatura intercostal interna se contrai.

O assoalho da caixa torácica é composto pelo diafragma. Esse músculo tem o formato de uma cúpula, com a concavidade voltada para o espaço peritoneal (abdome), e se prende ao arco costal mais baixo. Dessa maneira, quando o diafragma se contrai, o assoalho da caixa torácica é tracionado em direção ao abdome, causando aumento de volume da caixa torácica. Portanto, os dois principais grupamentos musculares que causam aumento de volume da caixa torácica (e consequentemente, inspiração de ar atmosférico, como veremos mais adiante), são o diafragma e os intercostais externos, compondo, assim, os principais músculos inspiratórios.

A Figura 2 ilustra as estruturas citadas na descrição.

O espaço pleural

Como veremos quando estudarmos a dinâmica da ventilação, o espaço pleural é fundamental para a mecânica pulmonar. O que é a pleura? Todos os órgãos internos são recobertos por uma membrana do tipo serosa. Por exemplo, quando estudamos o

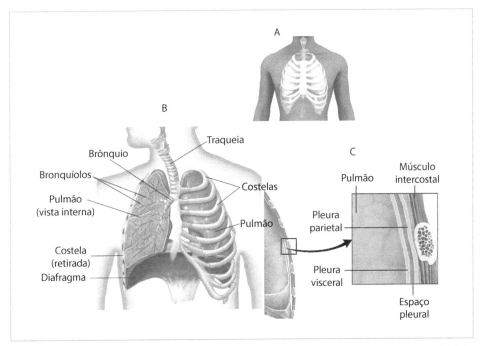

FIGURA 2 Anatomia da caixa torácica e pulmões. A: relação da caixa torácica com o tronco. B: visão do pulmão esquerdo por transparência da caixa torácica e sua relação com o gradeado costal; o pulmão direito é apresentado em corte no qual se visualizam as progressivas ramificações das vias aéreas originadas na traqueia. O diafragma e sua cúpula também são mostrados. C: amplificação de uma região entre pulmão e caixa torácica, na qual se pode observar o chamado espaço pleural (a ser mais bem detalhado no texto).

sistema circulatório, vimos que o coração se encontra dentro do chamado saco peri-cárdico, que é o equivalente, no coração, à pleura, nos pulmões. As serosas, ao recobrir um órgão, formam dois folhetos, um aderido ao órgão, chamado folheto visceral, e outro que recobre, internamente, a cavidade na qual o órgão se encontra, chamado folheto parietal. Apesar de serem dois folhetos, a membrana serosa é única, pois é um dos folhetos que se reflete ("dobra") para recobrir o outro lado.

Entre os folhetos da serosa há, portanto, um espaço. Esse espaço é, de fato, mínimo, havendo uma fina camada de um fluido que funciona como um lubrificante, diminuindo os eventuais atritos entre o órgão e a parede da cavidade. No caso dos pulmões, esse es-paço é denominado espaço ou **cavidade pleural**, sendo preenchido pelo **líquido pleural**.

A traqueia, oriunda na nasofaringe, é um tubo de condução de ar que se divide em dois outros tubos, ditos brônquios-fonte, um à esquerda e outro à direita, que se dirigem aos respectivos pulmões e se ramificam (ver abaixo). A entrada de um brônquio-fonte no seu pulmão é acompanhada pela entrada, também, de vasos sanguíneos e nervos. Esse conjunto de estruturas passa pelas pleuras parietal e visceral, adentrando, então, o órgão propriamente dito.

Portanto, um pulmão se apoia somente na estrutura do brônquio-fonte correspon-dente, pois não há qualquer outra ligação entre o pulmão e a caixa torácica. Isso signi-fica que apenas o líquido pleural se encontra entre o interior da caixa e o exterior dos pulmões e, assim, como citado, é através desse líquido que ocorrerão as transmissões de força entre a caixa torácica e os pulmões.

Vias aéreas

O trajeto do ar entre a atmosfera e os alvéolos (unidade funcional pulmonar, que veremos mais adiante), e a saída do gás alveolar para a atmosfera se dão pelas vias aé-reas. Essas são divididas entre superiores e inferiores, dependendo da posição (acima ou abaixo da glote).

Vias aéreas superiores

São compostas pela cavidade nasal e pela cavidade oral. A fossa nasal contém uma série de pregas mucosas (as conchas nasais) que, nos seres humanos, cumprem o papel de umidificar, reter partículas e aquecer o ar inalado. Em outros mamíferos adaptados à vida em ambientes quentes e secos, essas estruturas são bastante mais desenvolvidas e atuam como unidades de resfriamento do sangue que vai ao sistema nervoso central e como mecanismo de preservação de água corpórea, como explicado a seguir.

O ar inalado, ao passar pelas conchas nasais, evapora parte da água da superfície da mucosa; com isso, causa um resfriamento da superfície (ver o capítulo "Energética" do volume 3 desta obra) e resfria, assim, o sangue em veias que aí passam. Essas veias entram em contato com uma rede de vasos derivados das carótidas internas, a *rete mirabilli*, resfriando agora o sangue arterial que se dirige ao sistema nervoso central, o que mantém uma temperatura mais baixa no encéfalo em geral e/ou em partes específicas (Mitchell e Lust, 2008). Quando o ar é expirado, este vem com umidade relativa de 100% (isso será mais detalhado em outra seção) e, ao passar pelas conchas que estão com temperatura baixa, grande parte da água se condensa e, assim, não é perdida para o ambiente. No caso dos seres humanos e de outros mamíferos sem essas adaptações, há uma perda significativa de água pela ventilação. Nos que possuem essas adaptações, estima-se que mais de 70% da água que seria perdida na expiração é mantida no organismo.

Vias aéreas inferiores

Abaixo da glote se encontra a traqueia. Em adultos, a traqueia é um tubo com aproximadamente 1 cm de raio e de 15 a 20 cm de comprimento. O interior do tubo é recoberto por um epitélio pseudoestratificado, com células ciliadas e produtoras de muco. O batimento dos cílios é em direção à glote, o que tende a levar o muco produzido para a garganta, de onde é expelido. O muco, além de manter a umidificação do ar, retém partículas e microrganismos. Na parte mais exterior, a traqueia é composta por uma série de anéis cartilaginosos, que garantem a estrutura tubuliforme do órgão.

Ao final, a traqueia se divide nos brônquios-fonte esquerdo e direito, os quais, por suas vezes, vão se dividindo cada vez mais, formando uma árvore tridimensional de ramificações. Conforme o processo de ramificação progride, formando brônquios de calibre cada vez menores, vai havendo uma perda progressiva dos anéis cartilaginosos. As ramificações finais deixam de ter anéis cartilaginosos e passam a ter musculatura lisa nas paredes. Essas tubulações microscópicas são denominadas bronquíolos terminais.

A Figura 3 apresenta uma visão desse processo de ramificação da árvore brônquica.

Alvéolos

Após os bronquíolos terminais, existe uma última ramificação tubular que forma os bronquíolos respiratórios e, deles, os dutos alveolares. Dos dutos alveolares derivam algumas evaginações saculares, que são os alvéolos. Em toda a via respiratória que precede os bronquíolos respiratórios não há trocas gasosas. Já a partir dos bronquíolos respiratórios, trocas gasosas podem ocorrer, e essas últimas regiões passam ser chamadas de zona respiratória. Contudo, são os alvéolos as unidades funcionais principais dos pulmões.

Os alvéolos são formados por células de **epitélio pavimentoso** extremamente finas, chamadas de **pneumócitos tipo I**. Espalhadas em meio aos pneumócitos tipo I, encontram-se alguns **pneumócitos tipo II**. Essas células não são especializadas em ter uma espessura minimizada, como as do tipo I, mas são células secretoras de uma substância chamada **surfactante** (que será bem mais detalhada em seção posterior). Ainda na parede alveolar se encontram os capilares alveolares, contendo sangue para as trocas gasosas, e há uma quantidade grande de fibras elásticas compondo, também, a parede. Um alvéolo de um duto alveolar pode se comunicar com um alvéolo de outro duto alveolar através de um poro, o poro alveolar. Essa comunicação entre alvéolos é um fator de equalização de pressão entre eles e que tende a prevenir o colabamento de alvéolos de um duto.

A Figura 4 ilustra a estrutura básica da porção respiratória das vias aéreas e de um alvéolo.

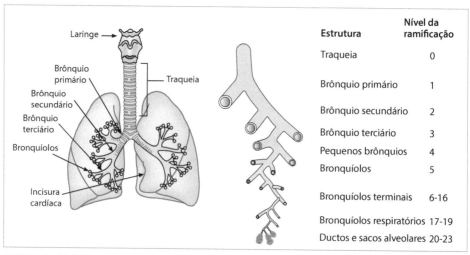

FIGURA 3 Visão panorâmica do processo de ramificação brônquica. No painel mais à esquerda, vemos a relação anatômica das ramificações com os pulmões. No painel central, vemos o esquema do processo de ramificação com diminuição do raio (fora de escala). No painel mais à direita, temos o nome da estrutura e o grau da ramificação. A traqueia é grau 0, os brônquios-fonte são grau 1, e assim por diante. Nota-se, portanto, que os bronquíolos terminais estão por volta da 15ª geração de ramificação.

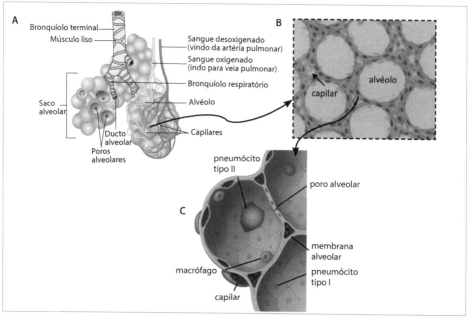

FIGURA 4 A: zona respiratória da porção terminal de vias aéreas. De um bronquíolo terminal derivam bronquíolos respiratórios e, deles, ductos alveolares. Dos ductos, as estruturas saculares dos alvéolos se evaginam. Note, ainda, a presença da rede capilar junto à parede alveolar. B: corte histológico de um conjunto de alvéolos (amplificação: 40X). C: representação esquemática da parede alveolar. Note os pneumócitos tipo I com seu formato achatado, que são os principais componentes celulares da parede, e os pneumócitos tipo II, produtores de surfactante. A chamada membrana respiratória é o conjunto de estruturas que os gases devem atravessar na troca entre o ar alveolar e o sangue nos capilares (ver texto e Figura 5).

Fonte: imagens B e C geradas por inteligência artificial com ChatGPT (OpenAI) usando o modelo DALL·E, 2025; versão por assinatura.

Os alvéolos são, em média, a 17ª a 20ª ordem de ramificação das vias aéreas. O número total de alvéolos em um ser humano adulto se encontra ao redor de 300 milhões de unidades, cada uma com um raio médio de 175 μm. Podemos utilizar esses valores para fazer um cálculo aproximado de volume e superfície alveolares totais. Com tal cálculo não pretendemos obter valores exatos, mas sim estimar a ordem de grandeza dessas variáveis, como visto em "Modelos genéricos básicos" (volume 1 da coleção). Assim, tomando cada alvéolo como uma esfera, temos o volume e a área sendo dados por:

$$Volume\ de\ um\ alvéolo \cong \frac{4}{3} \cdot \pi \cdot \left(175 \cdot 10^{-6}\right)^3 = 2,24 \cdot 10^{-11}\ m^3$$

$$Área\ de\ um\ alvéolo \cong 4 \cdot \pi \cdot (175 \cdot 10^{-6})^2 = 3,85 \cdot 10^{-7}\ m^2$$

Multiplicando esses valores pela quantidade de alvéolos, temos:

Volume alveolar total $\cong$ 6,7 litros
Superfície alveolar total $\cong$ 115 metros quadrados
Superfície alveolar de troca $\cong$ 50 metros quadrados

Vamos conferir se tais valores são razoáveis. Internamente, a caixa torácica de um adulto médio tem, aproximadamente, 30 cm de altura, 20 cm de largura e 12 cm de espessura, o que resulta em um volume de 7,2 litros. Considerando que algumas outras estruturas se encontram dentro da caixa torácica além dos pulmões, a estimativa de um volume alveolar ao redor de 6,7 litros parece ser bastante razoável.

Se os alvéolos fossem simplesmente uma cobertura interna da caixa torácica, a área desta cobertura seria, considerando a caixa como um paralelepípedo, aproximadamente, 2 × 0,12 × 0,30 + 4 × 0,10 × 0,30 + 4 × 0,10 × 0,12 $\cong$ 0,24 m². Contudo, por causa da ramificação da árvore brônquica, dentro do volume da caixa torácica, temos uma superfície de 110 metros quadrados, ou seja, uma área 450 vezes maior que a de uma cobertura planar simples. Apenas uma porção menor desta superfície é conjunta a capilares onde as trocas ocorrem, e pela Figura 4 podemos estimar ao redor de ½ do total. Assim, **a área de troca é equivalente à de uma sala de 5 m × 10 m**. Como antecipamos, para operar como um órgão de troca eficaz, os pulmões deveriam amplificar a área de contato com o meio externo, e é exatamente isso que esses 50 m² nos dizem: é por essa superfície que ocorrem as trocas gasosas. Na penúltima seção deste capítulo voltaremos a calcular essa área por uma perspectiva funcional.

Além de amplificar a área, um órgão de troca deve diminuir, ao máximo, a distância entre os meios para facilitar a transferência de matéria, como fica implícito pela equação de difusão (ver "Trocas nos alvéolos" mais adiante e o capítulo "Difusão e potenciais" do volume 1 desta coleção). Em uma descrição breve e didática, podemos considerar que o oxigênio, para ir do gás alveolar ao sangue, e o gás carbônico, para fazer o trajeto oposto, devem passar por: camada estacionária de ar na fase gasosa; a camada de água alveolar; membrana citoplasmática alveolar; citoplasma e membrana citoplasmática capilar da célula epitelial alveolar; membrana basal capilar; membrana citoplasmática basal; citoplasma e membrana citoplasmática luminal da célula endotelial do capilar sanguíneo alveolar; membrana citoplasmática do eritrócito. Esse conjunto de estruturas compõe a chamada membrana respiratória (note que não são somente "membranas" que a compõem). Em uma estimativa conservadora temos, então, uma espessura da membrana respiratória ao redor de 2 a 3 μm. A Figura 5 apresenta uma visão esquemática da membrana respiratória.

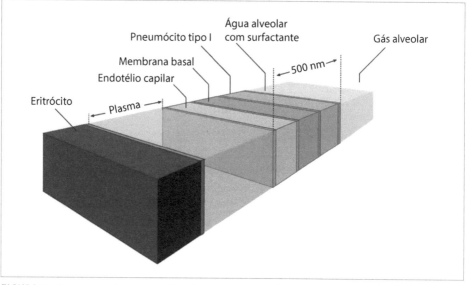

FIGURA 5 Representação esquemática dos componentes da membrana respiratória.

SÍMBOLOS

Esta seção apresenta a simbologia que será utilizada no capítulo, servindo para eventuais consultas rápidas. Os símbolos sempre são explicados quando surgem.

- Ordenação dos símbolos

$$Variável_{local,\,substância,\,fase}^{condição}$$

Exemplo:

$$P_{A,CO_2,g}^{s}$$

Variável = pressão
Local = alvéolo
Substância = gás carbônico
Fase = gasosa
Condição = seca
Assim, lê-se: pressão alveolar seca de gás carbônico

- Variáveis

β: capacitância

τ: tensão superficial

$\dot{V}_{CO_2}$: produção de gás carbônico

$\dot{V}_{O_2}$: consumo de oxigênio

$\dot{M}$: fluxo ou produção ou consumo de matéria

$\dot{Q}$: fluxo volumétrico sanguíneo

$\dot{V}$: fluxo volumétrico gasoso

BTPS: *body temperature, pressure saturated* (temperatura corpórea, pressão com saturação de vapor)

c: concentração[6]

D: coeficiente de difusão

f: fração (pode ser dada em porcentagem, dependendo do contexto)

G: condutância

h: altitude

Hb: hemoglobina

N, n: quantidades contáveis (p.ex., ramificações, mols)

P: pressão

QR: quociente respiratório

r: raio

R: razão respiratória ou resistência a fluxo ou constante dos gases (ver contexto)

Sat: saturação da hemoglobina (fração ou porcentagem)

STPD: *standard temperature pressure dry* (temperatura e pressão padrões, seca)

V: volume

- Sobrescrito

s: seco (não confundir com "s" subscrito que se refere a "sangue")

- Subscritos

$\bar{v}$: venoso misto

0: condição inicial ou valor de referência

A: alveolar

a: arterial

c: capilar

CO_2: gás carbônico

e: expirado

i: inspirado

O_2: oxigênio

pul: pulmonar

v: venoso

vap: vapor d'água

x: substância ou elemento químico genérico

---

6   Utilizaremos "c" minúsculo neste capítulo para evitarmos confusões da notação de concentração de oxigênio, c_{O_2}, com a notação para gás carbônico, CO_2.

s: sangue
- Fases

g: gasosa

l: líquida
- De contexto específico:

$\hat{D}_x$: difusibilidade pulmonar do gás x

P_χ : pressão de elasticidade da caixa torácica

P_τ : pressão de tensão superficial alveolar

P_μ : pressão de tônus muscular

P_λ : pressão no espaço pleural

P_ϵ: pressão de recolhimento elástico pulmonar

$V_\#$: volume do espaço morto anatômico

V_C: volume corrente

VENTILAÇÃO PULMONAR

Ciclo inspiratório-expiratório comum – a condição eupneica

Iniciaremos o estudo do funcionamento do sistema respiratório pelos fatores mecânicos envolvidos no deslocamento de ar da atmosfera para o interior da caixa torácica e do interior da caixa torácica para a atmosfera. Um fluido[7] se move entre dois pontos de um dado sistema em virtude da diferença de pressão entre esses pontos. Vamos começar a análise, então, em uma dada situação na qual não esteja ocorrendo movimento de ar entre a atmosfera e a caixa torácica, nem em um sentido nem no outro. Em ciclos ventilatórios normais de um ser humano em repouso, essa situação ocorre entre o final de uma expiração e o início da inspiração seguinte, ou entre o final de uma inspiração e o início da expiração seguinte. Por hábito, escolheremos, então, o momento que antecede o início de uma inspiração.

Como não está ocorrendo movimento de ar entre a atmosfera e a caixa torácica, a primeira lei de Newton implica que a soma de forças sobre o fluido é nula. Dessa maneira, tratando a pressão como força de maneira direta, isso quer dizer que a pressão do gás dentro da caixa torácica é igual à pressão do gás na atmosfera circundante. Como visto na seção anterior, a porção terminal da árvore respiratória são os alvéolos e, portanto, a pressão do gás alveolar, e, ao longo de todo o trajeto até a saída das vias aéreas superiores, é a pressão atmosférica local. Em notação: $P_A = P_B$, sendo P_A a pressão alveolar total e P_B a pressão barométrica (atmosférica) local, como definido mais acima.

Inicia-se, então, uma inspiração, e ar se move da atmosfera para o interior da caixa torácica. Se considerarmos esse **fluxo de entrada** (i.e., **o fluxo inspiratório**) como sendo **positivo**, diremos que a pressão barométrica se torna maior que a pressão alveolar ($P_B > P_A$). Como, obviamente, não é a atmosfera que tem sua pressão aumentada, isso significa que é **a pressão alveolar que foi diminuída**. Considerando que não haja di-

---

7   Lembre-se que tanto líquidos quanto gases são fluidos.

ferença de temperatura, a equação do gás ideal nos diz que $P_1 \cdot V_1 = P_2 \cdot V_2$. Assim, se P_1 era a pressão alveolar durante a fase sem fluxo e P_2, a pressão alveolar ao início da inspiração, como $P_2 < P_1$, então $V_2 > V_1$, ou seja, o fluxo inspiratório é obtido pela ação de músculos que causam um aumento de volume da caixa torácica. **Os músculos que causam aumento do volume torácico são denominados "músculos inspiratórios", sendo os principais o diafragma e os intercostais externos.**

Enquanto os músculos inspiratórios mantiverem uma taxa positiva de aumento no volume torácico, a pressão alveolar será menor que a atmosférica e haverá fluxo de gás para o interior da caixa torácica. Consequentemente, quando a força exercida pelos músculos inspiratórios se igualar à carga que eles têm de vencer, o volume não mais se altera e o fluxo inspiratório cessa. Colocando de outra maneira, **quando a força exercida pelos músculos inspiratórios se iguala à força contrária ao movimento decorrente do próprio estiramento das estruturas torácicas, o fluxo inspiratório termina.** Portanto, o total de ar inspirado depende da força imposta pelos músculos inspiratórios em relação à força exercida passivamente pela estrutura torácica (isso será mais bem explorado adiante) e do tempo durante o qual essa relação é positiva. Quando as forças se igualam, tem-se, novamente $P_A = P_B$.

O total de gás inspirado a cada inspiração é denominado volume corrente, V_c. O tempo entre o início da inspiração e seu término é denominado **tempo inspiratório, t_i.** Assim, em notação, considerando o início da inspiração como tempo zero:

$$V_c = \int_0^{t_i} \dot{V}_i \, dt \qquad \text{Equação 1}$$

Sendo $\dot{V}_i$ o fluxo inspiratório. Como no caso do débito cardíaco, considerando-se o intervalo de 1 (um) minuto, **o total de gás inspirado resulta no chamado volume-minuto.**[8] Note que o volume-minuto pode ser entendido de duas maneiras (dependentes de contexto): 1) o volume total inspirado em um minuto; ou 2) o fluxo inspiratório, tendo o minuto como unidade de tempo. Numericamente, o valor é o mesmo.

A estrutura torácica foi deslocada de sua posição de balanço de forças de antes da inspiração (na qual iniciamos a descrição no primeiro parágrafo desta seção) e, agora, para ser mantida nessa condição, necessita que os músculos inspiratórios mantenham a força exercida. Contudo, em um ciclo ventilatório comum, uma vez atingida a condição estática de igualdade de forças e a consequente cessação do fluxo inspiratório, os mecanismos centrais de controle da ventilação (a serem estudados em uma seção mais adiante) cessam os estímulos de contração muscular para os músculos inspiratórios.

Assim, **surge um novo desbalanço de forças, com as estruturas torácicas estando, agora, estiradas em relação à sua posição de antes do início da inspiração.** Esse desbalanço de forças é invertido em relação ao que houve na inspiração, sendo, então, $P_A > P_B$. Com isso, o ar flui do interior da caixa torácica para a atmosfera.

---

8   No caso do sistema circulatório, o débito cardíaco é considerado, na grande maioria das vezes, no período de 1 (um) minuto.

Note, portanto, que **a expiração em um ciclo ventilatório comum poderia ser passiva**, ou seja, não haveria necessidade de contração muscular para que haja expiração. O fluxo expiratório é causado pelo retorno das estruturas torácicas à sua condição de menor estiramento prévio à inspiração. Ao atingir tal posição, há, novamente, uma igualdade de forças e o fluxo expiratório cessa. Este tópico voltará a ser explorado quando estudarmos o controle da ventilação.

De maneira similar ao que ocorre na inspiração, tem-se o volume expirado V_e como:

$$V_e = \int_0^{t_e} \dot{V}_e \, dt$$

Equação 2

Sendo t_e o tempo expiratório e $\dot{V}_e$ o fluxo expiratório. Em geral, em ciclos ventilatórios comuns, o tempo expiratório é 2 a 3 vezes maior que o tempo inspiratório (i. e., $t_e \cong 2 \cdot t_i$). Isso decorre de dois fatores. Primeiro, como a inspiração é ativa (ou seja, com contração muscular) e a expiração é passiva, ocorrendo pelo relaxamento da musculatura, as forças envolvidas na segunda são ligeiramente menores que na primeira e, portanto, o fluxo é ligeiramente menor. Em segundo lugar, **as vias aéreas, na inspiração, estão sendo tracionadas centrifugamente ao passo que, na expiração, estão sendo comprimidas centripetamente**. Dessa maneira, o calibre das vias é ligeiramente maior durante a inspiração do que durante a expiração, o que diminui a resistência[9] e permite um fluxo inspiratório maior que o expiratório (esse fator de compressão dinâmica das vias aéreas será detalhado mais adiante). Consequentemente, o tempo expiratório se torna maior que o inspiratório, pois, para que o sistema retorne à condição prévia ao início da inspiração, o volume que foi inspirado deve ser expirado. De fato, em geral V_e não é igual a V_i, mas a variação é menor que 10%, como será mostrado em uma seção mais adiante.

Assim, resumidamente, o ar é levado da atmosfera para os pulmões pela contração da musculatura inspiratória, que causa um aumento do volume da caixa torácica e a consequente diminuição da pressão em relação à pressão atmosférica. Essa diferença de pressão, com o interior mais negativo, ocasiona um fluxo de entrada, o fluxo inspiratório. Posteriormente, o relaxamento passivo da musculatura permite que as estruturas da caixa torácica retornem a sua posição original e, com isso, há uma diminuição de volume, com consequente aumento da pressão acima da atmosférica, causando uma diferença de pressão tendo, agora, o interior mais positivo que o entorno. Isso ocasiona um fluxo de saída, o fluxo expiratório. A Figura 6 apresenta um registro do volume pulmonar ao longo do tempo de alguns ciclos.

Esse ciclo que acabamos de estudar ocorre em condições não patológicas de repouso. Sua denominação técnica é **eupneia** – do grego *eu* (verdadeiro, correto) + *pnea* (respiração). Uma descrição mais acurada do que é a eupneia será dada mais adiante.

---

9   Ver equação de Hagen-Poiseuille no capítulo "Circulação" deste volume.

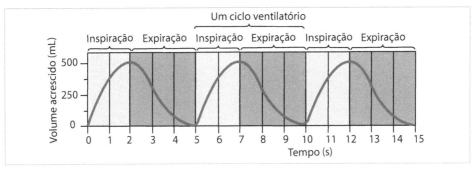

FIGURA 6 Registro gráfico do volume acrescido ao pulmonar durante a inspiração e retirado durante a expiração ao longo do tempo de alguns ciclos eupneicos. O volume acrescido é o volume corrente V_c.

Volumes pulmonares estáticos

Ainda não discutimos como se dá a regulação do volume corrente, isto é, o volume que se inspira (e expira) a cada ciclo eupneico, o que faremos mais adiante. Antes, examinaremos outros volumes pulmonares e, para isso, precisamos definir o que se entende por "ciclo ventilatório comum" (eupneia). Um ciclo ventilatório eupneico é aquele quando o indivíduo se encontra em repouso, em um ambiente de composição atmosférica normal (ver adiante), com pressão barométrica ao redor de 1 atmosfera,[10] em temperatura de conforto térmico. Nessas condições, na maior parte do tempo, não nos damos conta do processo ventilatório, ou seja, não precisamos, de maneira consciente, planejar e executar os ciclos ventilatórios pois eles estão automatizados em centros neurovegetativos (discutidos em uma seção mais adiante). Dessa maneira, os ciclos eupneicos têm o volume corrente, V_C, e a frequência respiratória (ventilatória), f_r, ditados por mecanismos de regulação intrínsecos. Contudo, se o indivíduo é solicitado a, por vontade própria, alterar tanto f_r quanto V_C, isso é possível.

Assim, se a partir do volume inspirado em um ciclo eupneico, o indivíduo é solicitado a realizar uma inspiração forçada máxima (ou seja, até o ponto no qual toda a força dos músculos inspiratórios seja máxima e não mais se consiga obter fluxo de ar), atinge-se o chamado **volume de reserva inspiratória** (**VRI**). Por outro lado, caso, a partir do que seria o final de uma expiração de um ciclo comum, o indivíduo é solicitado a, através da contração voluntária dos músculos expiratórios, eliminar a maior quantidade possível de ar de seus pulmões, atinge-se um volume mínimo. A diferença entre o volume pulmonar de um ciclo eupneico e esse mínimo atingido denomina-se **volume de reserva expiratória** (**VRE** – ver Figura 7).

A soma do V_C com o VRI resulta na **capacidade inspiratória** (**CI**), e o total entre os máximos inspiratório e expiratório é a **capacidade vital** (**CV**). A capacidade vital representa, assim, o máximo de volume de ar que o indivíduo consegue deslocar utilizando as forças máximas de seus músculos.

---

10 Ao final do capítulo, apresentamos uma tabela para conversões de unidades de pressão.

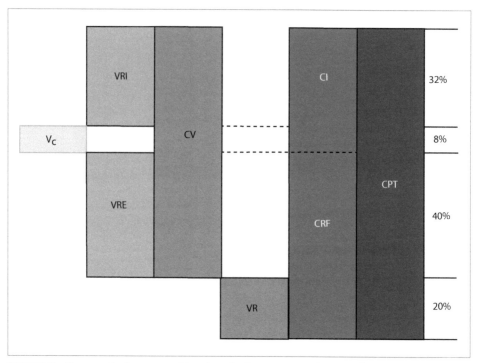

FIGURA 7 Representação esquemática das relações entre os volumes pulmonares estáticos (ver texto para descrição). V_C: volume corrente; VRI: volume de reserva inspiratória; VRE: volume de reserva expiratória; CV: capacidade vital; VR: volume residual; CI: capacidade inspiratória; CRF: capacidade residual funcional; CPT: capacidade pulmonar total. As porcentagens à margem indicam a razão aproximada em relação à capacidade pulmonar total. O volume corrente (V_C) foi deixado em realce pois não é, a rigor, um volume estático, nem é ditado por fatores mecânicos ou estruturais como os demais. Note, ainda, que capacidades são obtidas pela combinação de dois ou mais volumes. Em um homem adulto médio, a capacidade pulmonar total é de 6 litros.

Ao realizar uma expiração forçada máxima, nem todo o ar dos pulmões é eliminado. O que resta é denominado **volume residual** (**VR**). A soma do VRE com o VR é denominada **capacidade residual funcional** (**CRF**). Finalmente, a soma de todos os volumes (ou da CRF mais a CI) resulta na **capacidade pulmonar total** (**CPT**), que é a máxima quantidade de ar que pode ser encontrada nos pulmões.

Em termos fisiológicos, basicamente os volumes relevantes são o volume corrente e os de reserva inspiratória e expiratória, ou seja, os que compõem a capacidade vital. A título de exemplo, como será visto mais adiante, o aumento da pressão parcial de gás carbônico no sangue arterial leva a um aumento no volume corrente (ou seja, o volume corrente passa a representar uma fração maior da capacidade vital). As demais capacidades e volumes têm relevância mais clínica e patológica do que para o entendimento da mecânica da ventilação pulmonar. Assim, não detalharemos mais os volumes pulmonares estáticos.

Pressões estáticas

Vamos, inicialmente, considerar a condição imediatamente prévia ao início de uma inspiração. Nessa situação, como descrito anteriormente, não há fluxo convectivo de ar entre o entorno e os pulmões, sendo $P_A = P_B$. Como é descrito no capítulo "Músculos e movimento" do volume 4 desta coleção, a musculatura estriada esquelética tem um tônus basal, isto é, os músculos esqueléticos mantêm um certo grau de ativação de pontes cruzadas e, assim, uma certa força é exercida. Essa força não vence a carga e, assim, não há movimento. Uma vez que a musculatura ventilatória é composta por músculos estriados esqueléticos, na condição prévia à inspiração há, também, um tônus prévio. Isso foi dito para que possamos responder à seguinte pergunta: **quais são as forças presentes no sistema respiratório para que, apesar do tônus muscular, não haja movimento da caixa torácica?**

Sabemos que, se aumentarmos a força exercida pelos músculos expiratórios, podemos diminuir o volume da caixa torácica até atingir o volume residual (ver Figura 7). Contudo, esse volume não é o mínimo volume pulmonar. Caso os pulmões sejam retirados da caixa torácica, eles diminuem ainda mais de volume, atingindo algo ao redor de 200 a 300 mL. Nessa condição, os alvéolos estão efetivamente colapsados e o volume que resta é o das vias aéreas de condução no sistema (ver seção "Estrutura do sistema respiratório"). Por que os alvéolos colapsam e por que isso não ocorre quando os pulmões estão em sua posição anatômica dentro de uma caixa torácica íntegra?

Há dois fatores que concorrem para o colapso alveolar. **O parênquima pulmonar contém fibras elásticas que se encontram distendidas** em um certo grau quando os pulmões estão dentro da caixa torácica. Dessa forma, ao não haver mais nenhuma força que se oponha à tração elástica dessas fibras, elas tendem a fazer o parênquima pulmonar diminuir de volume. O segundo fator é o da tensão superficial da água alveolar.

Os alvéolos são recobertos por uma fina camada de água, denominada água alveolar. Aliás, todo o trato respiratório se encontra recoberto por uma fina camada de água (contudo, seu impacto mecânico ocorre somente nos alvéolos, como será explicado). **O motivo dessa camada de água nos alvéolos é biológico: células se epitelizam se expostas a ambientes de baixa umidade.** O processo de epitelização significa a criação de várias camadas, sendo as mais externas queratinizadas. **Assim, a água alveolar tem o papel de manter o gás alveolar saturado (de vapor d'água) e, com isso, evitar que as células alveolares se epitelizem e se tornem uma barreira que comprometa as trocas gasosas.**

Em interfaces líquido-líquido e líquido-gás, no caso, a interface entre a água alveolar e o ar alveolar, surge um estiramento da camada superficial de moléculas na fase líquida. Esse estiramento cria uma força que tende a aproximar as moléculas. Essa força é denominada **tensão superficial** e sua intensidade é inversamente proporcional ao raio de curvatura que existe na fase líquida, de forma que, aproximando-se os alvéolos por esferas (ver Figura 8), tem-se:

$$P = \frac{2 \cdot \tau}{r}$$

Equação 3

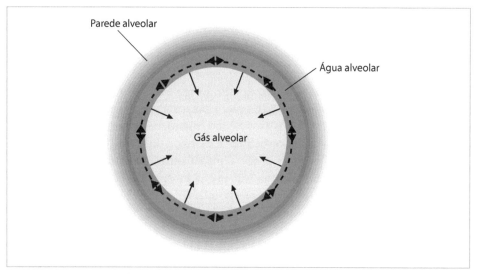

FIGURA 8 Tensão superficial no alvéolo. As setas curvas tracejadas indicam as forças que surgem dentro da fase da água alveolar. Essas forças tendem a aproximar as moléculas de água. Como resultado, surgem, então, forças em direção ao centro que tendem a colapsar o alvéolo.

Sendo P a pressão, r o raio da esfera e τ a tensão superficial. A tensão superficial da água, para raios da ordem dos raios alveolares, supera, em muito, a pressão atmosférica. Assim, quando os pulmões são retirados da caixa torácica, a tendência da força resultante é levar a uma diminuição dos raios alveolares, colapsando os pulmões para além do volume residual.

A questão da tensão superficial alveolar será retomada mais adiante.

Uma vez que identificamos as forças que causam o colapso pulmonar se há perda da integridade da caixa torácica, retornamos à primeira pergunta: quais são as forças presentes no sistema respiratório para que, apesar do tônus muscular, não haja movimento da caixa torácica?

A própria caixa torácica tem elasticidade e, dessa forma, se a estrutura está fora de seu ponto de equilíbrio (ou seja, se a estrutura da caixa torácica está mais distendida ou menos distendida que o ponto no qual a força elástica é nula), surge mais uma força. Dessa maneira, temos as seguintes forças passivas: **a força de recolhimento elástico pulmonar, a tensão superficial alveolar e a força elástica torácica**. Como os pulmões não estão aderidos à parede interna da caixa torácica (ver Figura 2), há, então, dois corpos envolvidos: o pulmão e a caixa torácica.

Como foi citado anteriormente, utiliza-se pressão em vez de força e como estamos, neste momento, tratando de um caso estático, a soma das forças (pressões) em cada corpo deve ser nula (ver Figura 9):

$$P_A + P_\epsilon + P_\tau + P_\lambda = 0 \qquad \text{Equação 4a}$$

$$P_B + P_\chi + P_\mu + P_\lambda = 0 \qquad \text{Equação 4b}$$

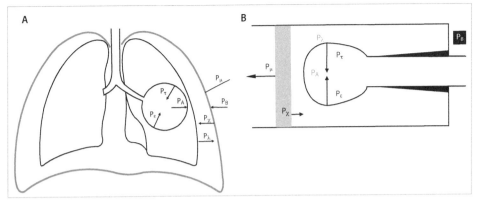

FIGURA 9 A: representação esquemática das pressões (forças) na condição estática. B: modelo mecânico equivalente da representação em (A). A pressão barométrica P_B foi deixada realçada, pois é tomada como referência ("zero"). As pressões pleural (P_λ) e alveolar (P_A) estão em cinza para indicar que são pressões que dependem das demais. O sentido da seta da pressão muscular (P_μ) depende se há força pela musculatura inspiratória (como na figura) ou pela expiratória. As vias aéreas foram representadas como um tubo único, cuja espessura de parede aumenta conforme se aproxima da saída do sistema, indicando a maior quantidade de tecido cartilaginoso (anéis).

Sendo P_ϵ a pressão (força) decorrente do recolhimento elástico pulmonar, P_τ a pressão decorrente da tensão superficial alveolar, P_χ a pressão decorrente da elasticidade da caixa torácica, P_μ a pressão decorrente do tônus muscular e P_λ a pressão no espaço pleural.

Como sabemos que $P_A < P_\epsilon + P_\tau$ (pois sabemos que a pressão alveolar não impede o colapso pulmonar caso a caixa torácica não esteja íntegra; ver acima), então **deve surgir uma pressão no espaço pleural de modo a anular a soma das forças**. Assim:

$$P_A + P_\lambda = P_\epsilon + P_\tau \qquad \text{Equação 4c}$$

Note que o sentido das forças alveolar e pleural é o mesmo, e inverso ao das forças elástica e de tensão superficial.

Na condição estática, sabemos que $P_B = P_A$ e, portanto, inserindo a equação 4c em 4b, tem-se:

$$P_\mu = P_\epsilon + P_\tau + P_\chi \qquad \text{Equação 4d}$$

A equação 4d responde à pergunta de quais forças se fazem presentes e quais forças o tônus muscular sustenta. **Na condição estática, o tônus muscular ou a força isométrica muscular deve ser tal que se iguale à soma do recolhimento elástico pulmonar com a tensão superficial alveolar e a elasticidade da caixa torácica.** Note que desenvolvemos a equação 4d para a condição prévia a uma inspiração eupneica, porém **essa equação é válida para qualquer condição estática do sistema respiratório.**

Tomando-se, por convenção, a pressão barométrica como referencial, uma vez que a pressão pleural tem sinal contrário aos das forças elásticas e de tensão superficial, as quais, por seu turno, têm o mesmo sinal que a barométrica, **o espaço pleural, entre as pleuras parietal e visceral, desenvolve uma pressão que é negativa em relação à**

pressão atmosférica. Por esse motivo, caso haja perda da integridade da parede torácica, como uma perfuração, a pressão pleural negativa permitirá a entrada de ar atmosférico no espaço pleural. Quando isso ocorre, como P_λ se torna nula em relação ao referencial, a equação 4a deixa de ser obedecida e há o colapso pulmonar (mesmo dentro da caixa torácica – este é um exemplo do chamado pneumotórax, que, literalmente, significa "ar dentro do tórax").

Na condição estática, a pressão alveolar e ao longo de toda a via aérea condutora é igual à pressão barométrica. Por esse motivo, a pressão nas vias condutoras não está sendo discutida aqui. Contudo, durante os períodos dinâmicos, aqueles nos quais há fluxo de ar, a pressão ao longo das vias condutoras é variada, e as consequências disso serão apresentadas em uma seção posterior.

Capacitância (complacência) pulmonar

A capacitância é a taxa de variação em uma certa quantidade em relação à variação da força correspondente. No presente caso, assim como no sistema cardiovascular, a capacitância diz respeito à variação de volume em relação à variação de pressão:

$$C = \frac{dV}{dP}$$

Na área de pneumologia e de fisiologia respiratória, o costume, por motivos históricos, é denominar a capacitância como **complacência.** Assim, seguiremos essa nomenclatura, porém **complacência e capacitância se referem à mesma propriedade física.**

Ao determinar uma capacitância, aplica-se uma certa variação de força e espera-se até que o sistema entre em equilíbrio mecânico (ou elétrico, ou químico etc., dependendo da grandeza em questão), obtendo-se, então, a variação na quantidade que está sendo medida. No caso em questão, o sujeito experimental aplica, com seus músculos, uma certa força (que é medida como pressão) na sua caixa torácica e, após cessar o fluxo, mede-se a variação de volume obtida.[11] É importante notar que, então, **o fator tempo não toma parte dos resultados**, pois sempre se aguarda o tempo necessário para o sistema ficar em equilíbrio mecânico. Estamos chamando a atenção para esse fato porque a ventilação normalmente não é feita por interrupções a pequenas variações de pressão ou de volume e, portanto, **os resultados de complacência obtidos de maneira estática não são idênticos aos resultados obtidos de maneira dinâmica.** De qualquer modo, os resultados estáticos oferecem uma importante explicação para diversos processos da mecânica ventilatória.

A relação entre o volume pulmonar e a pressão pleural é ilustrada na Figura 10 para dois tipos de ciclos (ver legenda). Para ambos os ciclos, o primeiro ponto que chama a atenção é que as relações pressão-volume durante a inspiração são diferentes dessas

---

11 Eventualmente, o experimento pode ser realizado num pulmão isolado ou através de força externa. Não iremos nos preocupar com estes procedimentos, e, quando necessário, chamaremos a atenção para o arranjo experimental pertinente.

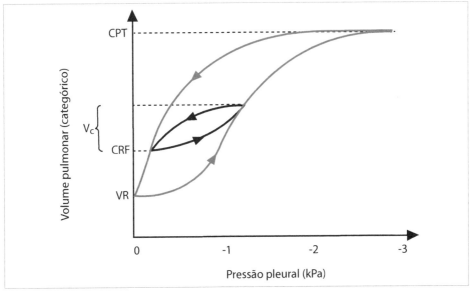

FIGURA 10 Complacência pulmonar estática: relação entre pressão pleural e volume pulmonar. A figura apresenta os resultados para dois tipos de ciclo. A linha preta foi obtida com a realização de um ciclo em eupneia. A linha cinza foi obtida com o sujeito experimental inspirando até o volume de reserva inspiratório e expirando até chegar ao volume residual, cobrindo, dessa maneira, a capacidade vital. As setas indicam o sentido do ciclo inspiração/expiração. Note que a pressão pleural se torna mais negativa conforme o volume pulmonar aumenta (isso será discutido na parte da dinâmica da ventilação, mais adiante). O volume corrente (V_C) do ciclo eupneico foi salientado. V_C: volume corrente; VR: volume residual; CRF: capacidade residual funcional; CPT: capacidade pulmonar total.
Fonte: adaptada de Cross e Plunkett, 2014.

relações na fase de expiração dos respectivos ciclos. Ou seja, como o que ocorre em um ciclo cardíaco, **há histerese**[12] no processo, o que indica que o sistema depende de sua história prévia. E, da mesma maneira que em um ciclo cardíaco, **a área englobada pela curva representa o trabalho externo realizado pela musculatura respiratória** (a ser discutido mais adiante). O principal fator que leva à histerese acentuada em um ciclo ventilatório é a tensão superficial da água alveolar, o que será melhor explorado mais adiante.

O segundo ponto que chama a atenção são as diferenças de inclinação e, portanto, de complacência (capacitância) entre as linhas cinza e preto. Isso indica que a pressão para vencer a tensão superficial depende do volume (ou do raio alveolar, como previsto na equação 3), o que explica a parte inicial inspiratória (a pequenas pressões e volumes próximos ao volume residual) da curva cinza, e mesmo da preta. Por que a curva cinza tem pequena inclinação (baixa complacência) a altos volumes pulmonares? Pela relação entre tensão superficial e pressão, esperar-se-ia o contrário, ou seja, uma alta

---

12 O termo histerese tem origem grega e significa "ficar para trás" ou "deficitário". Foi utilizado inicialmente para descrever processos magnéticos. Pode-se entender histerese como sendo "o caminho da ida é diferente do caminho da volta".

complacência (grande inclinação). Contudo, não é a tensão superficial a única variável envolvida no processo. Quando se atingem pressões pleurais bastante negativas para conseguir grandes volumes pulmonares, o deslocamento que a musculatura respiratória consegue realizar diminui pelo próprio grau de contração na qual já se encontra. Assim, passa a haver uma pequena variação de volume para a força exercida, como se entrasse em isometria.

Em resumo, a relação pressão-volume pulmonar tem uma grande histerese em um ciclo e uma variação grande entre ciclos a diferentes volumes. **A maior parte dessa histerese está relacionada à tensão superficial da água alveolar e representa, assim, a maior parte do trabalho ventilatório.** Esses dois temas serão abordados em seguida.

O problema do tamanho alveolar: tensão superficial, surfactante e elasticidade

Em 1929, Von Neergaard realizou o seguinte experimento (Morton, 1990): inflou um grupo de pulmões com ar e outro com solução salina (ou seja, líquido). Os resultados obtidos estão ilustrados na Figura 11A. O pesquisador notou que a complacência pulmonar nos pulmões insuflados com solução salina era maior que a dos pulmões insuflados com ar. Em outras palavras, para uma mesma pressão aplicada, a variação de volume obtida nos pulmões preenchidos com solução salina era maior que a obtida nos pulmões preenchidos com gás. Consequentemente, o trabalho para realizar um ciclo de "inspiração/expiração" era menor nos pulmões insuflados com solução salina. É importante lembrar que esses dados foram obtidos de maneira estática (ver início da seção) e, assim, densidade e viscosidade do meio, seja líquido seja gasoso, não interferem nas curvas.

Nos pulmões preenchidos com solução salina, a força de tensão superficial deixa de existir já que não há mais a interface líquido-gás. Assim, esses resultados mostram que, como citado anteriormente, a maior parte do trabalho muscular para a realização de um ciclo ventilatório é dirigida a vencer a força de tensão superficial da água alveolar.

Outro conjunto observacional diz respeito a mamíferos nascidos prematuros, nos quais a principal causa de morte é a dificuldade ventilatória (Morton, 1990). Experimentos mostraram que a água alveolar contém uma substância, denominada **surfactante**, que é produzida somente nas últimas duas ou três semanas gestacionais, em seres humanos. A Figura 11B ilustra o que seria esperado em um pulmão sem surfactante para a relação pressão-volume. Em termos gerais, o surfactante na água alveolar diminui a tensão superficial ao redor de três vezes (Ikegami et al., 1987; Siew et al., 2011). Com isso, o trabalho ventilatório em pulmões que contêm surfactante diminui nessa mesma proporção, o que explica a dificuldade de nascidos pré-termo ventilarem seus pulmões, os quais ainda não têm o surfactante.[13]

---

13 Atualmente, a produção endógena fetal de surfactante em gestações de risco é estimulada por intermédio de corticosteroides. Além disso, existem surfactantes tanto naturais quanto sintéticos que podem ser administrados diretamente a pacientes, e mesmo adultos em certas condições se beneficiam da administração de surfactante exógeno (Morton, 1990). A discussão sobre o uso de surfactante em doenças vai além dos objetivos do presente livro.

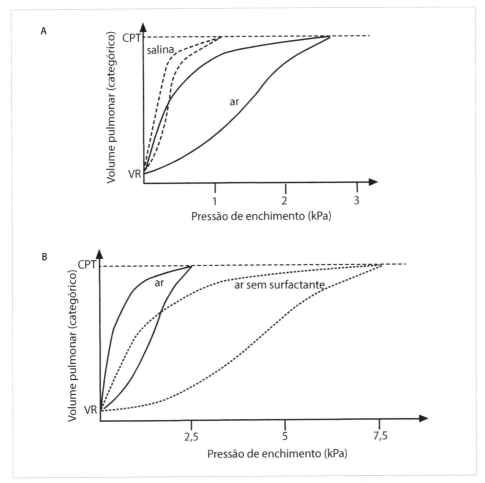

FIGURA 11 Curvas pressão-volume em pulmões ventilados artificialmente. Diferentemente dos dados apresentados na Figura 10, na qual a pressão é negativa por se tratar da pressão pleural, aqui os pulmões estão sendo inflados por pressão positiva externa. A: experimento no qual um grupo de pulmões é ventilado com solução salina (linha tracejada) e outro com ar (linha contínua). Note como a complacência pulmonar é maior no grupo ventilado com solução salina (curvas obtidas com base em Gil et al., 1979). B: simulação de um ciclo de ventilação máxima em um pulmão sem surfactante (linha pontilhada). Os dados do pulmão com surfactante são os mesmos do painel A. Note como a complacência pulmonar é muito menor no caso sem o surfactante. CPT: capacidade pulmonar total; VR: volume residual.
Fonte: simulação baseada em dados de Ikegami et al., 1987 e Siew et al., 2011.

Além do papel dinâmico de diminuição do trabalho ventilatório decorrente do aumento da complacência pulmonar, o surfactante tem, ainda, outro papel de extrema relevância. Observando a equação 3, recolocada a seguir, percebe-se que alvéolos com diferentes raios apresentarão diferentes tensões e, consequentemente, a pressão para causar uma mesma variação de volume nesses alvéolos será diferente.

$$P = \frac{2 \cdot \tau}{r}$$

Considere, inicialmente, que, quanto menor o raio de curvatura da fase líquida, maior a tensão superficial que surge. Assim, **a razão τ/r é grande em alvéolos de raio pequeno** (e vice-versa para alvéolos de raio grande). Dessa maneira, a pressão necessária para manter um alvéolo pequeno aberto é maior que a pressão necessária para manter um maior aberto.

Considere, agora, que seja possível, de alguma forma, contrabalancear o efeito do raio da curvatura na tensão superficial com uma substância que, quanto mais próximas suas moléculas estiverem, maior uma **força de repulsão** surge entre essas moléculas. **Esse é o mecanismo de ação básico do surfactante.** Dessa maneira, alvéolos pequenos têm, na sua água alveolar, as moléculas do surfactante mais próximas, e a força de repulsão entre elas é maior que nos alvéolos maiores. Pode-se, então, equacionar o processo para dois alvéolos, 1 e 2, de tamanhos diferentes como:

$$\frac{\tau_1}{r_1} \cong \frac{\tau_2}{r_2}$$

Ou seja, **devido à presença do surfactante, a razão entre a tensão superficial e o raio alveolar se torna semelhante entre alvéolos de tamanhos diversos.**[14] Uma vez que a relação anterior seja válida, a consequência é:

$$P_1 \cong P_2$$

Ou seja, a mesma pressão garante que alvéolos da tamanhos diferentes permaneçam abertos. A Figura 12 ilustra o mecanismo de ação do surfactante e a homogeneização da razão $\frac{\tau}{r}$.

Por diversos motivos, na maior parte das vezes patológicos, mas também eventualmente fisiológicos, pode haver uma dificuldade em ventilar um grupo de alvéolos. **Se o fluxo de ar é interrompido completamente, o gás vai sendo absorvido e a região colaba, ou seja, os alvéolos deixam de conter gás.** Esse quadro se denomina **atelectasia**. Se as vias de condução para um grupo alveolar não são completamente obstruídas, mas há uma importante restrição de fluxo aéreo, há, também, uma perda progressiva de volume alveolar, decorrente do fato de a absorção de gás ser maior que o aporte. Logo, essas regiões também tendem à atelectasia. Como descrito anteriormente, o parênquima pulmonar contém fibras elásticas. Assim, se uma dada região tende a diminuir de volume, as regiões adjacentes exercem uma certa tração sobre tal região, com consequente salvaguarda de um colapso alveolar (Forster II et al., 1986) (desde que mantido fluxo aéreo para a região). Portanto, as fibras elásticas exercem duas funções de relevância: auxiliam no recolhimento elástico pulmonar na expiração, permitindo que essa fase do

---

14 Estamos enfatizando que é a **razão** entre tensão superficial e raio que se torna mais homogênea pela presença do surfactante, pois podem-se encontrar textos nos quais é dito que o papel do surfactante é igualar as tensões superficiais, o que não é correto. Também foi utilizado o símbolo ≅, pois a igualdade, de fato, não é obtida de forma geral.

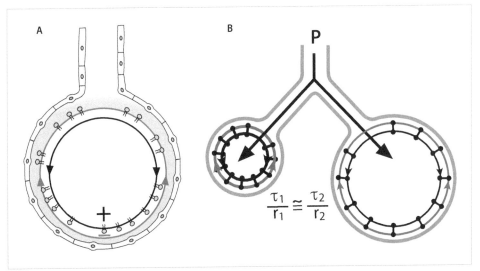

FIGURA 12 Representação esquemática da ação do surfactante pulmonar. A: em um alvéolo, a força de tensão superficial (em preto, símbolo "+") das moléculas de água tende a colapsar o volume da estrutura; as moléculas de surfactante têm uma repulsão umas pelas outras, gerando uma força (em cinza, símbolo "-"), que é oposta à força da tensão superficial. B: em decorrência da homogeneização da razão $\frac{\tau}{r}$, alvéolos de tamanhos diferentes podem ser mantidos com seus respectivos volumes por um mesmo valor de pressão P. Note que, em alvéolos pequenos, a tensão superficial aumenta, mas a força de repulsão entre as moléculas de surfactante também (as forças estão representadas pelas mesmas cores das do painel A, e a intensidade é representada pela espessura das linhas).
Fonte: adaptada de https://www.aic.cuhk.edu.hk/web8/Hi%20res/alveolus%20surfacta.jpg (A) e https://www.researchgate.net/profile/Alexandra_Laniece/publication/331485670/figure/fig27/AS:732574070628354@1551670677367/Importance-of-the-surfactant-in-alveolar-inflation-by-reducing-the-surface-tension-of.jpg (B).

ciclo em condições comuns seja, em parte, passiva (isso será discutido mais adiante); e ajudam a manter um certo grau de homogeneidade nos volumes alveolares.

Trabalho ventilatório

A Figura 13 ilustra relações de volume e pressão para a parede torácica, para os pulmões e para o conjunto parede + pulmões, ou seja, para o sistema respiratório intacto. Como já estudado, a inclinação da relação pressão-volume é a capacitância (no caso, complacência pulmonar). O que se nota pela figura é que a composição parede torácica mais pulmões tem uma complacência menor que a de cada elemento isolado. Tal fato se deve à disposição em série das capacitâncias, o que implica que a capacitância total é dada pela soma dos inversos de cada capacitância isolada e, assim, torna-se menor que a menor delas.

Como explicado anteriormente, as complacências são obtidas por medidas estáticas. Dessa maneira, apesar de áreas de curvas pressão-volume indicarem o trabalho mecânico externo realizado por um sistema (ver "Circulação"), neste caso, a ausência do componente dinâmico (fluxo de ar e movimento da parede) implica que traçados como

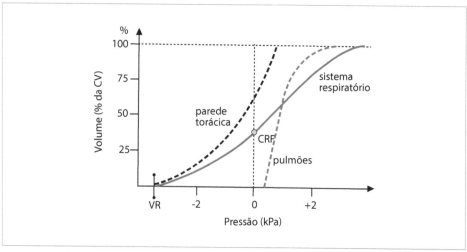

FIGURA 13 Relação pressão-volume para os pulmões isolados (tracejado cinza), para a parede da caixa torácica (tracejado preto) e para o conjunto parede mais pulmões (linha contínua cinza), que compõe o sistema respiratório íntegro. Note que o eixo do volume é em porcentagem da capacidade vital; assim, o zero desse eixo corresponde ao volume residual (VR), indicado pela linha marchetada. A linha vertical pontilhada indica a pressão nula, ou seja, o volume do sistema sem forças sendo aplicadas. Essa é a capacidade residual funcional (CRF). Note que, se isolados, os pulmões estariam colapsados nessa pressão, mas a caixa torácica não (e não, também, o sistema íntegro). Como a CRF é o menor volume que o indivíduo pode obter fisiologicamente, então, em termos da mecânica ventilatória, todos os acontecimentos se dão para o lado direito da linha pontilhada.
Fonte: adaptada de Berne e Levy Physiology, 6th Updated Edition.

os apresentados na Figura 10 não possuam toda a informação necessária para calcular o trabalho realizado no ciclo ventilatório. A Figura 14 ilustra os resultados obtidos em um ciclo eupneico de inspiração e expiração medidos em condições estáticas e em condições dinâmicas.

Uma vez que os volumes pulmonares atingidos são semelhantes, nota-se que ocorre um acréscimo do trabalho ventilatório quando o componente dinâmico entra em cena, como era o esperado. *Grosso modo*, percebe-se que, em condições dinâmicas, o trabalho inspiratório torna-se quase duas vezes maior que o trabalho calculado de maneira estática. Uma parte desse trabalho, como citado, é pela força realizada para vencer os componentes viscoelásticos da estrutura da parede torácica e do parênquima pulmonar. Outra parte é a força necessária para criar fluxo de ar, dada a resistência das vias aéreas. Assim, passamos à dinâmica ventilatória.

Fluxo e resistência

Como apresentado em "Difusão e potenciais" (volume 1 da coleção) e em "Circulação" neste volume, nas condições de pressões e fluxos vigentes em sistemas biológicos, pode-se aproximar, com grande confidência, a relação entre essas grandezas como:

$$\dot{V} = \frac{P}{R}$$

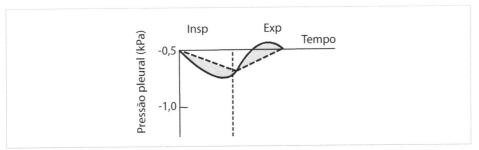

FIGURA 14 Relação pressão-volume em condições estáticas (linha tracejada) e dinâmicas (linha cheia) em um ciclo eupneico de inspiração (Insp) e expiração (Exp). Note a região realçada, que corresponde à maior variação de pressão necessária para criar as condições dinâmicas de movimento de ar e da parede torácica.
Fonte: adaptada de Whipp, 1996.

Sendo $\dot{V}$ o fluxo e R a resistência da via de condução. A equação de Hagen-Poiseuille, apresentada e detalhada para o sistema circulatório, é um exemplo desse tipo de aproximação. Naquela equação, os componentes da resistência são explicitados, como o raio do tubo e a viscosidade do fluido. Contudo, aqui, tal detalhamento não será feito e apenas a relação entre resistência e raio é de interesse (ver o capítulo "Circulação" deste volume para mais informações). Tem-se, assim:

Para um tubo: $R \propto \dfrac{1}{r^4}$ \hfill Equação 5a

Para um conjunto de tubos similares em paralelo: $R \propto \dfrac{1}{N \cdot r^4}$ \hfill Equação 5b

Sendo r o raio e N a quantidade de tubos de igual comprimento e igual raio dispostos em paralelo.[15] Da mesma maneira que ocorre com a ramificação da árvore arterial, a ramificação das vias aéreas se dá com progressiva diminuição de raio, mas aumento do número de ramos, de modo que a área de seção total vai aumentando (ver Figura 4). Como consequência, a resistência total vai diminuindo conforme se caminha entre os brônquios-fonte e os bronquíolos terminais. A Figura 15 ilustra resultados experimentais obtidos para a resistência de vias aéreas de pequeno calibre e para o pulmão como um todo.

Três pontos devem ser notados nos resultados apresentados na Figura 15. O primeiro é que as vias aéreas periféricas, aquelas que têm calibre menor que 2,5 mm, representam menos de 20% na resistência pulmonar total. Assim, alterações de calibre nessas vias (ou seja, alterações de raio com concomitantes alterações de resistência) terminam por ter baixo impacto na resistência total, a não ser que sejam de grande monta. Esse fato tem importância clínica. Afecções que comprometam o calibre das vias periféricas, como a asma, somente serão notadas em testes que avaliam a resistência total (como os testes

---

[15] Recomenda-se que, caso o(a) leitor(a) tenha dificuldade com esses equacionamentos, consulte a seção "As árvores arterial e venosa – ramificações" no capítulo "Circulação" deste volume.

espirométricos de fluxos ventilatórios) quando o comprometimento das vias já for muito grande (Berger, 2018). Contudo, a despeito de não mensurável pelas técnicas não invasivas, o aumento de resistência imposto entre os alvéolos e as vias comprometidas tem impacto sobre a parede alveolar. Esse aumento crônico da pressão expiratória sobre a parede alveolar ao longo de anos tende a causar uma destruição de alvéolos e perda da função de troca pulmonar, cujo desfecho é o quadro clínico de enfisema pulmonar.

O segundo ponto a ser notado nos dados da Figura 15 é o da queda da resistência, tanto total quanto periférica, com o aumento do volume pulmonar até por volta de 70% da capacidade vital. Essa queda de resistência é fruto do aumento do calibre (raio) das vias decorrente do próprio aumento de volume. Em outras palavras, pulmões levados a volumes muito pequenos, próximos do volume de reserva expiratória (ver Figura 7), sofrem dois problemas simultaneamente: diminuição da complacência (pela tensão superficial, ver acima) e aumento da resistência ao fluxo, o último em virtude da diminuição do calibre das vias aéreas.

Em terceiro lugar, nota-se um aumento da resistência total, mas não da periférica, para volumes acima de 80% da capacidade vital. Essa observação não é muito bem esclarecida, e os autores sugerem que, em volumes pulmonares muito elevados, ocorre uma distensão longitudinal (ou seja, aumento de comprimento) e, simultaneamente, por esse estiramento, uma diminuição de raio (Macklem e Mead, 1967). Esses dois fatores se somam e resultariam em aumento da resistência total.

Fluxo expiratório

Como citado anteriormente, enquanto a inspiração exige trabalho muscular para ocorrer, a expiração em ciclos comuns pode ser, em parte, passiva. O relaxamento da musculatura inspiratória permite que o recolhimento elástico pulmonar (i. e., a força decorrente da tensão elástica do parênquima pulmonar, da caixa torácica e da tensão superficial da água alveolar) cause um aumento da pressão alveolar, tornando essa pressão maior que a atmosférica (i. e., $P_A > P_B$) e levando a um fluxo de ar para fora das vias aéreas. A Figura 16A ilustra o processo descrito. Note que, por simplificação,[16] a pressão exercida pela musculatura (P_μ) foi deixada como igual à pressão de recolhimento elástico da caixa torácica (P_χ). Dessa maneira, durante uma expiração em um ciclo comum, não forçada, a pressão pleural (P_λ) permanece negativa.

De acordo com a equação de Hagen-Poiseuille, uma vez que haja fluxo instalado, a pressão cai ao longo de uma tubulação. Assim, conforme se vai dos alvéolos em direção às vias aéreas superiores, a pressão interna na tubulação vai diminuindo progressivamente. Como estamos considerando um ciclo no qual a pressão pleural se manteve negativa o tempo todo, temos que as vias aéreas não sofrem compressão durante a expiração. Isso está indicado na Figura 16A por setas verticais tracejadas ao longo da via de condução. Essas setas indicam a pressão resultante da soma da pressão interna à via com a pressão

---

16 Essa simplificação é para não ser necessário lidar com a diferença de taxa de variação de volume pulmonar e de caixa torácica durante o processo.

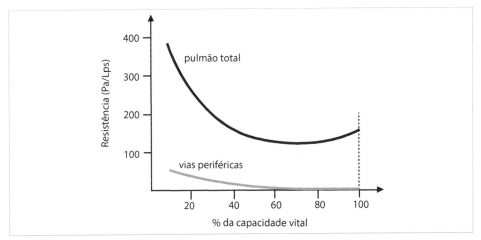

FIGURA 15 Resistência do pulmão como um todo (linha preta) e das vias periféricas (brônquios de calibre menor que 2,5 mm, correspondentes a ramificações a partir da 10ª geração – linha cinza) em função do volume pulmonar relativo à capacidade vital. Note que as vias periféricas representam menos de 20% do total da resistência. Pa: Pascal; Lps: litros por segundo.
Fonte: adaptada de Macklem e Mead, 1967.

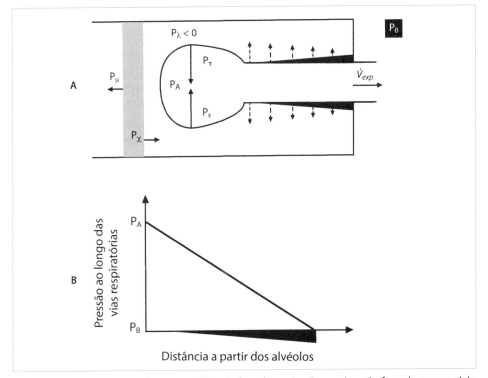

FIGURA 16 A: representação esquemática da fase de expiração passiva não forçada em um ciclo ventilatório eupneico. Note que a pressão pleural permanece negativa. B: representação gráfica da pressão interna à tubulação (vias aéreas de condução) desde os alvéolos até a saída das vias durante uma expiração comum não forçada. No eixo x, foi deixada a representação da espessura da parede ao longo das vias (ver Figura 9).

pleural, e tal resultante vai diminuindo conforme se aproxima do exterior pelo motivo já explicado, ou seja, a progressiva diminuição da pressão na tubulação. A Figura 16B ilustra, graficamente, essa ideia.

Sendo esse um processo relativamente lento[17] e dentro de uma faixa estreita de volumes (ver Figura 10, linha preta), podemos escrever que a relação entre pressão e volume pulmonares é dada como P = V/C, sendo C a complacência pulmonar tomada como um valor fixo. Ao mesmo tempo, considerando a equação de fluxo escrita anteriormente, podemos igualar a pressão nas duas equações e obter:

$$-\dot{V} = \frac{P}{R} = \frac{V}{R \cdot C}$$

O sinal de menos decorre de estarmos considerando o fluxo como sendo de saída do sistema. Essa é uma equação diferencial ordinária simples e a solução é (ver "Modelos genéricos básicos" no volume 1 da coleção):

$$V(t) = V_0 \cdot e^{-\frac{t}{R \cdot C}}$$

Equação 6

Sendo V_0 o volume inicial (volume ao início da expiração) e t o tempo. Note, assim, que o produto $R \cdot C$ se torna o inverso da constante de tempo do sistema durante uma expiração não forçada: quanto maior a complacência pulmonar e/ou a resistência das vias aéreas, maior o tempo para que a expiração se complete. Repare que, por simplicidade, escrevemos o volume $V(t)$ como indo a zero conforme o tempo aumenta. Contudo, o volume pulmonar vai para a capacidade residual funcional (CRF, ver Figura 7). Assim, a equação 6 pode ser lida como sendo o volume acrescido ao sistema pela inspiração, e esse acréscimo tende a zero com a expiração.

Vamos, agora, entender a importância dessa análise. Considere um indivíduo que tenha um aumento de 20% na resistência das vias aéreas. Na inspiração, essa restrição ao fluxo é compensada por um aumento na força exercida pelos músculos inspiratórios e o tempo para inspirar se mantém o mesmo da condição fisiológica. Contudo, o tempo para expiração se torna 20% mais longo para que se atinja um mesmo volume expirado. A Figura 17 ilustra o problema.

A condição descrita no parágrafo anterior implica, então, que, a cada cinco ciclos ventilatórios, um tempo total de expiração é acrescido. A frequência respiratória eupneica em seres humanos adultos é de 12 a 15 ciclos por minuto. Para completar o exemplo numérico iniciado no parágrafo anterior, vamos considerar 12 ciclos por minuto. Isso significa que, *grosso modo*, a pessoa passa a fazer 10 ciclos por minuto, em vez dos 12 que faria normalmente. Logo, essa pessoa passou a hipoventilar em relação à sua condição fisiológica, com consequências para suas trocas gasosas (ver mais adiante).

Antes de prosseguirmos para como o sistema neurovegetativo do indivíduo tentará compensar o problema, vamos examinar o caso de uma expiração forçada, representado

---

17 "Lento" se refere à velocidade do som no ar e à taxa de transferência de energia por calor entre o ar e os tecidos. Esse assunto vai além dos objetivos do presente livro.

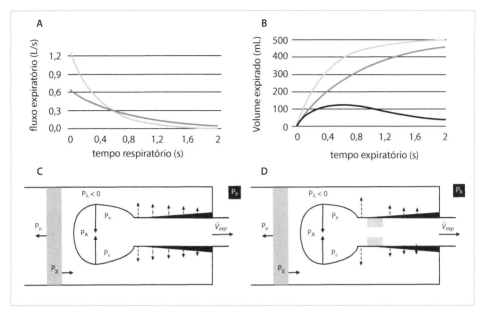

FIGURA 17 Fluxo expiratório (derivada temporal da equação 6 – painel A) e volume expirado (painel B) ao longo do tempo de expiração em um indivíduo saudável (em cinza claro) e em um indivíduo com complacência duas vezes maior que a fisiológica (em cinza escuro). Note que o fluxo se torna mais reduzido no caso com a complacência aumentada durante as fases iniciais da expiração e, com isso, o volume expirado se torna menor, o que aumentará o tempo expiratório para que se retorne ao volume inicial pré-inspiratório. A linha em preto no painel B é a diferença entre o volume expirado pelo indivíduo na condição fisiológica normal e o na condição de complacência aumentada. C e D: representações equivalentes de aumento da complacência (C) e de aumento de resistência nas vias aéreas (D). Em C, há diminuição da força elástica pulmonar (P_ϵ), a pressão alveolar (P_A) se torna menor que na condição normal e o fluxo expiratório diminui. Além disso, a intensidade da força resultante ao longo das vias aéreas diminui. Em D, a pressão a montante da obstrução se eleva (aumento da pressão alveolar), mas o fluxo expiratório diminui. Além disso, a força resultante na parede das vias aéreas aumenta a montante, mas se reduz a jusante da obstrução.

na Figura 18A. A figura é uma ilustração esquemática das pressões e fluxo durante uma expiração forçada em um indivíduo com as vias aéreas saudáveis. Para aumentar o fluxo expiratório, os músculos expiratórios da parede torácica passam a exercer força durante essa fase (P_μ com a seta apontando para dentro) que se soma às forças de recolhimento já existentes, e há aumento da pressão alveolar (P_A). Agora, a pressão pleural (P_λ) passa a ser positiva. Como a pressão na tubulação cai ao longo do percurso e P_λ é positiva, as vias aéreas passam a sofrer compressão (setas tracejadas), a qual é sustentada pelo tecido cartilaginoso das vias. Contudo, nas porções terminais (próximo aos alvéolos), a quantidade de cartilagem é pequena e os anéis são incompletos, o que permite uma diminuição no calibre das vias e aumento da resistência ao fluxo (setas cinzas). Esse é um dos principais fatores de limitação de fluxos expiratórios elevados. Note que, nas porções mais externas das vias aéreas, a pressão de compressão se torna maior (pois a pressão interna à tubulação é menor), contudo os anéis cartilaginosos suportam essa compressão sem comprometer o calibre das vias.

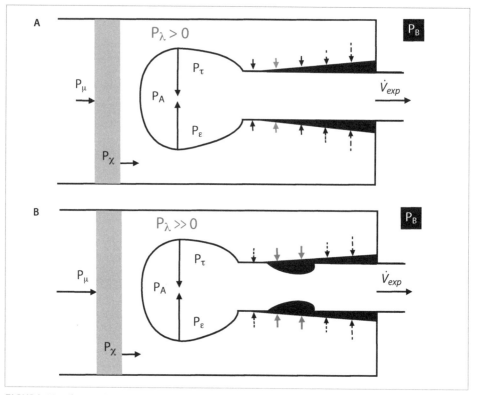

FIGURA 18 Ilustração esquemática de expiração forçada em uma condição fisiológica (A) e em um quadro com aumento de complacência (B).

Retornando agora ao caso de aumento da complacência com diminuição do fluxo expiratório, a compensação pode ser obtida pelo mesmo processo de expiração forçada que acabamos de descrever. Contudo, deve-se ter em mente que houve, no caso em questão, perda de força elástica. Assim, o aumento da força exercida pelos músculos expiratórios deve ser maior que no caso da condição normal descrita. Com isso, a pressão pleural se torna ainda mais positiva, com aumento de compressão das vias aéreas e maior restrição ao fluxo. Consequentemente, a pressão alveolar também se torna mais elevada. Quadro semelhante ocorrerá no caso de aumento de resistência nas vias aéreas (não representado na Figura 18).

Um dos tipos mais comuns de aumento de resistência nas vias aéreas é a asma. Nessa condição ocorre uma constrição das vias aéreas terminais (broncoconstrição) em virtude da contração da musculatura lisa da parede bronquiolar. Como acabamos de ver, durante a inspiração há um tracionamento centrífugo das vias aéreas, e isso mantém um raio maior na tubulação durante essa fase da ventilação. Por outro lado, na expiração ocorrerá o contrário. Assim, na asma, o problema principal se dá na expiração, pois o aumento de pressão pleural potencializa a diminuição do raio bronquiolar.

Os quadros de aumento de complacência e/ou aumento de resistência podem resultar de muitas doenças diferentes. Ao longo de anos de aumento de pressão pleural para aumentar o fluxo expiratório, vai ocorrendo uma destruição de paredes alveolares, o que compromete a superfície de troca gasosas (ver adiante), aumenta a perda de tecido elástico e restringe ainda mais o calibre das vias. Coletivamente, o quadro clínico é denominado doença pulmonar obstrutiva crônica (DPOC).

Note que, ao tentar aumentar o fluxo expiratório pelo aumento da pressão pleural, cria-se um círculo vicioso no qual há aumento da resistência e maior dificuldade em expirar. Assim, dependendo de como as vias aéreas estejam se comportando diante do aumento da pressão pleural e do comprometimento das trocas gasosas nos alvéolos, a atividade do sistema neurovegetativo do indivíduo levará a uma diminuição de volume corrente (e, consequentemente, do tempo necessário para a expiração) e aumento da frequência ventilatória. Dessa maneira, podem-se encontrar dois tipos de pacientes com DPOC avançada: aqueles que não hiperventilam e, consequentemente, começam a reter gás carbônico, e aqueles que hiperventilam e passam a ter hipocapnia crônica (ver adiante). Os primeiros têm um tom mais azulado de pele e mucosas, em razão da carboxiemoglobina (ver adiante), enquanto os segundos têm um tom rosado acentuado. Falaremos um pouco mais acerca desses quadros quando discutirmos o controle da ventilação. No entanto, assuntos relacionados a doenças pulmonares restritivas e obstrutivas vão além dos objetivos do presente texto.

Distribuição da ventilação

Por enquanto, tratamos os pulmões como estruturas relativamente homogêneas no sentido da distribuição do volume corrente, ou seja, até aqui o volume inspirado foi considerado como que distribuído igualmente entre os alvéolos. Contudo, os pulmões de mamíferos, répteis e anfíbios de respiração aérea estão sob a ação da gravidade e isso implica que a parte superior dos pulmões comprime a parte inferior,[18] ou, alternativamente, a porção inferior traciona a porção superior. O resultado disso é que, na posição ortostática, os alvéolos do ápice pulmonar têm volume maior que os da base, pois encontram-se tracionados pelo peso do órgão (ou, alternativamente, os alvéolos da base estão comprimidos pela massa acima).

Há uma repercussão desse fenômeno na pressão pleural: na posição ortostática, a pressão pleural na base é menos negativa que no ápice. Note que estamos fazendo referência à posição ortostática pois, como o problema se relaciona à gravidade, na posição supina isso fica bem menos acentuado, e a diferença surgirá entre as regiões dorsal e ventral.[19] Além disso, como visto anteriormente, alvéolos de menor volume (raio) têm uma tensão superficial um pouco maior que a dos alvéolos de maior volume, pois a ação do surfactante não é perfeita em homogeneizar a razão $\frac{\tau}{r}$ (ver Figura 12).

Considerando uma pessoa na posição ortostática, a combinação de tração/compressão, tensão superficial e posição do diafragma tem as seguintes consequências:

---

18 Pulmões de aves têm uma estrutura diferente e a questão da compressão pelo próprio peso é pouco importante.

19 Em quadrúpedes de grande porte, como cavalos, a diferença dorsoventral passa a ser importante.

i. Em pulmões com volume próximo ao volume residual (VR), os alvéolos do ápice tendem a ser mais bem ventilados que os da base.

ii. Em pulmões com volume próximo à capacidade pulmonar total (CPT), os alvéolos da base e do ápice tendem a ser igualmente ventilados.

iii. Em pulmões com volume próximo à capacidade residual funcional (CRF), ou seja, no que seria considerado um ciclo eupneico, os alvéolos da base tendem a ser mais bem ventilados que os do ápice.

Mais adiante, quando for estudada a relação entre ventilação e perfusão, as consequências dessa distribuição desigual da ventilação para as trocas gasosas serão analisadas.

TRANSFERÊNCIA DE GASES

Até aqui, apresentamos o sistema respiratório em sua parte mecânica de transporte convectivo de matéria. Agora, trataremos do processo mais fundamental desse sistema, que é a transferência de gases. Basicamente, o organismo necessita obter oxigênio para o metabolismo aeróbio e eliminar gás carbônico formado no ciclo do ácido tricarboxílico (ciclo de Krebs).

Internamente é o sistema circulatório que faz a convecção entre os órgãos e os sistemas de contato com o exterior. No sistema respiratório, os pulmões, mais especificamente os alvéolos, são as estruturas que formam a interface entre o sangue e o meio externo para trocas gasosas.

Trocas são, em essência, um fenômeno difusivo, o qual foi estudado em "Difusão e potenciais" (volume 1 da coleção), e a força motriz para a difusão é a diferença de concentração da substância em questão entre os meios. Estamos, aqui, interessados em trocas que ocorrem entre uma fase gasosa (gás alveolar) e uma fase líquida (sangue nos capilares pulmonares). Assim, teremos de definir quais são as concentrações e como elas variam nesses dois meios. Vamos, inicialmente, estudar princípios físicos para, então, entender a composição do gás alveolar.

Alguns princípios físicos

Pressão parcial de um gás em uma fase gasosa

Para os regimes de pressão e temperatura dos fenômenos biológicos, podemos considerar o ar atmosférico como um gás ideal com a seguinte equação de estado para descrever as relações entre pressão P, volume V e temperatura T:

$$P \cdot V = n \cdot R \cdot T \qquad \text{Equação 7}$$

Sendo n o número total de mols presentes no volume V e R a constante universal dos gases. Note que, nessa equação, as espécies gasosas que compõem o número total de mols não são especificadas. Isso decorre do fato de que, em gases ideais, o composto em si é irrelevante para as propriedades termodinâmicas. Em outras palavras, se, por exemplo, n é dado por nitrogênio ou por oxigênio, a equação 7 continua sendo válida sem qualquer alteração. Mas isso também significa que, se o número total de mols é composto por diversas espécies gasosas, cada espécie contribui para a equação 7 de maneira independente das demais espécies presentes. Ou seja, em um dado volume V em uma dada temperatura T, tem-se, para uma dada espécie gasosa "x":

$$P_x \cdot V = n_x \cdot R \cdot T \qquad \text{Equação 8}$$

Como

$$\sum_{x=1}^{m} n_x = n_{total}$$

Sendo m o número de espécies gasosas presentes, decorre que:

$$\sum_{x=1}^{m} P_x = P_{total}$$

Ou seja, cada espécie gasosa na fase gasosa de um gás ideal contribui para a pressão total de maneira proporcional a seu número de mols presentes em um dado volume. Pela equação 8:

$$P_x = \frac{n_x}{V} \cdot R \cdot T \qquad \text{Equação 9}$$

Sendo essa a definição de **pressão parcial do gás x**, e, consequentemente:

$$\sum_{x=1}^{m} P_x = \sum_{x=1}^{m} \frac{n_x}{V} \cdot R \cdot T = R \cdot T \cdot \sum_{x=1}^{m} \frac{n_x}{V} = P_{total}$$

As seguintes equivalências ocorrem:

$$\frac{n_x}{n_{total}} = \frac{P_x}{P_{total}} = f_x \qquad \text{Equação 10}$$

Sendo f_x a **fração do gás x** na mistura gasosa. Note, ainda, que n/V corresponde ao número de mols por unidade de volume, ou seja, concentração molar, de modo que, reescrevendo a equação 9, tem-se:

$$\frac{P_x}{R \cdot T} = \frac{n_x}{V} = c_x \qquad \text{Equação 11}$$

Sendo c_x a **concentração** (no caso, molar) da espécie x.

Composição da atmosfera

A atmosfera terrestre é uma mistura de vários gases e vapor d'água (ver a próxima seção), e sua composição vem se mantendo relativamente fixa há mais de 100 milhões de anos (Figura 19). Além desse comportamento relativamente estacionário no tempo, também há uma relativa manutenção da composição ao longo da altitude de interesse fisiológico: a troposfera, que vai do nível do mar até 12 quilômetros de altitude e tem a

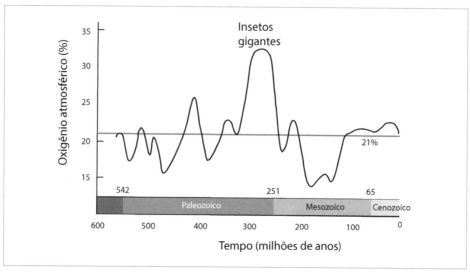

FIGURA 19 Porcentagem de oxigênio na atmosfera desde o período Cambriano até o presente. Note o grande aumento da fração de O_2 que ocorreu ao final do Paleozoico, quando a porcentagem desse gás chegou próxima a 35%. Nos últimos milhões de anos, contudo, a porcentagem de oxigênio vem se mantendo relativamente constante ao redor de 20%.
Fonte: adaptada de Kutschera e Niklas, 2013.

mesma fração dos gases componentes em toda a sua extensão.[20] A Tabela 1 apresenta a composição atual do gás atmosférico seco.

TABELA 1 Composição atual da troposfera sem vapor d'água (i. e., ar seco)

Gás	Símbolo	Porcentagem
Nitrogênio	N_2	78,08
Oxigênio	O_2	20,94
Argônio	Ar	0,93
Gás carbônico	CO_2	0,04
Outros	–	0,01

Vapor d'água

Na seção anterior, a composição atmosférica foi apresentada sem a presença de vapor d'água, ou seja, seca. Isso decorre do fato de que a quantidade de água (subentenda-se, vapor) é variável, pois depende de dois fatores: a presença de uma fonte (ou reservatório) de água líquida e da temperatura.

A diferença entre gás e vapor é que o último apresenta variação de fase em decorrência da pressão, enquanto um gás necessita que haja mudança de temperatura

---

20 https://en.wikipedia.org/wiki/Atmosphere_of_Earth#Evolution_of_Earth's_atmosphere. Acesso em 13 out. 2020.

para que ocorra mudança de fase. Assim, o nitrogênio é, nas condições da atmosfera terrestre, um gás, e alterações de pressão não conseguirão promover uma mudança para o estado líquido: é necessária uma redução da temperatura para conseguir nitrogênio líquido. Já a água, na fase gasosa da atmosfera, é um vapor, e alterações de pressão podem causar mudança de estado.[21] Mudanças de temperatura alteram a quantidade de água na forma de vapor.

Combinando os efeitos de pressão e temperatura, tem-se o seguinte quadro (considerando a existência de uma fase líquida no sistema). Ao aquecer a fase líquida, moléculas de água tendem a abandonar mais e mais essa fase, indo à fase gasosa. Quando a quantidade de vapor atinge um certo valor, a tendência de saída de moléculas da fase líquida é igualada pela tendência de moléculas na fase gasosa retornarem à fase líquida. Nesse ponto, a quantidade de água que evapora da superfície líquida é igual à que condensa para essa fase. Assim, microscopicamente, moléculas de água estão constantemente mudando de fase, contudo, macroscopicamente, nada mais se altera.

Vamos, agora, considerar que energia foi sendo fornecida para a fase líquida, de modo que a temperatura foi subindo constantemente a despeito da perda de energia pela própria evaporação. Para uma substância pura,[22] ao atingir uma determinada temperatura, ela para de se elevar e o líquido entra em ebulição. Nessa situação, toda a energia fornecida resulta em evaporação do líquido. Quando o líquido entra em ebulição, toda a fase gasosa é ocupada pelo vapor, ou seja, a pressão da fase gasosa acima do líquido em ebulição é dada, na sua totalidade, pelo vapor. Assim, a água ferve, no nível do mar, a 100 °C (373 K), e, como a pressão barométrica é de 760 torr (uma tabela de conversões de pressão é dada mais adiante), isso implica que a pressão exercida pelo vapor é de 760 torr. No alto do Himalaia, com uma pressão barométrica bem menor que 760 torr, a água ferve em uma temperatura bem mais baixa que 100 °C.[23]

Considerando o que foi descrito nos dois parágrafos anteriores, tem-se o que se chama **pressão de vapor.** A pressão de vapor é a pressão exercida pelo vapor (da substância em questão) se a fase líquida não sofrer alteração de temperatura. Como visto, esse fenômeno ocorre sempre que a fase líquida atinge uma temperatura na qual a transição de moléculas para a fase gasosa se iguala à de transição para a fase líquida **ou** se o líquido atinge a temperatura de ebulição para a dada pressão barométrica. A diferença crucial em termos da ocupação da fase gasosa é que, no caso da ebulição, 100% da fase gasosa é ocupada pelo vapor da substância (p. ex., água), ao passo que nos demais casos a ocupação da fase gasosa é menor que 100%. Isso será mais detalhado no que se segue.

Vamos examinar a questão da pressão de vapor, agora especificamente para a água, e obter o conceito de **umidade relativa.** Considere um sistema composto por uma fase gasosa atmosférica e uma fase de água líquida. Para fins didáticos, o sistema tem, na fase gasosa, uma "pequena" comunicação com o restante da atmosfera. Esse sistema

---

21 Esse é o princípio de prever tormentas ou bom tempo através de barômetros.

22 Isso ocorre, também, para misturas azeotrópicas, mas esse não é o foco do presente texto.

23 Por esse motivo, cozinhar um ovo é bem mais demorado em grandes altitudes. Em contrapartida, esse é o princípio das "panelas de pressão": aumentando-se a pressão na fase gasosa eleva-se a pressão de vapor e a água ferve a uma temperatura acima de 100 °C.

é colocado em diferentes temperaturas (ver Figura 20A). Para o caso da ebulição, se a pressão barométrica é de 760 torr, ela ocorre a 100 °C (ver acima) e a totalidade da fase gasosa no sistema é ocupada por água (vapor). Para outras temperaturas, ocorre o equilíbrio dinâmico entre entrada e saída da fase líquida, não há ebulição, e a fase gasosa contém uma quantidade de vapor que é ditada pelas diferentes temperaturas. A Tabela 2 apresenta valores de pressão de vapor d'água em relação a diversas temperaturas. Particularmente, a pressão de vapor a 37 °C, que é de 47 torr, foi deixada ressaltada. A pressão de vapor d'água aproximada pode ser calculada pela seguinte equação, sendo a temperatura T em kelvin e a pressão obtida em torr:

$$P_{vap}(T) \cong e^{\left(20,386 - \frac{5132}{T}\right)}$$

TABELA 2 Pressão de vapor d'água em diferentes temperaturas. A P_{vap} a 37 °C está ressaltada em negrito

Temperatura (°C)	P_{vap} (torr)	Temperatura (°C)	P_{vap} (torr)
0	4,6	50	92,6
10	9,2	60	149,5
20	17,5	70	234
30	31,8	80	355
37	**47**	90	526
40	55,4	100	760

Considere, agora, os mesmos sistemas apresentados no painel (A) da Figura 20, exceto o caso no qual há ebulição,[24] porém a fase gasosa contém uma quantidade de vapor inferior à quantidade máxima que pode estar presente na dada temperatura. Isso significa que o vapor presente exerce uma pressão menor que a máxima que poderia exercer para a dada temperatura, ou, em outras palavras, apenas uma fração (porcentagem) da pressão de vapor está sendo exercida pelo vapor presente. A relação entre a pressão efetivamente sendo exercida pelo vapor presente no sistema e a pressão de vapor para a dada temperatura é a **umidade relativa**, que é expressa em porcentagem.

Assim, nos exemplos delineados no painel (B), tem-se umidades relativas de 57% no sistema a 20 °C, 33% no sistema a 10 °C e 33% no sistema a 60 °C. Dessa forma, poder-se-ia acrescentar 7,5 torr de vapor no caso a 20 °C, 6,2 torr no caso a 10 °C e 99,5 torr no caso a 60 °C. Note que, portanto, apesar de a umidade relativa ser a mesma para os sistemas a 10 e a 60 °C, tanto a quantidade de vapor já presente quanto a que pode ser acrescentada é muito diferente nos dois casos. Note que, nos casos equivalentes representados no painel (A), a fase líquida não pode acrescentar mais vapor à fase gasosa. Contudo, nos casos apresentados no painel (B), a fase líquida perderá água por evaporação para a fase gasosa já que há um déficit de vapor em relação ao máximo possível para a dada temperatura. Isso explica por que o ar frio do inverno causa ressecamento da pele (pois a pele, a uns 34 °C, tem uma pressão de vapor muito superior à do ar que

---

24 Essa exceção é para evitarmos certas complicações que poderiam nos vir à mente com o sistema em ebulição.

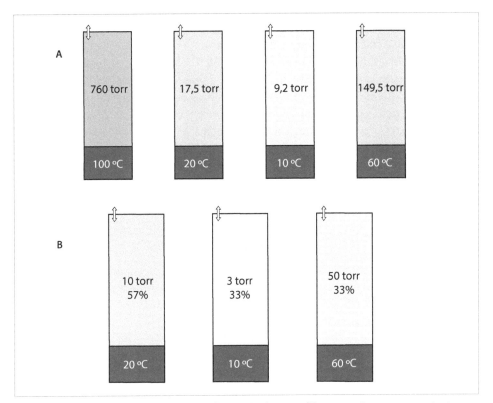

FIGURA 20 A: representação esquemática da pressão de vapor d'água para sistemas em quatro temperaturas diferentes. A fase líquida é representada em cinza, a fase gasosa em diferentes tonalidades relacionadas à quantidade de vapor presente para cada temperatura, e a pressão de vapor está indicada na fase gasosa. Para o caso de T = 100 °C, estamos considerando que a pressão barométrica é de 760 torr e, assim, a fase líquida entra em ebulição. B: mesmos sistemas do painel A (com exceção do sistema no qual houve ebulição), nos quais, agora, a quantidade de vapor presente é menor que a máxima prevista pela temperatura do sistema. Com isso, a pressão exercida pelo vapor é menor que a máxima para a dada temperatura. Assim, no exemplo ilustrado, o sistema a 20 °C está com 10 torr em vapor, quando o possível para essa temperatura é 17,5 torr. Portanto, a ocupação é de 57% do total possível. No exemplo, ainda, tanto a 10 quanto a 60 °C, a ocupação é de 33% do total possível para cada temperatura, mas, apesar de iguais porcentagens, a quantidade (pressão) de vapor é muito diversa nos dois casos. Essa porcentagem de ocupação da fase gasosa pelo vapor d'água é a chamada umidade relativa.

se encontra ao seu redor e pode, portanto, perder muita água por evaporação). Também explica a condensação que vemos se formar à nossa frente quando expiramos no frio: como o ar expirado está saturado de vapor a uma temperatura bem acima da do ambiente, quando esse gás encontra o ar frio a quantidade de água supera a pressão de vapor para a dada temperatura e há a passagem de vapor para a fase líquida, formando a "nuvenzinha" que vemos.

Fração de água na fase gasosa

Essa é uma grandeza que não deve ser confundida com a umidade relativa. Como ilustrado na Figura 20, uma parte do volume da fase gasosa é ocupada por vapor em função da temperatura e da umidade relativa. Assim, suponha que a pressão barométrica local seja de 700 torr, a temperatura ambiente seja de 30 °C e a umidade relativa seja de 70% (0,7). Qual a fração de vapor na fase gasosa?

Consultando a Tabela 2, obtém-se que a P_{vap} (30 °C) é de 31,8 torr. Como a umidade relativa dada acima é de 70%, isso significa que a pressão exercida pelo vapor é: P_{H2O} = 0,7 · 31,8 = 22,3 torr. Assim, dos 700 torr da pressão barométrica local, 22,3 torr são ocupados pelo vapor d'água, o que corresponde a uma fração de água de f_{H_2O} = (22,3/700) = 0,032, ou seja, a porcentagem de água é de 3,2% da fase gasosa. Note que esse valor, 3,2%, não é a umidade relativa nem a razão da pressão de vapor em relação à pressão barométrica.

Por outro lado, nesse exemplo, a fração de gás seca é de 0,968. Ou seja, os demais gases (ver Tabela 1) ocupam 96,8% do volume. A pressão barométrica seca, P_B^s, é de 700 · 0,968 = 677,6 torr. Note que "s" sobrescrito indica "fração seca".

Altitude

A pressão barométrica dada como padrão é a medida ao nível do mar[25] e corresponde a 1 atmosfera, ou 760 torr, ou 760 mmHg, ou 101.325 Pa. Como anteriormente mencionado, a composição do ar atmosférico é bastante conservada ao longo da troposfera (ver Tabela 1). Dessa maneira, há ao redor de 21% de oxigênio tanto ao nível do mar quanto no alto do Everest (8.848 metros de altitude) e o problema da ascensão a grandes altitudes não é, portanto, a questão da composição atmosférica. O problema reside na pressão ou, de uma outra perspectiva, na concentração dos gases. A pressão atmosférica mantém uma relação com a altitude em razão do campo gravitacional terrestre, com uma diminuição progressiva com a elevação. Há diversos fatores que concorrem na pressão barométrica em um dado local, como a elevação e a temperatura, e a seguinte equação descreve de uma maneira aproximada a relação da pressão barométrica com a altitude:

$$P_B(h) = P_0 \cdot e^{-\frac{h}{8.434}}$$

Sendo h a altitude em metros e P_0 a pressão ao nível do mar na unidade de interesse. Assim, por exemplo, em uma altitude de 3.500 metros, a pressão barométrica aproximada é de 502 torr ou de 66,9 kPa. A Figura 21 ilustra a relação obtida pela equação acima.

Conversão de volumes: BTPS ↔ STPD

É costume na área de respiração, por motivos históricos e metodológicos, expressar as quantidades em termos de "volumes". Observando a equação do gás ideal (equação 7) e tendo em mente a questão da presença de vapor d'água, percebe-se um problema. Suponha que se receba a informação de que o consumo de oxigênio é de 0,2 litro por minuto. Qual a quantidade de oxigênio consumida (ou seja, a quantidade de mols ou a massa de oxigênio consumida)? Rearranjando a equação 7, tem-se:

$$n = \frac{P \cdot V}{R \cdot T}$$

---

25 Essa padronização é histórica. Sabe-se, hoje, que a pressão ao nível do mar é bem mais variável que o considerado, inclusive pois o nível do mar pode variar na ordem de dezenas de metros nos oceanos.

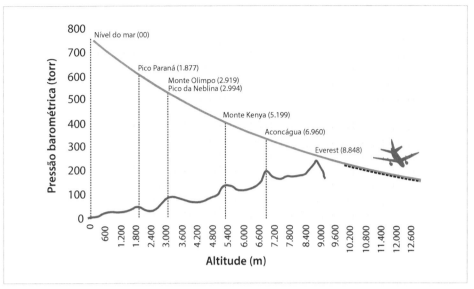

FIGURA 21 Gráfico da relação pressão barométrica aproximada *versus* altitude. No gráfico estão colocadas algumas elevações do Brasil e de alguns outros países, com as respectivas altitudes em metros entre parênteses. Na extremidade direita, a faixa habitual de voos comerciais está ressaltada (entre 10.000 e 12.800 metros).

O que parece dar a resposta desejada. Contudo, o volume de 0,2 litro foi medido em condições úmidas ou secas? A qual pressão? A qual temperatura? Se foi obtido a 37 °C (que é a temperatura alveolar) no alto de uma montanha (p. ex., com pressão barométrica de 550 torr) e seco, o número de mols será um certo valor. Por outro lado, se foi obtido ao nível do mar, 25 °C em umidade de 100%, o valor calculado de n será outro. Obviamente, o consumo de oxigênio, em termos de massa (ou número de mols) tem de ser o mesmo. Dessa maneira, é preciso indicar as condições de coleta do volume. Há duas padronizações para tal referência, BTPS e STPD, discutidas a seguir.

- BTPS (*body temperature, pressure saturated* – temperatura corpórea, pressão com saturação de vapor): a referência é a temperatura corpórea central de humanos, 37°C (310 K), pressão de referência de 1 atm (760 torr) com saturação de vapor d'água (47 torr – ver Tabela 2).
- STPD (*standard temperature pressure dry* – temperatura e pressão padrões, seca): a referência é a temperatura padrão de 0 °C (273 K), pressão de 1 atm (760 torr), seca.

Como já citado, em termos de quantidade (massa ou número de mols), os volumes relatados devem corresponder a um mesmo valor. Assim, tem-se:

$$n = \left(\frac{P \cdot V}{R \cdot T}\right)^{BTPS} = \left(\frac{P \cdot V}{R \cdot T}\right)^{STPD}$$

Donde:

$$\frac{(760 - 47) \cdot V^{BTPS}}{R \cdot 310} = \frac{760 \cdot V^{STPD}}{R \cdot 273}$$

$$V^{BTPS} = \frac{760}{713} \cdot \frac{310}{273} \cdot V^{STPD}$$

E, portanto, tem-se:

$$V^{BTPS} = 1,21 \cdot V^{STPD} \qquad\qquad \text{Equação 12a}$$

$$V^{STPD} = 0,826 \cdot V^{BTPS} \qquad\qquad \text{Equação 12b}$$

As equações 12 apresentam, assim, como transformar entre volumes BTPS e STPD.

Problemas ilustrativos

Vamos procurar, agora, colocar todos os princípios vistos na presente seção juntos em alguns problemas que nos auxiliarão a ter uma compreensão mais abrangente das questões envolvidas.

Problema 1. Qual a pressão parcial de oxigênio no nível do mar em uma atmosfera seca a 27 °C? Qual a pressão parcial de gás carbônico nessa mesma condição? Qual a pressão parcial do vapor d'água nessa condição?

Problema 2. Nas condições do problema 1, qual a concentração de oxigênio?

Problema 3. Resolva o problema 1 para uma condição de temperatura de 25 °C com umidade relativa de 68%. Qual a pressão parcial de nitrogênio?

Problema 4. Qual a concentração de oxigênio nas condições dadas no problema 3?

Problema 5. Resolva o problema 3 para uma altitude de 4.217 metros. Qual a concentração de oxigênio nessa condição?

Problema 6. Um avião comercial voando a uma altitude de 6.000 metros sofre uma descompressão de cabine. Suponha que a umidade relativa seja de 40% e a temperatura, de 20 °C na cabine. Qual a queda relativa na pressão parcial de oxigênio em relação à calculada no problema 3?

Problema 7. Resolva o problema 6 para uma altitude de 11.000 metros.

Problema 8. No caso dos alvéolos de um alpinista no alto do Monte Everest, qual a porcentagem da pressão barométrica local ocupada por vapor d'água para uma temperatura de 37 °C e umidade relativa de 100%?

Problema 9. Duas pessoas estão em atividade física. Uma tem um consumo de oxigênio de 750 mL STPD por minuto. A outra tem um consumo de oxigênio de 850 mL BTPS por minuto. Qual delas tem o maior consumo?

Soluções

1. Pela Tabela 1, a porcentagem de O_2 é de 20,94% no gás atmosférico seco. Assim, tem-se:

$$P^s_{B,O_2} = 760 \cdot 0,2094 \cong 159 \; torr$$

Note que a temperatura não importou para essa resposta, pois a pressão barométrica foi dada.

Para o gás carbônico, a Tabela 1 nos dá uma fração de 0,0004 (note que a tabela apresenta os valores em porcentagem). Assim:

$$P_{B,CO_2}^s = 760 \cdot 0,0004 \cong 0,3 \; torr$$

Para finalidades práticas, 0,3 torr é considerado zero.

A pressão parcial de vapor d'água nas condições do problema é, obviamente, zero, pois o ar é seco.

2. Considere a equação 11: $\dfrac{P_x}{R \cdot T} = \dfrac{n_x}{V} = c_x$. Para pressão em torr e volume em litros,

R = 62,3 torr L mol^{-1} K^{-1}. Dessa maneira, a concentração de oxigênio nas condições do problema 1 é de:

$$c_{O_2} = \frac{159}{62,3 \cdot 300} = 0,00852 \; M$$

Sendo 300 a temperatura em Kelvin dada no problema. Note que, agora, para o cálculo da concentração, diferentemente do cálculo da pressão parcial (problema 1), a temperatura importa. Note, ainda, que se obtém a concentração molar, dadas as unidades utilizadas. E deve-se ter **atenção para não confundir a simbologia da concentração de oxigênio, c_{O_2}, com a notação de gás carbônico, CO_2**.

3. Consultando a Tabela 2, encontramos as pressões de vapor para 20 °C (17,5 torr) e para 30 °C (31,8 torr). Utiliza-se, então, a equação aproximada para calcular a pressão de vapor a 25 °C, obtendo-se 23,7 torr. Como a umidade relativa é de 68%, então há 16 torr de água. A pressão seca (isto é, descontada a pressão exercida pelo vapor d'água) passa a ser, então, $P_B^s = 760 - 16 = 744$. Recalculando a pressão parcial de oxigênio:

$$P_{B,O_2}^s = 744 \cdot 0,2094 \cong 156 \; torr$$

Para o CO_2, não há diferença prática, pois a pressão parcial desse gás foi considerada zero. A pressão de água foi calculada acima, sendo 16 torr. A pressão parcial de nitrogênio é obtida de maneira similar à do oxigênio:

$$P_{B,N_2}^s = 744 \cdot 0,7808 \cong 581 \; torr$$

4. $c_{O_2} = \dfrac{156}{62,3 \cdot 298} = 0,00839 \; M$

5. No problema 3, obteve-se que a pressão de água é de 16 torr. A pressão barométrica aproximada a 4.217 metros é obtida pela equação apresentada, resultando em $P_B \cong 461$ torr e, consequentemente, a pressão seca é de 461 – 16 = 445 torr. Assim:

$$P_{B,O_2}^s = 445 \cdot 0,2094 \cong 93 \; torr$$

$$c_{O_2} = \frac{93}{62,3 \cdot 298} = 0,00502 \; M$$

Note que, em termos fracionais, a água ocupava 16/760 ≅ 2% no nível do mar e agora ocupa 16/461 = 3,5%, apesar de serem os mesmos 16 torr.

6. A 6.000 metros, a pressão barométrica calculada aproximada é de 373 torr. Pelos dados do problema, a pressão de água é de 7 torr (40% de 17,5 torr), o que resulta em uma pressão seca de 366 torr e $P_{B,O_2}^s = 366 \cdot 0,2094 \cong 77 \; torr$.

Em relação à pressão parcial de oxigênio calculada no problema 3, tem-se $\frac{77}{156} \cong 49\%$, ou seja, uma queda relativa para aproximadamente metade do valor nas condições dadas no problema 3.

7. A 11.000 metros, a pressão barométrica aproximada é de 206 torr. Assim, $P_{B,O_2}^s = (206 - 7) \cdot 0,2094 \cong 42 \; torr$, uma queda relativa de 73% em relação à P_{B,O_2}^s calculada no problema 3.

8. O Monte Everest tem 8.848 metros de altitude. Assim, pela equação dada, a pressão barométrica aproximada é de 266 torr. A 37 °C com umidade relativa de 100%, a pressão de água é de 47 torr (Tabela 2), e, portanto, a porcentagem da pressão barométrica ocupada por vapor d'água é de 18%. A pressão parcial de oxigênio é de $P_{B,O_2}^s = 219 \cdot 0,2094 \cong 46 \; torr$. Note, então, que nos alvéolos a pressão do vapor d'água é mais elevada que a pressão do oxigênio.

9. Não se deve confundir volume com quantidade de matéria. O consumo de oxigênio em quantidade de matéria calculado no caso do volume STPD é de:

$$n^{STPD} = \frac{0,75 \cdot 760}{62,3 \cdot 273} \cong 33,5 \; mmol/min$$

E, no caso BTPS,

$$n^{BTPS} = \frac{0,85 \cdot 713}{62,3 \cdot 310} \cong 31,3 \; mmol/min$$

Logo, o consumo maior é o da pessoa cujos dados foram apresentados em volume STPD, apesar de que, em termos volumétricos, o valor BTPS é maior.

Pressão parcial de um gás em uma fase líquida

O processo de transferência de matéria entre dois meios distintos, por exemplo, entre a fase gasosa aérea e uma fase líquida como a água, ou entre duas fases líquidas como água e óleo, se dá, em última instância, por difusão. Quando apresentamos e discutimos a difusão no capítulo "Difusão e potenciais" do volume 1 desta coleção, explicamos que a força movente do processo é a diferença de concentração de uma determinada substância entre os meios. Agora, vamos combinar os conceitos de capacitância com o da difusão para explicar por que se fala em pressão parcial de um gás em um líquido.

Comecemos por um experimento simples. Imagine uma sala fechada muito grande, sem nada dentro dela a não ser ar atmosférico à pressão do nível do mar (760 torr) a 20 °C, e um pequeno copo com água dentro da sala. A água contida no copo não contém nenhum gás dissolvido nela. Por simplicidade, vamos considerar a fase gasosa como composta por 79% de nitrogênio e 21% de oxigênio (vamos, também por simplificação, ignorar outros gases como CO_2, bem como a questão do vapor d'água). Suponhamos, ainda, que o volume de gás na sala seja de 300 m³ (ou seja, uma sala de 10 × 10 × 3 m) e que o volume de água no copo seja de 100 mL (10^{-4} m³). Portanto, em termos volumétricos, a sala é 3 milhões (3×10^6) de vezes maior que o copo. Em quantidade de matéria, os totais iniciais de oxigênio e nitrogênio no ar da sala são de 874 mols e 3.288 mols, respectivamente A Figura 22A ilustra o esquema da condição inicial do experimento.

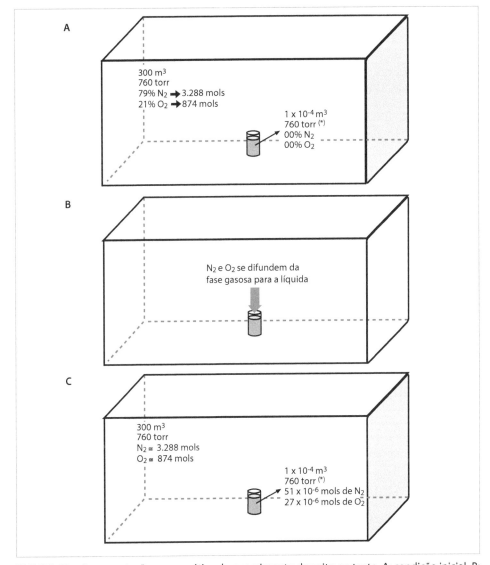

FIGURA 22 Representação esquemática do experimento descrito no texto. A: condição inicial. B: condição intermediária na qual oxigênio e nitrogênio da fase gasosa passam, por difusão, à fase líquida. C: condição final, na qual a passagem de moléculas de N_2 e O_2 da fase gasosa para a líquida se torna igual à passagem de moléculas de N_2 e O_2 para a fase gasosa.

Deixemos esse sistema (sala + copo) evoluir por um longo tempo[26] e vamos então verificar o que ocorreu em termos de gases dissolvidos na água. Veremos que, agora, como esperado, há oxigênio e nitrogênio dissolvidos na fase líquida: algo em torno de 27 μmol de O_2 e 51 μmol de N_2 estarão dissolvidos na água. Como o total inicial de oxigênio e nitrogênio no ar da sala era de 874 mols e 3.288 mols, respectivamente, então a quantidade dissolvida é irrisória diante do total inicial de cada um dos gases. Dessa maneira, podemos considerar que a quantidade desses gases não se alterou no ar da sala.

A partir da definição de capacitância, vamos escrever a concentração como função da pressão:

$$\frac{dc_x}{dP_x} = \beta_x$$

Sendo c a concentração, P a pressão e β a capacitância do meio para a substância x. Se a capacitância não se altera em função da pressão, temos, como usual, a equação simplificada:

$$\frac{\Delta c_x}{\Delta P_x} = \beta_x$$

Donde escrevemos a concentração como:

$$c_x = \beta_x \cdot P_x$$

Considerando a equação de difusão apresentada em "Difusão e potenciais" (volume 1 da coleção), vamos escrevê-la tendo a pressão parcial como a força movente do processo:

$$\dot{M}_{x,l} = \frac{A}{L} \cdot D_{x,l} \cdot \beta_{x,l} \cdot (P_{x,g} - P_{x,l})$$

Equação 13

Sendo A a área oferecida para haver a difusão, L a espessura da camada estacionária[27] entre os meios e D_x o coeficiente de difusividade da substância x, e utilizamos os subscritos l e g para indicar as fases líquida (água) e gasosa (ar).

Assim, pela equação acima, tem-se que, em termos macroscópicos, deixa de haver difusão da fase aérea para a fase líquida (ou vice-versa) quando as pressões parciais se igualam.

Vamos, agora, calcular a capacitância de uma fase gasosa ideal para um gás nessa fase. Como, para um gás ideal, $P \cdot V = n \cdot R \cdot T$ (equação 7), tem-se:

$$\frac{n}{V} = c = P \cdot \frac{1}{R \cdot T}$$

Ou seja, a capacitância β_g de uma fase gasosa para um gás é dada por:

$$\beta_g = \frac{1}{R \cdot T}$$

---

26 Um "longo tempo" está relacionado a "grandes distâncias", como apresentamos em "Difusão e potenciais" no volume 1 da coleção.

27 Ver "Difusão e potenciais", volume 1 da coleção.

Na equação 13, a pressão $P_{x,g}$ é a pressão parcial na fase gasosa e, pela equação do gás ideal, vamos colocá-la como:

$$P_{x,g} = \frac{n_{x,g}}{V_g} \cdot R \cdot T = c_{x,g} \cdot R \cdot T$$

Sendo $n_{x,g}$ o número de mols do gás x na fase gasosa e V_g o volume da fase gasosa (no exemplo em questão, o volume da sala). Como $c = n/V$, vamos inserir a capacitância da fase líquida para dentro do termo entre parênteses na equação 13 e retorná-la ao modo como encontramos a equação no capítulo sobre "Difusão e potenciais" do volume 1 desta coleção, isto é, em função das concentrações:

$$\dot{M}_{x,l} = \frac{A}{L} \cdot D_{x,l} \cdot (c_{x,g} \cdot R \cdot T \cdot \beta_{x,l} - c_{x,l}) \qquad \text{Equação 14}$$

Note que o termo $R \cdot T$ é o inverso da capacitância da fase gasosa, $\beta_g = \frac{1}{R \cdot T}$, apresentada pouco antes. Portanto, a condição para deixar de haver fluxo difusivo macroscópico é:

$$c_{x,l} = c_{x,g} \cdot R \cdot T \cdot \beta_{x,l} = c_{x,g} \cdot \frac{\beta_{x,l}}{\beta_{x,g}} \qquad \text{Equação 15}$$

Dessa forma, enquanto em termos de pressões parciais existe uma igualdade entre as fases quando ocorre o equilíbrio, em termos de concentrações há uma ponderação dada pela razão entre as capacitâncias dos meios.

No exemplo da sala com o copo de água, sabendo-se que a capacitância da água a 20 °C para o oxigênio é de 1,69 µmol L^{-1} torr^{-1} e para o nitrogênio é de 0,85 µmol L^{-1} torr^{-1}, e que na fase gasosa é de 1/(R · T) = 54,8 µmol L^{-1} torr^{-1}, a concentração de oxigênio na fase líquida é de 0,031 ($\cong$ 3%) da concentração da fase gasosa, e a concentração de nitrogênio na fase líquida é de 0,016 ($\cong$ 1,6%) da concentração da fase gasosa.

No caso de gases, é muito mais simples medir a pressão na fase gasosa do que a concentração na fase líquida. Dessa forma, o uso da equação 13 leva a uma enorme facilidade de análise tanto do ponto de vista quanto teórico.

Assim, faz-se referência à pressão parcial de um gás em uma fase líquida considerando que esse *seria* o valor correspondente de pressão parcial do gás em uma fase gasosa em equilíbrio com líquido.

Gás alveolar

Com o ferramental básico dado na seção anterior, estamos em condições de abordar o problema da composição do gás alveolar. Como já ressaltado, é a composição do gás alveolar que dita as trocas entre o meio gasoso externo e o meio líquido (o sangue) interno.

Variação aproximada de volume e raio alveolares em eupneia

Este tópico não é usualmente colocado como parte do estudo básico do sistema respiratório, mas está aqui incluído pois é bastante ilustrativo de algumas relações de volume que serão importantes mais adiante.

Considere um ser humano adulto médio. A capacidade pulmonar total é de, aproximadamente, 6 litros. Desses 6 litros, ao redor de 3,6 (60%) compõem a capacidade residual funcional (CRF, ver Figura 7). Os ciclos comuns de inspiração/expiração partem da CRF e, portanto, com os pulmões já contendo ao redor de 3,6 litros de gás. Um ciclo inspiração/expiração é composto pelo volume corrente (V_C), que, em condições de repouso, tem ao redor de 0,5 litro. *Grosso modo*, são, então, acrescidos 0,5 litro nos 3,6 já presentes, ou seja, aproximadamente 1/7 do volume é acrescido. Assim, a variação de volume alveolar (média) é de $1/7 \cong 0,14$. Em outras palavras, a variação média de volume alveolar é de 14%.

Tomando um alvéolo como sendo aproximado por uma esfera, se considerarmos o volume inicial como:

$$V_{inicial} = \frac{4}{3} \cdot \pi \cdot r_{inicial}^3$$

Então o volume final será $V_{final} = 1,14 \cdot V_{inicial}$. O raio final é o raio inicial multiplicado por um certo fator $\varphi > 1$: $r_{final} = \varphi \cdot r_{inicial}$. Como:

$$V_{final} = 1,14 \cdot V_{inicial} = \frac{4}{3} \cdot \pi \cdot (\phi \cdot r_{inicial})^3$$

Tem-se que:

$$\phi = \sqrt[3]{1,14} \cong 1,05$$

Ou seja, a variação aproximada do raio alveolar em um ciclo comum é de 5%. A Figura 23 ilustra o que seria a projeção bidimensional de um alvéolo com o raio expiratório (inicial) e o raio inspiratório (final) 5% maior que o inicial. Note como a mudança é praticamente imperceptível.

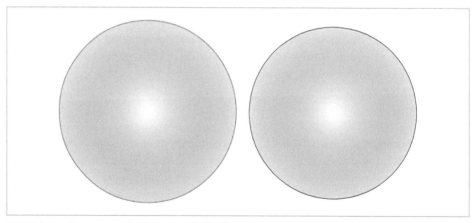

FIGURA 23 Representação de uma variação de 5% no raio de um círculo. O círculo do lado da mão esquerda é o de raio maior.

Composição do gás alveolar – cálculo aproximado

Nesta seção, faremos um cálculo aproximado da composição do gás alveolar. Mais adiante, este cálculo será mais bem detalhado e acurado. O objetivo do presente cálculo é oferecer um ferramental de estimativa rápida e, mais ainda, mostrar os diversos fatores que devem ser levados em conta quando se considera a composição do gás que se encontra em um alvéolo. O cálculo volumétrico será acompanhado pelo cálculo em quantidade de matéria (mols), de modo a não haver dubiedade em relação às condições STPD ou BTPS.

Como apresentado anteriormente (ver Figura 7), o volume de ar inspirado/expirado em um ciclo é o volume corrente (V_C). Como também visto, a variação de volume alveolar em eupneia é ao redor de 14%. A pergunta é: qual gás o alvéolo recebe?

A resposta ingênua seria que os alvéolos recebem o ar atmosférico inspirado. Contudo, as vias aéreas condutoras têm um volume de gás já contido nelas, gás esse que veio dos alvéolos na expiração anterior. Assim, o gás que adentrará os alvéolos é, inicialmente, o próprio gás alveolar que foi transferido para as vias de condução no ciclo precedente, e não o ar atmosférico que está sendo inspirado. Somente depois que o volume de gás nas vias condutoras tiver adentrado os alvéolos é que o ar atmosférico começará a chegar e, efetivamente, renovará o gás alveolar. A Figura 24 ilustra esse processo.

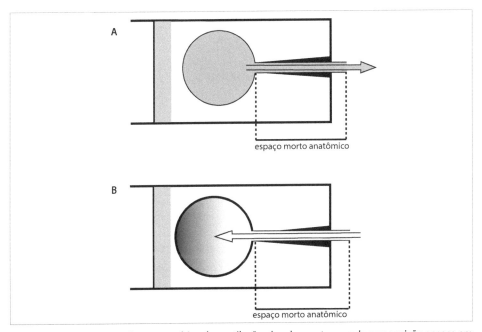

FIGURA 24 Representação esquemática da ventilação alveolar em termos da composição gasosa em decorrência do espaço morto anatômico. Na expiração (painel A), o gás alveolar ocupa o volume do espaço morto anatômico. Na inspiração (painel B), uma parte do volume que adentra os alvéolos é o próprio gás que está no espaço morto anatômico da expiração anterior.

O volume das vias de condução é denominado espaço morto anatômico. Em um ser humano adulto saudável médio, o espaço morto anatômico é algo ao redor de 150 mL. Dessa maneira, do volume corrente, o que efetivamente chega para renovação é o chamado volume de ventilação alveolar, V_A (que também pode ser dado como fluxo, $\dot{V}_A$), de modo que:

$$V_A = V_c - V_\#$$

Equação 16

Sendo $V_\#$ o volume do espaço morto anatômico. Note o problema que ocorre quando se aumenta o espaço morto anatômico, por exemplo, no caso de crianças brincando de respirar com a boca/nariz em tubos. A ventilação alveolar, tendo o espaço morto anatômico aumentado, se torna menor, independentemente da frequência ventilatória. Isso porque aumentar a frequência ventilatória não altera o resultado da equação 16. Assim, ventilar os pulmões quando há aumento do espaço morto anatômico implica aumentar o volume corrente de modo a compensar o aumento de $V_\#$.

Considere um ser humano adulto com uma taxa metabólica de 100 watts[28], o que corresponde a, aproximadamente, um consumo de 300 mL de oxigênio (STPD), ou 13,4 mmols por minuto. Considere, também, que o volume corrente seja de 600 mL, o espaço morto de 150 mL e a frequência ventilatória de 12 ciclos por minuto. Assim, temos, por minuto, uma ventilação alveolar STPD de:

$$\dot{V}_A = 12 \cdot (600 - 150) = 5.400 \; mL/min$$

O gás alveolar está saturado com vapor d'água na temperatura de 37 °C. Assim, se o indivíduo está no nível do mar, com $P_B = 760$ torr, a fração seca é de 93,8% [(760-47)/760] e a ventilação alveolar seca é de:

$$\dot{V}_A^s = 0,938 \cdot 5.400 = 5.066 \; mL/min$$

Desses 5.066 mL, há, para finalidades práticas, 0% de CO_2 (ver Tabela 1) e 20,94% de O_2, ou seja, 1.061 mL de oxigênio (39,1 mmol). Desses, 300 mL de O_2 foram consumidos (ou 13,4 mmol). Vamos considerar que o quociente respiratório, QR, seja 1 (ou seja, para cada mol de O_2 consumido há a produção de 1 mol de CO_2; ver o capítulo "Energética" do volume 3 desta obra). Portanto, 300 mL (13,4 mmol) de gás carbônico foram adicionados ao volume de ventilação. Assim, a fração de oxigênio e a fração de gás carbônico no gás alveolar são de, aproximadamente,

$$f_{A,O_2} = \frac{1.061 - 300}{5.400} \cong 0,141$$

$$f_{A,CO_2} = \frac{1 \cdot 300}{5.400} \cong 0,0556$$

---

28 Como apresentado no capítulo sobre "Energética" do volume 3 desta obra, a taxa metabólica basal de um ser humano adulto saudável se encontra entre 80 watts e 100 watts (240 a 300 mL O_2 STPD min^{-1}). Assim, utilizaremos, aqui, valores nessa faixa para desenvolver exemplos e problemas numéricos.

Ou seja, o gás alveolar deve conter, aproximadamente, 14% de oxigênio e 5% de gás carbônico; o "1" que surge multiplicando os 300 mL na fração de CO_2 corresponde ao quociente respiratório (que foi dado como 1). Em uma pressão barométrica de 760 torr, essas frações correspondem a 107 torr (O_2) e 40 torr (CO_2).

Apesar de aproximados, esses cálculos são suficientemente próximos dos dados obtidos experimentalmente. Note, então, que no gás seco atmosférico a 760 torr, a pressão parcial de oxigênio é de 159 torr (ver problema 1), mas, nos alvéolos, a pressão parcial de O_2 é ao redor de 107 torr. Portanto, a força motriz para a transferência de oxigênio é, aproximadamente, 32% menor do que se teria diretamente a partir da atmosfera seca. Isso ocorre por três fatores: diluição pelo vapor d'água; diluição pela adição de gás carbônico; o próprio consumo de oxigênio.

Podemos, então, perguntar o que ocorre na ascensão a grandes altitudes. Como exemplo, vamos considerar a altitude do pico do Aconcágua, 6.962 metros, o que corresponde a 333 torr de pressão barométrica e 70 torr de pressão parcial de oxigênio seca. A ventilação alveolar calculada foi de 5,4 L por minuto, STPD. Se mantidos os valores, tem-se

$$\dot{V}_A = 12 \cdot (600 - 150) = 5.400 \; mL/min$$

Contudo, em termos de quantidade de matéria, tem-se $\dot{n}_A = 87$ mmol/min, ou seja, uma redução enorme na quantidade sendo ventilada (calculando-se o valor de $\dot{n}_A$ para a condição anterior, encontram-se 199 mmol/min). A fração seca cai para 86% [(333 − 47)/333] e, consequentemente,

$$\dot{n}_A^s = 0,86 \cdot 87 = 75 \; mmol/min$$

Isso corresponde a 15,7 mmol de oxigênio sendo trazidos aos alvéolos por minuto. Desses, consomem-se 13,4 mmol e, assim,

$$f_{A,O_2} = \frac{15,7 - 13,4}{75} \cong 0,03$$

Ou seja, a fração de oxigênio no gás alveolar passa a ser de, aproximadamente, 3% e, na pressão barométrica local de 333 torr, esse valor resulta em uma pressão parcial de oxigênio no gás alveolar de 10 torr! Esse valor não consegue suprir as trocas necessárias para as demandas do organismo. Diferentemente da questão do espaço morto anatômico, porém, nesse caso percebe-se que o aumento da frequência ventilatória aumentará a quantidade de oxigênio trazido aos alvéolos[29] e, consequentemente, aumentará a P_{A,O_2}. Por esse motivo, a reposta primária respiratória na ascensão a grandes altitudes é o aumento da frequência ventilatória (taquipneia) sobreposto ao aumento do volume

---

29 No exemplo dado, assim como para outras escaladas em grandes altitudes, existe a necessidade de oxigênio suplementar.

corrente. É também por esse motivo que caem máscaras de oxigênio quando cabines de aeronaves são acidentalmente despressurizadas durante o voo.

A discussão acerca de ajustes de variáveis orgânicas como resposta a grandes altitudes vai além dos objetivos do presente texto, e o problema acima elaborado teve apenas a intenção de servir como exemplo dos impactos da pressão barométrica no gás alveolar. O impacto da ascensão aguda a grandes altitudes no controle ventilatório é apresentado em uma seção mais adiante.

Considere, novamente, o primeiro caso apresentado nesta seção, mas com o ar contendo 1% de CO_2, com a fração de oxigênio mantida em 20,94% (ou seja, vamos considerar que o nitrogênio teve sua fração diminuída). Vamos, então, examinar como fica a composição aproximada do gás alveolar. Do ponto de vista do oxigênio nada se altera, pois, como já exposto, o CO_2 ocupou parte do volume antes ocupado por N_2. Dessa maneira, $f_{A,O_2} \cong 0,141$. Por outro lado, tem-se a adição de 13,4 mmol/minuto (ou 300 mL/minuto) de CO_2, produto do metabolismo aeróbio, no gás alveolar. Assim,

$$f_{A,CO_2} = \frac{50,66 + 1 \cdot 300}{5.400} \cong 0,0649$$

Sendo os 50,66 mL correspondentes a 1% de 5.066 mL de ventilação seca. Obviamente, houve, então, a elevação da P_{A,CO_2} em 1% em relação ao valor anteriormente calculado ($\cong 5,5\%$). Nas condições dadas, isso representa uma pressão parcial de gás carbônico no gás alveolar ao redor de 50 torr. Essa pressão é mais elevada que a pressão parcial de CO_2 no sangue venoso misto (a ser discutido mais adiante) em condições comuns. Dessa maneira, se não houver nenhuma alteração na ventilação da pessoa,[30] ela passará a ter uma pressão parcial de gás carbônico no sangue mais elevada que em condições normais.

Problema 10. Uma pessoa tem uma taxa metabólica (aeróbia) de 100 watts, com volume corrente de 600 mL BTPS, espaço morto anatômico de 120 mL e frequência ventilatória de 10 inspirações por minuto (ipm). Em uma brincadeira, a pessoa coloca um tubo de 180 mL à frente de seu nariz e boca, ventilando através desse tubo.

a) Qual a composição aproximada do gás alveolar nas condições comuns?

b) Qual a composição do gás alveolar quando ela passa a ventilar através do tubo? Considere a pressão barométrica local sendo 760 torr e o quociente respiratório de 0,8.

Solução:

a) A ventilação alveolar é:

$$\dot{V}_A = 10 \cdot (600 - 120) = 4.800 \; mL/min$$

$$\dot{n}_A = 10 \cdot (22,1 - 4,4) = 177 \; mmol/min$$

E a ventilação alveolar seca é de:

$$\dot{V}_A^s = 0,938 \cdot 4.800 = 4.502 \; mL/min$$

$$\dot{n}_A^s = 0,938 \cdot 177 = 166 \; mmol/min$$

---

30 O controle/regulação da ventilação é discutido em seção posterior.

Dos 4.502 mL, 943 mL são oxigênio. Assim:

$$f_{A,O_2} = \frac{943 - 300}{4.800} \cong 0,134$$

$$f_{A,CO_2} = \frac{0,8 \cdot 300}{4.800} = 0,05$$

Portanto, $P_{A,O_2} \cong 102$ torr e $P_{A,CO_2} \cong 38$ torr.

b) Quando o tubo de 180 mL é colocado à frente do nariz/boca, tem-se:

$$\dot{V}_A = 10 \cdot \big(600 - (180 + 120)\big) = 3.000 \; mL/min$$

$$\dot{V}_A^s = 0,938 \cdot 3.000 = 2.814 \; mL/min$$

$$f_{A,O_2} = \frac{589 - 300}{3.000} \cong 0,096$$

$$f_{A,CO_2} = \frac{0,8 \cdot 300}{3.000} = 0,08$$

Portanto, $P_{A,O_2} \cong 73$ torr e $P_{A,CO_2} \cong 61$ torr.

Note que, em termos percentuais, houve uma queda de 28% na P_{A,O_2} e, ao mesmo tempo, houve elevação de 60% na P_{A,CO_2} em relação aos valores que a pessoa mantinha sem a colocação do tubo. Assim, apesar de uma queda importante na P_{A,O_2}, o impacto maior se deu sobre a P_{A,CO_2}. Como será visto mais adiante, isso traz consequências sérias ao equilíbrio acidobásico do indivíduo.

Trabalhamos esses exemplos passo a passo, identificando, a cada etapa, o que se estava computando. Colocamos, agora, as equações para as frações de oxigênio e de gás carbônico no gás alveolar de maneira compacta:

$$f_{A,O_2} = \frac{0,2094 \cdot \left(\frac{P_B - 47}{P_B}\right) \cdot f_r \cdot (V_C - V_\#) - \dot{V}_{O_2}}{f_r \cdot (V_C - V_\#)} \qquad \text{Equação 17a}$$

$$f_{A,CO_2} = \frac{QR \cdot \dot{V}_{O_2}}{f_r \cdot (V_C - V_\#)} \qquad \text{Equação 17b}$$

Em termos de pressão parcial no gás alveolar, tem-se:

$$P_{A,O_2} = P_B \cdot f_{A,O_2} \qquad \text{Equação 17c}$$

$$P_{A,CO_2} = P_B \cdot f_{A,CO_2} \qquad \text{Equação 17d}$$

Note que, nas equações 17a-b, o cuidado necessário é manter as mesmas unidades para o consumo de oxigênio e os termos de volume e frequência respiratória: se o consumo é, por exemplo, em mols de O_2 por hora, a frequência respiratória deve ser em ciclos por hora e os valores de V_C e $V_\#$, transformados em mols. A pressão barométrica é em torr. Note, ainda, que esses cálculos são aproximados, sendo úteis como abordagens rápidas. Para estimativas mais acuradas da composição do gás alveolar, devem-se utilizar as equações apresentadas no Box 1 – Equação do gás alveolar ideal.

Box 1 – Equação do gás alveolar ideal

A abordagem é feita em termos de valores RMS,[31] ou seja, como se o sistema não operasse em ciclos, mas, sim, de maneira contínua (ver "Circulação"). O resultado a ser obtido é conhecido como o **alvéolo ideal**, pois não há impedimentos para as trocas, e o gás se encontra homogênea e instantaneamente misturado no interior do compartimento (alvéolo).

A figura a seguir ilustra um alvéolo contendo gás em uma quantidade total N_A desconhecida e que, como se verá, não é importante (ou seja, o volume alveolar não é relevante para a solução a ser obtida). Há duas entradas, indicadas por "+" sobrescrito: o fluxo de entrada $\dot{n}_A^+$, que corresponde à ventilação que chega ao alvéolo, e a produção de gás carbônico $\dot{n}_{CO_2}^+$. Há duas saídas, indicadas por "–" sobrescrito: o fluxo de saída $\dot{n}_A^-$, que corresponde à ventilação que deixa o alvéolo, e o consumo de oxigênio $\dot{n}_{O_2}^-$.

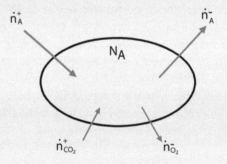

Uma vez que N_A é considerado um valor fixo (em termos de RMS, ou seja, a quantidade de matéria dentro do alvéolo é fixa), então, por conservação de massa, a soma das entradas e saídas deve se anular:

$$\dot{n}_A^+ - \dot{n}_A^- + \dot{n}_{CO_2}^+ - \dot{n}_{O_2}^- = 0$$

A produção de gás carbônico se relaciona ao consumo de oxigênio por meio do quociente respiratório:

$$\dot{n}_{CO_2}^+ = QR \cdot \dot{n}_{O_2}^-$$

---

31 RMS: *root mean squared* – raiz média quadrática. Os valores RMS são aqueles que em um sistema operando ciclicamente seriam obtidos caso o sistema operasse de forma contínua.

Assim, o volume expirado (em mols) é dado por:

$$\dot{n}_A^- = \dot{n}_A^+ - \dot{n}_{O_2}^- \cdot (1 - QR)$$

O próximo conceito a se ter em mente é que a composição do gás de saída é a mesma da que está no compartimento (alvéolo), pois a saída funciona como se fosse uma amostra desse gás (o qual, como idealizado, é homogêneo dentro do compartimento). Dessa maneira, no volume (em mols) que deixa o compartimento, existem as seguintes igualdades:

$$f_{A,O_2} = \frac{f_{i,O_2} \cdot \dot{n}_A^+ - \dot{n}_{O_2}^-}{\dot{n}_A^-} = \frac{f_{i,O_2} \cdot \dot{n}_A^+ - \dot{n}_{O_2}^-}{\dot{n}_A^+ - \dot{n}_{O_2}^- \cdot (1 - QR)}$$

$$f_{A,CO_2} = \frac{f_{i,CO_2} \cdot \dot{n}_A^+ + \dot{n}_{CO_2}^+}{\dot{n}_A^-} = \frac{f_{i,CO_2} \cdot \dot{n}_A^+ + QR \cdot \dot{n}_{O_2}^-}{\dot{n}_A^+ - \dot{n}_{O_2}^- \cdot (1 - QR)}$$

Sendo $f_{i,x}$ a fração do gás x no ar inspirado.

Se a fração de CO_2 no ar inspirado é próxima a zero e a fração de O_2 é 20,94%, então:

$$f_{A,O_2} = \frac{0,2094 \cdot \dot{n}_A^+ - \dot{n}_{O_2}^-}{\dot{n}_A^+ - \dot{n}_{O_2}^- \cdot (1 - QR)}$$

$$f_{A,CO_2} = \frac{QR \cdot \dot{n}_{O_2}^-}{\dot{n}_A^+ - \dot{n}_{O_2}^- \cdot (1 - QR)}$$

Note que o fluxo de entrada foi colocado como fluxo seco. Portanto, para o cálculo das pressões parciais, deve-se descontar o vapor d'água:

$$P_{A,O_2} = \left(P_B - P_{vap}\right) \cdot f_{A,O_2}$$

$$P_{A,CO_2} = \left(P_B - P_{vap}\right) \cdot f_{A,CO_2}$$

Essas quatro últimas equações (frações e pressões de O_2 e de CO_2) correspondem às equações do gás alveolar ideal.

A título de exemplo, a tabela a seguir compara os resultados obtidos pelo cálculo aproximado apresentado anteriormente e o cálculo mais acurado por meio das equações do alvéolo ideal. Note que, em certas situações, o erro pode chegar a mais de 4 torr para a P_{A,O_2}. Por outro lado, para QR $\cong$ 1 e/ou pressões barométricas baixas e/ou aumento da ventilação, esse erro tende a ser menor. É interessante, como exercício, que se tente explicar a causa das discrepâncias nos valores computados tanto para a P_{A,O_2} quanto para a P_{A,CO_2} pelos diferentes métodos nas diferentes condições apresentadas na tabela.

			Alvéolo ideal		Aproximado		Δ ideal – aproximado	
P_B	$\dot{V}_A$	QR	P_{A,O_2}	P_{A,CO_2}	P_{A,O_2}	P_{A,CO_2}	P_{A,O_2}	P_{A,CO_2}
760	5,4	1	109,7	39,6	107,1	42,2	2,6	−2,6
760	5,4	0,7	111,6	28,2	107,1	29,6	4,5	−1,4
520	5,4	1	72,8	26,3	70,2	28,9	2,6	−2,6
520	5,4	0,7	74,0	18,7	70,2	20,2	3,8	−1,5
520	8	1	81,3	17,7	79,5	19,5	1,8	−1,8
520	8	0,7	82,2	12,6	79,5	13,7	2,7	−1,1
333	5,4	1	44,0	15,9	41,4	18,5	2,6	−2,6
333	5,4	0,7	44,7	11,3	41,4	13,0	3,4	−1,6
333	8	1	49,2	10,7	47,4	12,5	1,8	−1,8
333	8	0,7	49,7	7,6	47,4	8,7	2,3	−1,1

$\dot{V}_{O_2}$ = 0,3 litro por minuto STPD. Pressões em torr, volumes em litros por minuto STPD.

Revisitando altitude

Como foi mencionado anteriormente, não faz parte dos objetivos do presente texto o estudo de ajustes e de adaptações à vida em grandes altitudes. Contudo, é instrutivo aplicarmos a equação do gás alveolar (17), combinada com a de pressão barométrica em função da altitude, para ilustrarmos certas consequências das ascensões agudas. O termo $f_r \cdot (V_c - V_{\#})$ é a ventilação alveolar em volume ou em quantidade de matéria (V_A, equação 16), dependendo das unidades utilizadas. Considere que o indivíduo mantenha seu consumo de oxigênio fixo (no exemplo trabalhado, 300 mL por minuto).

Se a ventilação alveolar for mantida fixa (no exemplo, 5.400 mL por minuto), qual será a P_{A,O_2} em diferentes altitudes? Esse problema é resolvido colocando-se a pressão barométrica P_B como função da altitude e inserindo essa função nas equações 17a e 17c. A Figura 25A ilustra o que ocorreria com a P_{A,O_2} nessas condições. Note que a P_{A,O_2} atinge o valor de 40 torr por volta de 7.200 metros de altitude. Como essa pressão parcial corresponde à pressão parcial de O_2 aproximada no sangue venoso misto (a ser estudado mais adiante), nas condições dadas ao nível do mar (altitude zero), então não haveria mais possibilidade de obter oxigênio a partir dessa altitude sem a adição de oxigênio suplementar. Contudo, a situação é mais complicada.

Considere que se deseje manter a mesma quantidade de matéria sendo ventilada. No exemplo trabalhado, isso correspondia a 199 mmol por minuto. Refazendo-se, então, os cálculos para que se mantenha o fluxo de matéria ventilada fixo, obtém-se o gráfico ilustrado na Figura 25B, linha cinza escuro. Note que, a 7.200 metros, dever-se-ia ter uma ventilação de um pouco mais que o dobro da ventilação ao nível do mar para manter o fluxo de matéria; e no topo do Everest, uma ventilação ao redor do triplo da ventilação ao nível do mar.

Porém, **o fluxo de matéria não garante a taxa de troca**. Como veremos logo adiante, a taxa de troca de matéria está condicionada à diferença de pressão parcial (ou concentração), e não à quantidade de matéria colocada em contato com a superfície de troca. A diferença entre esses dois fatores pode parecer nebulosa em um primeiro instante, mas explica-se da seguinte maneira: se há pouco gás em um dado volume (portanto, baixa concentração), a pressão é baixa, e a força movente máxima para trocas (ver abaixo) é pequena. Ficar trocando o volume (com a mesma quantidade de matéria) mais rapidamente (ou seja, aumentar a ventilação) não altera a força movente máxima, apenas faz com que a força permaneça mais próxima da máxima durante mais tempo. Mas, se a força máxima é insuficiente para as necessidades de trocas, essa renovação de matéria não tem como suprir a demanda. Este tópico ficará claro mais adiante.

Assim, vamos calcular qual deveria ser a ventilação alveolar para manter a pressão parcial de oxigênio nos alvéolos igual à que ocorre ao nível do mar. Combinando as equações como proposto mais acima, temos:

$$V_A(h) = \frac{P_B(h) \cdot \dot{V}_{O_2}}{0{,}2094 \cdot (P_B(h) - 47) - P_{A,O_2}(0)}$$

Sendo $P_{A,O_2}(0)$ a pressão parcial alveolar de oxigênio no nível do mar (h = 0). Utilizando os valores do exemplo trabalhado anteriormente, foram calculados os valores apresentados na Figura 25B, linha cinza claro. Note que a ventilação alveolar necessária para manter a P_{A,O_2} fixa cresce muito acentuadamente. Por exemplo, os valores calculados anteriormente para 7.200 metros são atingidos por volta de 1.600 metros. A 2.000 metros, a ventilação deveria ser 10 vezes maior que a ventilação ao nível do mar e, a partir de 2.606 metros, é impossível manter a P_{A,O_2} no valor de 107 torr. Ou seja, a pressão alveolar de oxigênio cairá inevitavelmente com a ascensão às altitudes, mesmo que o indivíduo ventile, em repouso, o tanto que ventilaria em exercício máximo. Isso nos dá uma ideia das dificuldades enfrentadas por alpinistas em grandes altitudes, bem como os ajustes e as adaptações necessárias para viver em tais altitudes, seja por seres humanos, seja por outros animais.

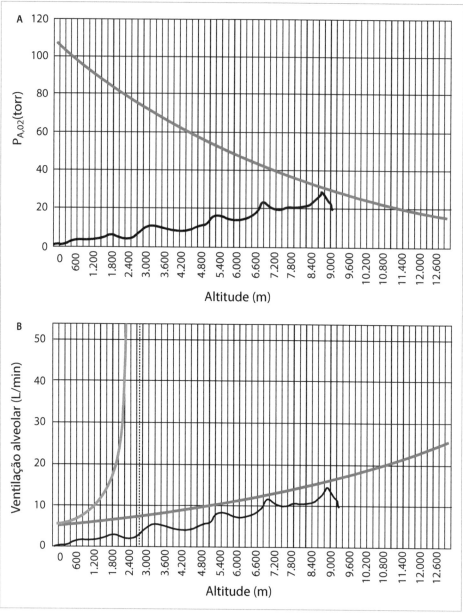

FIGURA 25 Efeitos da altitude sobre pressão parcial de oxigênio no gás alveolar (A) e ventilação alveolar (B), ambos para o exemplo desenvolvido no texto. Em (B), a linha cinza escuro representa a ventilação alveolar para manter o fluxo de matéria N_A fixo no valor ao nível do mar; a linha cinza claro representa a ventilação necessária para manter a P_{A,O_2} fixa no valor ao nível do mar. A linha tracejada indica a altitude na qual seria necessária uma ventilação infinita para conseguir manter a P_{A,O_2} fixa. Note que, na prática, a manutenção da P_{A,O_2} fixa é impossível já em altitudes bem menores pois a ventilação necessária superaria a ventilação máxima possível pelo sistema respiratório.

Terminologia/glossário

Uma vez que conceitos da mecânica ventilatória e da composição gasosa foram vistos, podemos definir uma série de termos relativos ao sistema respiratório.

Volumes[1]	
Volume corrente (V_C)	Volume inspirado a cada ciclo em uma dada condição do sujeito
Volume alveolar	Volume de gás nos alvéolos
Espaço morto anatômico ($V_\#$)	Volume das vias aéreas condutoras
Ventilação	
Ventilação pulmonar	Frequência respiratória vezes volume corrente: $f_r \cdot V_C$
Ventilação alveolar	Volume corrente menos espaço morto anatômico: $V_C - V_\#$
Eupneia	Ventilação pulmonar adequada à demanda metabólica – geralmente utiliza-se este termo para fazer referência à "condição de repouso"
Bradipneia	Frequência respiratória diminuída
Taquipneia	Frequência respiratória aumentada
Hipopneia	Diminuição da ventilação pulmonar[2]
Hiperpneia	Aumento da ventilação pulmonar[2]
Qualidade do gás inspirado	
▪ Oxigênio	
Normóxia	Quantidade de oxigênio adequada para suprir as demandas metabólicas mantendo a pressão parcial de O_2 dentro de uma faixa adequada para a saturação da hemoglobina[3]
Hipóxia pulmonar	Diminuição da quantidade de oxigênio ofertada para trocas entre o gás alveolar e o sangue – há, basicamente, dois tipos de hipóxia pulmonar (abaixo)[4]
Hipobárica	Decorrente da queda da pressão barométrica
Normobárica	Decorrente da queda da fração de oxigênio no gás inspirado
Anóxia	Ausência de oxigênio no gás inspirado
▪ Gás carbônico	
Normocapnia[5]	Fração de CO_2 inspirada $\cong 0$
Hipocapnia[6]	Pressão parcial de CO_2 no sangue abaixo dos valores esperados para a taxa metabólica
Hipercapnia	Fração inspirada de $CO_2 > 0$

[1] Os volumes estáticos foram descritos na seção correspondente e não serão colocados na presente listagem.
[2] Diminuição/aumento da ventilação pulmonar podem ocorrer por aumento da frequência ventilatória e/ou aumento do volume corrente.
[3] A saturação da hemoglobina será estudada mais adiante.
[4] Não deve ser confundida com hipóxia arterial e hipóxia tecidual. A primeira diz respeito à diminuição da quantidade de oxigênio no sangue arterial, assunto a ser abordado mais adiante. A segunda diz respeito à insuficiência de oxigênio para as necessidades teciduais. A hipóxia pulmonar pode, é claro, ser causa de hipóxia arterial e de hipóxia tecidual, mas não necessariamente o é.
[5] O sufixo "capnia", do grego *kapnos*, significa fumaça, que estaria relacionada à emissão de gás carbônico. Do mesmo modo que a classificação de hipóxia, as classificações quanto ao CO_2 podem dizer respeito ao sangue e tecidos ou ao gás inspirado.
[6] Note que a hipocapnia somente pode ser um fenômeno do sangue e tecidos, pois a pressão parcial de CO_2 na atmosfera já é próxima de zero.

R e QR

O **quociente respiratório, QR, é a razão entre a produção de gás carbônico e o consumo de oxigênio**, como desenvolvido em "Energética" (volume 3 da coleção) e colocado nos problemas já apresentados. Em um organismo em regime permanente de metabolismo, as concentrações de gases se mantêm constantes. Assim, esse organismo deve, obrigatoriamente, eliminar o CO_2 produzido, não mais e não menos. O mesmo deve ocorrer em relação ao O_2: deve ser obtida a quantidade consumida, não mais e não menos. Os cálculos de consumo de oxigênio e de produção de gás carbônico se baseiam em medidas das concentrações desses gases no ar expirado, ou seja, f_{e,O_2} e f_{e,CO_2}. De maneira simplificada e sem maiores detalhamentos, podemos escrever esses cálculos aproximadamente como (ver equação de Fick em seção posterior; anteriormente, no Box 1, foram apresentados cálculos mais estritos):

$$\dot{V}_{O_2} = \dot{V}_A \cdot \left(0{,}2094 - f_{e,O_2}\right)$$

$$\dot{V}_{CO_2} = \dot{V}_A \cdot f_{e,CO_2}$$

Nos quais já assumimos $f_{i,O_2} = 20{,}94$ e $f_{i,CO_2} = 0$. Também já fizemos uma inversão de sinais de modo que ambos, consumo e produção, sejam valores positivos, por simplicidade. Dessa forma aproximada, o quociente respiratório é dado como:

$$QR = \frac{\dot{V}_{CO_2}}{\dot{V}_{O_2}} = \frac{f_{e,CO_2}}{0{,}2094 - f_{e,O_2}}$$

Nas condições de regime permanente já preconizadas, essas concentrações expiratórias se mantêm constantes ao longo do tempo. Contudo, mesmo estando em regime permanente de metabolismo, podem ocorrer alterações na ventilação que fazem com que, momentaneamente, haja alteração de concentrações. Por exemplo, se o indivíduo apresenta uma hiperventilação durante alguns segundos, aumenta a quantidade de CO_2 eliminada pela ventilação, mas não altera significativamente a fração de oxigênio expirada.

Dessa maneira, em aplicações clínicas ou experimentais que não possam considerar a condição de regime permanente como estritas e/ou tenham de considerar alterações de ventilação momentâneas, denomina-se a fração acima por R: razão respiratória. **A razão respiratória, R, é o resultado obtido pela medida das frações expiradas de oxigênio e gás carbônico sem considerar que o organismo esteja, necessariamente, em regime permanente de concentração de gases.** Assim, temos:

$$QR = \frac{\dot{V}_{CO_2}}{\dot{V}_{O_2}}$$

$$R = \frac{f_{e,CO_2}}{0{,}2094 - f_{e,O_2}}$$

Como já explicado, **R = QR em condições de regime permanente.**

Diferença entre volume inspirado e volume expirado

Como citamos na seção "Ciclo inspiratório-expiratório comum – a condição eupneica", em geral o volume inspirado não será igual ao volume expirado. Dissemos, também, ser uma diferença muito pequena e, assim, não é levada em consideração em abordagens mais gerais. Vamos quantificar essa diferença, considerando que nosso foco não é a quantidade de matéria retirada e colocada na atmosfera, mas o volume. Assim, vamos imaginar que a pessoa inale ar vindo de um balão e exale para esse balão. A questão é a diferença de volume observada no balão ao final do ciclo.[32]

Temperatura: o ar inalado entra a uma certa temperatura T_{amb} e é exalado a uma temperatura um pouco maior, $T_{amb} + \Delta T$.

Vapor d'água: o ar inalado contém uma certa fração de vapor d'água dada por:

$$f_{amb,H_2O} = \frac{u_{rel} \cdot P_{vap}(T_{amb})}{P_B}$$

O ar é umidificado e, à saída, tem 100% de umidade relativa (u_{rel}) para a temperatura do gás expirado:

$$f_{e,H_2O} = \frac{P_{vap}(T_{amb} + \Delta T)}{P_B}$$

Assim, a diferença entre as frações de água expirada e ambiente é:

$$\Delta f_{H_2O} = \frac{P_{vap}(T_{amb} + \Delta T) - u_{rel} \cdot P_{vap}(T_{amb})}{P_B}$$

Gás carbônico: o gás carbônico envolve dois problemas simultaneamente: o QR e o volume molar. Se o quociente respiratório é diferente de 1, para cada mol de O_2 consumido há a adição de uma quantidade diferente de CO_2 no ar expirado. Geralmente, o QR se encontra na faixa de 0,7 a 0,95, o que significa que a quantidade de CO_2 expirada é menor que a de O_2 consumida. Por outro lado, o volume STPD molar do CO_2 é de 24,2 litros, enquanto o volume molar do O_2 é de 22,4 litros. A razão entre os volumes molares é, portanto, de 0,93. Assim, se QR = 0,93, não há alteração de volume, mas, se QR > 0,93, o volume de CO_2 adicionado será maior que o de O_2 retirado e vice-versa para QR < 0,93. Dessa forma, a fração de CO_2 expirada que causa alteração de volume, indicada pelo sobrescrito "ΔV", será:

$$f_{e,CO_2}^{\Delta V} = (QR - 0,93) \cdot \left(f_{i,O_2}^s - f_{e,O_2}^s \right)$$

Repetindo: esta não é a fração de CO_2 expirada, é a fração que causa alteração de volume.

Colocando juntas as diferenças causadas por H_2O e CO_2, temos a seguinte variação de número de mols N:

$$\Delta N = N_i \cdot \left(\Delta f_{H_2O} + f_{e,CO_2}^{\Delta V} \right)$$

---

32 Mais detalhes sobre esse tipo de análise podem ser encontrados em Chaui-Berlinck e Bicudo, 1998, e nas referências lá apresentadas.

Sendo N_i o número de mols inspirado. Escrevendo os volumes inspirado e expirado, temos:

$$V_i = \frac{N_i \cdot R \cdot T_{amb}}{P_B}$$

$$V_e = \frac{(N_i + \Delta N) \cdot R \cdot (T_{amb} + \Delta T)}{P_B}$$

E a razão entre esses volumes é:

$$\frac{V_e}{V_i} = \frac{\left(1 + \Delta f_{H_2O} + f_{e,CO_2}^{\Delta V}\right) \cdot (T_{amb} + \Delta T)}{T_{amb}}$$

A título de exemplo numérico, construímos a tabela a seguir. Note que, para condições não extremadas, a variação de volume é menor que 10%, com o volume expirado maior que o inspirado.

P_B (torr)	T_{amb} (K)	u_{rel}	T_e (K)	V_c (L)	Δf_{O_2}	QR	Razão entre volumes
760	295	50%	305	0,5	5%	1	+ 7%
760	298	60%	308	0,5	5%	0,75	+ 6%
700	298	60%	308	0,5	5%	0,75	+ 6%
450	277	20%	300	0,5	5%	0,75	+ 13%

Trocas nos alvéolos

Agora, estamos em condição de analisar com mais detalhes como se dão as trocas gasosas entre os alvéolos e o sangue. Como já foi citado algumas vezes ao longo do texto, as trocas se dão, em última instância, por difusão. O sangue que chega nos capilares alveolares,[33] vindo do ventrículo direito, é chamado de **sangue venoso misto**, indicado por "$\bar{v}$" subscrito. Essa denominação decorre do fato de que esse sangue não está vindo de algum órgão específico, mas é uma mistura do sangue venoso de todos os sistemas orgânicos.

O sangue venoso misto contém uma quantidade de CO_2 maior e uma quantidade de O_2 menor que as do sangue arterial. O gás alveolar, em condições normais ou comuns, tem uma pressão parcial de CO_2 menor e uma pressão parcial de O_2 maior que as do sangue venoso misto. Dessa maneira, nessas condições, haverá transferência de CO_2 para o gás alveolar e de O_2 para o sangue venoso misto, transformando este último em sangue arterial, o qual deixa os capilares pulmonares em direção ao átrio esquerdo. A partir da equação de difusão apresentada acima (equação 13), tem-se:

---

33 Note: quando se fala em circulação pulmonar, refere-se à circulação oriunda do ventrículo direito e que fará trocas gasosas. Existe a circulação de nutrição do parênquima pulmonar, originária do ventrículo esquerdo, mas que não toma parte nas trocas gasosas.

$$\dot{M}_{s,O_2} = \frac{A}{L} \cdot D_{pul,O_2} \cdot \beta_{v,O_2} \cdot (P_{A,O_2} - P_{\bar{v},O_2})$$

Equação 18a

$$\dot{M}_{s,CO_2} = \frac{A}{L} \cdot D_{pul,CO_2} \cdot \beta_{A,CO_2} \cdot (P_{A,CO_2} - P_{\bar{v},CO_2})$$

Equação 18b

O subscrito "s" se refere ao sangue e "pul", ao pulmão. Como já visto, A é a área oferecida e L a distância a ser vencida para as trocas. Note que "A" subscrito se refere a alvéolos. Note, ainda, que, como $P_{A,CO_2} < P_{v,CO_2}$, esse termo é negativo na equação 18b, e, assim, $\dot{M}_{CO_2,s}$ é negativo, indicando que o CO_2 deixa o sangue indo para o gás alveolar.

Difusibilidade e condutância gasosa pulmonar

De modo semelhante à equação de Hagen-Poiseuille (ver o capítulo "Circulação" deste volume) e como descrito para outras equações em "Modelos genéricos básicos", as equações 18 podem ser escritas na forma geral de fluxo = força × condutância. Assim, temos:

$$\dot{M}_{O_2} = G_{O_2} \cdot \Delta P_{O_2}$$

Equação 19a

$$\dot{M}_{CO_2} = G_{CO_2} \cdot \Delta P_{CO_2}$$

Equação 19b

Os termos de condutância, G_x, incorporam, portanto, a capacitância, o coeficiente de difusão, a área e a distância de troca. Contudo, enquanto esses três últimos são valores que independem da pressão parcial de O_2 e de CO_2 no sangue, a capacitância não. Em outras palavras, as capacitâncias sanguíneas para o oxigênio e para o gás carbônico dependem da pressão parcial (concentração) desses gases no sangue. Essa dependência está relacionada à hemoglobina, o que será aprofundado mais adiante.

Usualmente, as equações 18 são apresentadas como:

$$\dot{M}_{O_2,s} = \hat{D}_{O_2} \cdot (P_{A,O_2} - P_{\bar{v},O_2})$$

Equação 20a

$$\dot{M}_{CO_2,s} = \hat{D}_{CO_2} \cdot (P_{A,CO_2} - P_{\bar{v},CO_2})$$

Equação 20b

Sendo $\hat{D}_x$ a difusibilidade do gás x entre o sangue e o ar alveolar. **O interesse em trabalhar com a difusibilidade $\hat{D}_x$ é que nela se encontram incorporadas as variáveis físicas do sistema, sem haver especificação explícita delas.** Isso, em aplicações de caráter mais clínico, se torna relevante pela facilidade de comparar condições e/ou indivíduos em termos da $\hat{D}_x$ que é obtida pela inversão da equação 19. Assim, por exemplo, para o oxigênio:

$$\hat{D}_{O_2} = \frac{\dot{M}_{s,O_2}}{(P_{A,O_2} - P_{\bar{v},O_2})}$$

Clinicamente, os valores do lado direito da equação podem ser medidos ou estimados com boa acurácia, e $\dot{M}_{s,O_2}$ é o próprio consumo de oxigênio do indivíduo (pois o que está sendo transferido por difusão nos pulmões deve ser igual ao que está sendo consumido nos tecidos).

Alterações da $\hat{D}_x$, geralmente diminuições, estão relacionadas a doenças pulmonares. Os casos de doença pulmonar obstrutiva crônica já discutidos apresentam diminuição da $\hat{D}_{O_2}$ em decorrência da perda de paredes alveolares e, portanto, diminuição da área oferecida para troca gasosa. Considere, por exemplo, uma queda de 20% na $\hat{D}_{O_2}$. O indivíduo continua mantendo o consumo de repouso que tinha da condição prévia e, por simplificação, consideraremos, também, que a capacitância não tenha se alterado de maneira relevante. Equacionando o problema, tem-se:

$$\hat{D}_{O_2}(2) = 0{,}8 \cdot \hat{D}_{O_2}(1)$$

$$\dot{M}_{s,O_2}(2) = \dot{M}_{O_2,s}(1) = \dot{M}_{s,O_2}$$

$$\beta_{\bar{v},O_2}(2) = \beta_{\bar{v},O_2}(1) = \beta_{\bar{v},O_2}$$

Sendo (1) e (2) referentes às condições prévias e atuais, respectivamente. Colocando-se essas variáveis na equação 20a:

$$\hat{D}_{O_2}(1) \cdot \left(P_{A,O_2} - P_{\bar{v},O_2}\right)(1) = 0.8 \cdot \hat{D}_{O_2}(1) \cdot \left(P_{A,O_2} - P_{\bar{v},O_2}\right)(2)$$

Eliminando-se $\hat{D}_{O_2}(1)$, tem-se:

$$\left(P_{A,O_2} - P_{\bar{v},O_2}\right)(2) = \frac{\left(P_{A,O_2} - P_{\bar{v},O_2}\right)(1)}{0{,}8}$$

Ou seja, deve haver um aumento na diferença de pressão de O_2 entre o gás alveolar e o sangue venoso misto para compensar a diminuição da difusibilidade. Vamos dar um passo além e considerar que a pressão parcial de O_2 no sangue venoso misto foi mantida a mesma entre as condições (e, por consequência, a pressão parcial de O_2 no sangue arterial, como veremos adiante). Então, é a pressão parcial de oxigênio no gás alveolar que deve se elevar:

$$P_{A,O_2}(2) = \frac{P_{A,O_2}(1) - 0{,}2 \cdot P_{\bar{v},O_2}}{0{,}8}$$

Como exercício para melhor entendimento, é interessante procurar obter a equação acima a partir da anterior com as suposições feitas. Dividindo-se pela pressão parcial de O_2 do gás alveolar da condição prévia, tem-se a fração de aumento dessa pressão na condição atual:

$$\frac{P_{A,O_2}(2)}{P_{A,O_2}(1)} = \frac{P_{A,O_2}(1) - 0{,}2 \cdot P_{\bar{v},O_2}}{0{,}8 \cdot P_{A,O_2}(1)} = 1{,}25 - 0{,}25 \cdot \frac{P_{\bar{v},O_2}}{P_{A,O_2}(1)}$$

Para finalizarmos o exemplo numérico, vamos considerar a P_{A,O_2} calculada anteriormente como 107 torr, e a $P_{\bar{v},O_2} = 40$ torr. Assim:

$$\frac{P_{A,O_2}(2)}{P_{A,O_2}(1)} = 1{,}25 - 0{,}25 \cdot \frac{40}{107} \cong 1{,}156$$

Ou seja, há necessidade de aumentar em 15,6% a pressão parcial de oxigênio no gás alveolar em relação à condição prévia. Por consequência, como $P_{A,O_2} = P_B \cdot f_{A,O_2}$, a fração de O_2 no gás alveolar deve ser aumentada em 15,6%. Rearranjando os termos da equação 17a em relação aos resultados já apresentados, tem-se a ventilação alveolar na condição atual em relação à ventilação alveolar na condição prévia:

$$V_A(2) = \frac{V_A(1) \cdot \dot{V}_{O_2}}{1,156 \cdot \dot{V}_{O_2} - 0,1964 \cdot 0,156 \cdot V_A(1)}$$

Sendo $0,1964 = 0,938 \cdot 0,2094$ (ver Composição do gás alveolar – cálculo aproximado). Naquele exemplo, o consumo de oxigênio representava 5,56% da ventilação alveolar (que corresponde ao valor da fração de CO_2 no gás alveolar, pois o quociente respiratório era 1), ou seja, $\dot{V}_{O_2} = 0,0556 \cdot V_A(1)$. Inserindo esse valor na equação anterior:

$$V_A(2) = \frac{V_A(1)^2 \cdot 0,0556}{V_A(1) \cdot (1,156 \cdot 0,0556 - 0,1964 \cdot 0,156)} \cong 1,65 \cdot V_A(1)$$

Ou seja, para manter as condições de arterialização do sangue venoso e o consumo de oxigênio das condições prévias à diminuição da $\hat{D}_{O_2}$ trabalhada neste exemplo, seria necessário um aumento de 65% na ventilação alveolar. Se o volume corrente era de 600 mL e a frequência respiratória de 12 ipm, isso pode ser conseguido, por exemplo, com um volume corrente de 780 mL e uma frequência respiratória de 15 ipm. Dessa maneira, o paciente passa a ter de hiperventilar. Como o consumo de oxigênio é o mesmo, se considerarmos o quociente respiratório 1, a fração de CO_2 no gás alveolar será de:

$$f_{A,CO_2} = \frac{300}{1,65 \cdot 5400} = 0,034$$

Ou seja, a P_{A,CO_2} se tornará, aproximadamente, 26 torr. Isso representa uma alcalinização extremamente intensa do sangue arterial, e os mecanismos de controle da ventilação não permitirão tal queda da P_{a,CO_2} (note, "a" subscrito, referente a arterial). Assim, o paciente hiperventilará, porém menos do que o previsto pelos cálculos que foram feitos anteriormente. Com isso, a pressão parcial de oxigênio no sangue arterial diminuirá, levando a uma hipoxemia tecidual. É importante que se perceba que a alteração inicial foi da ordem de 20% de diminuição na $\hat{D}_{O_2}$, o que, à primeira vista, parece ser uma queda pequena. Contudo, acabamos de verificar que a compensação para essa diminuição é de muito maior monta e ainda deixará o indivíduo em hipoxemia tecidual.

Arterialização do sangue venoso

A arterialização do sangue venoso, ou hematose, é o processo no qual, durante a passagem do sangue venoso pelos capilares alveolares, ocorre saída de gás carbônico e entrada de oxigênio. Ou seja, são as trocas gasosas pulmonares. É importante ter em mente que **o determinante para se referir ao sangue como "arterial" ou como "venoso" não é o tipo de vaso no qual o sangue se encontra, mas, sim, a qualidade do sangue em termos de oxigênio e gás carbônico.**

A Figura 26 ilustra o contato do sangue com o gás em um capilar alveolar. O sangue está em movimento e, assim, sua passagem pelo capilar se dá em um certo intervalo. Esse é o chamado **tempo de trânsito capilar.**

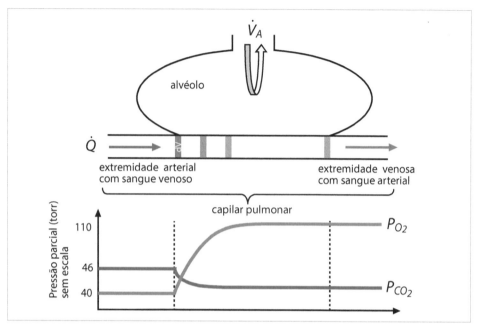

FIGURA 26 Representação esquemática da passagem de um volume dV ao longo de um capilar pulmonar. Na parte superior da figura estão indicados o fluxo sanguíneo ($\dot{Q}$) e a ventilação alveolar ($\dot{V}_A$). Ao longo do capilar, o sangue vai sendo arterializado, isto é, a pressão de oxigênio aumenta e a pressão de gás carbônico diminui. As trocas são suficientemente rápidas pelo fato de a espessura da barreira ser bastante fina e a área oferecida ser grande. Assim, a pressão de CO_2 se equilibra antes de ⅓, e a pressão de O_2 se equilibra por volta de ⅓ do trajeto (parte inferior da figura). Note que a ventilação alveolar é representada por uma seta em "U", considerando que o gás expirado passa pelo mesmo trajeto do gás inspirado. Note, ainda, que o sangue está vindo da artéria pulmonar a partir do ventrículo direito, e esse é um sangue venoso, e irá para as veias pulmonares que desembocam no átrio esquerdo, sendo então arterial. A circulação pulmonar será retomada mais adiante. Valores de pressão parcial são os mesmos do exemplo trabalhado no Box 1 da seção "Composição do gás alveolar – cálculo aproximado". O eixo da pressão parcial não está em escala definida, sendo apenas ilustrativo.

O tempo de trânsito capilar é bastante variável (ver Klocke et al., 1996, e referências lá citadas[34]). Em um mesmo indivíduo, diferentes regiões pulmonares recebem fluxos sanguíneos diferentes (ver "Relação ventilação/perfusão" mais adiante), o que afeta o tempo de trânsito capilar. Ainda em um mesmo indivíduo, o fluxo sanguíneo pulmonar varia dependendo da taxa metabólica e, consequentemente, há alteração do tempo de trânsito. Entre espécies, há, também, uma variação no tempo de trânsito. Assim, encontram-se valores medidos que variam entre 0,18 e 13,1 segundos. Como valor médio[35] para eventuais considerações de caráter geral, algo ao redor de 1,5 segundo pode ser prático a utilizar.

---

[34] É interessante ver, também, https://derangedphysiology.com/main/cicm-primary-exam/required-reading/respiratory-system/Chapter%20103/diffusion-gases-through-alveolar-membrane (acesso em nov. 2020).

[35] Devido à distribuição dos dados, estamos considerando a média geométrica.

Estima-se que ocorra o equilíbrio entre a pressão parcial de O_2 no gás alveolar e no sangue capilar em torno de 0,5 a 0,6 segundo. Dessa maneira, é importante ter em mente que, ao menos **em condições de repouso, o tempo de trânsito capilar não é fator que compromete as trocas gasosas** (Zavorsky et al., 2003). Em outras palavras, a hematose não está limitada, ao menos em taxas metabólicas não elevadas, pelo tempo de permanência do sangue nos capilares pulmonares em indivíduos saudáveis.[36]

O sangue chega ao capilar pulmonar contendo uma certa quantidade de oxigênio e uma certa quantidade de gás carbônico, as quais serão expressas como pressões parciais: $P_{\bar{v},O_2}$ e $P_{\bar{v},CO_2}$, respectivamente. Em condições de repouso, esses valores são, aproximadamente, 40 torr e 46 torr, respectivamente. A composição estimada do gás alveolar, como já visto, tem valores aproximados de $P_{A,O_2} \cong 110$ torr e $P_{A,CO_2} \cong 40$ torr. Na extremidade venosa do capilar, tem-se o sangue arterializado com $P_{c,O_2} \cong 110$ torr e $P_{c,CO_2} \cong 39$ torr. Note que estamos utilizando P_{c,O_2} e P_{c,CO_2} para indicar que esses valores são os encontrados na extremidade venosa do capilar pulmonar. Em geral, $P_{a,O_2} < P_{c,O_2}$ e $P_{a,CO_2} \cong P_{c,CO_2}$. Mais adiante, na seção "Fatores de oxigenação incompleta do sangue", investigaremos as possíveis causas que contribuem para essa diferença entre o capilar pulmonar e o sangue arterial que deixa o ventrículo esquerdo para suprir os órgãos e sistemas orgânicos.

TRANSPORTE DE GASES

Hemoglobina

A 37 °C, o plasma tem capacitância para o oxigênio de $1{,}52 \times 10^{-6}$ mol O_2 L^{-1} torr^{-1}, enquanto o ar tem capacitância de $51{,}8 \times 10^{-6}$ mol L^{-1} torr^{-1}, ou seja, **o ar tem capacitância ao redor de 34 vezes maior para o oxigênio que o plasma**. Isso é um problema?

Para exemplificar, vamos considerar o consumo de 100 watts, já utilizado em outras questões. Sabemos que esse consumo corresponde a uns 300 mL O_2 por minuto, e isso equivale a 13,4 mmol O_2 por minuto. Na pressão de 1 atm seca, deve-se ter um volume de ar de 1,43 litro de onde serão extraídos esses 13,4 mmol de oxigênio (note que estamos fazendo uma conta diferente das anteriores, pois estamos considerando que todo o oxigênio presente foi extraído). Se o oxigênio fosse ser extraído do plasma, o volume deveria ser de 49 litros de plasma. Se fôssemos considerar a extração real ao redor de ¼ em condições comuns de repouso (21% inspirado, 16% expirado), como obtivemos anteriormente, seriam precisos 5,7 litros de ar por minuto (que é, basicamente, o volume-minuto que já calculamos em outras seções deste capítulo) e 195 litros de plasma! Ou seja, o fluxo de plasma deveria ser de 195 litros por minuto em vez dos costumeiros 5 a 6 litros por minuto, um aumento de mais de 30 vezes no débito cardíaco. Lembrando que, em condições de esforço aeróbio máximo, o débito cardíaco aumenta ao redor de 25 vezes (dependendo do treinamento do indivíduo); pode-se perceber que o trans-

---

36   E, por dados experimentais, mesmo em exercício com débito cardíaco elevado, o tempo de trânsito não parece ser fator limitante para trocas gasosas nos pulmões (Zavorsky et al., 2003).

porte de oxigênio dissolvido no plasma é proibitivo para as taxas metabólicas usuais de vertebrados em geral.[37] E estamos falando da condição de repouso.

Portanto, existe aí um problema: como garantir o aporte de oxigênio aos órgãos e tecidos se o plasma e demais fluidos orgânicos têm uma capacitância tão baixa para esse gás? A solução evolutiva surgiu com moléculas que se combinam com o oxigênio de maneira bastante reversível e passam a funcionar como transportadores desse gás.

Nos vertebrados, a molécula que faz esse transporte no sangue é a **hemoglobina**. A hemoglobina, ou talvez seja melhor falarmos em hemoglobinas, pois há diversos tipos, fazem parte de uma família ampla de moléculas ditas "**pigmentos transportadores**" ou "hemeproteínas". Moléculas da cadeia respiratória, vistas no capítulo "Energética" do volume 3 desta coleção, fazem parte desse grupo. A mioglobina em células musculares é outro exemplo. Como um conjunto, **essas moléculas são metaloproteínas, ou seja, contêm um ou mais átomos de elementos metálicos em sua estrutura**. No caso, é o **grupo heme**, cujo elemento é o **ferro**.

Dessa maneira, podemos afirmar que o papel primordial da hemoglobina é aumentar a capacitância do sangue para o oxigênio. Esse aumento da capacitância permite que fluxos menores de sangue sejam capazes de suprir as necessidades teciduais de oxigênio.[38]

As moléculas de hemoglobina, que denominaremos Hb por simplificação, se encontram dentro de células sanguíneas, as células vermelhas, também chamadas de eritrócitos ou hemácias. A coloração vermelha decorre da cor da Hb quando combinada com oxigênio. Portanto, as hemácias são as células que, ao final, transportam o oxigênio, já que a Hb se encontra dentro delas.

Estrutura da hemoglobina

Uma molécula de Hb em vertebrados é composta por quatro subunidades, duas cadeias alfa e duas cadeias beta, cada uma contendo um grupo heme. Cada subunidade é uma proteína globular e, assim, a hemoglobina como um todo é uma estrutura quaternária globular.[39] É no grupo heme, mais especificamente ao ferro, que o oxigênio se ligará.

---

37   Isso se aplica, também, a invertebrados. Contudo, como esses animais têm taxas metabólicas e tamanhos corpóreos muito variados, é mais prudente não generalizarmos de maneira indiscriminada. Além disso, os insetos fazem parte desse grupo e têm o sistema traqueal como aparato para trocas gasosas, que comunica os tecidos diretamente com o ar atmosférico, e, assim, dispensam o sangue (hemolinfa, no caso) como meio de transporte de O_2 e de CO_2.

38   Os chamados peixes-gelo da Antártida (mais de 25 espécies da família Channichthyidae) são uma exceção. Esses animais não possuem hemoglobina nem mioglobina. Vivem em águas que têm temperatura ao redor de 1 °C durante o ano todo, e os peixes-gelo têm taxas metabólicas muito baixas (mais baixas que o previsto pelo tamanho corpóreo e temperatura). Com a temperatura baixa, há um aumento da capacitância para gases nos líquidos e, assim, os peixes-gelo conseguem atender suas demandas metabólicas apenas com o O_2 dissolvido no plasma. Como não possuem pigmentação, seus corpos se tornam translúcidos, e daí vem sua denominação popular.

39   Estruturas proteicas vão além dos objetivos do presente texto. Apenas a título de completude, a sequência de aminoácidos é denominada por estrutura primária, as dobras decorrentes das forças interaminoácidos formam a estrutura bidimensional secundária, o formato tridimensional é a estrutura terciária e um conjunto de estruturas terciárias forma a estrutura proteica quaternária.

Logo, uma molécula de Hb é capaz de transportar até quatro moléculas de oxigênio, uma ligada a cada subunidade. A Figura 27 ilustra a estrutura da Hb.

Dinâmica da ligação do oxigênio à hemoglobina

A molécula de hemoglobina tem quatro sítios de ligação como o oxigênio. Dessa maneira, uma molécula de hemoglobina pode ser encontrada em cinco estados: Hb_0, Hb_1, Hb_2, Hb_3 e Hb_4. O número subscrito indica quantas moléculas de O_2 se encontram ligadas à molécula de hemoglobina, sendo Hb_0 a molécula de hemoglobina sem nenhum O_2 ligado a ela (note, assim, que Hb faz referência à "hemoglobina" como molécula, enquanto Hb_0 faz referência explícita à molécula de hemoglobina **sem** oxigênio ligado).

Cada ligação com uma molécula de O_2 obedece a uma equação de uma reação química reversível. Em um modelo do tipo sequencial:

$$Hb_i + O_2 \underset{k_{i+1,i}}{\overset{k_{i,i+1}}{\rightleftarrows}} Hb_{i+1} \qquad \text{Equação 21a}$$

Com i = 0, 1, 2, 3. As constantes $k_{i,i+1}$ e $k_{i+1,i}$ são as constantes de reação "adiante" e "reversa". Na condição de equilíbrio, uma vez que as concentrações de Hb_i e de O_2 não estão mais variando, podemos escrever a seguinte equação para cada um dos estados da Hb, com o "*" sobrescrito indicando a condição de equilíbrio no sistema:

$$Hb^*_{i+1} = K_i \cdot P_{O_2} \cdot Hb^*_i \qquad \text{Equação 21b}$$

Sendo $K_i = {k_{i,i+1}}/{k_{i+1,i}}$. Note que já utilizamos a pressão parcial de oxigênio como indicador da concentração (ou da quantidade) dessa substância.

Apesar de não ser óbvio pelo formato como a equação (21b) está escrita, cada estado da Hb tem uma dependência em uma potência da P_{O_2} dada pelo número de moléculas

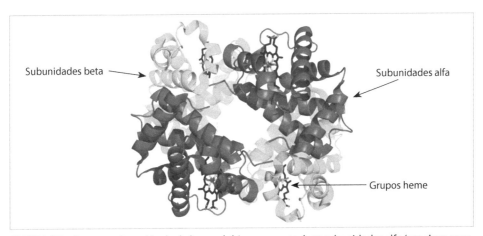

FIGURA 27 Estrutura da molécula de hemoglobina com suas duas subunidades alfa (em cinza escuro) e duas subunidades beta (em cinza claro). As estruturas em preto são os grupos heme, contendo ferro, ao qual o oxigênio se liga reversivelmente.
Fonte: adaptada de Wikipedia.

de oxigênio ligadas (para quem tiver interesse, o maior detalhamento da modelagem da ligação da hemoglobina com o oxigênio é apresentado no Box 2). Assim:

$$Hb_1^* \propto \left(P_{O_2}\right)^1$$

$$Hb_2^* \propto \left(P_{O_2}\right)^2$$

$$Hb_3^* \propto \left(P_{O_2}\right)^3$$

$$Hb_4^* \propto \left(P_{O_2}\right)^4$$

Como a quantidade total de Hb é fixa em um dado momento, se não há oxigênio algum (i. e., $P_{O_2} = 0$), toda a Hb se encontra no estado Hb_0. Conforme a quantidade de oxigênio (pressão parcial ou concentração) vai aumentando, os outros estados vão sendo ocupados, diminuindo a quantidade de Hb_0. Em condições intermediárias de P_{O_2}, os estados Hb_1, Hb_2 e Hb_3 se encontram ocupados. Se a P_{O_2} atinge valores altos, o estado Hb_4 vai sendo progressivamente favorecido, ou seja, mais e mais moléculas de Hb se encontrarão com todos os sítios de ligação como o O_2 ocupados. Se a P_{O_2} atinge valores elevados, praticamente toda a Hb se encontrará no estado Hb_4.

Por uma simplificação didática, iremos considerar o seguinte quadro. Se toda a Hb disponível estiver no estado Hb_4, todas as moléculas de hemoglobina se encontram saturadas de oxigênio. A partir desse ponto, maiores elevações da P_{O_2} não podem causar maior aumento de oxigênio ligado à Hb pois todos os sítios disponíveis em todas as moléculas já estão ocupados.

Podemos escrever, de maneira geral, que a saturação Sat da hemoglobina é dada por (ver Box 2):

$$Sat = 0{,}25 \cdot Hb_1 + 0{,}50 \cdot Hb_2 + 0{,}75 \cdot Hb_3 + Hb_4 \qquad \text{Equação 22}$$

Os decimais que precedem os estados são as ponderações da quantidade de moléculas de O_2 ligadas naquele estado em relação ao total de quatro que podem ser ligadas. Por exemplo, o estado Hb_1 transporta uma molécula de O_2 e, assim, contribui com ¼ = 0,25 do oxigênio transportado pelas moléculas de Hb.

É muito importante notar que o valor de saturação, Sat, se encontra, portanto, entre 0 e 1 (ou, como é habitual, entre 0% e 100%). Assim, uma saturação de 83% indica que o oxigênio ligado à hemoglobina corresponde a 0,83 do total máximo que poderia estar ligado.

As relações dos estados Hb_i com a potência "i" da quantidade de oxigênio (ver acima) têm uma consequência importante: a curva de saturação da hemoglobina, isto é, a função da saturação obtida em decorrência da P_{O_2}, é uma sigmoide, ou seja, uma curva em formato de "S" (ver Figura 28). A importância dessa curva será discutida na próxima seção.

A molécula de Hb pode estar ligada a uma ou mais moléculas de oxigênio, ou a nenhuma. É costume denominar a molécula sem nenhum O_2 ligado como **desoxiemoglobina**, enquanto a molécula com algum O_2 ligado é dita **oxiemoglobina**. Adotaremos

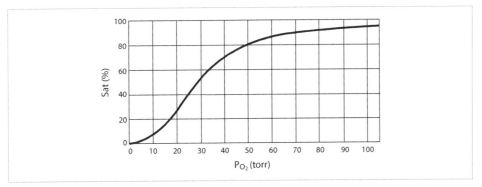

FIGURA 28 Formato geral da curva de saturação da hemoglobina. No eixo x, encontra-se a pressão parcial de oxigênio, que representa a quantidade de O_2 disponível para se ligar às moléculas de hemoglobina. No eixo y, encontra-se a saturação. Sat: porcentagem de O_2 ligada em relação ao máximo possível.

essa denominação. Contudo, é preciso atenção, pois há textos que podem tratar essas duas denominações não de acordo com a ligação com o O_2, mas sim de acordo com o estado mais (oxi) ou menos (desoxi) propenso à ligação com o O_2 (ver Box 2 para maior detalhamento desse assunto e **cooperação**, a seguir).

Antes de passarmos a examinar a curva de saturação, é preciso um último comentário acerca da dinâmica da ligação de O_2 à Hb. Resultados experimentais sugerem fortemente que exista um fenômeno dito **cooperação** interna à molécula de Hb. Isso significa que ter uma molécula de O_2 ligada facilita a ligação com mais uma molécula de oxigênio. Ou seja, as quatro subunidades "cooperam" entre si para facilitar a ligação com o oxigênio.

Curva de saturação da Hb

Vamos voltar a examinar a curva[40] apresentada na Figura 28. Note que, para P_{O_2} baixas, a taxa de variação na saturação é baixa, ou seja, pequenas mudanças de P_{O_2} não causam muita alteração na Sat. Com o aumento da P_{O_2}, a curva entra em uma região de maior variação, e, então, pequenas variações de P_{O_2} causam grandes alterações de Sat. Finalmente, para pressões de O_2 elevadas, a curva vai tendo derivada progressivamente menor, o que significa que, novamente, variações de P_{O_2} causam pequenas variações em Sat – as moléculas de Hb já têm suas ligações com O_2 saturadas. Esse comportamento da saturação é decorrente da presença de quatro sítios de ligação na molécula de Hb, como descrito pela equação (22) e detalhado no Box 2.

Uma vez que temos uma quantidade (oxigênio ligado) como função da pressão, a taxa de variação da saturação em relação à P_{O_2} é a capacitância $\beta_{O_2}^{Hb}$ da Hb para O_2 (capacitância é uma propriedade que já foi amplamente discutida em outros locais, como na seção "Capacitância (complacência) pulmonar", neste capítulo, e no capítulo

---

[40] A curva de saturação da hemoglobina recebe diversas denominações, dependendo do autor. Assim, podemos encontrar curva de dissociação da hemoglobina, curva de dissociação do oxigênio, curva de dissociação da oxiemoglobina, curva de afinidade da hemoglobina.

"Circulação" deste volume). Repare que "Hb" foi colocado sobrescrito para ressaltar que estamos, neste momento, referindo-nos apenas à capacitância da hemoglobina e não do sangue total. Em notação:

$$\beta_{O_2}^{Hb} = \frac{dSat}{dP_{O_2}}$$

Qualquer curva de saturação irá de 0% a 100%.[41] Portanto, para caracterizar uma curva de saturação, precisamos de parâmetros que possam diferenciar uma de outra que não sejam os extremos (já que esses, invariavelmente, serão 0 e 1). A capacitância é um desses parâmetros. Porém, determinar matematicamente a curva de capacitância exigiria o conhecimento dos coeficientes da função de saturação (ver Box 2), o que, por si só, já resolveria a questão da diferenciação entre curvas de saturação. Contudo, a obtenção desses coeficientes não é nada trivial e exige uma grande demanda experimental. Logo, apesar da retidão matemática e física, o uso da capacitância para caracterizar uma curva de saturação de hemoglobina não é viável rotineiramente.

Dessa forma, utiliza-se a chamada P_{50}, que é a pressão parcial de oxigênio que leva a uma saturação de 50% (ver Figura 29 e detalhes no Box 2). Ou seja, fixa-se um valor de saturação, no caso o valor de metade da saturação máxima, e encontra-se qual o valor de P_{O_2} que causa esse grau de saturação. Observando o comportamento da sigmoide, percebe-se que, quanto maior o valor de P_{50}, menor a taxa de variação (capacitância) da curva. Em outras palavras, um aumento de P_{50} faz com que a curva de saturação se torne menos inclinada e, consequentemente, desloque-se para nossa direita (ver Figura 29). Caso a P_{50} diminua, a curva se torna mais inclinada e se desloca para nossa esquerda. Quais são as consequências da mudança na P_{50} de uma curva de saturação de Hb?

Vamos examinar as curvas apresentadas na Figura 29. A curva deslocada para a direita tem P_{50} maior que outra. Note que, ao longo da curva, para qualquer valor de P_{O_2} que se escolha, a saturação é menor que na outra. Por exemplo, suponha que se tenha a P_{O_2} de 70 torr. A curva deslocada para a direita representa uma saturação de 90% e a da esquerda, de 94%. Portanto, a curva da direita representa uma situação na qual há menos oxigênio ligado à Hb, e o oposto vale para a curva da esquerda. Assim, a P_{50} é um indicativo da quantidade de O_2 ligado às moléculas de Hb (**atenção neste ponto, pois, quanto maior a P_{50}, menor a saturação, como mencionado**). Uma curva com P_{50} baixa indica que haverá uma maior saturação em uma dada P_{O_2} em relação a uma curva de P_{50} mais elevada.

Modulação da curva de saturação da Hb

Vamos considerar um eritrócito no sangue venoso sendo levado a um capilar pulmonar. A pressão parcial de oxigênio no sangue venoso misto, $P_{\bar{v},O_2}$, é, em condições comuns, ao redor de 40 torr, e vamos supor que as moléculas de Hb tenham uma P_{50} de 23 torr, como a da curva da esquerda representada na Figura 29. Dessa forma, a sa-

---

41 Note que estamos fazendo uma afirmação geral: qualquer função que seja uma curva de saturação vai de 0 a 1 (0 a 100%), independentemente do formato da curva.

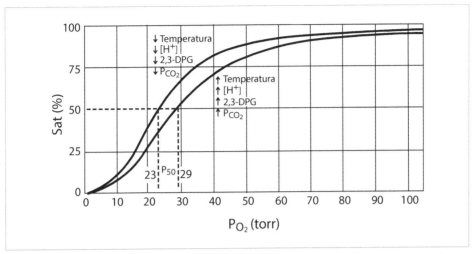

FIGURA 29 Duas curvas de saturação da Hb com diferentes P_{50}. A curva mais à nossa esquerda tem P_{50} = 23 e a mais à nossa direita tem P_{50} = 29. Dessa forma, a curva da esquerda representa moléculas de hemoglobina com maior afinidade pelo oxigênio que as representadas pela curva da direita. Na figura estão indicados, ainda, fatores que promovem essa mudança entre as curvas. Note que, por motivos mnemônicos, a condição mais ácida foi colocada como ↑ [H⁺], e não como ↓ pH, de modo que todos os fatores que deslocam a curva para a direita surgem como "aumento de". O texto dá mais detalhes.

turação é de 82% (mais adiante, vamos ver como transformar o valor de saturação em quantidade de oxigênio). Ao deixar o capilar pulmonar, a pressão parcial de oxigênio se elevou pelas trocas com o gás alveolar e, ao ser ejetado para a aorta, esse eritrócito se encontra em uma P_{a,O_2} de aproximadamente 100 torr (note que estamos no sangue arterial que deixa o ventrículo esquerdo em direção aos sistemas orgânicos, e não no capilar pulmonar). Assim, a saturação é, agora, de 97%. Chegando aos tecidos, esse eritrócito cede a quantidade de O_2 obtida nas trocas alveolares e o ciclo volta a se repetir. É possível aumentar a quantidade de oxigênio que é cedida aos tecidos do organismo (e, por consequência, aumentar as trocas alveolares)?

Considere que, ao chegar aos tecidos, as moléculas de hemoglobina passem a se comportar como representado pela curva mais à direita, com P_{50} de 29 torr (ver Figura 29). Isso quer dizer que a Hb deixa os pulmões tendo uma afinidade mais alta pelo oxigênio e deixa os tecidos tendo uma afinidade mais baixa. Assim, apesar de os valores de P_{O_2} estarem fixos (40 torr no sangue venoso e 100 torr no sangue arterial), a quantidade de oxigênio liberada nos tecidos (e, consequentemente, obtida nos alvéolos) é maior que a quantidade que seria liberada se o processo ocorresse somente sobre uma única das curvas representadas na Figura 29. Esses processos são ilustrados na Figura 30.

Esse fenômeno de **histerese** ("trajeto da ida diferente do trajeto da volta") na hemoglobina ocorre, basicamente, em razão de três fatores: **acidez, temperatura e 2,3-difosfoglicerato** (2,3-DPG, ou, como mais recentemente nomeado, 2,3-bifosfoglicerato). Existe, ainda, o efeito do aumento da pressão parcial de gás carbônico, do qual trataremos mais adiante.

Nos tecidos, a temperatura é um pouco maior que nos alvéolos pulmonares em virtude do próprio metabolismo celular. Esse metabolismo causa, também, uma queda no pH (maior acidez) e queda na P_{O_2} local. Em relação ao capilar pulmonar, os eritrócitos encontram-se, assim, em uma condição hipóxica, e isso causa um aumento no 2,3-DPG. Tanto o aumento da temperatura quanto o da concentração de íons H^+ e de 2,3-DPG levam a um aumento na P_{50} da hemoglobina, deslocando a curva de saturação para a direita e promovendo o fenômeno de histerese já descrito. Com isso, uma maior quantidade de oxigênio é liberada. Ao retornar aos capilares pulmonares, os eritrócitos se veem na condição oposta, a curva de saturação se desloca para a esquerda com diminuição da P_{50} e ocorre a consequente maior afinidade da Hb pelo O_2, aumentando as trocas alveolares (ver Figura 30).

Efeitos Bohr e Haldane

Como indicado na Figura 29 e citado no texto anteriormente, além do efeito modulador de diminuição da afinidade da Hb em decorrência da queda do pH (aumento da [H^+]), há o efeito da concentração e gás carbônico sobre a curva de saturação. Note que o aumento da P_{CO_2} causa, por si só, uma queda de pH (ver o capítulo "Regulação ácido-base" do volume 3 desta obra). Contudo, foi observado que, mesmo mantendo o pH fixo, o aumento da P_{CO_2} ainda causa uma diminuição da afinidade da Hb pelo oxigênio. Esse é o chamado **efeito Bohr**, descrito no começo do século XX.

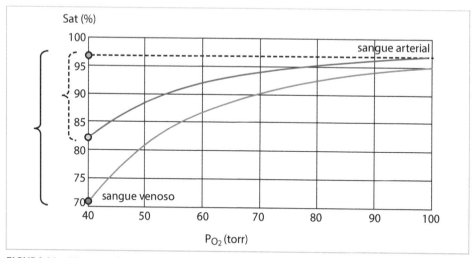

FIGURA 30 Histerese da hemoglobina entre o sangue arterial e o sangue venoso. A curva em preto representa Hb com alta afinidade pelo O_2 (no caso, como na Figura 29, P_{50} = 23 torr), enquanto a curva em cinza representa Hb de menor afinidade pelo O_2 (P_{50} = 29 torr). O sangue arterial tem uma saturação ao redor de 97%. Caso não houvesse a modulação como explicado no texto, a saturação do sangue venoso seria de 82% (chave pontilhada). Contudo, pela mudança na afinidade da Hb pelo O_2, com aumento da P_{50} (diminuição da afinidade) decorrente do aumento de 2,3-DPG, temperatura, [H^+] e CO_2 que ocorrem nos tecidos, a curva de saturação passa a ser a cinza, e a saturação do sangue venoso é de 71% (chave cheia), neste exemplo. Assim, houve um decréscimo extra na saturação ente o sangue arterial e o venoso ao redor de 10% por esse fenômeno, o que representa uma maior quantidade de oxigênio liberada para os tecidos e, reciprocamente, uma maior quantidade obtida nos pulmões.

O efeito Bohr se dá pela ligação reversível do CO_2 com grupos amino tanto nas cadeias alfa quanto beta da hemoglobina. Essas ligações, que não são nos mesmos grupos aos quais o H^+ se liga, causam uma diminuição da afinidade pelo O_2. As ligações nas cadeias alfa não interferem com o 2,3-DPG. Contudo, as ligações na cadeia beta se dão nos mesmos grupos com os quais o 2,3-DPG se combina e, portanto, há uma competição entre CO_2 e 2,3-DPG nesses sítios.

Da mesma maneira que o aumento da P_{CO_2} causa diminuição da afinidade pelo O_2, aumento da P_{O_2} causa diminuição da afinidade dos grupos amino pelo CO_2. Ou seja, aumento da P_{CO_2} leva a diminuição da quantidade de O_2 ligada à Hb, e aumento da P_{O_2} leva a diminuição da quantidade de CO_2 ligada à Hb. O primeiro caso é o efeito Bohr, já descrito. O segundo é o **efeito Haldane**: diminuição da ligação de CO_2 à Hb em decorrência do O_2. Assim, esses efeitos se tornam complementares, facilitando ora a liberação de oxigênio nos tecidos, ora a liberação de gás carbônico nos alvéolos (Davenport, 1975). Mais detalhes dessas ligações do CO_2 com as moléculas de hemoglobina são apresentados na seção "Quantificação do transporte de gases", mais adiante, e no capítulo "Regulação ácido-base" do volume 3 desta obra.

Hemoglobina fetal
Sob alguns aspectos, a vida intrauterina representa, para o ser em desenvolvimento, uma série de desafios em relação ao que será a vida extrauterina. Um desses aspectos é a obtenção de oxigênio, pois não há acesso ao ar atmosférico. O feto deve conseguir O_2 do sangue materno, e isso implica obter oxigênio a partir da hemoglobina materna. Mas, qual é a diferença entre esse caso e o que ocorre habitualmente nos tecidos? Em outras palavras, se os tecidos orgânicos obtêm oxigênio a partir do sangue, por que o sangue fetal obter oxigênio a partir do sangue materno impõe um problema?

Nos tecidos, as células estão em pleno uso do oxigênio como comburente, e a cadeia respiratória, onde o O_2 é utilizado, se encontra nas mitocôndrias (ver o capítulo "Energética" do volume 3 desta obra). Logo, o oxigênio deve atingir essas organelas, nas quais se pode considerar que a quantidade de O_2 é praticamente nula (ou seja, $P_{O_2} \cong 0$). Assim, a força movente para difusão (diferença de concentração) é alta entre o sangue e a mitocôndria, e as necessidades são supridas. O caso da transferência para o sangue fetal é quase que oposto: é preciso transferir o oxigênio tendo o sangue fetal uma $P_{O_2} >> 0$, pois é esse sangue que deverá suprir os tecidos fetais.

Um segundo problema que ocorre em relação às trocas alveolares é o do coeficiente de difusão, Do_2. De forma geral, esse coeficiente é ao redor de 1.000 vezes mais alto em uma fase gasosa que em uma fase líquida. Ou seja, obter O_2 a partir do gás alveolar é mais rápido que obter O_2 do sangue.

Assim, existe um problema, que é o de conseguir transferir grandes quantidades de O_2 tendo uma força movente pequena e um coeficiente de difusibilidade menor que o do gás alveolar.

Evolutivamente, esse problema foi contornado pela hemoglobina fetal. Ela surge no segundo mês de gestação e perdura até alguns meses após o nascimento. A Hb fetal tem as mesmas duas cadeias alfa da Hb do adulto, porém as cadeias beta são substituídas por cadeias gama. Isso dá, à Hb fetal, uma maior afinidade por oxigênio que a Hb do adulto, com $P_{50} \cong 19$ torr.[42]

Box 2 – Modelos de dinâmica da hemoglobina

Em 1925, Adair postulou o modelo da ligação do O_2 à Hb baseado na dita "lei de massas" química. Esse é o modelo que apresentamos na equação (21a). Vamos desenvolvê-lo completa e explicitamente agora:

$$Hb_0 + O_2 \underset{k_{10}}{\overset{k_{01}}{\rightleftharpoons}} Hb_1 + O_2 \underset{k_{21}}{\overset{k_{12}}{\rightleftharpoons}} Hb_2 + O_2 \underset{k_{32}}{\overset{k_{23}}{\rightleftharpoons}} Hb_3 + O_2 \underset{k_{43}}{\overset{k_{34}}{\rightleftharpoons}} Hb_4$$

Note que o modelo de Adair é sequencial, ou seja, as transições se dão somente entre estados adjacentes. Não é levada em conta a possibilidade de transições diretas entre estados não adjacentes. Por exemplo, não existe uma transição do tipo $Hb_2 + 2O_2 \leftrightarrow Hb_4$.

Para seguir com o exame do modelo, supõe-se que a quantidade de oxigênio não seja um fator limitante para a dinâmica, ou, em outras palavras, uma dada pressão parcial de O_2 no meio é mantida fixa de modo a não variar em decorrência da ligação com a Hb. Como mostrado na equação 21b, na condição de equilíbrio químico:

$$Hb_1^* = K_1 \cdot P_{O_2} \cdot Hb_0^*$$

$$Hb_2^* = K_2 \cdot P_{O_2} \cdot Hb_1^* = K_1 \cdot K_2 \cdot P_{O_2}{}^2 \cdot Hb_0^*$$

$$Hb_3^* = K_3 \cdot P_{O_2} \cdot Hb_2^* = K_1 \cdot K_2 \cdot K_3 \cdot P_{O_2}{}^3 \cdot Hb_0^*$$

$$Hb_4^* = K_4 \cdot P_{O_2} \cdot Hb_3^* = K_1 \cdot K_2 \cdot K_3 \cdot K_4 \cdot P_{O_2}{}^4 \cdot Hb_0^*$$

Sendo $K_i = {k_{i,i+1}}/{k_{i+1,i}}$.

Observando essas equações, percebemos que há cinco variáveis ($Hb_{0,1,2,3,4}$) e quatro equações. Portanto, falta uma equação para tornar o sistema solúvel. A equação que falta é a quantidade total de hemoglobina, Hb_T, que tem um valor fixo:

$$Hb_T = Hb_0 + Hb_1 + Hb_2 + Hb_3 + Hb_4$$

Inserindo as equações dos diferentes estados e rearranjando, obtemos:

$$Hb_0^* \cdot \left(1 + K_1 \cdot P_{O_2} + K_1 \cdot K_2 \cdot P_{O_2}{}^2 + K_1 \cdot K_2 \cdot K_3 \cdot P_{O_2}{}^3 + K_1 \cdot K_2 \cdot K_3 \cdot K_4 \cdot P_{O_2}{}^4\right) = Hb_T$$

---

42 Ver https://www.ncbi.nlm.nih.gov/books/NBK500011/#article-21708.s2 (acesso em 2 jun. 2025).

Por simplificação de notação, vamos criar duas variáveis, A e B:

$$A = 1 + B$$

$$B = K_1 \cdot P_{O_2} + K_1 \cdot K_2 \cdot P_{O_2}{}^2 + K_1 \cdot K_2 \cdot K_3 \cdot P_{O_2}{}^3 + K_1 \cdot K_2 \cdot K_3 \cdot K_4 \cdot P_{O_2}{}^4$$

Assim:

$$Hb_0^* = \frac{1}{A} \cdot Hb_T$$

$$Hb_1^* = \frac{K_1 \cdot P_{O_2}}{A} \cdot Hb_T$$

$$Hb_2^* = \frac{K_1 \cdot K_2 \cdot P_{O_2}{}^2}{A} \cdot Hb_T$$

$$Hb_3^* = \frac{K_1 \cdot K_2 \cdot K_3 \cdot P_{O_2}{}^3}{A} \cdot Hb_T$$

$$Hb_4^* = \frac{K_1 \cdot K_2 \cdot K_3 \cdot K_4 \cdot P_{O_2}{}^4}{A} \cdot Hb_T$$

Note que cada estado na condição de equilíbrio químico é uma função linear de Hb_T. A saturação *Sat* é a razão entre a quantidade de oxigênio sendo transportada pela quantidade total que poderia ser transportada. A quantidade total é $4 \cdot Hb_T$, e cada estado "i" transporta "i" moléculas de O_2. Assim:

$$Sat = \frac{Hb_1 + 2 \cdot Hb_2 + 3 \cdot Hb_3 + 4 \cdot Hb_4}{4 \cdot Hb_T}$$

Como cada estado da hemoglobina é uma função linear de Hb_T, a quantidade total de hemoglobina não aparece na função de saturação. Simplificando o denominador "4", temos a equação 22 apresentada no texto:

$$Sat = 0{,}25 \cdot Hb_1 + 0{,}50 \cdot Hb_2 + 0{,}75 \cdot Hb_3 + Hb_4$$

É importante lembrar que cada estado "i" tem o denominador "A" e um numerador que é uma potência "i" da pressão parcial de oxigênio. Dessa maneira, a função Sat é uma razão entre dois polinômios de quarto grau:

$$Sat = \frac{K_1 \cdot P_{O_2} + K_1 \cdot K_2 \cdot P_{O_2}{}^2 + K_1 \cdot K_2 \cdot K_3 \cdot P_{O_2}{}^3 + K_1 \cdot K_2 \cdot K_3 \cdot K_4 \cdot P_{O_2}{}^4}{1 + K_1 \cdot P_{O_2} + K_1 \cdot K_2 \cdot P_{O_2}{}^2 + K_1 \cdot K_2 \cdot K_3 \cdot P_{O_2}{}^3 + K_1 \cdot K_2 \cdot K_3 \cdot K_4 \cdot P_{O_2}{}^4}$$

$$= \frac{B}{1 + B}$$

Assim:

$$P_{O_2} \to 0 \vdash B \to 0 \vdash Sat \to 0$$

e

$$P_{O_2} \to \infty \vdash B \to \infty \vdash Sat \to 1$$

Sendo que o símbolo ⊢ denota "implica". A próxima etapa é explorar a questão da cooperatividade dos sítios de ligação e O_2 na molécula de Hb. Em outras palavras, descobrir se a equação da saturação delineada acima leva a uma curva sigmoide ("S") somente se houver o fenômeno de cooperação. Como estamos interessados no formato da curva em função da quantidade de oxigênio, vamos obter a primeira derivada de Sat em relação à P_{O_2}, que nada mais é do que a capacitância da Hb para o O_2:

$$B' = \frac{dB}{dP_{O_2}} = K_1 + 2 \cdot K_1 \cdot K_2 \cdot P_{O_2} + 3 \cdot K_1 \cdot K_2 \cdot K_3 \cdot P_{O_2}^2 + 4 \cdot K_1 \cdot K_2 \cdot K_3 \cdot K_4 \cdot P_{O_2}^3$$

e

$$\frac{dSat}{dP_{O_2}} = \frac{B'}{(1+B)^2} = \beta_{Hb}$$

Quando $P_{O_2} = 0$, $\frac{dSat}{dP_{O_2}} = K_1 > 0$. Logo, a capacitância é positiva e a saturação cresce conforme a pressão parcial de oxigênio se eleva do zero. Note que a primeira derivada da saturação em relação à P_{O_2} nunca se torna negativa, o que implica que a curva de saturação é monotonamente crescente. Quando $P_{O_2} \to \infty$, a primeira derivada da saturação tende a zero, indicando que a curva de saturação tende a não mais variar.

Para a curva de saturação ter o formato sigmoide, a primeira derivada tem de ser crescente em determinada faixa de P_{O_2} entre 0 e um certo valor crítico P_x a partir do qual a primeira derivada, apesar de positiva, se torna decrescente. Portanto, a segunda derivada deve ser positiva para $0 \leq P_{O_2} < P_x$ e negativa para $P_{O_2} > P_x$. Claramente, em $P_{O_2} = P_x$, a segunda derivada deve ser nula. Ou seja, em $P_{O_2} = P_x$, a primeira derivada tem um ponto de máximo e, assim, em $P_{O_2} = P_x$, a capacitância da Hb é máxima. Note que isso não quer dizer que em $P_{O_2} = P_x$ seja a saturação máxima de Hb: já sabemos que isso ocorre quando $P_{O_2} \to \infty$. O que P_x indica é o valor da pressão parcial de oxigênio para o qual há maior variação na saturação.

Sem nos preocuparmos com os detalhes da derivação (que pode ser feita como exercício), temos o seguinte resultado da segunda derivada da saturação em relação à P_{O_2} para quando essa é zero e para quando tende ao infinito:

$$\frac{d^2 Sat}{dP_{O_2}^2}\Big|_{P_{O_2}=0} = 2 \cdot K_1 \cdot (K_2 - K_1)$$

$$\frac{d^2 Sat}{dP_{O_2}^2}\Big|_{P_{O_2}\to\infty} \to \frac{-20 \cdot k_a \cdot P_{O_2}^8}{k_b \cdot P_{O_2}^{12}} \to 0^-$$

Assim, para $P_{O_2} = 0$, a segunda derivada é positiva se $K_2 > K_1$. Isto é, a cooperatividade cria um aumento da afinidade. Para $P_{O_2} \to \infty$, a segunda derivada tende a zero (do mesmo modo que a primeira, indicando que a curva de saturação varia cada vez menos a despeito do aumento da P_{O_2}). Além disso, a segunda derivada se aproxima de zero "vindo por baixo", ou seja, a segunda derivada tem valores negativos em P_{O_2} elevadas. Mas, se a segunda derivada é positiva para P_{O_2} baixas e negativa para P_{O_2} altas, em algum ponto a função "segunda derivada" cruzou o zero, como havíamos delineado. Esse cruzamento ocorre em $P_{O_2} = P_x$.

A concepção da cooperatividade como decorrente das ligações sequenciais com o oxigênio ocasionando mudança terciária de uma subunidade veio em 1966, com o modelo de Koshland, Nemethy & Filmer (KNF, ver Yonetani e Laberge, 2008). Em 1965, Monod, Wyman e Changeux (MWC) propuseram um modelo no qual a Hb se apresenta em dois estados: tenso (T) e relaxado (R). A transição T → R leva a um aumento da afinidade pelo O_2, contudo essa transição não necessitaria da ligação com oxigênio (mas é facilitada por tais ligações). O modelo sequencial de Adair/KNF e o modelo T-R de MWC já foram extensamente explorados e não se consegue distinguir entre eles, ou seja, ambos descrevem de forma adequada a curva de saturação (p. ex., Szabo e Karplus, 1972). Recomendamos a revisão de Yonetani e Laberge (2008) para quem quiser um maior aprofundamento no assunto.

Eritrócitos

Como citado anteriormente, a hemoglobina de vertebrados se encontra dentro de células, os eritrócitos (ou células vermelhas, ou hemácias). Nos mamíferos, as hemácias são anucleadas, porém, nos demais grupos, essas células têm núcleo. Por motivos óbvios, os eritrócitos não possuem mitocôndrias, de modo que o metabolismo dessas células é somente do tipo anaeróbio, não consumindo o oxigênio que está sendo transportado.

A explicação evolutiva para a Hb ser empacotada em células e não deixada livre no próprio plasma se divide em duas correntes, não necessariamente excludentes (Snyder, 1977):

1. As moléculas de Hb juntas em um ambiente separado do plasma permitem uma maior regulação de sua ligação com o oxigênio (ver seção "Modulação da curva de saturação da Hb"); e
2. Com as moléculas empacotadas não ocorre o aumento de viscosidade sanguínea que ocorreria se as moléculas estivessem soltas, evita-se a perda dessas moléculas pela ultrafiltração renal e evita-se o aumento de osmolaridade decorrente da presença das moléculas no plasma.

De uma forma ou de outra, percebe-se que o surgimento das hemácias como células de transporte de oxigênio traz certas vantagens. Evolutivamente, assim, essas células foram mantidas. Dessa maneira, aqui trataremos a hemoglobina e as hemácias como parte de um conjunto funcional.

As hemácias humanas são discos bicôncavos com diâmetro ao redor de 8 μm (Figura 31). Contudo, as hemácias possuem diferentes formatos e diferentes tamanhos nos diferentes grupos de vertebrados. Por exemplo, as menores hemácias são encontradas nos cervos-rato,[43] sendo esféricas com 2 μm de diâmetro, enquanto anfíbios do gênero

---

43 Ou trágulos, ou chevrotain, são pequenos cervos encontrados na África, na Índia e no sudoeste asiático. Pertencem à família Tragulidae, ordem Artiodactyla.

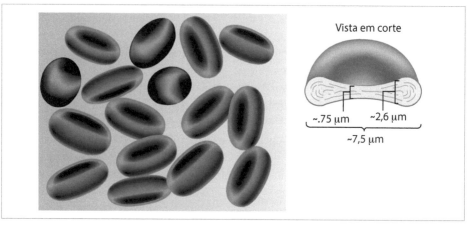

FIGURA 31 Eritrócitos humanos com seu formato de disco bicôncavo e diâmetro ao redor de 8 μm.
Fonte: adaptada de https://slideplayer.com/slide/4556022/15/images/8/Normal+Human+Erythrocyte.jpg.

Amphiuma têm eritrócitos com formato oval e bicôncavo, com dimensões de 66 μm × 37 μm × 15 μm (Snyder e Sheafor, 1999), o que resulta em uma variação de volume celular ao redor de 1.000 vezes. A Figura 32 ilustra eritrócitos de vários vertebrados de modo comparativo. Os motivos evolutivos para essa enorme variação de tamanho e de formato não são completamente esclarecidos, mas uma hipótese é a associação com o diâmetro dos capilares pulmonares e sistêmicos nos diferentes grupos (Snyder e Sheafor, 1999). Essa hipótese decorre do fato de que as hemácias são ligeiramente maiores que o diâmetro dos capilares do organismo ao qual pertencem e, ao adentrar esses vasos, elas tendem a se empilhar e ocupar todo o volume disponível. Com isso, as hemácias têm uma aproximação máxima para trocas gasosas, seja com o gás alveolar, seja com as demais células teciduais. A Figura 33 ilustra esse fenômeno.

A hemoglobina no estado oxi (ver acima) tem coloração vermelha viva. A hemoglobina com CO_2 ligado à molécula tem coloração mais azulada (note que não é a hemoglobina no estado desoxi que tem a coloração azulada). É por esse motivo que identificamos se o sangue é arterial ou venoso pela cor.

É por isso também que pessoas com frio intenso, que estão com a circulação para a pele diminuída para reter energia no núcleo corpóreo (ver "Circulação"), ficam com as extremidades arroxeadas: pela vasoconstrição vigorosa, o fluxo sanguíneo diminui muito, as células continuam a realizar metabolismo aeróbio e produzir CO_2, o que, combinado com o baixo fluxo, causa um aumento na quantidade de hemoglobina com CO_2 ligado e, assim, resulta na coloração típica. Essa coloração é dita *cianose* (ciano = azul), e o caso que acabamos de descrever é o de cianose de extremidades.

Quantificação do transporte de gases

Oxigênio

Como citado anteriormente, o plasma tem uma capacitância de $1{,}52 \times 10^{-6}$ mol O_2 L^{-1} $torr^{-1}$, o que resulta em $1{,}52 \times 10^{-4}$ mol O_2 por litro de sangue para uma pressão de 100 torr.

FIGURA 32 Eritrócitos nos diversos grupos de vertebrados. Em 1875, George Gulliver resumiu essa pesquisa ao desenhar hemácias de mais de 80 espécies de vertebrados em escala relativa.
Fonte: adaptada de https://www.fleetscience.org/science-blog/red-blood-cells-large-and-small.

Já a hemoglobina 100% saturada carrega $5{,}98 \times 10^{-5}$ mol O_2 por grama de Hb (ou 1,34 mL STPD O_2/g de Hb). Denominaremos esse valor de **capacitância máxima da Hb**, β_{Hb}^{max}. Um ser humano saudável tem ao redor de 150 gramas de Hb por litro de sangue. Esse é, então, o valor da concentração de hemoglobina, *[Hb]*. Assim, se a

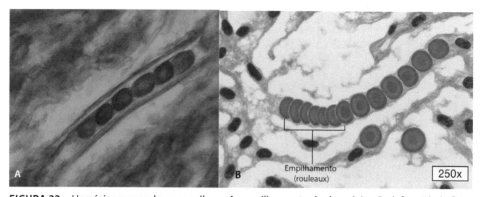

FIGURA 33 Hemácias passando por capilares. A: empilhamento das hemácias. B: deformidade fisiológica das hemácias quando em capilares (fenômeno de *rouleaux*).
Fonte: imagens geradas por inteligência artificial com ChatGPT (OpenAI) usando o modelo DALL·E, 2025; versão por assinatura.

saturação é de 100%, 1 litro de sangue carrega ao redor de 9×10^{-3} mol O_2, ou 9 mmol O_2, ou 201 mL STPD de O_2. Portanto, 60 vezes mais que o transportado dissolvido no plasma.[44]

Como transformar, agora, esses valores na quantidade de oxigênio efetivamente ofertada aos tecidos?

A **equação de Fick** faz o cálculo de quantidades trocadas utilizando a diferença de concentração entre a entrada e a saída de um dado sistema. A Figura 34 ilustra o princípio.

O sistema recebe um fluxo de entrada, $\dot{Q}_{ent}$, que tem uma certa concentração de uma substância x, $c_{x,ent}$. Há um fluxo de saída, $\dot{Q}_{sai}$, com concentração de saída $c_{x,sai}$. No sistema, há consumo (ou produção) da substância x, indicado por $\dot{x}$. Esse consumo (ou produção) é calculado por meio um balanço de massa (ou conservação de matéria) entre o que entra e o que sai do sistema. A quantidade de x que entra, por unidade de tempo, é $\dot{x}_{ent}$, enquanto a quantidade que sai é $\dot{x}_{sai}$, sendo:

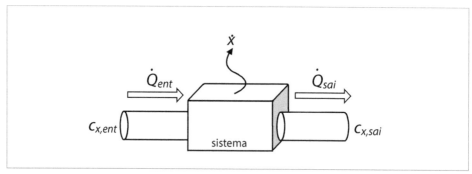

FIGURA 34 Princípio de Fick.

---

44 Note que, coincidentemente, 201 mL/L ≅ 20% ≅ fração de oxigênio no ar ambiente seco.

$$\dot{x} = \dot{x}_{sai} - \dot{x}_{ent}$$

$$\dot{x}_{sai} = \dot{Q}_{sai} \cdot c_{x,sai}$$

$$\dot{x}_{ent} = \dot{Q}_{ent} \cdot c_{x,ent}$$

Portanto:

$$\dot{x} = \dot{Q}_{sai} \cdot c_{x,sai} - \dot{Q}_{ent} \cdot c_{x,ent} \qquad \text{Equação 23a}$$

Caso o sistema esteja em regime permanente (fluxo de entrada igual ao fluxo de saída) e o consumo (ou a produção) da substância x seja irrisório diante do fluxo total de matéria $\dot{Q}$, a equação (23a) fica simplificada para:

$$\dot{x} = \dot{Q} \cdot \left(c_{x,sai} - c_{x,ent} \right) \qquad \text{Equação 23b}$$

As equações (23a e 23b) são a equação de Fick. Note que, ao multiplicar um fluxo volumétrico por uma concentração, obtém-se uma quantidade de substância por unidade de tempo, ou seja, o fluxo da substância.

Note que o **método de Fick** é o uso das concentrações (ou equivalente) à entrada e saída de um sistema, conhecendo-se a produção ou o consumo de x, para determinar o fluxo $\dot{Q}$. Ou seja, o método de Fick utiliza a equação 23 de maneira invertida:

$$\dot{Q} = \frac{\dot{x}}{\left(c_{x,sai} - c_{x,ent} \right)}$$

Se a concentração à saída é menor que à entrada, o termo entre parênteses na equação (23b) é negativo e, consequentemente, $\dot{x}$ também será negativo, indicando consumo da substância no sistema. Se a concentração à saída é maior que à entrada, o termo é positivo e indica produção da substância no sistema.

Retornando à questão relacionada à oferta de oxigênio, o termo x é o O_2 e, portanto, é o consumo de oxigênio, enquanto o fluxo $\dot{Q}$ é a perfusão sanguínea do tecido em questão. Vamos, primeiro, escrever as equações das concentrações e, depois, fazer um exemplo utilizando valores realistas. Para um tecido qualquer, a entrada é representada pelo sangue arterial a, enquanto a saída é o sangue venoso v daquele tecido em particular (note que esse sangue não é o sangue venoso misto definido anteriormente). Temos, assim,

$$c_{O_2,ent} = Sat_a \cdot [Hb] \cdot \beta_{Hb}^{max}$$

$$c_{O_2,sai} = Sat_v \cdot [Hb] \cdot \beta_{Hb}^{max}$$

Note que estamos desconsiderando o oxigênio carregado dissolvido no plasma, já que essa quantidade é 60 vezes menor que a carregada pela hemoglobina. A capacitância máxima não se altera entre o sangue arterial e o venoso, como também não se altera a concentração de hemoglobina.[45] O fluxo sanguíneo que entra é o mesmo que sai e, dessa maneira, podemos escrever o consumo de oxigênio $\dot{V}_{O_2,j}$ para um dado tecido j como:

$$\dot{V}_{j,O_2} = \dot{Q}_j \cdot \left(c_{j,O_2,sai} - c_{j,O_2,ent}\right)$$

Para evitarmos o excesso de índices, ficará subentendido que estamos nos referindo a um tecido j em particular e, assim, utilizando as equações de concentração delineadas anteriormente:

$$\dot{V}_{O_2} = \dot{Q} \cdot [Hb] \cdot \beta_{Hb}^{max} \cdot (Sat_v - Sat_a) \qquad \text{Equação 24}$$

Vamos a um primeiro exemplo. Considere uma mulher adulta média em repouso. O fígado recebe algo em torno de 1,3 litro de sangue por minuto. Vamos supor que a concentração de hemoglobina dessa mulher seja de 152 g Hb/L, a capacitância máxima seja de $5,98 \times 10^{-5}$ mol O_2 por grama de Hb (1,34 mL STPD O_2/g de Hb), o sangue arterial tenha uma saturação de 96% e o sangue venoso que deixa o fígado tenha uma saturação de 75%. Colocando esses valores na equação 24, temos:

$$\dot{V}_{fígado,O_2} = 1,3 \cdot 152 \cdot 5,98 \cdot 10^{-5} \cdot (0,96 - 0,75) = 2,48 \; mmol \; O_2 \; min^{-1}$$

Ou 55,6 mL O_2 por minuto (lembre-se que o consumo total dessa pessoa é de cerca de 300 mL O_2 por minuto). Note que invertemos as saturações venosa e arterial na equação de modo a termos o consumo como um valor positivo.

Vamos, agora, utilizar a equação 24 para o organismo como um todo, considerando a concentração de hemoglobina como o valor médio de 150 g Hb/L e a capacitância máxima esperada ($5,98 \times 10^{-5}$ mol O_2 por grama de Hb). O fluxo, portanto, é o débito cardíaco integral, sendo utilizado o valor de 5,5 litros por minuto, que é o valor médio de repouso. De acordo com a Figura 30, o sangue arterial tem saturação de 97% e o sangue venoso misto, de 70% (note, agora, que o sangue ao qual fazemos referência é o sangue venoso misto, pois estamos vendo a mistura do sangue proveniente de todos os órgãos). Assim:

$$\dot{V}_{O_2,total} = 5,5 \cdot 150 \cdot 5,98 \cdot 10^{-5} \cdot (0,97 - 0,70) = 13,3 \; mmol \; O_2 \; min^{-1}$$

$$= 298 \; mL \; O_2 \; min^{-1}$$

Ou seja, obtivemos o valor esperado de 300 mL O_2 por minuto, que é o consumo de um indivíduo médio em repouso.

---

45 Estamos resolvendo um problema sem complicações. Eventualmente, pode haver casos nos quais haja variação da capacitância máxima e/ou da concentração de hemoglobina entre a parte arterial e a venosa de um dado sistema.

Problema 11. Suponha que não houvesse a modulação da afinidade da Hb pelo O_2 e a P_{50} fosse de 23 torr (curva preta na Figura 30). Qual deveria ser o aumento de débito cardíaco para manter o mesmo $\dot{V}_{O_2}$ de 298 mL por minuto e a mesma $P_{\bar{v},O_2} = 40$ torr?

Solução: como não há modulação, a saturação do sangue venoso a 40 torr é em torno de 82%. Dessa maneira, rearranjando a equação 24, temos:

$$\dot{Q} = \frac{298}{150 \cdot 5,98 \cdot 10^{-5} \cdot (0,97 - 0,82)} = 9,9\ L \cdot min^{-1}$$

Ou seja, o fluxo sanguíneo (débito cardíaco) deve aumentar 1,8 vez para manter as condições anteriores. Note que, como são relações lineares, a razão entre o débito na nova condição em relação ao débito na condição anterior é a mesma que a razão entre a diferença de saturação na condição anterior em relação à condição nova. Em notação:

$$\frac{\dot{Q}_{novo}}{\dot{Q}_{anterior}} = \frac{\Delta Sat_{anterior}}{\Delta Sat_{novo}} = \frac{0,97 - 0,70}{0,97 - 0,82} = 1,8$$

Gás carbônico

O CO_2 é transportado, basicamente, de três formas:

1. Dissolvido no plasma e no citoplasma dos eritrócitos.
2. Na forma de compostos carbamino nas moléculas de hemoglobina (ver efeito Haldane).
3. Hidratado em ácido carbônico e posteriormente dissociado como bicarbonato.

CO_2 dissolvido

Como qualquer outro gás, as moléculas de CO_2 se encontram em uma dada concentração na fase líquida de acordo com a pressão parcial na fase gasosa (ver "Pressão parcial de um gás em uma fase gasosa"). Tem-se, assim:

$$CO_{2\ diss} = \beta_{CO_2,l} \cdot P_{CO_2}$$

Compostos carbamino

Terminais amina ($-NH_2$) nas moléculas de hemoglobina podem se ligar reversivelmente a moléculas de CO_2 formando compostos carbamino, seguindo a equação química a seguir:

$$R - NH_2 + CO_2 \rightleftharpoons R - NHCOO^- + H^+$$

O destino dos íons H^+ formados é assunto do capítulo "Regulação ácido-base" do volume 3 desta obra. Essa reação é rápida e não necessita de catalisadores para ocorrer.

O CO_2 forma compostos carbamino com outras proteínas além da Hb, porém a quantidade é irrisória e não será levada em conta aqui.

Ácido carbônico e bicarbonato

Parte do CO_2 dissolvido se combina com a água, formando ácido carbônico (H_2CO_3). O ácido carbônico tem pK ao redor de 3,49 (ver capítulo "Regulação ácido-base" do volume 3 desta coleção) e assim, no pH sanguíneo, ocorre a dissociação com formação de bicarbonato (HCO_3^-) e H^+. Dessa maneira, temos a seguinte equação química para o processo:

$$CO_{2\,diss} + H_2O \overset{A.C.}{\longleftrightarrow} H_2CO_3 \leftrightarrow HCO_3^- + H^+$$

A dissociação do ácido carbônico em bicarbonato e H^+ é rápida. Porém, a hidratação/desidratação do CO_2 é lenta, necessitando de um catalisador para ocorrer no tempo de permanência do sangue nos capilares alveolares ou teciduais. Essa catálise é realizada pela enzima anidrase carbônica (A.C. na equação anterior). A A.C. não é encontrada no plasma, apenas dentro dos eritrócitos e na vasculatura pulmonar (Klocke et al., 1995).[46] Assim, ocorre a formação de ácido carbônico dentro das células vermelhas e parte do bicarbonato então formado se difunde pela membrana plasmática, indo para o plasma.[47] Dessa maneira, a maior parte do bicarbonato que se encontra no plasma é, na verdade, de origem intraeritrocitária.

Visão geral

A Tabela 3 apresenta dados das quantidades de CO_2 transportadas em cada uma das formas anteriormente delineadas. Vejamos o que podemos depreender dos dados apresentados. Examinando as colunas referentes ao sangue venoso misto, percebe-se que a maior parte do CO_2 é transportada no plasma (73,2%) na forma de bicarbonato (69,8%). O segundo maior compartimento de transporte do gás carbônico é o bicarbonato intraeritrocitário (21,6%). Portanto, cerca de 91% do CO_2 é transportado na forma de bicarbonato, seja no plasma, seja nas hemácias. Na forma de compostos carbamino, encontram-se ao redor de 3,5%, fração semelhante ao dissolvido no plasma.

Note, agora, a ligeira diferença nas porcentagens do sangue arterial em relação às do venoso misto. Percebe-se uma pequena diferença no CO_2 intraeritrocitário (0,8%), sendo a maior parte deles decorrente da diminuição na porcentagem de compostos carbamino (0,5%). Ou seja, entre o sangue venoso e o arterial, a principal diferença no transporte de CO_2 está na quantidade ligada à hemoglobina. Esse é, justamente, o efeito Haldane, decorrente do aumento da pressão parcial de oxigênio.

---

46 Caso não houvesse a anidrase carbônica, estima-se que o tempo de permanência do sangue em um capilar para que ocorresse o equilíbrio do CO_2 deveria ser ao redor de 90 segundos.

47 A saída de HCO_3^- acarreta saída de cargas negativas dos eritrócitos e uma concomitante entrada de cloro (Cl^-), mantendo a eletroneutralidade dos meios. Como tanto os ânions cloreto quanto o bicarbonato exercem pressão osmótica, há, também, entrada de água nos eritrócitos conforme o sangue arterial se torna venoso e, assim, as hemácias no sangue venoso têm volume ligeiramente maior que as hemácias no sangue arterial.

TABELA 3 Quantificação do transporte de CO_2

		Concentração de CO_2 (mM)		Porcentagem	
		Arterial	Venoso misto	Arterial	Venoso misto
		40 torr	46 torr	–	–
Sangue – 1 litro					
	Total	21,53	23,21	100%	100%
Plasma – 600 mL					
	Total	15,94	16,99	74,0%	73,2%
Dissolvido		0,71	0,80	3,3%	3,4%
HCO_3^-		15,23	16,19	70,7%	69,8%
Eritrócitos – 400 mL					
	Total	5,59	6,22	26,0%	26,8%
Dissolvido		0,34	0,39	1,6%	1,7%
R-NHCOO$^-$		0,64	0,82	3,0%	3,5%
HCO_3^-		4,61	5,01	21,4%	21,6%

Fonte: adaptada de Davenport, 1975.

A título de exemplo e exercício, vamos calcular a taxa de produção de gás carbônico ($\dot{V}_{CO_2}$) do indivíduo ilustrado pelos dados da Tabela 3 utilizando a equação de Fick (23b), considerando que o débito cardíaco é de 5,5 L min^{-1}:

$$\dot{V}_{CO_2} = 5,5 \cdot (23,21 - 21,53) = 9,24 \; mmol \; CO_2 \; min^{-1}$$

Considerando um consumo de oxigênio correspondente a 85 watts, tem-se 250 mL STPD O_2 min^{-1}, ou 11,4 mmol O_2 min^{-1}. Assim, o quociente respiratório ($\dot{V}_{CO_2}/\dot{V}_{O_2}$) é de 0,81, valor compatível com o de uma pessoa em um estado pós-prandial tardio.

Anemia

A anemia, como o nome indica, é uma condição de diminuição da quantidade de hemoglobina no sangue. A anemia pode ter diversas causas, sendo uma das mais comuns a dita anemia ferropriva, que surge em decorrência de uma dieta deficitária em ferro. De modo geral, as moléculas de Hb em uma condição anêmica são normais, isto é, o problema não decorre de alterações nas moléculas de Hb, mas em sua quantidade diminuída. No entanto, existem anemias que são acompanhadas por alterações em parte das moléculas de Hb, sendo o exemplo mais clássico o da anemia falciforme (o qual não será discutido aqui).

Assim, uma vez que o problema é a quantidade de Hb e não sua funcionalidade, a curva de saturação de uma pessoa anêmica tem exatamente o mesmo comportamento da curva de saturação do sangue de um indivíduo não anêmico.

Para ressaltarmos, ainda, que o problema se encontra na quantidade e não na qualidade da Hb, uma pessoa anêmica tem uma palidez generalizada. Isso decorre da diminuição da coloração avermelhada total do sangue, já que há menos hemoglobina. Por esse mesmo motivo, uma pessoa com anemia intensa terá hipóxia tecidual (em virtude da baixa no transporte de O_2), porém não ficará cianótica, pois não há hemoglobina suficiente para mudar a coloração da pele.

Intoxicação por monóxido de carbono

O monóxido de carbono (CO) é um gás produzido em diversas situações. Uma das principais é a queima incompleta de combustíveis orgânicos, condição na qual uma parte do combustível não é levada até CO_2, mas termina em CO. Em qualquer motor à explosão a queima é incompleta e, então, esses motores sempre têm uma parte de sua descarga de escapamento na forma de CO.

O monóxido de carbono tem uma altíssima afinidade pela Hb, nos sítios de ligação do oxigênio. Em outras palavras, o CO compete com o O_2 pelas ligações com a Hb. Em razão da alta afinidade, a ligação do CO com a Hb, formando carboxiemoglobina (HbCO), é mais difícil de ser revertida, o que termina por "inutilizar" a molécula HbCO para transporte de oxigênio. Em números, o CO tem uma afinidade em torno de 210 vezes maior pela Hb que o O_2. Ou seja, para cada molécula de CO ligada à Hb, são necessárias 210 moléculas de O_2 para reverter a ligação.

Agora, diferentemente dos casos de anemia, há alteração qualitativa nas moléculas de hemoglobina, pois a ligação com o oxigênio se torna dificultada. Portanto, uma curva de saturação de um sangue intoxicado por CO é diferente da curva de saturação de um sangue saudável. Mais especificamente, dado que a quantidade total de Hb não se alterou, mas a quantidade de moléculas de Hb que podem se ligar ao O_2 sim, a saturação de um sangue intoxicado por CO é menor que a de um sangue saudável.

Um dos modos mais utilizados para tratar casos de intoxicação por monóxido de carbono é a colocação da pessoa em uma câmara hiperbárica na qual se eleva a pressão parcial de oxigênio para além dos valores atmosféricos normais. Com isso, oferece-se uma maior quantidade de moléculas de O_2 e tende-se a deslocar as moléculas de CO da Hb.

Tanto na anemia quanto na intoxicação por CO, o resultado é uma diminuição da oferta de oxigênio aos tecidos (hipóxia tecidual). Contudo, como acabamos de descrever, os mecanismos são diferentes e a Figura 35 ilustra essa diferença. Pela figura (que é uma reprodução da equação 24), nota-se que, para manter um mesmo consumo de

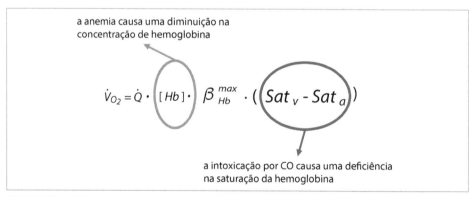

FIGURA 35 Diferença entre a hipóxia tecidual causada por anemia e a causada por intoxicação por monóxido de carbono.

oxigênio ($\dot{V}_{O_2}$), no caso da anemia vai haver uma queda na saturação venosa e/ou um aumento no débito cardíaco, enquanto na intoxicação por CO deve haver um aumento no débito cardíaco (estamos tratando de casos de intoxicação aguda e, portanto, não há tempo para mudança na [Hb]).

Problema 12. Um indivíduo apresenta um quadro de anemia ferropriva com queda de 60% na concentração de Hb. Em repouso, sua frequência cardíaca é de 120 bpm e o volume sistólico é de 85 mL. A saturação medida no sangue arterial é de 97%. Qual deve ser a saturação do sangue venoso misto para que esse indivíduo mantenha o consumo de oxigênio de repouso de 300 mL O_2 STPD min^{-1}?

Solução: o débito cardíaco é dado pelo produto do volume sistólico pela frequência cardíaca e, assim, $\dot{Q}$ = 10,2 L min^{-1}. A concentração de Hb passou a ser de 60 g L^{-1}. A capacitância máxima não se altera pois as moléculas de Hb continuam a ser de igual fenótipo. Dessa maneira, resolvendo a equação (24) para a saturação venosa, encontramos (lembre-se: o consumo é um valor negativo e vamos utilizar a capacitância de 1,34 mL O_2 STPD por grama de Hb):

$$Sat_{\bar{v}} = Sat_a - \frac{\dot{V}_{O_2}}{\dot{Q} \cdot [Hb] \cdot \beta_{Hb}^{max}} = 0,97 - \frac{300}{10,2 \cdot 60 \cdot 1,34} = 0,60$$

Ou seja, a saturação do sangue venoso misto deve cair para 60% (em vez dos habituais 70%). Inspecionando a Figura 29, percebe-se que esse valor de saturação no sangue venoso misto deve corresponder a uma ao redor de 33 torr. Apesar da queda na pressão parcial de oxigênio no sangue arterial, se não houver comprometimento pulmonar, o sangue arterial deve ter sua P_{O_2} mantida nos níveis habituais (como foi dado no enunciado).

Problema 13. Um indivíduo ficou preso em um ambiente fechado no qual havia um motor a combustão em funcionamento. Foi encontrado desacordado e levado a um pronto-socorro. No ambiente no qual ele se encontrava, foi medida uma pressão parcial de monóxido de carbono de 0,41 torr. A pressão barométrica local é de 700 torr, a temperatura é de 22 °C e a umidade relativa U.R. = 70%. Qual a queda de saturação esperada para esse indivíduo?

Solução: a P_{O_2} esperada naquele ambiente é de 0,2094 · (700 – U.R. · P_{vap}(T)). A pressão de vapor para 22 °C (295 K) é ao redor de 20 torr e, assim, P_{O_2} esperada = 0,2094 · (700 − 0,7 · 20) = 144 torr. Uma vez que a afinidade do monóxido de carbono pela Hb é 210 vezes maior que a do oxigênio, podemos dizer que "1 torr de CO corresponde a 210 torr de O_2". Foi medida uma P_{CO} de 0,41 torr. Assim, a razão r entre as pressões corrigida pela afinidade é:

$$r = \frac{210 \cdot 0,41}{144} = 0,6$$

Dessa maneira, a razão acima calculada indica que 60% (0,6) das moléculas de Hb estarão ocupadas por CO em vez de O_2. Se, para uma pressão de O_2 de 144 torr, o gás alveolar tem ao redor de 110 torr (ver equações 17 e Box 1), isso vai resultar em uma saturação aproximada de 96%. Logo, como 60% das moléculas de Hb estão tomadas por CO, a saturação arterial esperada para esse indivíduo é de 36%, o que explica sua síncope e potencial risco de morte. Note que a pressão parcial de CO é ínfima, mas, em virtude da altíssima afinidade pela Hb, compromete muito o transporte de O_2.

FATORES DE OXIGENAÇÃO INCOMPLETA DO SANGUE: DIFERENÇA ALVÉOLO-ARTERIAL DE O_2

A composição gasosa do sangue venoso misto decorre das demandas teciduais e, como explicitado em seções anteriores, cada órgão contribui de maneira diferente para a constituição do sangue que é dirigido aos pulmões para trocas. As diferenças decorrem da perfusão sanguínea (i. e., o fluxo de sangue dirigido ao local) e da taxa metabólica do órgão. Órgãos que recebem baixo fluxo terminam por contribuir menos para a composição do sangue venoso em comparação a órgãos que recebem alto fluxo, por uma mera questão quantitativa. Como veremos em uma seção posterior (relação ventilação/perfusão) processo semelhante ocorre nos pulmões, agora em relação à troca alveolar.

Foi citado na seção "Arterialização do sangue venoso" que, em geral, a pressão parcial de oxigênio no sangue arterial é menor que a observada em um capilar pulmonar, a qual, por seu turno, é, em princípio, similar à alveolar. Vamos explorar os motivos dessas eventuais discrepâncias.

Basicamente, podemos dividir as causas de oxigenação incompleta do sangue arterial em três fatores:

1. Restrições difusivas.
2. *Shunts* e admissão venosa.
3. Não homogeneidade da relação ventilação/perfusão.

As restrições difusivas foram exploradas em uma seção precedente, "Difusibilidade e condutância gasosa pulmonar", e não repetiremos a análise. As eventuais restrições difusivas podem afetar os pulmões como um todo ou porções deles. De maneira geral, contudo, como explicitado na seção "Trocas nos alvéolos", os pulmões saudáveis não apresentam limitações difusivas e o tempo de trânsito dos eritrócitos nos capilares pulmonares é suficiente para que ocorra um equilíbrio entre o gás alveolar e o sangue.

Shunts e admissão venosa

Funcionalmente, *shunts* e admissão venosa representam o mesmo processo,[48] mistura de sangue venoso ao sangue arterial, e a separação entre eles é mais de caráter didática e por uma questão anatômica: a admissão venosa pode ser considerada "anatomicamente normal", enquanto os *shunts* podem ou não ser fisiológicos.

Vamos começar pela admissão venosa. Existe um conjunto de pequenas veias no miocárdio, chamadas veias tebesianas, que drenam sangue venoso do próprio coração

---

48 Muitos textos tratam *"shunts"* e "admissão venosa" como um mesmo processo. A distinção que estamos fazendo aqui é meramente didática.

tanto para o átrio direito quanto para o ventrículo esquerdo. Essa drenagem ao ventrículo esquerdo leva a uma pequena quantidade de sangue venoso sendo adicionada ao sangue arterial da câmara. Além disso, existem algumas anastomoses entre as veias brônquicas e as veias pulmonares. As veias brônquicas são vasos originados das artérias brônquicas, **vasos de nutrição** do parênquima pulmonar e **não de trocas alveolares**. Dessa maneira, essas anastomoses, ao desembocarem nas veias pulmonares, que são originadas das artérias pulmonares de **troca alveolar**, adicionam mais uma pequena quantidade de sangue venoso ao sangue arterial que está sendo levado ao átrio esquerdo. **Portanto, o sangue arterial nas câmaras esquerdas do coração recebe uma pequena quantidade de sangue venoso pelas veias tebesianas e pelas anastomoses broncopulmonares,** o que faz cair (pouco) a pressão parcial de oxigênio do sangue a ser ejetado para a circulação sistêmica. **Esses dois componentes são, muitas vezes, denominados "*shunt* fisiológico".**

Podemos encontrar outras fontes de adição de sangue venoso ao sangue arterial que retorna dos pulmões, além das duas já citadas. Essas outras fontes não são, em geral, "fisiológicas", mas eventualmente podem ser como será explicado.

A persistência do forame oval (ou forame oval patente) é uma causa extremamente comum de adição de sangue venoso ao arterial. O forame oval é uma abertura de comunicação entre o átrio direito e o átrio esquerdo presente na vida fetal e que se fecha ao nascimento (ver "Circulação"). Contudo, com as técnicas mais recentes de ecocardiografia, tem-se notado que ao redor de 25% dos adultos não têm o forame completamente ocluído (Vann et al., 2011). Dessa maneira, em condições nas quais a pressão do átrio direito supera a do átrio esquerdo, como em atividade física, há uma passagem de sangue venoso para junto do arterial, causando queda na P_{a,O_2}. Note que fazemos mais referência à queda na pressão parcial de O_2 e não à elevação da de CO_2. Isso decorre do fato de que é preciso haver uma quantidade relativamente grande de mistura venosa para causar alterações perceptíveis na P_{a,CO_2}: o sangue venoso tem cerca de 46 torr e o arterial, cerca de 40 torr. Já em termos de O_2, o sangue venoso tem cerca de 40 torr e o arterial, cerca de 100 torr, o que dá uma maior margem para impacto quando a quantidade venosa adicionada é pequena. Este tópico será mais bem trabalhado em uma próxima seção sobre a relação ventilação/perfusão.

Várias outras malformações do sistema cardiovascular também podem, é claro, ser fator de queda na P_{a,O_2}, e, dependendo da gravidade do caso, também levar a alterações importantes na P_{a,CO_2}, causando cianose e alterações de equilíbrio acidobásico. Contudo, a abordagem desse assunto foge aos objetivos deste texto.

Outra fonte de *shunt* é originária na própria irrigação pulmonar (Eldridge et al., 2004; Stickland et al., 2004). Há tempos, sabe-se que existem anastomoses intrapulmonares e que, portanto, um certo grau de *shunt* ("fisiológico") pode ocorrer. Contudo, a eventual pressão seletiva para a manutenção de tais anastomoses somente se tornou mais compreendida recentemente. Em condições de atividade física próximas ao $\dot{V}_{O_2}$ máximo, o débito cardíaco aumenta em 5 a 6 vezes em relação ao valor de repouso (ver "Circulação"). Esse aumento no fluxo é acompanhado, nessas condições de alta demanda metabólica, por elevação da pressão arterial, tanto sistêmica quanto pulmonar. No lado sistêmico, a abertura da microcirculação nos músculos em exercício abriga o fluxo gerado. Contudo, no lado pulmonar, não existe um aumento na quantidade de capilares a serem abertos. Assim, em demandas não extremas, os capilares abrigam o incremento no fluxo. Porém, nas condições mais extremadas, a resistência que passa a ser oferecida nos capilares alveolares causaria um impedimento ao aumento de fluxo, necessário no lado sistêmico (em razão da demanda muscular). Dessa maneira, essas anastomoses, de maior calibre, permitem que o aumento de fluxo do lado sistêmico seja acompanhado no lado pulmonar. Contudo, claramente isso se dá com prejuízo da P_{a,O_2}, pois passa a haver mistura de sangue venoso ao arterial.

Relação ventilação/perfusão

Nesta seção, apresentaremos um conceito que inicialmente poderá parecer complicado, mas que, uma vez entendido, percebe-se a lógica simples por trás da questão. Dizemos ser complicado pois, no modo como se descrevem a ventilação de órgãos de trocas gasosas (como os pulmões) e as próprias trocas gasosas, cria-se a impressão de que o grau de oxigenação do sangue que sai desses órgãos depende, exclusivamente, da ventilação e dos processos difusivos nas unidades de troca, como os alvéolos. O que discutiremos, agora, é como a oxigenação depende essencialmente de uma relação entre a ventilação do órgão de troca e a perfusão sanguínea desse órgão. Uma abordagem mais detalhada do que a que apresentaremos pode ser encontrada em Forster II et al., 1986.

Começaremos com um exemplo drástico, e que trará toda a problemática à tona de uma vez. Suponha um indivíduo que está ao nível do mar e em repouso faça 12 inspirações por minuto com um volume corrente de 0,5 litro, e que tenha uma frequência cardíaca de 67 batimentos por minuto com um volume sistólico de 90 mL (0,09 litro). Isso nos dá um volume-minuto de 6 litros e um débito cardíaco de 6 litros por minuto.[49] Suponha, ainda, que a barreira difusiva nos alvéolos não seja um problema, isto é, tanto o oxigênio quanto o gás carbônico possam atingir o estado de equilíbrio com o sangue que passa pelos capilares alveolares; pergunta-se: quais devem ser, aproximadamente, a saturação de hemoglobina e a pressão parcial de gás carbônico no sangue arterial do indivíduo descrito?

Lembrando que, se em uma pessoa saudável ao nível do mar, a saturação de hemoglobina no sangue arterial se encontra ao redor de 98% e a pressão parcial de gás carbônico no sangue arterial ao redor de 40 torr, podemos ficar tentados a responder $Sat = 98\%$ e $P_{a,CO2} = 40$ torr.

Como visto na seção "Ventilação pulmonar", o volume-minuto do indivíduo se encontra dentro dos valores esperados para a condição de repouso, assim como o débito cardíaco. Contudo, a resposta que pode ser dada é: não sabemos, nem aproximadamente, quais são a saturação de hemoglobina e a pressão parcial de gás carbônico no sangue arterial desse indivíduo. Por quê? Imagine o quadro ilustrado na Figura 36.

---

49 Débito cardíaco e volume sistólico são apresentados e discutidos no capítulo "Circulação" deste volume.

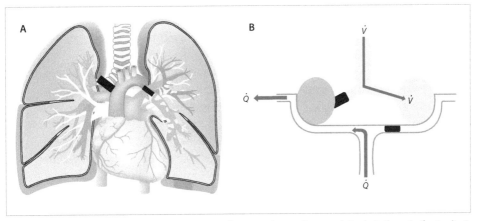

FIGURA 36 A: um indivíduo hipotético que tenha uma obstrução completa do brônquio-fonte direito e uma obstrução completa da artéria pulmonar esquerda (ilustradas pelas respectivas tarjas pretas). B: representação esquemática da condição ilustrada em (A).

O indivíduo (hipotético) representado na Figura 36 não ventila o pulmão direito e não perfunde o pulmão esquerdo. Dessa maneira, apesar de não haver restrição difusiva e tanto o volume-minuto quanto o débito cardíaco se encontrarem em valores esperados, o sangue arterial que sai do órgão de troca tem a mesma composição do sangue venoso que entrou. Isso ocorre porque o sangue passa por uma região que não é ventilada. Por outro lado, o gás expirado tem a mesma composição do gás inspirado, pois o ar é levado a uma região na qual não ocorrem trocas, uma vez que não há fluxo sanguíneo.

Esse exemplo hipotético teve o intuito de chamar a atenção para a questão daquilo que se denomina **relação ventilação/perfusão**, relação V/Q ou, ainda, simplesmente, V/Q. Essa problemática foi percebida e teve seus estudos iniciados em meados do século XX, e, como exemplificado, é uma questão que envolve as trocas gasosas sem estar relacionada à difusão nas unidades de troca. A relação ventilação/perfusão é uma relação entre fluxos, explicitamente o fluxo ventilatório alveolar e o fluxo sanguíneo,[50] cujo impacto se dá sobre a composição gasosa (oxigênio e gás carbônico) do sangue arterial que deixa os pulmões para ser levado à circulação sistêmica.

Note, no entanto, que a ventilação que interessa é a ventilação alveolar, não a ventilação pulmonar total (volume-minuto). Ou seja, para sermos rigorosos na terminologia, devemos escrever V_A/Q. Considerando que o espaço morto anatômico é algo ao redor de 25% do volume corrente (ver seção "Gás alveolar"), pode-se, para situações não complicadas por distúrbios em relação à normalidade, utilizar essa correção. Para situações nas quais há aumento ou diminuição do espaço morto anatômico, a correção para a ventilação alveolar deve ser adequada ao caso.

---

50 De fato, por se tratar de uma relação entre fluxos, o correto seria colocar $\dot{V}_A/\dot{Q}$. Contudo, se fixarmos uma unidade de tempo, por exemplo, 1 minuto, podemos tomar os volumes totais e escrever V_A/Q sem perda da concepção de que estamos tratando de uma relação entre fluxos.

Como citado, o exemplo ilustrado na Figura 36 é de um caso extremo e não real. Contudo, em um órgão de troca gasosa verdadeiro, existem unidades de troca que se encontram em situações similares às apresentadas na Figura 36. Em um pulmão saudável, há alvéolos que têm perfusão sanguínea muito baixa em relação à ventilação que recebem, e há alvéolos que têm uma ventilação muito pequena em relação ao fluxo sanguíneo que passa por eles. E há, obviamente, toda uma gama de alvéolos em condições intermediárias entre esses extremos.

Antes, porém, de considerarmos um pulmão com alvéolos em condições intermediárias, vamos estudar como seria um pulmão no qual todos os alvéolos recebessem a mesma proporção da ventilação total e a mesma proporção da perfusão total, ou seja, um pulmão completamente homogêneo no qual todas as unidades de troca tivessem um mesmo valor para a relação V_A/Q.

Como estamos pressupondo que não haja limitações difusivas, o sangue **ao final do capilar alveolar** se encontra em equilíbrio com o gás alveolar. Como visto na seção "Pressão parcial de um gás em uma fase líquida", essa situação é aquela na qual a concentração na fase líquida corresponde à pressão parcial na fase gasosa. Assim, pressão parcial no sangue arterial = pressão parcial no gás expirado (gás alveolar). Vamos fixar um valor de débito cardíaco sem nos preocuparmos com o lado tecidual das trocas, e vamos alterar o volume-minuto (e, em decorrência, a ventilação alveolar) nesse pulmão homogêneo hipotético. A Tabela 4 ilustra o que seria aproximadamente esperado para um pulmão homogêneo com débito cardíaco de 6 litros por minuto em três condições diferentes de volume-minuto.

TABELA 4 Composição do gás expirado e do sangue arterial que deixa um pulmão homogêneo em termos da relação V_A/Q. Pressão barométrica de 760 torr, com pressão de vapor d'água de 47 torr, demanda metabólica de 84 watts (250 mL STPD de O_2 por minuto), quociente respiratório igual a 0,85, fração inspirada de oxigênio de 21% e zero de CO_2, débito cardíaco de 6 litros por minuto. Note que utilizamos a aproximação de que o espaço morto anatômico corresponde a 25% do volume-minuto para o cálculo de V_A

Volume-minuto (L)	V_A/Q	Litros de O_2 por minuto		Pressão parcial no sangue arterial (torr)	
		Inspirados	Expirados	O_2	CO_2
3	0,375	0,63	0,38	90	59
6	0,75	1,26	1,01	120	30
12	1,5	2,52	2,27	135	15

As duas últimas colunas apresentam a pressão parcial de oxigênio e de gás carbônico no gás expirado nas três diferentes condições de ventilação e correspondente relações V_A/Q. Note, inicialmente, a última linha, que corresponde a um volume-minuto de 12 litros. A P_{a,O_2} fica ao redor de 135 torr e a P_{a,CO_2}, em 15 torr.[51] Como visto anteriormente,

---

51 Note que o estritamente correto seria colocarmos P_{c,O_2}, ou seja, pressão de oxigênio no capilar pulmonar. Contudo, dada a homogeneidade que estamos supondo e a ausência de limitações difusivas, estamos colocando o sangue arterial como de idêntica composição gasosa ao sangue do capilar pulmonar.

apesar de elevada, essa pressão parcial de O_2 não eleva significativamente a quantidade de oxigênio transportada, pois a hemoglobina já se encontra em mais de 98% saturada para uma PO_2 de 100 torr. Portanto, não há ganho significativo de oxigênio para ser levado aos tecidos. Por outro lado, a P_{a,CO_2} de 15 torr implica uma grande alcalose (do tipo ventilatória – ver o capítulo "Regulação ácido-base" do volume 3 desta obra), com elevação do pH sanguíneo. Assim, essa condição não é ideal.

Na primeira linha, correspondente ao volume-minuto de 3 litros, temos o quadro oposto, com uma queda de P_{a,O_2} para 90 torr, o que compromete a saturação de hemoglobina e a elevação da P_{a,CO_2} para 59 torr, o que seria uma acidose (do tipo respiratória) intensa. Assim, novamente, temos uma condição longe da ideal.

A linha correspondente ao $V_A/Q = 0,8$ é aquela que se aproxima das condições normais de operação do sistema. O motivo desse valor, 0,8, será explorado mais adiante. Por enquanto, vamos ver a consequência da não homogeneidade V_A/Q em um pulmão.

A Figura 37 ilustra o esquema do pulmão que será simulado. Consideramos que a ventilação total é, sempre, de 6 litros por minuto, e que o débito cardíaco é, sempre, de 6 litros por minuto. O pulmão hipotético tem três regiões com diferentes relações V_A/Q. A Tabela 5 apresenta os resultados aproximados esperados para a composição dos gases no sangue arterial que deixa esse pulmão em três condições diferentes. Note que, agora, utilizamos a notação $P_{c,x}$ para cada região, indicando ser, na região, a pressão do gás x no capilar pulmonar da região, enquanto $P_{a,x}$ indica a composição final do sangue arterial, resultado do sangue vindo de cada região.

Os dados da Tabela 5 mostram que, apesar do débito cardíaco e da ventilação pulmonar terem valores fixos, dependendo dos valores de V_A/Q das diferentes regiões do pulmão, a composição do sangue arterial se torna diferente. Note que as regiões de fluxo sanguíneo alto têm maior impacto na composição do sangue arterial que as regiões de menor fluxo sanguíneo, por motivos óbvios. Assim, quanto menor for o fluxo sanguíneo em regiões de V_A/Q próximo a 0, melhor será a condição de oxigenação e normocapnia do sangue arterial. Isso pode ser mais bem entendido ao se observarem as colunas das pressões parciais de O_2 e de CO_2 capilares de cada região (5ª e 6ª colunas). Como

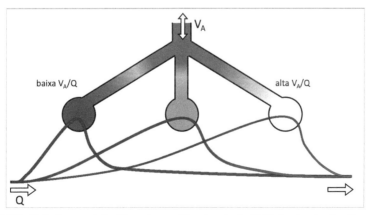

FIGURA 37 Pulmão com três diferentes regiões de relação V_A/Q. As simulações têm os resultados apresentados na Tabela 2.

TABELA 5 Simulação da condição de três regiões com diferentes relações V_A/Q em três diferentes condições. As pressões de O_2 e CO_2 são em torr e os fluxos, em litros por minuto. Foi considerada uma concentração de hemoglobina de 150 g por litro de sangue. A pressão parcial de O_2 no sangue venoso misto é de 40 torr (saturação de Hb de 74%, aproximadamente) e a de CO_2 é de 46 torr. O espaço morto anatômico corresponde a, aproximadamente, 25% do volume corrente (ou seja, ao redor de 125 mL para um V_C de 500 mL). A saturação de hemoglobina se encontra ao redor de 2 a 3% mais baixa que a real pela aproximação numérica que foi feita para simular a curva de saturação

Região	V_A	$\dot{Q}$	V_A/Q	$P_{c.O_2}$	$P_{c.CO_2}$	$P_{a.O_2}$	Sat Hb	$P_{a.CO_2}$
1	3,4	0,4	8,50	144	17			
2	0,9	1,2	0,75	109	40	58	81%	43
3	0,2	4,4	0,05	50	46			
1	2,8	0,4	7,00	143	19			
2	0,9	1,2	0,75	109	40	79	85%	42
3	0,8	4,4	0,18	72	44			
1	1,8	0,4	4,50	140	24			
2	0,9	1,2	0,75	109	40	97	92%	41
3	1,8	4,4	0,41	93	42			

também antecipado, conforme a distribuição da ventilação e da perfusão sanguínea alveolares vai se tornando mais homogênea, as condições do sangue arterial se tornam mais próximas das condições de operação normal do sistema.

Alvéolos com baixa perfusão em relação à ventilação que recebem terminam por ser unidades que representam uma perda de ventilação, uma vez que contribuem pouco para as trocas gasosas. Essa perda de ventilação compõe o chamado **espaço morto alveolar**. Diferentemente do espaço morto anatômico (ver seção "Gás alveolar"), o espaço morto alveolar não é um volume interposto entre o ar atmosférico e o ar alveolar, mas sim uma parte da ventilação que é levada a locais de baixas trocas. **A soma do espaço morto anatômico com o espaço morto alveolar é o espaço morto fisiológico.**

Distribuição V_A/Q em indivíduos saudáveis

Na seção precedente, vimos, sob o ponto de vista teórico, como diferentes relações entre a ventilação e a perfusão alveolares têm impacto sobre a qualidade do sangue arterial em termos de O_2 e CO_2, independentemente de limitações difusivas. A pergunta, então, é como se dá a distribuição da relação V_A/Q em condições fisiológicas, e quais as causas dessa não homogeneidade.

A Figura 38 resume os achados experimentais. No painel inferior, observa-se o gráfico P_{a,CO_2} *versus* P_{a,O_2}, cuja relação depende da relação V_A/Q, como agora já sabemos. Notamos, no gráfico, que a extremidade ao lado da nossa mão esquerda corresponde a uma $P_{a,CO_2} \cong 46$ torr e uma $P_{a,O_2} \cong 40$ torr. Essa é a condição do sangue venoso misto e, assim, como visto anteriormente, regiões mal ventiladas devem tender a essa combinação de pressões dos gases. Na extremidade da direita, nota-se uma $P_{a,CO_2} \cong 0$ torr e $P_{a,O_2} \cong 150$ torr, que é a condição do ar atmosférico. Assim, como visto anteriormente,

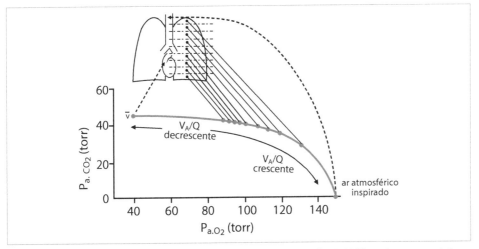

FIGURA 38 Painel inferior: gráfico P_{a,CO_2} x P_{a,O_2}. Quanto maior a relação V_A/Q, mais a composição se aproxima da composição do ar atmosférico; quanto menor a relação V_A/Q, mais a composição se aproxima da do sangue venoso misto. Painel superior: distribuição da relação V_A/Q ao longo da altura dos pulmões quando em posição ortostática. Note que os alvéolos da base têm relação V_A/Q menor que os do ápice.
Fonte: adaptada de West, 2008.

regiões mal perfundidas devem tender a essa combinação, já que não recebem sangue para troca. O trajeto entre essas duas extremidades é dado por combinações de P_{a,O_2} e P_{a,CO_2} para regiões de características intermediárias.

No painel superior, observa-se o diagrama de um pulmão na posição ortostática, com as diferentes regiões projetadas sobre a curva P_{a,CO_2} *versus* P_{a,O_2}. Percebemos que, para a posição ortostática, existe uma faixa de valores da relação V_A/Q ocupada por diferentes regiões do pulmão e percebemos, também, que a ocupação dessa faixa de valores de V_A/Q parece estar altamente correlacionada com a disposição do órgão em relação ao campo gravitacional. Regiões dos ápices têm V_A/Q maiores e regiões da base têm V_A/Q menores.

Essa relação com o campo gravitacional decorre de dois fatores (ver também a seção "Distribuição da ventilação"). Quanto mais próximos da base, mais os alvéolos sofrem compressão pelo próprio peso do restante do pulmão acima deles. Assim, durante os ciclos normais (não forçados) de ventilação, a variação de volume desses alvéolos tende a ser menor que a de alvéolos nas regiões mais intermediárias. Com isso, esses alvéolos tendem a ser menos ventilados, daí resultando em uma relação V_A/Q mais baixa.

Por outro lado, os alvéolos dos ápices permanecem mais expandidos o tempo todo em virtude da tração originária, também, do peso do pulmão, agora mais abaixo. Isso significa que a ventilação nos ápices termina por não ser muito elevada. Contudo, simultaneamente ocorre um problema de perfusão nessas regiões, como vamos explorar a seguir.

Como foi discutido e descrito em "Circulação", existe um efeito da gravidade sobre a coluna hídrica que se forma no sistema circulatório. Na parte sistêmica da circulação, pelo arcabouço ósseo do crânio e um sistema de veias não superficiais, forma-se um sifão e, com isso, não há dificuldade extra para manter fluxo para a região da cabeça quando na posição ortostática. Já nos pulmões, os capilares alveolares se encontram em contato com a pressão atmosférica exterior e, portanto, o arcabouço osteomuscular da caixa torácica não funciona como o do crânio em relação aos vasos. Além disso, não há um sistema de vasos em paralelo que permita o escoamento mantendo um efeito sifão. Dessa maneira, na posição ortostática, durante parte da diástole, quando a pressão nas artérias pulmonares diminui, os capilares dos alvéolos nas regiões mais apicais dos pulmões sofrem colapso, pois a pressão sanguínea interna a esses vasos torna-se inferior à pressão atmosférica.

Uma vez que ocorre o colapso dos capilares, a resistência ao fluxo aumenta nesses locais. Assim, durante a sístole, para perfundir os alvéolos mais apicais, a pressão sanguínea tem de vencer essa resistência adicional e, dessa maneira, esses alvéolos se tornam relativamente menos perfundidos que os alvéolos não apicais. **Essa região é chamada de região dependente**, no sentido de que a manutenção da perfusão depende da relação com o campo gravitacional.

Como resultado, temos que, apesar de não apresentarem uma ventilação elevada, os alvéolos dos ápices possuem uma perfusão deficitária quando na posição ortostática e, com isso, a V_A/Q neles é alta.

Pulmões de vertebrados que não aves apresentam,[52] assim, heterogeneidades na relação V_A/Q inerentes à disposição que estão em relação ao campo gravitacional. Pequenos quadrúpedes, como camundongos, terão uma distribuição mais homogênea da V_A/Q do que animais grandes, pois tanto o peso pulmonar quanto a coluna hídrica são menores. A homogeneidade também aumenta quando se diminui a diferença de altura entre o ápice e a base, como quando se assume o decúbito.

Qual o valor ideal da relação V_A/Q?

Vamos procurar, agora, responder à pergunta sobre qual é o valor ideal da relação V_A/Q. Talvez a primeira pergunta seja, então, se, para todos os organismos, a relação V_A/Q ideal no órgão de troca ventilatória é a mesma. A resposta é não. Ou seja, se conseguirmos estabelecer uma relação V_A/Q ideal para os seres humanos, essa relação não necessariamente será ideal para outras espécies. Foi colocado "conseguirmos" na frase anterior pois, como veremos, a V_A/Q ideal muda conforme as condições mudam e, mais ainda, nem sequer é a mesma para o gás carbônico e para o oxigênio.

Como estamos pressupondo que não haja limitações difusivas, o sangue **ao final do capilar alveolar** se encontra em equilíbrio com o gás alveolar. Como visto na seção "Pressão parcial de um gás em uma fase líquida", essa situação nos leva a uma ausência de fluxo macroscópico de gases entre os compartimentos sanguíneo e alveolar e, assim, para um certo gás x:

$$\dot{M}_x = \frac{S}{L} \cdot D_{c,x} \cdot \beta_{c,x} \cdot \left(P_{A,x} - P_{c,x} \right) = 0$$

---

52 Aves também apresentam heterogeneidade V_A/Q, contudo os motivos são diferentes, pois a morfologia/fisiologia dos pulmões desses animais é radicalmente diferente da dos demais vertebrados terrestres.

Sendo os subscritos c e A referentes ao sangue ao final do capilar e ao gás alveolar, respectivamente. Colocamos "S" como área de superfície para não haver confusão.

Vamos considerar, inicialmente, o gás carbônico em um indivíduo em repouso com consumo de oxigênio de 250 mL/minuto (84 watts), débito cardíaco de 5.500 mL/minuto, saturação de hemoglobina de 98% no sangue arterial, e quociente respiratório QR = 0,85. O sangue que entra no capilar alveolar tem a pressão parcial de CO_2 do sangue venoso misto $P_{\bar{v},CO_2}$ (ver "Quantificação do transporte de gases") e o sangue que sai do capilar alveolar terá $P_{c,CO_2} = P_{A,CO_2}$ (pois $\dot{M}_{CO_2} = 0$ ao final do capilar).

As equações seguintes são, basicamente, a aplicação do princípio de Fick (equação 23). A quantidade de CO_2 a ser eliminada na passagem do sangue venoso para arterial é, então,

$$CO_2^{eliminado\ sangue} = \dot{Q} \cdot \beta_{\bar{v},CO_2} \cdot (P_{\bar{v},CO_2} - P_{c,CO_2}) \cdot \frac{24,2}{0,826} \qquad \text{Equação 25}$$

O fator $\frac{24,2}{0,826}$ representa a transformação de moles para litros de CO_2, corrigidos

para as condições BTPS. Assim, a equação 25 nos dá o volume de gás carbônico que deve ser retirado do sangue.

Considerando, agora, o volume de CO_2 que deve ser eliminado para o ar atmosférico, temos:

$$CO_2^{eliminado\ alvéolo} = \dot{V}_A \cdot \frac{P_{c,CO_2} - P_{i,CO_2}}{P_B - P_{vap}} \qquad \text{Equação 26}$$

Considerando que a pressão parcial de gás carbônico no ar inspirado, P_{i,CO_2}, é, para finalidades práticas, nula, então a equação 26 se reduz a:

$$CO_2^{eliminado\ alvéolo} = \dot{V}_A \cdot \frac{P_{c,CO_2}}{713}$$

Como o que é eliminado do sangue é o que deve ser eliminado do alvéolo, $CO_2^{eliminado\ alvéolo} = CO_2^{eliminado\ sangue}$, então, combinando as equações 25 e 26, temos:

$$\frac{\dot{V}_A}{\dot{Q}} = \beta_{v,CO_2} \cdot \frac{(P_{v,CO_2} - P_{c,CO_2})}{P_{c,CO_2}} \cdot \frac{24,2 \cdot 713}{0,826} \qquad \text{Equação 27}$$

Considerando os valores habituais de pressão de CO_2 venosa e arterial, 44 torr e 40 torr, respectivamente, e uma capacitância de 380 µmol L^{-1} $torr^{-1}$, obtém-se, a partir da equação 27,

$$\frac{\dot{V}_A}{\dot{Q}} (CO_2) = 0,83$$

Note que deixamos explícito que esse valor de $V_A/Q = 0,83$ foi obtido para o gás carbônico, nas condições dadas.

Vamos, agora, calcular a V_A/Q ideal para o oxigênio, nas mesmas condições dadas. O cálculo é, basicamente, o mesmo, porém a fração de O_2 no gás alveolar tem de ser levada em conta a partir da equação do gás alveolar (ver Box 1). Como explicado anteriormente, isso decorre do fato de que o CO_2 tem uma fração irrisória no ar atmosférico e, assim, a alteração da fração de oxigênio não interfere de modo significativo na fração de gás carbônico, mas, por outro lado, como a fração de O_2 é alta (20,94%), o aumento do CO_2 dilui o O_2 e isso deve ser levado em conta. Assim, a equação para a obtenção da fração de oxigênio no gás alveolar é:

$$f_{A,O_2} = f_{i,O_2} - f_{A,CO_2} \cdot \left(f_{i,O_2} + \frac{1 - f_{i,O_2}}{QR} \right)$$

Note que, se o quociente respiratório for 1, a correção é, simplesmente, a subtração da fração de CO_2 da fração inspirada de O_2 (0,2094 para o ar atmosférico comum). A pressão parcial de oxigênio no gás alveolar é:

$$P_{A,O_2} = f_{A,O_2} \cdot (P_B - P_{vap})$$

E, assim como fizemos para o gás carbônico, assumindo a igualdade entre o gás alveolar e o sangue à saída do capilar, temos:

$$O_2^{obtido\ alvéolo} = \dot{V}_A \cdot (f_{i,O_2} - f_{A,O_2})$$

$$O_2^{obtido\ sangue} = \dot{Q} \cdot ([O_2]_a - [O_2]_v)$$

Note que o oxigênio obtido é o consumido (isto é, é o próprio $\dot{V}_{O_2}$), e, por consequência, a diferença de concentração em volume/volume é $\dfrac{\dot{V}_{O_2}}{\dot{Q}}$. Assim, vamos reescrever a equação do oxigênio obtido no sangue como:

$$O_2^{obtido\ sangue} = \dot{Q} \cdot \frac{\dot{V}_{O_2}}{\dot{Q}}$$

Apesar de parecer um tanto estranha, essa equação facilitará a obtenção do V_A/Q para o oxigênio. Ao igualarmos as equações de O_2 obtido no alvéolo e no sangue, temos:

$$\frac{\dot{V}_A}{\dot{Q}} = \frac{\left(\dfrac{\dot{V}_{O_2}}{\dot{Q}} \right)}{(f_{i,O_2} - f_{A,O_2})} \qquad \text{Equação 28}$$

Substituindo os valores da condição dada, a fração de oxigênio inspirada e a fração de oxigênio alveolar calculada, obtém-se:

$$\frac{\dot{V}_A}{\dot{Q}}(O_2) = \frac{0{,}04545}{(0{,}2094 - 0{,}1450)} = 0{,}71$$

Note que, assim como fizemos para o gás carbônico, deixamos explícito que esse valor de $V_A/Q = 0{,}71$ foi obtido para o oxigênio, nas condições dadas.

Como se percebe, os valores ideais de V_A/Q diferem um pouco para os dois gases, sendo maiores para o gás carbônico. A título de exemplo, se a condição dada fosse com o quociente respiratório QR = 1 (ou seja, metabolismo energético baseado em carboidratos[53]), teríamos $\frac{\dot{V}_A}{\dot{Q}}(CO_2) = 0{,}98$ e $\frac{\dot{V}_A}{\dot{Q}}(O_2) = 0{,}80$; e, se QR = 0,7 (metabolismo energético baseado em lipídeos), $\frac{\dot{V}_A}{\dot{Q}}(CO_2) = 0{,}69$ e $\frac{\dot{V}_A}{\dot{Q}}(O_2) = 0{,}60$.

Dessa maneira, espera-se que, em um pulmão em condições fisiológicas, as diferentes regiões em termos da distribuição V_A/Q decorrentes das questões relacionadas à ventilação e perfusão descritas anteriormente (ver Figura 38) tenham também diferentes graus de adequação às trocas de CO_2 e de O_2. Mais ainda, dependendo das condições do metabolismo energético do organismo, esses diferentes graus de adequação diferirão.

A técnica para a estimativa dos valores de V_A/Q *in vivo* é conhecida por MIGET: *multiple inert gas elimination technique* – técnica da eliminação de múltiplos gases inertes. O método é baseado nos diferentes coeficientes de partição ar-sangue de 5 a 6 gases inertes que são injetados, em solução, no sangue do sujeito experimental e obtidos no gás expirado. A técnica é, por um lado, relativamente fácil de ser realizada, mas, por outro, bastante complicada em sua aparelhagem e em sua análise, a qual depende de integração numérica dos perfis temporais dos diversos gases e cujo aprofundamento vai além dos objetivos do presente texto.

A Figura 39 ilustra os resultados dessa técnica em um experimento e em um caso clínico. No indivíduo saudável (linhas cheias), nas condições de repouso da medida, não

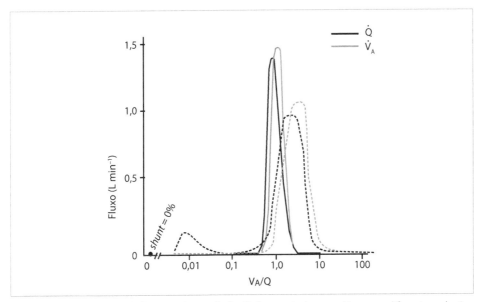

FIGURA 39 Ventilação (linhas cinza) e perfusão (linhas pretas) em regiões com diferentes relações V_A/Q obtidas por meio de MIGET em um indivíduo saudável (linhas sólidas) e em um indivíduo com embolismo pulmonar recente (linhas tracejadas). Esse paciente tinha $P_{a,O_2} = 63$ torr, ventilação de 12,7 litros por minuto (taquipneia) e débito cardíaco de 7,1 litros por minuto. Note que a escala do eixo x é logarítmica.
Fonte: adaptada de Roca e Wagner, 1994 (A); Manier e Castaing, 1994 (B).

---

53 Ver o capítulo "Energética" do volume 3 desta obra.

foi detectado *shunt* relevante (ver próxima seção). O espaço morto representava 30% do volume corrente. Note que as maiores perfusões e ventilações alveolares se encontram em regiões de V_A/Q próximo a 1, como previsto para o gás carbônico e para o oxigênio nos cálculos feitos anteriormente.

Já no caso clínico, de um indivíduo que sofreu um episódio recente de tromboembolismo pulmonar (linhas tracejadas), devido à obstrução em parte dos vasos pulmonares pelo trombo, há aumento de fluxo sanguíneo para regiões de baixa ventilação, resultando em queda da pressão de oxigênio no sangue arterial.

Em conclusão, a relação entre a ventilação e a perfusão em um órgão de troca gasosa é um fator de relevância na qualidade do sangue arterial que deixa o órgão de troca. No Box 3, o delicado assunto da relação V_A/Q é aprofundado mais um pouco para aquelas e aqueles que tiverem interesse.

Box 3 – Um aprofundamento na relação V_A/Q

Nosso objetivo, aqui, é obter uma equação para o $\dfrac{\dot{V}_A}{\dot{Q}}$ (CO_2) que possa ser utilizada de uma maneira mais simples e direta que a equação 27. Apesar de não ser evidente pelos resultados apresentados no texto, existe uma relação direta entre o $\dfrac{\dot{V}_A}{\dot{Q}}$ (CO_2) e o $\dfrac{\dot{V}_A}{\dot{Q}}$ (O_2), a qual surgirá ao se obter a expressão mais simplificada. A equação 27 é:

$$\frac{\dot{V}_A}{\dot{Q}}(CO_2) = \beta_{v,CO_2} \cdot \frac{\left(P_{v,CO_2} - P_{c,CO_2}\right)}{P_{c,CO_2}} \cdot \frac{24,2 \cdot 713}{0,826}$$

A pressão venosa mista de CO_2 é o gás carbônico arterial acrescido da quantidade de CO_2 vinda dos tecidos decorrentes do metabolismo, a qual é diretamente proporcional ao consumo de oxigênio multiplicado pelo quociente respiratório. Assim, podemos escrever:

$$P_{v,CO_2} = P_{c,CO_2} + \Delta P_{CO_2} = P_{c,CO_2} + \frac{[CO_2]}{\beta_{v,CO_2}}$$

$$[CO_2] = \frac{QR \cdot \dot{V}_{O_2}}{V_{molar} \cdot \dot{Q}}$$

Sendo V_{molar} o volume molar do gás carbônico, que vale os 24,2 litros STPD por mol indicados anteriormente. Note que a concentração foi dividida pela capacitância de forma a obter pressão. Colocando-se esses resultados na equação para a relação V_A/Q, obtém-se a expressão simplificada:

$$\frac{\dot{V}_A}{\dot{Q}}(CO_2) = 1,21 \cdot \left(\frac{\dot{V}_{O_2}}{\dot{Q}}\right) \cdot \frac{QR \cdot P_B^{seca}}{P_{c,CO_2}}$$

Sendo 1,21 a transformação para BTPS; deixamos a pressão barométrica expressa como a pressão seca, P_B^{seca}. Note que o termo $\dfrac{\dot{V}_{O_2}}{\dot{Q}}$ é exatamente o mesmo que está presente na equação para o cálculo da relação V_A/Q para o oxigênio.

Assim, a partir desse termo, vamos obter a relação entre V_A/Q para o oxigênio a partir do V_A/Q para o gás carbônico. Considere a equação para a fração alveolar de oxigênio e a equação do V_A/Q para o oxigênio (equação 28):

$$f_{A,O_2} = f_{i,O_2} - f_{A,CO_2} \cdot \left(f_{i,O_2} + \frac{1 - f_{i,O_2}}{QR} \right)$$

$$\frac{\dot{V}_A}{\dot{Q}}(O_2) = \frac{\left(\dfrac{\dot{V}_{O_2}}{\dot{Q}} \right)}{(f_{i,O_2} - f_{A,O_2})}$$

Note que o denominador da equação 28 é, de fato,

$$f_{i,O_2} - f_{A,O_2} = f_{A,CO_2} \cdot \left(f_{i,O_2} + \frac{1 - f_{i,O_2}}{QR} \right)$$

E como a fração alveolar de gás carbônico, se ignorarmos a fração ínfima de CO_2 atmosférico, é:

$$f_{A,CO_2} = \frac{P_{c,CO_2}}{P_B^{seca}}$$

Então, colocando-se todos estes resultados na equação 28 tendo-se em mente que o termo $\dfrac{\dot{V}_{O_2}}{\dot{Q}}$ é comum à expressão para o V_A/Q do CO_2 obtida logo acima, temos:

$$\frac{\dot{V}_A}{\dot{Q}}(O_2) = \frac{0,826}{1 - f_{i,O_2} \cdot (1 - QR)} \cdot \frac{\dot{V}_A}{\dot{Q}}(CO_2)$$

Portanto, como se observa, existe uma relação linear entre os valores ideais da relação ventilação/perfusão para o oxigênio e para o gás carbônico. Particularmente, se QR = 1, temos $\dfrac{\dot{V}_A}{\dot{Q}}(O_2) = 0,826 \cdot \dfrac{\dot{V}_A}{\dot{Q}}(CO_2)$; e se QR = 0,7 com a fração de oxigênio comum da atmosfera de 0,2094, temos $\dfrac{\dot{V}_A}{\dot{Q}}(O_2) = 0,882 \cdot \dfrac{\dot{V}_A}{\dot{Q}}(CO_2)$.

CONTROLE DA VENTILAÇÃO

Sabemos que não precisamos "pensar para ventilar", isto é, a ventilação pulmonar ocorre sem que, consciente e voluntariamente, tenhamos de desencadear os eventos de contração muscular que geram as forças necessárias para o ciclo ventilatório. Portanto, não causa nenhuma surpresa a informação de que existe um centro controlador da ventilação que opera independente e ciclicamente. Como a maioria dos sistemas de controle, há três elementos básicos no controle da ventilação, esquematicamente ilustrados na Figura 40 e apresentados a seguir:

- Sensores
- Controlador
- Efetores

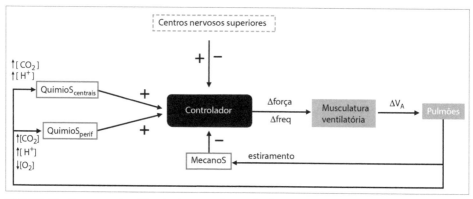

FIGURA 40 Esquema simplificado do controle ventilatório. O controlador determina variações de força e de frequência de contração dos músculos ventilatórios (efetores) que causam a ventilação alveolar. O estiramento dos pulmões e da caixa torácica é percebido por mecanorreceptores que enviam sinais inibidores ao controlador. A ventilação alveolar altera a concentração de gases sanguíneos, percebida por quimiossensores periféricos e centrais que enviam sinais de ativação ao controlador. Centros nervosos superiores podem alterar o padrão ventilatório.

Sensores

Os sensores relacionados ao controle ventilatório são de três tipos: químicos, mecânicos e de irritação. A seguir, será dada uma breve descrição de cada um. O resultado no controle da ventilação dos sinais por eles enviados será apresentado mais adiante.

Sensores químicos

Os sensores químicos são, muitas vezes, denominados quimiossensores ou quimiorreceptores. Esses sensores se dividem entre os centrais, localizados no sistema nervoso central, e os periféricos, localizados nos corpos carotídeos (nas bifurcações das carótidas comuns esquerda e direita) e aórtico (no arco aórtico).

Os quimiossensores centrais se encontram abaixo do assoalho do 4º ventrículo e suas taxas de disparo estão relacionadas à pressão parcial de CO_2 e pH no liquor, ou líquido cefalorraquidiano (ver capítulo sobre "Sistema nervoso" do volume 4 desta coleção).

Já os quimiossensores periféricos têm suas taxas de disparo alteradas pela pressão parcial de CO_2, pH e pressão parcial de O_2 do sangue arterial. Note, assim, que somente os quimiossensores periféricos percebem a hipóxia arterial. Os corpos carotídeos e aórtico são estruturas pequenas, mas cuja perfusão sanguínea é das mais altas encontradas nos organismos. Dessa forma, alterações das concentrações de gases são rapidamente detectadas nesses sensores.

Sensores mecânicos e sensores de irritação

Mecanorreceptores de estiramento são encontrados no parênquima pulmonar. A taxa de disparos desses sensores se relaciona ao grau de insuflação dos pulmões. Uma das principais atuações desses sensores é o chamado reflexo de Hering-Breuer, que é um sinal de retroalimentação negativa para a continuidade de uma inspiração (ver "Controlador", mais adiante).

Já receptores de irritação são encontrados nas vias aéreas de condução, basicamente. Esses sensores têm suas taxas de disparo associadas à presença de substâncias e/ou partículas nocivas que podem ser inaladas com o ar ambiente.

Controlador

O sistema neural responsável pelo controle central da ventilação é encontrado no bulbo encefálico, ventralmente ao assoalho do 4º ventrículo, e na ponte. Os principais centros desse controlador são o grupo respiratório dorsal (GRD) e o grupo respiratório ventral (GRV). No GRD está localizado o gerador central de padrão ventilatório, responsável pelos eventos cíclicos da ventilação. O gerador central de padrão ventilatório contém o sistema de marca-passo inspiratório, que dita a frequência ventilatória.[54] A atividade desse gerador é modulada por neurônios de outras regiões, inclusive do córtex motor, o que nos permite, por exemplo, alterar voluntariamente o ritmo ventilatório.

O GRV contém neurônios ditos "inspiratórios" e "expiratórios". As taxas de disparo desses neurônios estão relacionadas às fases inspiratória e expiratória da ventilação, respectivamente. No GRV foram identificados grupos de neurônios que inibem a atividade no GRD, como o chamado complexo de Bötzinger, cujos disparos se associam ao término da inspiração.

Na ponte alta, encontra-se o centro pneumotáxico (CP) e, em uma região mais baixa, o centro apnêustico (CA). O CP é responsável pela terminação da rampa inspiratória promovida pelo GRD. Por sua vez, o CA tende a inibir o CP e, reciprocamente, ser inibido por ele. Assim, o CA é um centro que tende a liberar a ação do GRD. O CA é inibido, também, pelo GRV. O reflexo de Hering-Breuer, citado anteriormente, traz um sinal inibidor tanto ao CA quanto ao GRD, causando o término de uma inspiração.

A Figura 41A apresenta um esquema das principais relações no centro respiratório com os núcleos bulbares e pontinos. A Figura 41B apresenta o resultado da atividade

---

54 Note: em uma parte dos eventos e processos fisiológicos, utilizamos o termo "frequência" em lugar de "ritmo". Por exemplo, a frequência cardíaca, contada como número de batimentos detectados em um dado intervalo. O mesmo vale para a frequência ventilatória. O mais correto seria nos referirmos como ritmo ou cadência cardíaca, ventilatória etc., pois estamos fazendo alusão a processos ou eventos que são detectados de maneira intermitente. Uma frequência é um contínuo, e sua detecção não ocorre a períodos intervalados. Contudo, o usual na área é utilizarmos "frequência", tanto para os eventos discretos no tempo quanto para os contínuos, e o contexto dita a que o termo se refere.

do controlador sobre os motoneurônios relacionados à inspiração e à expiração, bem como o fluxo de ar resultante dessas atividades.

Diante dos disparos dos neurônios inspiratórios e expiratórios, um ciclo eupneico é dividido em três fases: inspiração, fase I da expiração e fase II da expiração (ver Figura 41B). Na inspiração, observamos a chamada "rampa inspiratória", que é uma atividade crescente dos neurônios inspiratórios. É essa rampa que é terminada pela ação do centro pneumotáxico. Ao terminar a rampa, a atividade dos neurônios inspiratórios vai a zero, mas imediatamente há uma retomada de disparos, resultando em atividade da musculatura inspiratória. Com isso, o volume pulmonar é mantido mais elevado do que seria sem essa atividade, e o fluxo expiratório se torna, obviamente, menor que o esperado para uma expiração passiva. A atividade desses neurônios vai, então, se extinguindo (final da fase I), e é então seguida por um trem de disparos de neurônios expiratórios (início da fase II). Com isso, há atividade da musculatura expiratória na fase II, retornando o volume pulmonar mais rapidamente ao volume de reserva expiratória (VRE – ver Figura 7), terminando o ciclo.

Notamos, assim, que, apesar de a expiração poder ser um processo passivo, sem contração muscular (ver "Ventilação pulmonar"), ela é, mesmo em condições eupneicas, ativa: há contração da musculatura inspiratória no início (fase I), mantendo um fluxo expiratório mais baixo, e posteriormente há contração da musculatura expiratória (fase II), criando um fluxo mais alto para terminar o ciclo. Essa dinâmica tem relação com a manutenção das concentrações gasosas alveolares (e, por consequência, arteriais), com menores amplitudes de variação durante os ciclos ventilatórios, e com o término de cada ciclo em um tempo mais curto do que o que seria resultante de um processo passivo (ver equação 6 e Figura 17). Um detalhamento maior deste tópico vai além dos objetivos deste livro.

No esquema apresentado (Figura 41), o controlador da ventilação opera de maneira autônoma, como de fato ocorre. Contudo, existem modulações de centros superiores, inclusive conscientes, sobre o centro respiratório. Além disso, os sensores químicos têm papel fundamental na modulação da atividade do centro respiratório, como veremos a seguir.

Sinais químicos no controle da ventilação

Oxigênio

Como já descrito, os sensores químicos periféricos (corpo aórtico e corpos carotídeos) percebem a concentração de oxigênio dissolvido no plasma. Portanto, e muito importante, **a detecção ocorre através da P_{a,O_2}, e não pela saturação da hemoglobina**. Como vimos anteriormente, é a Sat da Hb que dita o conteúdo de O_2 ofertado aos tecidos e, assim, é preciso ter claro que **os quimiossensores periféricos não percebem a quantidade de oxigênio que está sendo ofertada efetivamente**. Um sangue arterial sem hemoglobina e, assim, com baixíssima quantidade de oxigênio, mas cuja P_{a,O_2} esteja por volta de 100 torr, não causa alteração da taxa de disparos dos quimiossensores periféricos em relação ao oxigênio, apesar de que os tecidos estarão em hipóxia pela baixa quantidade de O_2 ofertada.

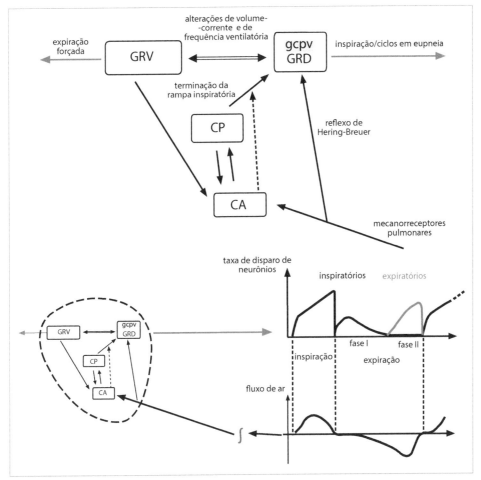

FIGURA 41 Painel superior: principais núcleos e relações que formam o centro respiratório. As setas em preto indicam relações de inibição e as setas em cinza indicam relações de excitação. A seta dupla entre GRV e GRD indica modulações recíprocas entre esses grupos. A seta preta tracejada indica que existe a possibilidade de o CA inibir, diretamente, o sinal de terminação da rampa inspiratória originado do CP. GRV: grupo respiratório ventral; GRD: grupo respiratório dorsal; gcpv: gerador central de padrão ventilatório (marca-passo); CP: centro pneumotáxico; CA: centro apnêustico. Painel inferior: resultado da atividade do centro respiratório sobre os motoneurônios inspiratórios (nervo frênico) e expiratórios (para os músculos intercostais externos), e dessa atividade sobre o fluxo de ar. A integral (∫) do fluxo é o volume, indicando fechar o circuito através do reflexo de Hering-Breuer.
Fonte: adaptada de Cloutier, 2007; Dutschmann e Dick, 2012; Richter, 1996.

A queda da P_{a,O_2} causa um aumento na taxa de disparos dos quimiorreceptores periféricos, mas a resposta não é linear. Para P_{a,O_2} acima de 60 torr, a variação na taxa de disparos é pequena. Quando a P_{a,O_2} cai abaixo de 50 torr, a resposta passa a ser de grande amplitude. Esse fenômeno está ilustrado na Figura 42. O aumento da taxa de disparos dos sensores periféricos é transmitido ao centro respiratório e tem, como consequência, um aumento da ventilação alveolar, o que, em condições normais, levará a um aumento na P_{a,O_2}.

Gás carbônico e pH

Como esperado, a resposta ao CO_2 arterial é invertida em relação ao O_2: é a elevação da P_{a,CO_2} que causa aumento da taxa de disparos dos quimiossensores. Como já estudado (ver "Quantificação do transporte de gases") e no capítulo "Regulação ácido-base" do volume 3 desta obra, existe uma associação entre a elevação da quantidade de CO_2 dissolvida e a formação de íons H^+ em decorrência da hidratação do gás carbônico. A queda do pH (elevação da [H^+]) arterial é outro fator independente de estímulo dos quimiossensores periféricos, causando aumento da ventilação.

Nos quimiossensores centrais, tanto o CO_2 quanto o pH atuam de maneira semelhante ao já descrito para os quimiossensores periféricos. Há, contudo, uma diferença importante em relação ao tempo e à intensidade da resposta ventilatória provocada nesses sensores. Como já descrito, os quimiossensores periféricos se encontram em estruturas com alta perfusão de sangue arterial. Já os quimiorreceptores centrais operam detectando alterações de P_{CO_2} e de pH que são resultado do que ocorre no sangue arterial e no líquido cefalorraquidiano (LCR ou liquor).

A barreira hematoencefálica (ver "Sistema nervoso" no volume 4 da coleção) não impõe restrições à troca de CO_2 entre o sangue arterial e o tecido neural. Da mesma maneira, o CO_2 de origem metabólica (no tecido nervoso) passa tanto para o sangue venoso quanto para o líquido cefalorraquidiano. Com isso, a P_{CO_2} do liquor é mais alta que a do sangue arterial, e a concentração de proteínas no liquor é baixa. Este último fator implica que a capacidade tamponante do LCR é baixa. Ao mesmo tempo, a barreira hematoencefálica impede a passagem de íons bicarbonato e H^+ entre o sangue e o tecido neural. Como a P_{CO_2} do liquor é maior e a capacidade tamponante é menor, o pH é mais baixo que o do sangue arterial.

Essas alterações de concentrações, por si sós, não implicariam diferenças de resposta entre os quimiossensores centrais e periféricos, pois tudo seria uma questão da linha de base das respostas. Contudo, não somente a quantidade de proteínas no liquor é pequena, como citado no parágrafo anterior, mas também não há anidrase carbônica.[55] Uma vez que não há anidrase carbônica, a hidratação/desidratação do CO_2 no liquor ocorre de maneira lenta (ver "Quantificação do transporte de gases"). Isso significa que alterações da P_{CO_2} do sangue arterial serão acompanhadas por alterações de pH liquórico mais lentas, o que causa um amortecimento ou uma dissintonia na resposta dos quimiorreceptores centrais em relação aos periféricos. Examinaremos isso em um exemplo mais adiante.

Em resumo, a resposta à elevação do CO_2 arterial é um aumento linear na ventilação. A Figura 42 ilustra essa resposta. Independentemente da concentração de CO_2 há, também, uma reposta de aumento na ventilação para quedas no pH arterial (aumento da concentração de íons H^+).

---

55 Note: a anidrase carbônica, sendo uma enzima, é uma proteína.

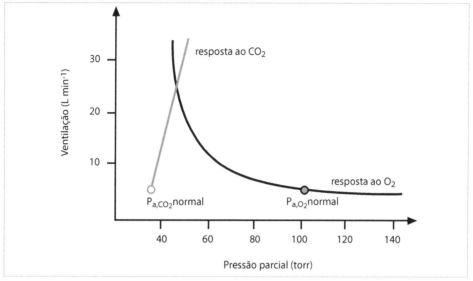

FIGURA 42 Ventilação pulmonar em relação à P_{a,O_2} e à P_{a,CO_2}. Os círculos marcam os valores normais para essas duas variáveis. Note como a resposta à hipóxia somente se torna pronunciada para valores de P_{a,O_2} menores que 60 torr. Por outro lado, a resposta à hipercapnia é linear e já ocorre nos valores de P_{a,CO_2} próximos ao normalmente esperado no sangue arterial.
Fonte: adaptada de Prange, 1996.

Resposta combinada entre P_{a,O_2} e P_{a,CO_2}

As funções mostradas na Figura 42 sugerem que as respostas à variação de CO_2 sejam mais intensas que as respostas ventilatórias às variações de O_2. A resposta combinada é ilustrada na Figura 43, na qual se pode confirmar a suspeita que acabamos de tecer. De fato, as respostas ventilatórias são muito mais pronunciadas para variações de gás carbônico do que de oxigênio.

O que estaria por trás de tal diferença? Como citado no início do capítulo, a transição da vida aquática para a terrestre foi acompanhada de uma série de adaptações necessárias a esse novo ambiente. Particularmente em relação à questão em foco, o ambiente aquático, apesar de ter uma P_{O_2} que pode superar à do ar atmosférico (em virtude da fotossíntese por microalgas), em razão da baixa capacitância para esse gás e baixo coeficiente de difusão,[56] termina por se comportar como um ambiente de baixa concentração efetiva de oxigênio. Ao mesmo tempo, pela hidratação do CO_2, a concentração desse gás se torna pouco alterada pela adição de CO_2 à água que passa pelo órgão de troca gasosa (p. ex., as brânquias nos peixes).

Para obter uma quantidade suficiente de O_2 para o metabolismo aeróbio existe a necessidade de uma ventilação do órgão de troca muito maior que a necessária no ambiente terrestre. A consequência dessa combinação entre baixa concentração efetiva de O_2 na água, pequena alteração da P_{CO_2} da água e alta ventilação é que o controle

---

56 Como dito anteriormente, o coeficiente de difusão é 1.000 a 10.000 vezes menor em uma fase líquida em relação a uma fase gasosa.

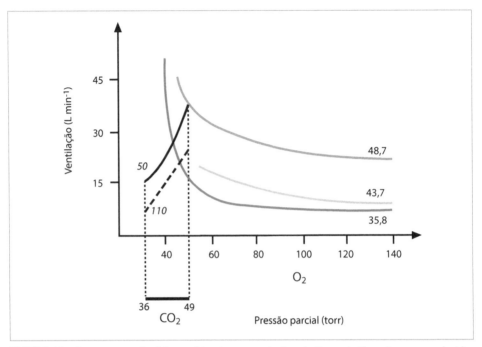

FIGURA 43 Resposta ventilatória combinada para variações de P_{A,O_2} e de P_{A,CO_2}. As curvas coloridas fazem referência à P_{A,O_2}, sendo os valores ao lado de cada uma delas correspondentes à P_{A,CO_2} que foi mantida durante o experimento de variação da pressão de oxigênio. As curvas em preto fazem referência à P_{A,CO_2}, sendo obtidas para uma P_{A,O_2} de 50 torr (linha cheia) e 110 torr (linha tracejada). Note a sensibilidade extremamente mais elevada do sistema de controle da ventilação ao CO_2 em relação ao O_2. A linha cinza escura e a preta tracejada são, em essência, as observadas na Figura 42.
Fonte: adaptada de Pittman, 2011.

ventilatório em vertebrados de ventilação aquática se dá em função do oxigênio, e não do gás carbônico. Por outro lado, ao passar para a ventilação aérea, o quadro se inverte. Há fácil acesso ao O_2 (comparado ao ambiente aquático) e a adição de CO_2 ao ar ventilado causa alterações significativas de concentração (pressão parcial) desse gás. Dessa maneira, o controle da ventilação também se inverte e temos o quadro descrito nos parágrafos anteriores e ilustrado na Figura 43.

Um exemplo importante: o perigo da prática da hiperventilação antes do mergulho livre

Muitos acidentes, infelizmente fatais na maioria das vezes, ocorrem por uma falta de entendimento acerca do controle da ventilação e do transporte de gases pelo sangue. Em uma tentativa (equivocada) de estender o tempo de permanência embaixo d'água em um mergulho livre (ou seja, sem equipamentos), o indivíduo hiperventila antes de submergir. Vejamos as consequências disso.

A Figura 44 ilustra a relação entre as pressões parciais de oxigênio e de gás carbônico no gás alveolar e a ventilação para condições de baixa demanda metabólica, como repouso ou atividades de pouco consumo de energia. Considere a ventilação ao redor de 5 L min^{-1}. Temos, então, a pressão de O_2 ao redor de 110 torr e a de CO_2 ao redor de 40

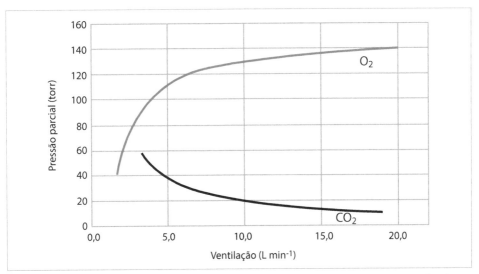

FIGURA 44 Relação entre ventilação alveolar e pressões parciais de O_2 e de CO_2 no gás alveolar ou sangue arterial. As curvas nada mais são do que as equações do gás alveolar (equação 17) colocadas como função da ventilação. No caso ilustrado, $\dot{V}_{O_2}$ = 0,25 L STPD O_2 min^{-1}; QR = 1; P_B = 760 torr; f_{i,O_2} = 0,2094.

torr, valores dentro dos padrões de normalidade esperados. Então, o indivíduo passa a hiperventilar, com o intuito de aumentar suas reservas de oxigênio e poder permanecer mais tempo debaixo d'água. Vamos supor que ele triplique a ventilação, indo para 15 L min^{-1}. Como resultado, a P_{A,O_2} sobe para 135 torr e a P_{A,CO_2} cai para 18 torr. Houve, aparentemente, um ganho.

Contudo, a diferença de saturação de hemoglobina entre 110 e 135 torr é de cerca de 1% (ver Figura 28), ou seja, foi adicionada uma quantidade irrisória de oxigênio no sangue. Por outro lado, houve uma retirada ao redor de 50% do conteúdo de CO_2, o que, além da diminuição do gás carbônico *per se*, gera uma elevação do pH (alcalose respiratória). Mais ainda, como vimos, há uma queda na P_{CO_2} do liquor e lá também haverá uma elevação de pH, que será de maior monta que a que ocorre no sangue (pois a capacidade tamponante do liquor é menor) e mais atrasada (pois não há anidrase carbônica no liquor).

Agora, o indivíduo mergulha. A quantidade de oxigênio do sangue vai sendo depletada, pois há consumo, e gás carbônico vai sendo adicionado. A queda do oxigênio deveria estimular os quimiorreceptores periféricos, e o faz. Mas, como também vimos, com a P_{CO_2} baixa, essa estimulação é de pequena monta (ver Figura 43). Claro que a adição de CO_2 decorrente do metabolismo vai elevando a P_{a,CO_2}, mas como o indivíduo sai de uma condição de baixa concentração de gás carbônico (decorrente da hiperventilação prévia), essa elevação demora para atingir os níveis basais dos 40 torr e ir além, para, então, ocorrer o estímulo dos quimiossensores pelo CO_2. Concomitantemente a isso, no liquor, o pH alcalino inibe o estímulo ventilatório.

Assim, o indivíduo permanece submerso sem perceber a necessidade de ventilar os pulmões. O oxigênio é gasto e a P_{a,O_2} cai a níveis críticos, abaixo de 60 torr. Surge, então, a percepção da urgência da ventilação, mas o tempo para retornar à superfície é longo e o indivíduo desmaia pela hipoxia cerebral decorrente da queda da P_{a,O_2}. Caso não haja ninguém para prestar socorro imediato, ele se afogará. Portanto, o uso da hiperventilação para estender o tempo de permanência submerso somente deve ser feito por pessoas treinadas e, de preferência, sob assistência.

Retentores de gás carbônico

Existem condições que podem levar o indivíduo a reter CO_2. Particularmente, os casos mais importantes estão relacionados à doença pulmonar obstrutiva crônica, a qual já foi citada anteriormente. Parte desses pacientes evolui com uma destruição alveolar combinada a fatores metabólicos e de controle ventilatório que levam a uma hiperpneia com queda da concentração arterial de gás carbônico ("*pink puffers*"). Outros, a despeito do eventual aumento ventilatório, evoluem com aumento da P_{a,CO_2}, tornando-se retentores desse gás ("*blue bloaters*"[57]).

Em virtude dos níveis elevados de P_{a,CO_2} que esses indivíduos desenvolvem cronicamente, os quimiossensores perdem a sensibilidade a esse gás e à própria acidose respiratória que acompanha a retenção de CO_2. Com isso, o controle ventilatório passa a depender da P_{a,O_2}, ou seja, agora são os níveis de hipóxia que ditam a modulação exercida pelos quimiossensores no centro respiratório. Essa mudança na modulação tem uma implicação séria caso esses pacientes passem a necessitar, por motivos diversos, de suplementação externa de oxigênio. Caso a f_{i,O_2} se torne muito elevada, com concomitante elevação da P_{a,CO_2}, perde-se o estímulo ventilatório e isso pode levar à morte. Portanto, nesses pacientes, a suplementação de oxigênio tem de ser feita sob supervisão contínua.

Controle ventilatório e exercício

Durante a realização de atividade física aeróbia, há aumento da demanda energética e, consequentemente, aumento do consumo de oxigênio e produção de gás carbônico. Isso implica a necessidade de aumento da ventilação pulmonar. À primeira vista, poderíamos supor que ocorressem uma queda na P_{a,O_2} e/ou uma elevação na P_{a,CO_2} que sinalizassem a necessidade desse aumento de ventilação. Contudo, para esforços até média intensidade (entre 50 e 75% do consumo máximo de oxigênio da pessoa), a P_{a,O_2} e a P_{a,CO_2} não sofrem alterações significativas e, portanto, não parecem ser os sinalizadores do aumento ventilatório.

Isso sugere dois possíveis mecanismos não excludentes:

a) Antealimentação por parte de centros neurais superiores. No caso da antealimentação, que é o contrário da retroalimentação, centros neurais superiores, antevendo o esforço, sinalizam o aumento da ventilação independentemente de alterações de disparos dos sensores químicos.

---

57 Os termos "*pink puffers*" e "*blue bloaters*" se relacionam à coloração cutânea que esses pacientes desenvolvem em decorrência da retenção ou não de CO_2 (ver Hemoglobina).

b) Controle por integral do sinal de erro. Se o aumento da ventilação se der por um sinal de erro proporcional, isso significa que, para haver alteração da ventilação, é necessário que o sinal de erro seja mantido, ou seja, o aumento da ventilação **não pode corrigir completamente o distúrbio**. Contudo, se o controlador opera pela integral do sinal de erro, esse pode ser levado a zero na vigência do novo patamar do sistema – no caso, ventilação aumentada. Um exemplo desse tipo de controlador é dado no capítulo "Energética" do volume 3 desta obra no estudo de termorregulação.

Como as pressões parciais de O_2 e de CO_2 não se alteram, isso quer dizer que, para finalidades práticas, o sistema está operando como se estivesse na condição de repouso: a ventilação alveolar está ajustada ao consumo. Podemos, assim, escrever:

$$\frac{\dot{V}_A}{\dot{V}_{O_2}} = k$$

Sendo k uma constante. A equação anterior define uma reta: $\dot{V}_A = k \cdot \dot{V}_{O_2}$, o que indica que a ventilação alveolar é linearmente proporcional ao consumo de oxigênio.

Para atividades com demanda acima dos 75% do consumo máximo, outro processo passa a ocorrer. Parte do metabolismo muscular não consegue ser suprido de maneira aeróbia e há concomitante metabolismo anaeróbio (ver o capítulo "Energética" do volume 3 desta obra). Com isso, começa a haver acúmulo de lactato nas células musculares e esse é exportado ao fígado, onde é reconvertido em glicose, e essa é devolvida à corrente sanguínea.

O lactato é a base conjugada do ácido lático, o qual se comporta como um ácido forte ($pK_a = 3{,}86$) no pH orgânico e, assim, há queda do pH sanguíneo, em uma acidose metabólica (ver o capítulo "Regulação ácido-base" do volume 3 desta obra). Como vimos, outro fator importante no controle ventilatório é a concentração de íons H^+, que passaram, então, a aumentar. Esse aumento de H^+ (queda do pH) passa a ser um estímulo químico que se sobrepõe no centro respiratório como mecanismo de compensação do distúrbio acidobásico, estimulando aumento na ventilação com maior eliminação de CO_2 (alcalose respiratória compensatória).

Agora, a relação entre consumo de oxigênio e ventilação deixa de ser linear, pois a ventilação passa a aumentar não somente em decorrência da demanda energética, mas também como mecanismo compensatório de acidose. A razão $\frac{\dot{V}_A}{\dot{V}_{O_2}}$ passa a se progressivamente maior que o valor de k obtido para níveis de esforço menores. Esse ponto é o chamado **limiar ventilatório**.

A progressão para graus de esforço ainda maiores leva, então, a um progressivo aumento na concentração de lactato sanguíneo, pois o fígado não consegue metabolizar toda a quantidade que vai sendo eliminada pelas células musculares. Há uma acentuação da acidose metabólica. Esse ponto no qual passa a haver aumento da concentração sanguínea de lactato é chamado de **limiar de lactato**.

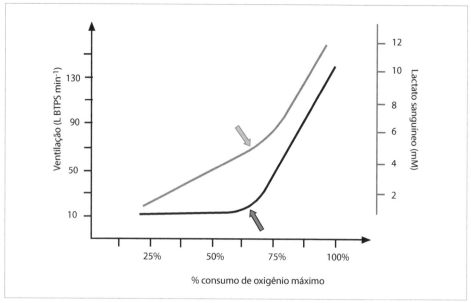

FIGURA 45 Ventilação alveolar (em cinza) e concentração sanguínea de lactato (em preto) em função do esforço físico medido como porcentagem do consumo máximo de oxigênio. Os limiares ventilatório e de lactato são indicados por setas das respectivas cores. Note que os dois limiares se encontram em valores próximos de consumo de oxigênio, mas, como mencionado, não devem ser confundidos. Como a partir do limiar ventilatório a relação entre a ventilação alveolar e o consumo de oxigênio deixa de ser linear, isso leva alguns grupos de pesquisadores a definir um segundo limiar ventilatório (não indicado no gráfico) como sendo o ponto a partir do qual o aumento da ventilação não conseguiria compensar a queda no pH, com a concentração de lactato subindo além de 4 mM. Esse assunto é controverso e não foi abordado no texto.
Fonte: adaptada de McArdle et al., 2006.

Note que **o limiar ventilatório e o limiar de lactato são dois eventos diferentes**. Em termos de nível de esforço, ambos ocorrem em valores próximos, mas isso não deve ser confundido. A Figura 45 ilustra os processos anteriormente descritos.

CIRCULAÇÃO PULMONAR

Em uma perspectiva mais geral, a circulação pulmonar é extremamente semelhante à sistêmica (ver "Circulação" neste volume). O tronco pulmonar, poucos centímetros após a saída do ventrículo direito (VD), se divide nas artérias pulmonares direita e esquerda, as quais progridem em ramificações até a formação dos capilares alveolares. Esses vão se confluindo em vênulas, pequenas veias etc., progredindo até as veias pulmonares, duas direitas e duas esquerdas, que desaguam no átrio esquerdo.

Uma primeira diferença importante é relacionada aos níveis de pressão na circulação pulmonar. Essas, na parte arterial pulmonar, são bem mais baixas que na circulação sistêmica. A pressão sistólica de VD é em torno de 30 torr, e a pressão diastólica no tronco pulmonar fica em torno de 10 torr. Com isso, a pressão de campo médio (ver "Circulação" neste volume) se encontra em torno de 15 torr. A pressão de átrio esquerdo é ao redor de 3 torr. Assim, calculando-se a resistência pulmonar em condições de repouso, encontramos um valor que é cerca de 7 a 8 vezes menor que a resistência periférica sistêmica.

Uma segunda diferença se encontra na presença de *shunts* de natureza constitutiva, como discutido em uma seção precedente.

A terceira diferença decorre do fato de que os capilares alveolares se encontram em contato direto com a pressão barométrica externa, sem um arcabouço tecidual ao seu redor. Dessa maneira, mudanças da orientação pulmonar em relação ao campo gravitacional têm efeitos que não são similares com o que ocorre nos capilares sistêmicos. Basicamente, na posição ortostática, os capilares no ápice pulmonar podem colapsar (note que isso não ocorre, por exemplo, com capilares cerebrais e de membros[58]). As consequências disso para a oxigenação sanguínea foram apresentadas em uma seção anterior (ver "Relação ventilação/perfusão").

A quarta diferença entre a circulação pulmonar e a sistêmica merece ser discutida mais extensamente.

Vasoconstrição hipóxica

O controle de fluxo sanguíneo é um processo local nos órgãos, por meio de sinais para vasoconstrição e vasodilatação na microcirculação, como visto em "Circulação". Quando a região irrigada por uma unidade de microcirculação tem oferta de oxigênio acima das necessárias para a demanda energética do momento, existe uma diminuição de perfusão, com vasoconstrição da arteríola que supre a região. Quando, por outro lado, a demanda se torna maior que o que vem sendo ofertado, há uma hipóxia que leva à vasodilatação e ao aumento de fluxo no local. Isso é o que ocorre em uma unidade de microcirculação sistêmica.

O oposto se dá nas unidades de microcirculação alveolares: se uma região se torna hipóxica, há vasoconstrição com diminuição de perfusão dessa região. A causa de tal diferença entre a resposta à hipóxia em uma unidade sistêmica e em uma unidade alveolar é compreendida se relembrarmos a questão da relação ventilação/perfusão.

Naquela seção, vimos que unidades com alta perfusão e baixa ventilação (i. e., unidades de baixa V_A/Q) contribuem muito para uma oxigenação mais baixa do sangue arterial. Ao mesmo tempo, unidades com alta V_A/Q, apesar de terem o sangue no capilar alveolar bastante bem oxigenado, contribuem pouco para a oxigenação arterial final pois o fluxo sanguíneo por essas unidades é baixo em relação às de baixa V_A/Q.

Dessa maneira, a vasoconstrição hipóxica alveolar é um importante mecanismo de homogeneização da perfusão sanguínea nas unidades de troca gasosa. Se uma unidade recebe um fluxo sanguíneo muito alto em relação à sua ventilação, o gás alveolar se torna hipóxico e ocorre a vasoconstrição já descrita. Com isso, outra unidade, cujo fluxo

---

58 Colocando-se a mão à altura dos olhos, estando sentado ou em pé e observando-se o leito ungueal, pode-se ver que esse permanece "avermelhado", pois os capilares contêm sangue. Caso se comprima o leito ungueal, pode-se notar o embranquecimento subjacente, indicando que, agora, o sangue deixou de entrar nesses capilares. Mas isso somente ocorre com a compressão, não com a elevação da mão.

sanguíneo era baixo em relação à ventilação recebida, tem agora a perfusão aumentada, pois o fluxo diminuiu na unidade hipóxica. Assim, vai havendo um ajuste local de fluxo que tende a criar uma melhor distribuição da perfusão alveolar em relação à ventilação das unidades de troca.

Além desse papel direto na homogeneização da relação V_A/Q nos pulmões, a vaso-constrição hipóxica tem um outro efeito. Alvéolos pouco ventilados em relação à sua perfusão cedem os gases para o sangue (ver a seguir). Com isso, vão diminuindo de volume e podem terminar colapsados, formando regiões de atelectasia, como descrito anteriormente. A vasoconstrição hipóxica tende, assim, a diminuir o ritmo dessa de-sinflação alveolar, dificultando o colapso da unidade.

Talvez possa parecer paradoxal que uma unidade de baixa ventilação ceda gases para o sangue pois, à primeira vista, parece que haveria um equilíbrio entre as fases gasosa e líquida, somente. Contudo, como o sangue retira O_2 do gás alveolar, as pres-sões parciais de CO_2 e de N_2 sobem (pois a pressão total da fase gasosa é mantida). O nitrogênio, anteriormente em equilíbrio de pressão, deixa de estar nessa condição e se difunde para o sangue. Isso, agora, aumenta ainda mais a pressão de CO_2 e de O_2. Esse processo entre O_2 e N_2 continua e, a partir de um certo ponto, a pressão de CO_2 do gás alveolar se torna mais elevada que a do sangue venoso. Então, CO_2 passa a se difundir do alvéolo para o sangue. Assim, uma unidade com baixa ventilação é uma unidade instável e tende a colapsar. Uma análise desse tipo de processo é o colapso de bolhas de ar carregadas por insetos mergulhadores (Chaui-Berlinck et al., 2001).

A ÁREA FUNCIONAL: REVISITANDO A ÁREA ALVEOLAR

No início do capítulo, fizemos uma estimativa da área alveolar de troca, e obtivemos um valor de 50 m^2. Estudos por estereologia indicam valores maiores, ao redor de 70 m^2, mas, como se nota, estamos dentro da ordem de grandeza para as estimativas (para maiores detalhes acerca destas estimativas, ver Rao e Johncy, 2022). Vamos considerar, agora, estimar a área de troca por meio da equação de difusão. Para evitarmos a com-plicação da não linearidade da curva de saturação da hemoglobina, utilizaremos o gás carbônico como gás de interesse. Assim, reescrevemos a equação 13 de modo a termos a área como incógnita a ser obtida:

$$A_{func} = \frac{L \cdot \dot{V}_{CO_2}}{D \cdot \beta \cdot \Delta P}$$

Por simplicidade, vamos considerar que a produção de gás carbônico seja de 10 mmol min^{-1} (correspondendo a um quociente respiratório de 0,9 para uma demanda de 85 watts). Utilizando os valores do comparativo entre ar e água apresentados na Introdução do capítulo, em "A transição da vida aquática para a terrestre", monta-se a equação acima como (o "60" que surge no denominador é para transformarmos o consumo em minutos para segundos):

$$A_{func} = \frac{3 \cdot 1}{60 \cdot 1,5 \cdot 4,8 \cdot 6} \cdot \frac{10^{-6} \cdot 10^{-2}}{10^{-9} \cdot 10^{-2}} = 1,16 \, m^2$$

Assim, obtemos, agora, uma área de 1,16 metro quadrado, e não de 50 metros quadrados. Qual a causa dessa diferença? Quando utilizamos os dados geométricos dos alvéolos e suas contagens para estimar a área, o valor obtido corresponde à área morfológica. O cálculo que acabamos de fazer nos dá a **área funcional**. O que isso quer dizer? Quer dizer que, em condições de repouso, há uma disponibilidade grande de área para difusão, muito além da necessária para essa condição. Contudo, quando a demanda aumenta, a área funcional também aumenta (pois o termo $\dot{V}_{CO_2}$ aumenta). Dessa maneira, a área funcional tende a se aproximar da área morfológica. Em um consumo de 20 vezes o basal, a área funcional será metade da área morfológica. Ou seja, essa diferença entre a área funcional de repouso e a área morfológica é um fator de segurança no sistema, que permite aumentos de consumo sem que haja necessidade de se alterar o diferencial de pressão entre sangue e gás alveolar, exatamente como já visto.

CONVERSÃO DE PRESSÕES

A tabela 6 apresenta fatores de conversão entre unidades mais comuns de pressão utilizadas na área de fisiologia. Note que a entrada em pascal é multiplicada por 1.000 (i. e., kPa), pois a unidade é muito pequena diante das demais. Note, no entanto, que a saída **não** está em kPa.

TABELA 6   Conversão de unidades de pressão comumente utilizadas

		Saída				
	Entrada	atm	torr	Pa	psi	metros H_2O
atm	1		760	101.325	14,7	10,33
torr	1	0,00132		133	0,0193	0,0136
Pa	1.000	0,00987	7,50		0,1450	0,1019
psi	1	0,06803	51,7	6893		0,7029
mH_2O	1	0,09681	73,6	9809	1,423	

REFERÊNCIAS

1. Berger KI. Small airway disease syndromes: piercing the quiet zone. Ann Am Thorac Soc. 2018;15:S26-S29.
2. Chaui-Berlinck JG, Bicudo JE. The signal in total-body plethysmography: errors due to adiabatic-isothermic difference. Respir Physiol. 1998;113:259-70.
3. Chaui-Berlinck JG, Bicudo JE, Monteiro LH. The oxygen gain of diving insects. Respir Physiol. 2001;128:229-33.
4. Cloutier MM. Respiratory physiology. Philadelphia: Mosby-Elsevier; 2007.
5. Cross M, Plunkett E. Compliance and resistance. In: Physics, Pharmacology and Physiology for Anaesthetists. New York: Cambridge University Press; 2014. p.236-8.
6. Davenport HW. The ABC of acid-base chemistry. 6.ed. Chicago: University of Chicago Press; 1975.
7. Dejours P. Principles of comparative respiratory physiology. Amsterdam: North-Holland; 1975.
8. Denny M. Air and water. Princeton: Princeton University Press; 1993.
9. Dutschmann M, Dick TE. Pontine mechanisms of respiratory control. Compr Physiol. 2012;2:2443-69.
10. Eldridge MW, Dempsey JA, Haverkamp HC, Lovering AT, Hokanson JS. Exercise-induced intrapulmonary arteriovenous shunting in healthy humans. J Appl Physiol. 2004;97:797-805.
11. Forster II, RE, Dubois AB, Briscoe WA, Fisher AB. The lung. 3.ed. Chicago: Year Book Medical; 1986.
12. Gil J, Bachofen H, Gehr P, Weibel ER. Alveolar volume-surface area relation in air- and saline-filled lungs fixed by vascular perfusion. J Appl Physiol Respir Environ Exerc Physiol. 1979;47:990-1001.

13. Ikegami M, Berry D, ElKady T, Pettenazzo A, Seidner S, Jobe A. Corticosteroids and surfactant change lung function and protein leaks in the lungs of ventilatd premature rabbits. J Clin Invest. 1987;79:1371-8.

14. Klocke RA, Schünemann HJ, Grant BJ. Distribution of pulmonary capillary transit times. Am J Respir Crit Care Med. 1995;152:2014-20.

15. Koeppen BM, Stanton BA. Berne & Levy physiology. 6.ed. Philadelphia: Mosby/Elsevier; 2008.

16. Kutschera U, Niklas K. Metabolic scaling theory in plant biology and the three oxygen paradoxa of aerobic life. Theory Biosci. 2013;132(4):277-88.

17. Macklem PT, Mead J. Resistance of central and peripheral airways measured by a retrograde catheter. J Appl Physiol. 1967;22:395-401.

18. Manier G, Castaing Y. Contribution of multiple inert gas elimination technique to pulmonary medicine – 4. Gas exchange abnormalities in pulmonary vascular and cardiac disease. Thorax. 1994;49:1169-74.

19. McArdle WD, Katch FI, Katch VL. Exercise physiology: energy, nutrition, and human performance. 6.ed. Philadelphia: Lippincott Williams & Wilkins; 2006.

20. Mitchell G, Lust A. The carotid rete and artiodactyl success. Biol Lett. 2008;4:415-8.

21. Morton NS. Exogenous surfactant treatment for the adult respiratory distress syndrome? A historical perspective. Thorax. 1990;45:825-30.

22. Pittman RN. Regulation of tissue oxygenation. San Rafael (CA): Morgan & Claypool Life Sciences; 2011. p.1-100.

23. Prange HD. Respiratory physiology. New York: Chapman & Hall; 1996.

24. Rao AA, Johncy S. Tennis courts in the human body: a review of the misleading metaphor in medical literature. Cureus. 2022;14:1-10.

25. Richter DW. Neural regulation of respiration. In: Greger R, Windhorst U, editors. Comprehensive human physiology. Berlin: Springer; 1996. p.2079-95.

26. Roca J, Wagner PD. Contribution of multiple inert gas elimination technique to pulmonary medicine. 1. Principles and information content of the multiple inert gas elimination technique. Thorax. 1994;49:815-24.

27. Siew ML, Te Pas AB, Wallace MJ, Kitchen MJ, Sirajul Islam M, Lewis RA, et al. Surfactant increases the uniformity of lung aeration at birth in ventilated preterm rabbits. Pediatr Res. 2011;70:50-5.

28. Snyder G. Blood corpuscles and blood hemoglobins: a possible example of coevolution. Science. 1977;195(4276):412-3.

29. Snyder GK, Sheafor BA. Red blood cells: centerpiece in the evolution of the vertebrate circulatory system. Am Zool. 1999;39:189-98.

30. Stickland MK, Welsh RC, Haykowsky MJ, Petersen SR, Anderson WD, Taylor DA, et al. Intra-pulmonary shunt and pulmonary gas exchange during exercise in humans. J Physiol. 2004;561:321-9.

31. Szabo A, Karplus M. A mathematical model for structure-function relations in hemoglobin. J Mol Biol. 1972;72:163-97.

32. Vann RD, Butler FK, Mitchell SJ, Moon RE. Decompression illness. Lancet. 2011;377:153-64.

33. West, JJB. Respiratory physiology: the essentials. Philadelphia: Lippincott Williams & Wilkins; 2008.

34. Whipp B. Pulmonary ventilation. In: Greger R, Windhorst U, editors. Comprehensive human physiology. Berlin, Heidelberg: Springer Berlin Heidelberg; 1996. p.2015-36.

35. Yonetani T, Laberge M. Protein dynamics explain the allosteric behaviors of hemoglobin. Biochim Biophys Acta. 2008;1784:1146-58.

36. Zavorsky GS, Walley KR, Russell JA. Red cell pulmonary transit times through the healthy human lung. Exp Physiol. 2003;88:191-200.

3

Alimentação

INTRODUÇÃO

Um ser vivo é um sistema aberto, o que significa estar em contínuas trocas de energia e matéria com seu entorno. Parte dessas trocas de matéria é decorrente de trocas gasosas, perdas hídricas insensíveis, sudorese e regulação hidreletrolítica.[1] A ingestão de líquidos e sólidos compõe o restante das trocas de matéria, e essas se dão através do sistema digestório. Esse sistema é composto de um longo tubo oco que vai da boca ao ânus, e por glândulas acessórias a esse tubo.

A ingestão é aquilo que, grosseiramente, nos referimos como "comer e beber". Existe, contudo, uma diferença entre "comer" (ou "beber") e "se alimentar",[2] isso porque a ingestão indiscriminada de compostos não necessariamente atende às necessidades orgânicas. E quais são essas necessidades? De modo geral, são necessidades relacionadas à: 1) manutenção, reparo e crescimento estrutural, como deposição óssea, hipertrofia muscular etc.; 2) reposição hidreletrolítica, como a ingestão de água livre; e 3) fornecimento de combustíveis para o metabolismo energético.

Estritamente falando, o interior do tubo digestório faz parte do entorno, isto é, faz parte do ambiente exterior. Dessa maneira, o processo de digestão é, de fato, externo ao organismo. Assim, é preciso um certo cuidado, pois muitas vezes fazemos referência a outros grupos animais como tendo "digestão externa", como aranhas que injetam enzimas na presa para posteriormente sugar os tecidos liquefeitos, sendo mais adequado nos referirmos a esse tipo de processo como "extraoral".

E ao que se refere o termo "digestão"? Na linguagem leiga, digestão se refere ao processo como um todo, desde a ingestão até a formação do bolo fecal. Contudo, a digestão *per se* é somente parte do processo, e se refere à quebra de compostos em compostos

---

1   Ver os capítulos "Respiração" deste volume e "Energética" e "Regulação hidreletrolítica" do volume 3 desta obra para maior detalhamento acerca dos processos que acabamos de citar.

2   Aqui, estamos entendendo "Alimentação" como sinônimo de "nutrição", sem qualquer prejuízo dos diferentes conceitos.

de menor tamanho. Essa quebra se dá por duas vias: mecânica e química. Na primeira, eventos mecânicos como cortes, esmagamentos e triturações transformam pedaços grandes em pedaços pequenos. O exemplo mais típico disso é a mastigação. Contudo, como veremos, o estômago também é um local de importante quebra mecânica. Na segunda, é o contato químico entre os compostos a serem quebrados e determinadas substâncias secretadas pelo trato que realiza a digestão.[3] De modo geral, essas substâncias são enzimas cujas ações catalíticas se dão sobre ligações específicas, como em proteínas, em lipídeos e em carboidratos. Dessa maneira, a digestão química depende da digestão mecânica, pois sua ação necessita que os compostos tenham tamanho pequeno, o que cria uma relação área-volume grande para a ação enzimática.[4]

A quebra é importantíssima para um próximo processo: a absorção. Isso porque a absorção ocorre no âmbito celular, o que implica tamanhos ainda menores dos compostos a serem transferidos entre o meio externo (interior do tubo) e o meio interno (sangue, linfa). Além disso, a absorção poderá se dar contra gradientes de concentração, o que implica gasto energético para que ocorra. Há, contudo, um porém no que diz respeito a essa "diminuição de tamanho" dos compostos a serem absorvidos. Apesar de compostos menores tenderem a ser mais facilmente absorvidos, uma redução a composições muito elementares traz um contrassenso energético uma vez que passa a haver maior gasto para recompor as moléculas.

Considerando ainda que o tubo digestório faz contato direto com o meio externo e, diferentemente da pele, representa uma extensa superfície não queratinizada de forma a poder absorver compostos, não deve ser surpresa que há, em suas paredes, uma intensa atividade do sistema imunitário. Esse sistema de defesa se faz presente de forma difusa ao longo do trato gastrointestinal (TGI) e, também, de maneiras focais. O apêndice cecal é, talvez, o exemplo mais relevante dessa apresentação focal do sistema imunitário no trato digestório.

No presente capítulo, estudaremos o trânsito dos alimentos e suas respectivas quebras e absorções ao longo do TGI. Também trataremos de uma característica cuja importância vem sendo cada vez mais reconhecida: a microflora que habita a luz do tubo. Discutiremos, brevemente, alguns distúrbios agudos do processo digestório e finalizaremos apresentando o trato digestório de algumas outras espécies de mamíferos e outros vertebrados, o que dará melhor entendimento dos processos evolutivos que atuam sobre esse sistema.

ANATOMIA DO SISTEMA DIGESTÓRIO

A Figura 1 mostra um esquema do tubo digestório com as principais glândulas acessórias: salivares, fígado e pâncreas. No painel inferior, as principais funções e processos são apresentados.

---

3   Aqui, utilizaremos trato digestório e trato gastrointestinal (abreviado por TGI) como sinônimos.
4   Relações de escala são estudadas no capítulo "Energética" do volume 3 desta coleção.

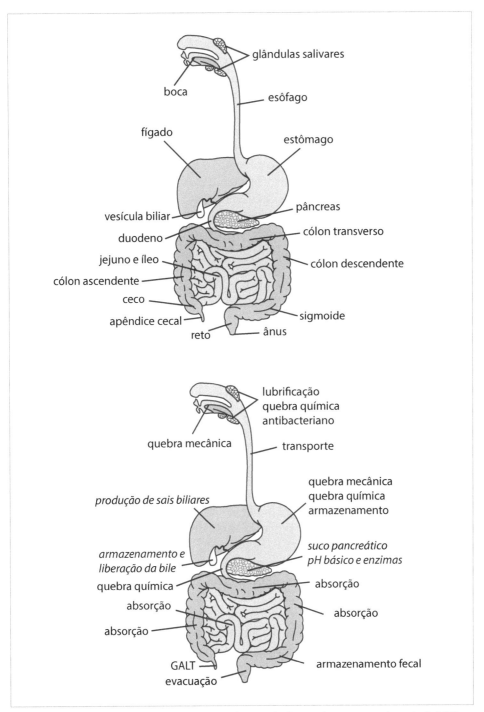

FIGURA 1 Estrutura geral anatômica (acima) e funcional (abaixo) do trato gastrointestinal. GALT: tecido linfoide associado ao intestino (do inglês *gut associated lymphoid tissue*).

O tubo

O tubo o qual é percorrido pelos alimentos se inicia na boca, que, através da mastigação, começa o processo de quebra mecânica. Além disso, a saliva é adicionada ao alimento, o que umidifica e lubrifica o bolo alimentar.

Em seguida à boca, vem o esôfago. Essa estrutura é, basicamente, um conector, e nenhum processo digestivo ocorre, de fato, nesse órgão. O esôfago se estende, então, desde a região cervical superior até abaixo do diafragma, através do qual passa e desemboca no próximo órgão do tubo, o estômago. Entre o esôfago e o estômago, há um esfíncter muscular, chamado cárdia,[5] cuja contração evita que o conteúdo gástrico, extremamente ácido, atinja a mucosa esofagiana.

Uma vez no estômago, o bolo alimentar sofre quebras tanto mecânicas quanto químicas, como veremos mais adiante. Tanto a mastigação quanto o trânsito esofagiano são rápidos diante dos demais processos que ocorrerão no trato digestório. Assim, o bolo alimentar, dependendo de sua composição, ficará algumas horas no estômago antes de ser completamente passado ao intestino delgado. Nessa etapa, o bolo alimentar passa a ser chamado de quimo.[6]

Saindo do estômago, o quimo atinge a porção inicial do intestino delgado, o duodeno. O duodeno ganhou tal denominação pelo fato de seu tamanho ser, aproximadamente, de 12 dedos – o que corresponde a um comprimento em torno de 20 cm. Em essência, a digestão mecânica se encerra no estômago e, a partir do duodeno, somente processos químicos terão relevância. Nele desembocam o pâncreas exócrino e a vesícula biliar, essa última trazendo a bile produzida pelo fígado. Assim, essas secreções atuarão na digestão química dos alimentos. Sofrendo esses processos químicos, o quimo, ao deixar o duodeno, recebe a denominação de quilo.

O jejuno e o íleo são as estruturas que se seguem ao duodeno, formando o restante do intestino delgado. O intestino delgado é um tubo bastante extenso, podendo atingir 5 a 6 metros de comprimento, e se encontra enovelado na cavidade peritoneal. Desse comprimento, o jejuno ocupa ao redor de 2,5 metros e o íleo, ao redor de 3 metros. Ao longo do intestino delgado, o processo de quebra química tem continuidade, e há a absorção de compostos.

O íleo desemboca no ceco, uma estrutura que pertence ao intestino grosso, sendo esse composto pelo ceco e cólons. Entre o íleo e o ceco, há um esfíncter muscular, denominado válvula ileocecal, a qual previne o retorno do material que atinge o ceco. No ceco encontra-se o apêndice cecal, uma estrutura que, como citamos anteriormente, faz parte do sistema imunitário. No intestino grosso, a partir do ceco, ocorrem as absorções finais, basicamente de água, glicose e eletrólitos. Assim, do bolo alimentar inicial, restam compostos não absorvidos e material descamado da própria mucosa do

---

5   Nem todas as referências consideram o cárdia como sendo o esfíncter, mas a região de transição histológica entre a mucosa esofagiana e a mucosa gástrica, e sendo o esfíncter propriamente dito denominado esfíncter esofagiano inferior. Aqui, usaremos cárdia como sinônimo da região e do esfíncter.

6   Do grego χυμός (*khymos*), suco.

tubo, formando o bolo fecal. A porção final do intestino grosso tem o cólon sigmoide e, então, seguem-se o reto e o ânus, por onde as fezes são eliminadas.

Tendo essa visão geral da disposição anatômica do sistema, e antes de passarmos ao estudo dos processos específicos, apresentaremos os hormônios envolvidos no trânsito alimentar e nas secreções glandulares, bem como a inervação autonômica e a superfície de absorção do trato digestório.

Glândulas focais

Por glândulas focais estamos entendendo estruturas ("órgãos") que podem ser individualizadas e, caso retiradas, a produção de uma determinada substância é terminada (ou suficientemente rebaixada a ponto de não mais ter efeitos do ponto de vista prático). A necessidade dessa definição ficará mais clara na próxima seção.

As glândulas diretamente ligadas ao trato digestório são as salivares, o fígado e o pâncreas, e as secreções endógenas desses dois últimos são estudadas em "Controle e regulação hormonal" (volume 3 da coleção). Aqui, nosso foco serão as secreções exócrinas: saliva, bile e suco pancreático. A Figura 2 apresenta as relações anatômicas entre fígado, pâncreas e duodeno.

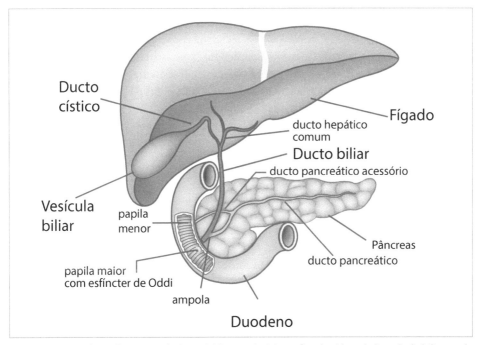

FIGURA 2 Fígado e pâncreas exócrinos. A bile, produzida no fígado, é levada à vesícula biliar, onde permanece armazenada. Com a contração da vesícula, a bile é expulsa pelo ducto biliar e atinge o duodeno através da papila maior. O pâncreas tem seu ducto principal desaguando no duodeno, juntamente com o ducto biliar, formando a ampola. Há um ducto pancreático acessório que desemboca, também no duodeno, através da papila menor.

Glândulas difusas

As glândulas difusas são aquelas que se encontram espalhadas ao longo de um órgão cuja função principal não é a de secreção glandular como tal. Como mencionado, uma glândula focal pode ser estudada de maneira direta, seja por retirada, seja por amostragem do sangue venoso drenado da glândula. Esse não é o caso de glândulas difusas, pois: a) a retirada da glândula implica a retirada de um órgão cuja função principal se perderá; e b) uma amostra de sangue venoso local não contém o suposto composto secretado em concentrações significativas para interpretação de seu possível papel fisiológico. Além dessas dificuldades inerentes ao estudo das glândulas difusas, temos, ainda, a questão de se a secreção liberada é de caráter endócrino (isto é, age à distância do local de liberação, sendo transportada via corrente sanguínea), parácrino (isto é, age localmente por difusão ao redor do local de liberação) ou neurócrino (isto é, age de forma parácrina, porém é liberada por terminações nervosas).

Tendo isso em mente, podemos entender a dificuldade em caracterizar hormônios secretados pelas paredes ao longo do tubo digestório: esses são originários de glândulas difusas e podem agir endócrina e/ou paracrinamente, ou serem de origem neural. Assim, apesar de se haver identificado um grande número de compostos que pode ter papel hormonal no controle do TGI, até hoje, apenas uns poucos conseguiram ser caracterizados efetivamente como relevantes.

Por esse motivo, somente nos concentraremos em cinco compostos de caráter endócrino (gastrina, colecistocinina – CCK, secretina, peptídeo inibidor gástrico – GIP e motilina); dois compostos de caráter parácrino (somatostatina e histamina); e três compostos de caráter neurócrino (peptídeo intestinal vasoativo – VIP, peptídeo liberado de gastrina – GRP ou bombesina – e encefalinas). A Tabela 1 apresenta, de forma esquemática, os locais de produção, os principais estímulos e as principais ações desses compostos. Além dos efeitos descritos na tabela, a gastrina estimula o crescimento da mucosa gástrica, enquanto secretina e CCK estimulam o crescimento pancreático.

Sistema nervoso autônomo

A inervação pelo sistema nervoso autônomo (SNA) se dá por meio de duas redes independentes, porém anatômica e funcionalmente relacionadas. Uma é a rede de inervação extrínseca, dividida em seus dois ramos – simpático e parassimpático. Essa rede de inervação extrínseca opera nos moldes gerais descritos para o SNA (ver "Sistema nervoso" no volume 4 da coleção), com acetilcolina e noradrenalina sendo os neurotransmissores.

Ao longo da parede tubular do TGI encontra-se a rede de inervação intrínseca, também conhecida como sistema nervoso entérico. Identificam-se vários plexos dessa rede, e os mais aparentes são os plexos mioentérico e submucoso. Os plexos são amplamente interconectados, recebem informações sensoriais locais e inervam células-alvo, como da musculatura lisa, secretoras e absortivas. Vários neurotransmissores já foram identificados, como acetilcolina, óxido nítrico, VIP e somatostatina. Contudo, o modo de operação da rede neural mioentérica ainda não é completamente conhecido.

3 ALIMENTAÇÃO 255

TABELA 1 Principais hormônios, compostos parácrinos e peptídeos neurócrinos de ação no trato gastrointestinal

Hormônio	Locais de produção	Principais estímulos	Principais ações
Gastrina	Antro gástrico e duodeno	Proteínas, distensão *pH baixo (inibição)*	Secreção ácida gástrica[*]
CCK	Duodeno e jejuno, pouco no íleo	Proteínas e gorduras *pH baixo (secundário)*	Secreção pancreática de enzimas, secreção biliar e pancreática de bicarbonato, inibição do esvaziamento gástrico
Secretina	Duodeno	pH baixo *Gorduras (secundário)*	Inibição da secreção ácida gástrica, estímulo da secreção biliar e pancreática de bicarbonato
GIP	Duodeno e jejuno	Proteínas, gorduras, carboidratos	Inibição da secreção ácida gástrica, estímulo da secreção de insulina
Motilina	Duodeno e jejuno	Neural *Gorduras, pH baixo (secundários)*	Estímulo da motilidade gástrica e intestinal
Compostos parácrinos	**Locais de produção**	**Principais estímulos**	**Principais ações**
Histamina	Estômago[ver *]	Gastrina	Secreção ácida gástrica
Somatostatina[#]	Estômago, duodeno, pâncreas	Acidificação da mucosa antral	Inibição da secreção ácida gástrica
Peptídeos neurócrinos[@]	**Locais de produção**	**Principais estímulos**	**Principais ações**
VIP	Mucosa e camada muscular intestinal		Relaxamento da musculatura lisa intestinal
GRP	Mucosa gástrica		Aumento da secreção de gastrina
Encefalinas	Mucosa e camada muscular intestinal		Aumento do tônus da musculatura lisa intestinal

(*) Ações tanto direta, via estimulação das células parietais gástricas, quanto indireta, via estimulação de produção de histamina pelas células enterocromafins-símile da mucosa gástrica.
(#) Ver, também, capítulo "Controle e regulação hormonal" do volume 3 desta coleção.
(@) Locais de produção, para os agentes neurócrinos, devem ser entendidos como locais de liberação do composto.
CCK: colecistocinina; GIP: peptídeo inibidor gástrico; GRP: peptídeo liberado de gastrina; VIP: peptídeo intestinal vasoativo.
Fonte: baseada em Johnson e Weisbrodt, 2007.

Esquema compacto de regulações no trato gastrointestinal

Uma vez que vimos as principais fontes de controle e regulação do TGI, isto é, as glândulas focais, as glândulas difusas e o sistema nervoso, podemos sintetizar as vias que operam essas regulações dentro do esquema descrito a seguir (Figura 3). Os estímulos atingem células endócrinas/parácrinas e/ou células neurais. Esses estímulos podem ter diversas origens: substâncias na corrente sanguínea, substâncias vindas da luz do TGI, estímulos ambientais, secreções da atividade basal das próprias células envolvidas no controle/regulação (Johnson e Weisbrodt, 2007). Por exemplo, o odor de alimentos pode despertar, via SNA, a salivação e a secreção gástrica de forma antecipatória.

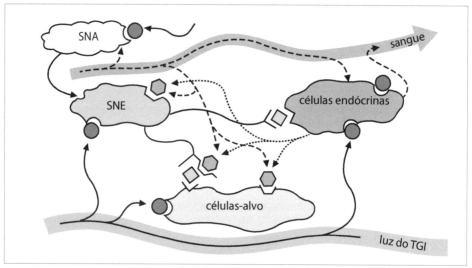

FIGURA 3 Representação esquemática de vias de controle e regulação no trato gastrointestinal. SNA: sistema nervoso autônomo. SNE: sistema nervoso entérico. Hexágonos: sinais endócrinos ou parácrinos. Quadriláteros: sinais neurócrinos. Setas tracejadas: estimulação endócrina. Setas pontilhadas: estimulação parácrina. Setas contínuas: estímulos de outras naturezas. Note que enfatizamos a rede de comunicação intraparietal. TGI: trato gastrointestinal.
Fonte: adaptada de Johnson e Weisbrodt, 2007.

A superfície de absorção: pregas, vilos e microvilosidades

O TGI sofre um mesmo tipo de problema que os pulmões: necessita ter uma grande superfície para trocas contida em um volume restrito. No caso dos pulmões, esse volume é o da caixa torácica; no caso do trato digestório, o da cavidade peritoneal. No caso do TGI, **o processo de aumento de área se dá por invaginações e dobras da parede e das próprias células epiteliais**, além, é claro, do próprio comprimento do intestino, como citado.

Antes de tratarmos das estruturas como tais, vamos fazer uma estimativa da área que estaria disponível para trocas (absorção do bolo alimentar) se o intestino fosse meramente um tubo simples, sem as invaginações. Considerando um comprimento médio de 5 metros e um diâmetro de 4 cm, teríamos uma área ao redor de 0,2 m². As estimativas da área total de absorção do intestino delgado estão ao redor de 30 m², e de 2 m² para o intestino grosso (Rao e Johncy, 2022; Helander e Fändriks, 2014). A área do "tubo simples" é aumentada em 100 vezes através das invaginações tanto macro quanto microscópicas, como veremos a seguir. No Box 1, apresentamos o tipo de geometria que descreve os aumentos de superfície criados nos organismos, a chamada **geometria fractal**.

A Figura 4 ilustra as pregas, as vilosidades e as microvilosidades (microvilos) que se desenvolvem no intestino delgado, aumentando a superfície de absorção do órgão. Além disso, a figura ilustra a organização histológica das vilosidades, onde podemos ver as células epiteliais com as microvilosidades, as células produtoras de muco (o qual lubrifica e protege a mucosa), vasos quilíferos (ou lacteais, pelos quais se dá a absorção

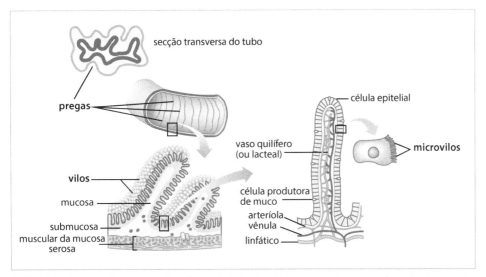

FIGURA 4 Pregas, vilos e microvilosidades do intestino. Note como a área para absorção é aumentada através das invaginações em diversas escalas de tamanho.
Fonte: adaptada de https://useruploads.socratic.org/38MFtKT4QfGCN51ocpq4_image015.jpg.

de lipídeos na forma de estruturas microscópicas, os quilomícrons – ver mais adiante) que drenam para o sistema linfático, e a rede capilar da vilosidade, com suas respectivas arteríolas e vênulas. As microvilosidades formam o que é também conhecido como "borda em escova".

Box 1 – Fractais

A ideia de aumentar uma superfície dado um volume fixo, ou de aumentar um comprimento dada uma área fixa, pode nos parecer trivial, de certa forma, pois, de fato, estamos acostumados a ver esse tipo de processo. Por exemplo, as folhas de uma árvore fazem exatamente este papel: aumentam a superfície exposta à luz solar em um dado volume fixo da árvore. Outro exemplo, agora em formações não orgânicas, é o do que nos parece ser a superfície de uma nuvem, ou a costa marítima de uma dada região. O que as folhas de uma árvore, as vilosidades intestinais, os alvéolos pulmonares, as nuvens e a costa marítima têm em comum?

Uma vez que o volume é fixo (e finito), somos levados a concluir que a superfície a esse volume associada também é finita. Uma vez que a área é fixa (e finita), somos levados a concluir que o comprimento (perímetro) associado a essa área também é finito. Esses são casos de uma geometria dita euclidiana. Dada uma esfera, sabemos calcular a superfície; dado um retângulo, sabemos calcular o perímetro.

Contudo, se tentarmos medir o comprimento de uma região costeira, ou a superfície de uma nuvem, nos deparamos com um problema: cada vez que nos aproximamos da estrutura (isto é, cada vez que mudamos a escala de observação), surge um detalhamento similar ao que observávamos anteriormente. Isto é, a estrutura (p. ex., a costa marítima) apresenta uma autossimilaridade livre de escala: qualquer que seja a "distância" de observação, o detalhamento parece ser o mesmo. Assim, ao utilizar uma "régua" para medir o comprimento da costa marítima, ele será diferente dependendo da escala (*zoom*) utilizada.

Esse tipo de fenômeno foi reconhecido na década de 1970, sendo Benoit Mandelbrot seu principal estudioso na época. Mandelbrot nomeou essas estruturas como fractais: estruturas (comprimentos, áreas, volumes, hipervolumes etc.) que têm uma dimensão fracionária (Rao e Johncy, 2022; Jurgens, Peitgen e Saupe, 1990; Mandelbrot e Wheeler, 1983).

Uma linha tem dimensão 1, uma área tem dimensão 2, um volume tem dimensão 3, e assim por diante. A linha costeira circunda uma região de área fixa, porém, ao tentarmos medi-la, nos deparamos com o problema já explicado. Dessa forma, a linha costeira tem uma dimensão menor que 2, pois ela não ocupa a área que circunda, mas tem dimensão maior que 1, pois sua medida depende da escala que utilizamos. A superfície das folhas de uma árvore tem dimensão menor que 3, pois não ocupa o volume da copa, porém tem área maior que 2, pelo mesmo motivo que citamos no exemplo anterior. E o mesmo se dá para a superfície alveolar e para a superfície de absorção intestinal. São superfícies fractais.

Um fractal é uma concepção abstrata na qual se repete o detalhamento a despeito da escala que se observe. Assim, um fractal, como concebido, é infinito. Contudo, estruturas do mundo físico real têm finitude. Assim, é claro que a superfície alveolar ou a intestinal não tem extensão infinita. Sua "fractalidade" é conceitual.

Como é uma dimensão fracionária? É um valor entre dimensões inteiras. Por exemplo, a costa marítima pode ter uma dimensão 1,27. Isso quer dizer que sua extensão ocupa mais que uma linha euclidiana e, obviamente, menos que uma área euclidiana. Identificar e calcular a dimensão fractal de uma estrutura tem enorme importância para entendermos as pressões seletivas, no caso de estruturas biológicas, ou as restrições termodinâmicas/mecânicas, no caso de estruturas não biológicas. A Figura B1 ilustra alguns fractais identificados na natureza e um construído matematicamente.

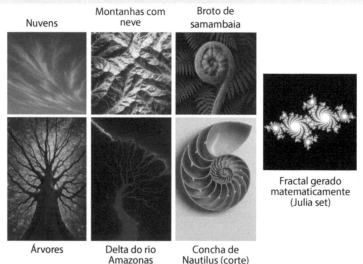

FIGURA B1 Fractais naturais, tanto de origem biológica como não biológica. Na direita, uma imagem fractal de construção matemática (Julia set coloração cubehelix, parâmetro de geração c = −0,7 + 0,27015i).

Fonte: imagens geradas por inteligência artificial com ChatGPT (OpenAI) usando o modelo DALL·E, 2025; versão por assinatura.

MOVIMENTAÇÃO NO TUBO

A mastigação e a deglutição, as quais veremos em mais detalhes logo adiante, são compostas de movimentos voluntários e um conjunto de movimentos involuntários. Porém, do esôfago em diante, o bolo alimentar é transportado somente de maneira involuntária. Esse movimento é dado pela peristalse.

A peristalse, também chamada de contrações ou movimentos peristálticos, é uma composição sequencial, ao longo do comprimento, de contrações da musculatura lisa da parede do tubo. A musculatura lisa da parede do TGI se encontra em dois arranjos: um circular, que envolve a mucosa, e um longitudinal, que corre paralelamente à mucosa, ilustrados no painel superior da Figura 5. É a contração sequencial da musculatura circular que, como uma onda, gera a peristalse, ilustrada no painel inferior da Figura 5.

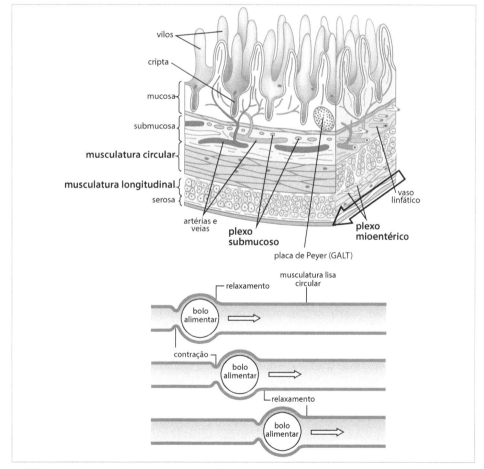

FIGURA 5 Painel superior: representação tridimensional de uma secção da parede do tubo intestinal mostrando a disposição da musculatura lisa circular e da musculatura lisa longitudinal. Os plexos nervosos submucoso e mioentérico são, também, ressaltados. A seta vazada em cinza indica o sentido do comprimento do tubo. Painel inferior: esquema do movimento do bolo alimentar (indicado pelas setas espessas em branco) gerado por uma onda peristáltica.
Fonte: adaptada de https://images.slideplayer.com.br/3/393472/slides/slide_2.jpg e https://basicmedicalkey.com/wp-content/uploads/2016/06/c00012_f012-004-9780702053252.jpg.

Ondas lentas – células intersticiais de Cajal

A contração da musculatura lisa é controlada via impulsos nervosos (ver "Músculos e movimento" no volume 4 da coleção). No TGI, esses impulsos são originários, basicamente, dos plexos neurais entéricos. Contudo, **potenciais de ação neurais isoladamente não geram contrações efetivas; é preciso haver um componente chamado de ondas lentas para que a contração seja desencadeada** (Johnson e Weisbrodt, 2007). Essas ondas têm origem em uma rede de células que se encontram tanto dentro das camadas musculares quanto entre essas camadas, as **células intersticiais de Cajal**[7] (CiC).

As CiC conectam-se tanto entre si quanto a células musculares e neurônios através de junções comunicantes (*gap junctions*), e há transmissão eletrotônica de sinais entre as células (ver "Difusão e potenciais" no volume 1 da coleção). As CiC têm atividade intrínseca de autodespolarização e, assim, **funcionam como marca-passos, gerando as ondas lentas**.

As ondas lentas por si não levam à contração da musculatura, porém elas sincronizam e criam o ritmo no qual as contrações ocorrerão (Huizinga et al., 1997; Johnson e Weisbrodt, 2007). As CiC criam ondas lentas de diferentes frequências intrínsecas nas diferentes partes do TGI: 3 por minuto no estômago, 12 por minuto no duodeno, 8 por minuto no íleo, 4 por minuto no cólon. Se um ou mais potenciais de ação se somam a uma onda lenta, há, então, a contração efetiva da musculatura lisa da região. A Figura 6 ilustra as redes das células intersticiais de Cajal, as ondas lentas e a ocorrência de contrações da musculatura lisa.

MASTIGAÇÃO E DEGLUTIÇÃO

Passamos, agora, ao início do processo de digestão. Uma quantidade de alimento é levada à boca, onde se dá a mastigação. A mastigação tritura e corta o alimento e, ao mesmo tempo, ocorre a secreção das glândulas salivares umidificando e lubrificando o conteúdo, que passa a ser chamado de bolo alimentar. Além disso, a secreção das glândulas salivares atua como um agente bacteriostático/bactericida, contendo anticorpos da classe IgA secretória, lisozimas (que quebram a parede celular bacteriana) e lactoferrina – esta última é um agente quelante de ferro.[8] A saliva contém, ainda, uma alfa-amilase, a ptialina, a qual, sendo uma enzima que quebra o amido, inicia uma parte da digestão química de carboidratos e atua por um tempo prolongado enquanto o alimento se encontrar no fundo gástrico (ver adiante). A Figura 7 apresenta, de modo esquemático e resumido, as glândulas salivares em sua localização anatômica, organização histológica, formação do fluido salivar e estímulos para a produção de saliva. Note que o SNA age de modo estimulador sobre as glândulas salivares, tanto via parassimpático (acetilcolina) quanto via simpático (noradrenalina).

---

7   Santiago Ramón y Cajal (1852-1934), prêmio Nobel de Medicina e Fisiologia em 1906.
8   O ferro é necessário para a proliferação da vários tipos de microrganismos (Johnson e Weisbrodt, 2007).

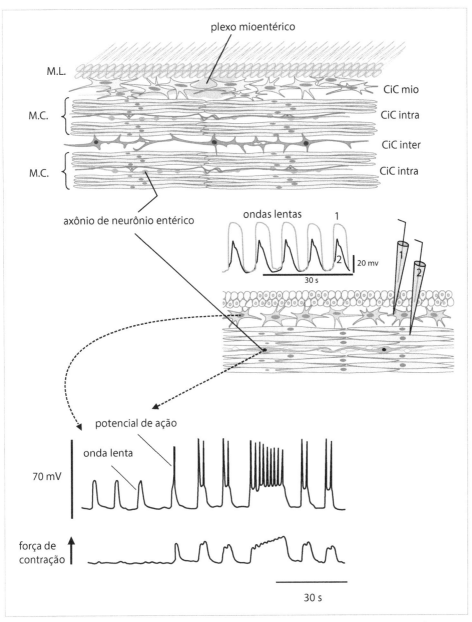

FIGURA 6 Células intersticiais de Cajal (CiC) e ondas lentas. No painel superior, vemos a disposição histológica da rede formada pelas CiC tanto intra quanto intercamadas musculares (ML – musculatura longitudinal; MC – musculatura circular). No painel central, vemos o registro de atividade elétrica nas CiC (registro 1) e as desencadeadas nas células musculares por condução eletrotônica (registro 2). Note a amplitude elétrica ao redor de 30 mV nestas últimas. No painel inferior vemos o registro elétrico e o registro de força em uma célula muscular. Note que as ondas lentas não causam contração, porém, se um potencial de ação se soma à onda, o potencial de membrana se torna elevado o suficiente e a contração é desencadeada. Note, ainda, que, caso não haja ondas lentas, não há contração (dados não apresentados). As setas tracejadas indicam a despolarização causada na célula muscular.

Fonte: adaptada de https://www.seichokai.or.jp/hannan/medical/casepresentations/case75/case75-9a.JPG; https://f6publishing.blob.core.windows.net/7591552b-1ed6-40bd-8800-d6eb8ac478ab/WJG-16-3239-g001.jpg e Huizinga, 1997.

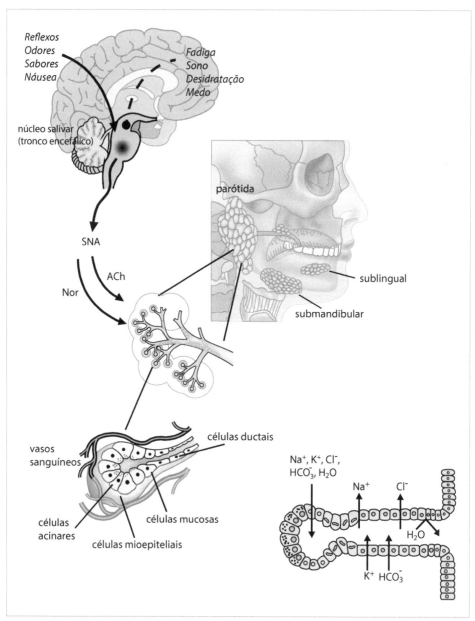

FIGURA 7 Glândulas salivares. Nos painéis centrais, anatomia e histologia das glândulas. No painel superior, sinais estimuladores e inibidores da salivação (Johnson e Weisbrodt, 2007). Esses sinais agem sobre o núcleo salivar e esse atua, via SNA, sobre as glândulas. Setas em linha sólida: estimulação; seta em linha tracejada e ponta romba: inibição. ACh: acetilcolina; Nor: noradrenalina; SNA: sistema nervoso autônomo. Painel inferior: formação do fluido salivar. Nos ácinos, o fluido é basicamente um transudato do plasma e vai sendo modificado ao longo dos ductos, com reabsorção de sódio e cloro e secreção de potássio acompanhada por bicarbonato.
Fonte: adaptada de https://www.healthing.ca/other/salivary-gland-infections, https://www.sciencephoto.com/media/569985/view/salivary-gland-anatomy-artwork, https://innerbody.imgix.net/Brain-Stem.png e https://o.quizlet.com/ZdRDf6yPo2cXyC7WNPyC4Q.jpg.

Deglutição e transporte no esôfago

Uma vez formado o bolo alimentar, ele é deglutido, passando da boca ao esôfago e do esôfago ao estômago. O processo da deglutição é esquematizado na Figura 8. Após a fase de deglutição, o bolo alimentar é transportado pelo esôfago através de movimentos peristálticos. O início do esôfago é dado por um esfíncter (esfíncter esofagiano superior) e o terço inicial da parede é composto de musculatura estriada esquelética. Essa, contudo, se encontra sob inervação autônoma e não voluntária. A partir do terço médio, a parede passa a conter musculatura lisa e, no terço final, não mais se encontra a musculatura estriada. A transição entre esôfago e estômago contém outro esfíncter, o cárdia. Tanto o esfíncter superior quanto o cárdia permanecem contraídos quando não há transporte esofagiano.

A fase esofagiana da deglutição se inicia com o relaxamento do esfíncter superior e movimentos peristálticos que se propagam distalmente, carregando o bolo alimentar. Quando a região do cárdia é atingida, ocorre um relaxamento desse esfíncter, permitindo a passagem do bolo ao estômago. Esses fenômenos estão ilustrados na Figura 9.

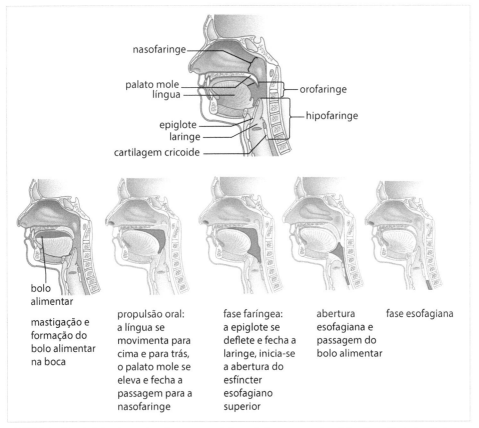

FIGURA 8 Deglutição. A mastigação e a propulsão oral são etapas voluntárias. A partir da fase faríngea, os movimentos passam a ser involuntários e automatizados. O bolo alimentar representado em cinza escuro.
Fonte: adaptada de Carbo, Brown e Nakrour, 2021.

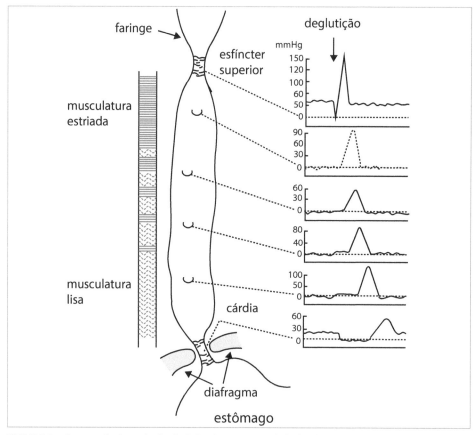

FIGURA 9 Fase esofagiana da deglutição. A passagem do bolo alimentar pelo esôfago é ilustrada pelos gráficos de pressão ao longo do tubo (registros à nossa direita). Nesses gráficos, a pressão zero é indicada por linhas horizontais tracejadas. Note que tanto o esfíncter superior quanto o cárdia mantêm pressão acima de zero e somente quando o bolo alimentar passa pela região a pressão é rebaixada. No restante do esôfago, ao contrário, a pressão é zero e se torna positiva posteriormente ao bolo alimentar.
Fonte: adaptada de https://www.oeso.org/OESO/books/Vol_4_Prim_Motility/Articles/IMAGES/0027F4.JPG.

O ALIMENTO NO ESTÔMAGO

A anatomia e a histologia do estômago são ilustradas na Figura 10. **Apesar de não haver nenhuma separação física de fato, podemos considerar o estômago um "composto de três órgãos": o fundo, o corpo e o antro.** Cada uma dessas regiões desempenha papel diverso no processo da digestão. Histologicamente, o corpo e o fundo são semelhantes, porém são mecanicamente diversos. Já o antro tem composição histológica menos semelhante à do fundo e do corpo, e também opera de maneira diversa em termos mecânicos. Como vimos, na transição entre o esôfago e o estômago há o cárdia. Na transição do estômago ao duodeno há outro esfíncter, o piloro.[9]

---

9 Do grego πύληό (*pylios*), portão.

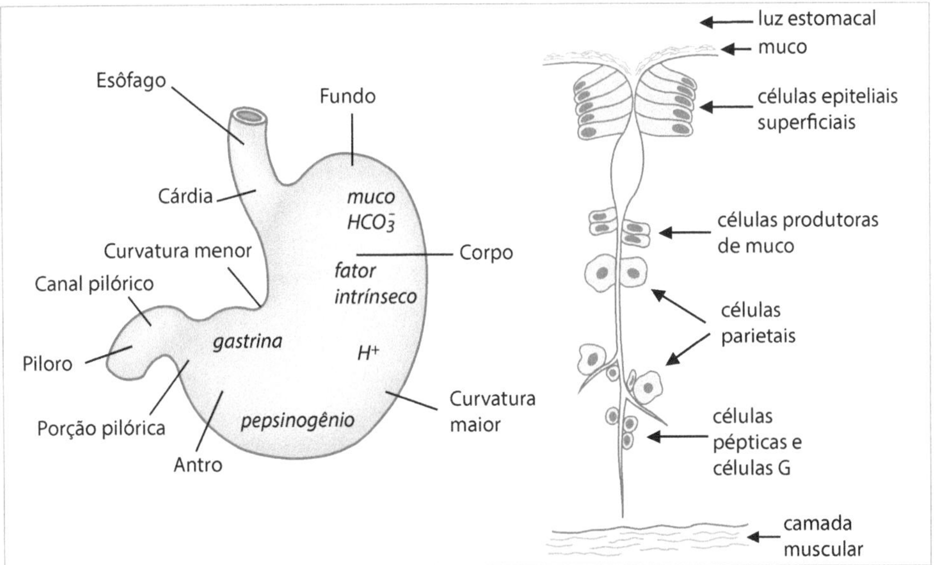

FIGURA 10 Anatomia (à direita) e histologia de parede (à esquerda) do estômago. As células produtoras de muco estão presentes em toda a parede estomacal, sendo o muco necessário para a proteção da parede em relação ao fluido ácido em sua luz. Na porção fúndica, ocorre a secreção de bicarbonato e, no corpo, a secreção de H+ (HCl), o que deixa o suco gástrico com pH entre 1,5 e 3,5. As células pépticas produzem pepsinogênio, na região do corpo, e as células G produzem gastrina na região pilórica. O fator intrínseco é uma glicoproteína produzida pelas células parietais do corpo gástrico que atuará como cofator para a absorção de vitamina B12 (cobalamina) no íleo.
Fonte: adaptada de https://static.biologianet.com/2022/01/partes-do-estomago.jpg e Johnson & Weisbrodt, 2007.

O quimo

Uma vez atingido o estômago, o bolo alimentar vai sendo misturado às secreções das glândulas gástricas (ver Figura 10) e passa a ser denominado quimo. As células parietais (ou oxínticas) do corpo gástrico produzem um zimogênio (ou proenzima, um precursor inativo), o pepsinogênio. Também produzem ácido clorídrico (HCl), tornando o pH do suco gástrico extremamente ácido. Essa produção de HCl é estimulada por histamina, acetilcolina e gastrina (via histamina). A acidificação do suco gástrico promove a desnaturação de proteínas, o que facilitará a digestão desses compostos. Além disso, o pH ácido promove a ativação do pepsinogênio em pepsina, uma enzima proteolítica. Assim, a digestão de proteínas tem início no estômago.

O pH extremamente ácido do suco gástrico é obtido via secreção ativa de Cl⁻ desacompanhada de cátions fortes (basicamente, K+ e Na+ – ver "Regulação ácido-base"). Dessa maneira, os íons H+ fazem a eletroneutralidade do fluido. Surge, contudo, o problema de o pH ácido atacar a própria mucosa gástrica, o que é prevenido pela chamada barreira mucosa gástrica. Essa barreira é composta pelo muco secretado que recobre as células epiteliais superficiais, por bicarbonato em solução no muco e pelo epitélio compacto (isto é, com zona de oclusão – *tight junctions* – bastante pronunciada entre as células). Alguns fármacos, particularmente anti-inflamatórios não esteroides, podem causar desarranjos nessa barreira, e o pH ácido, juntamente com enzimas no suco gástrico, lesa a mucosa. A regulação da secreção ácida gástrica é apresentada em uma seção mais adiante.

Ao mesmo tempo que o pH baixo é importante para a digestão proteica que se inicia no estômago, o bolo alimentar vindo da boca contém ptialina, a qual atua na quebra de amido. Contudo, a ptialina tem ação em pH neutro. Notamos, assim, a primeira divisão funcional do estômago. A região fúndica tem pH mais elevado em decorrência da maior secreção de bicarbonato nesse local. Além disso, como veremos logo mais, o padrão de contração do fundo gástrico é diferente do corpo e antro/piloro, e o bolo alimentar é mantido por um tempo longo nessa região sem se misturar ao quimo.

Digestão mecânica e esvaziamento gástrico

Uma ingestão contendo alimentos sólidos tem uma dinâmica diferente da que ocorre na ingestão de alimentos puramente líquidos. Estes últimos não necessitam de quebra mecânica pois o material já se encontra solubilizado. Assim, o tempo de permanência no estômago é curto, sendo dependente do valor energético: água pura tem meia-vida gástrica de 10 minutos e um líquido altamente energético tem meia-vida gástrica de até 2 horas (Goyal, Guo e Mashimo, 2019). Por outro lado, o conteúdo sólido tem um tempo de esvaziamento gástrico maior que 2 horas e, dependendo do tamanho do particulado, pode atingir mais de 4 horas (Figura 11).

O quimo que passa do estômago ao duodeno contém um material particulado menor que 2 a 3 mm de diâmetro. Porém, o particulado que vem da boca é, geralmente para alimentos sólidos, maior que esse diâmetro. Dessa maneira, a quebra mecânica dos

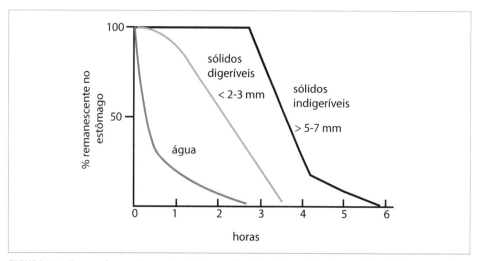

FIGURA 11 Tempo de esvaziamento gástrico em função do tamanho do particulado. Note que a água tem uma meia-vida gástrica bastante curta (≅ 10 minutos), enquanto particulados que não conseguem ser quebrados para menos de 5 mm permanecem um tempo longo no estômago. Mais ainda, esses particulados, ou sólidos grandes, após horas no estômago, apresentam um esvaziamento rápido, como veremos mais adiante.
Fonte: adaptada de Goyal et al., 2019.

alimentos que se inicia na boca é completada no estômago. Contudo, não há, como na boca, estruturas rígidas na parede gástrica para perfazer tal quebra. Além disso, o particulado pequeno (< 2 mm) vai sendo transferido ao duodeno, enquanto o particulado maior fica retido e continua a sofrer quebras mecânica e química no estômago. Surge, então, a questão de como esse órgão não rígido e sem "filtros" faz a quebra mecânica e seleciona partículas de tamanhos diferentes de modo a reter as maiores para continuar o processo de quebra e passa as menores adiante. As ondas peristálticas da parede gástrica têm duas características que permitem que esses dois processos ocorram.

Retropropulsão peristáltica e retenção fúndica

Como citamos anteriormente, o fundo gástrico tem um padrão de contração diferente do restante do estômago. Lá, a contração é tônica e não forma uma onda peristáltica, mas sim um aumento de pressão generalizado na região. Com isso, apenas uma pequena parte do bolo alimentar é levada ao corpo: a onda peristáltica que se inicia no corpo é contrabalanceada, localmente, pela pressão no fundo gástrico.

Já no corpo e antro pilórico, a contração da musculatura lisa é fásica e forma ondas peristálticas. Essas ondas, contudo, têm ainda uma nova particularidade: sua força aumenta conforme se caminha da zona mais próxima ao fundo e se aproxima do piloro. Com isso, ao mesmo tempo que há propulsão adiante do quimo (antepropulsão), há também a formação de uma retropropulsão decorrente do aumento de amplitude de onda em relação ao ponto anterior. Esses fenômenos estão ilustrados na Figura 12.

O processo físico que cria a retropropulsão é discutido no Box 2, e depende desse gradiente dinâmico de pressão diferencial ao longo do estômago. Já a separação de partículas pelo tamanho é um processo associado à velocidade da onda peristáltica, agora associado às curvaturas gástricas. Esse é também discutido no Box 2.

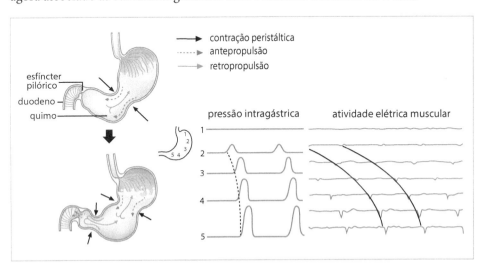

FIGURA 12 Onda peristáltica no corpo e antro pilórico. No painel à nossa direita, temos os registros de pressão e de atividade elétrica ao longo da parede gástrica (ver numeração na figura de contorno). No painel à esquerda, vemos o esquema que ilustra o movimento do quimo, no qual uma parte é ante e outra é retropropulsionada.
Fonte: adaptada de Johnson e Weisbrodt, 2007.

Complexos mioentéricos migratórios

Como vemos na Figura 11, sólidos de maior tamanho não são passados ao duodeno durante a fase gástrica da digestão. Contudo, algumas horas após se encontrarem no estômago, esses sólidos são forçados ao duodeno quase de uma só vez. Esse processo decorre dos chamados complexos mioentéricos – ou motores – migratórios (CMM) (Szurszewski, 1969).

Os CMM surgem de tempos em tempos no TGI e podem percorrer desde o estômago até o íleo. Considera-se que a motilina seja o hormônio responsável pela iniciação de um CMM, os quais ocorrem, em seres humanos, em intervalos de 90 a mais de 200 minutos, e são acompanhados pelo "roncar" do estômago. No estômago, os CMM levam à expulsão de particulados grandes e, no intestino delgado, à propulsão desses particulados, eliminando, então, sólidos que não conseguirão ser digeridos. A Figura 13 ilustra as ondas de pressão gástricas que ocorrem durante um evento de CMM. Falaremos mais acerca dos CMM quando discutirmos a fome, no final do capítulo.

Regulação da secreção ácida

Como vimos, o pH baixo no quimo é muito importante para o processo de digestão. Há três principais alças de controle envolvidas na regulação da secreção de H^+ na mucosa gástrica. Essas alças são complementares, isto é, cada uma opera de maneira independente das demais nas células parietais e, ao mesmo tempo, as respostas podem ser potencializadas umas pelas outras (Johnson e Weisbrodt, 2007). Os compostos que tomam parte nessas alças são **a gastrina, a histamina e a acetilcolina.**

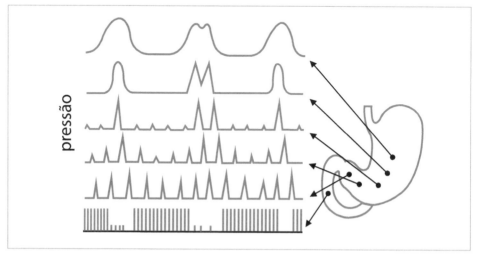

FIGURA 13 Ondas de pressão geradas por complexos mioentéricos migratórios no estômago e no duodeno. Note como as ondas de pressão de longa duração vão sendo transformadas em eventos de mais alta frequência (e menor duração) entre o corpo gástrico e o duodeno.
Fonte: adaptada de Johnson e Weisbrodt, 2007.

A histamina é produzida pelas células tipo enterocromafins do estômago (ECL),[10] em decorrência de estimulação via gastrina e/ou acetilcolina, sendo extremamente potente na estimulação da acidificação do suco gástrico. Assim, anti-histamínicos antagonistas de receptores H_2 são utilizados em tratamentos de úlcera péptica, particularmente as duodenais. Porém, tanto a acetilcolina quanto a gastrina também agem diretamente nas células parietais, estimulando a produção ácida. A Figura 14 ilustra essas alças de regulação.

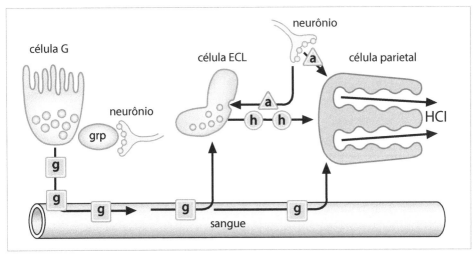

FIGURA 14 Alças de regulação da secreção ácida pelas células parietais gástricas. a: acetilcolina; ECL: célula tipo enterocromafim; g: gastrina; grp: peptídeo liberador de gastrina; h: histamina.
Fonte: adaptada de Koeppen B e Stanton B, 2008.

Box 2 – Retropropulsão e separação dinâmica do particulado

A Figura B2.1 mostra, de maneira esquemática, como o aumento da amplitude de onda de pressão ao longo da parede gástrica cria tanto a ante quanto a retropropulsão (note que as ondas peristálticas somente caminham no sentido oroanal). Pela figura, vemos que o progressivo aumento da amplitude obriga que o fluido a montante da onda se desloque retrogradamente por uma simples questão de espaço ocupado pela parede. Caso a amplitude não seja incremental, como no caso da peristalse simples (ver Figura 5), o fluido a jusante é movido, mas o fluido a montante também se deslocará junto à onda, novamente por uma questão de espaço (agora não ocupado).

Uma vez que entendemos como a progressão da amplitude da onda peristáltica pode criar a retropropulsão, resta entendermos como particulados pequenos são passados ao duodeno e particulados maiores são retidos para continuar a sofrer a digestão tanto mecânica quanto química no estômago. Vamos examinar dois exemplos que podem ser feitos em "experimentos caseiros".

---
10 *Enterochromaffin-like cells.*

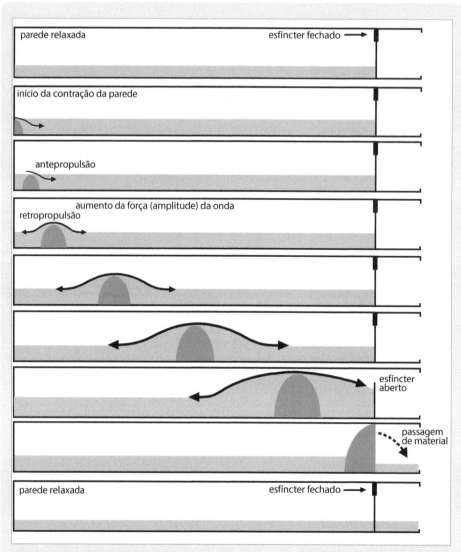

FIGURA B2.1 Esquema ilustrativo de como o progressivo aumento da amplitude de onda da parede gástrica cria tanto o movimento do fluido a jusante (antepropulsão) quanto a montante (retropropulsão). Como explicado no texto, a retropropulsão ocorre pelo fato de o espaço ocupado pela parede ser progressivamente maior.

Se colocarmos particulados sólidos de mesma densidade, porém de tamanhos diferentes, em um frasco e "chacoalharmos" o recipiente, veremos que os menores tendem a ficar mais embaixo (no campo gravitacional) e os maiores, mais em cima. Por exemplo, isso pode ser feito com bolinhas de aço de diferentes tamanhos, ou pedregulhos e areia, ou grãos de arroz e feijão. Observações e experimentos científicos mostram que particulados sólidos se separam dependendo do processo (p. ex., o "chacoalhar no campo gravitacional" já citado) de separação e de propriedades físicas do particulado (no exemplo citado, tínhamos partículas de mesma densidade). Esse fenômeno de separação é chamado de segregação (Mosby et al., 1996) e, como acabamos de mencionar, a segregação depende de propriedades físicas do particulado e do processo ao qual as partículas são submetidas.

No painel superior da Figura B2.2, vemos uma mistura de grãos de arroz e grãos de feijão em um frasco no qual o feijão foi colocado primeiro, ocupando as posições mais inferiores. Após balançarmos o frasco algumas vezes, os grãos de arroz passam a ocupar as posições mais inferiores, apesar de o arroz e o feijão terem densidades semelhantes e o peso de um grão de feijão ser bem maior que o de um grão de arroz. No painel inferior, nossa mistura de grãos é rotacionada e vemos que, novamente, ocorre a segregação, agora com os grãos de arroz ficando em posições mais centrais. Por que, se são particulados com densidades semelhantes, os menores tendem a ficar em posições mais inferiores que os maiores? A Figura B2.3 explica o que ocorre.[11]

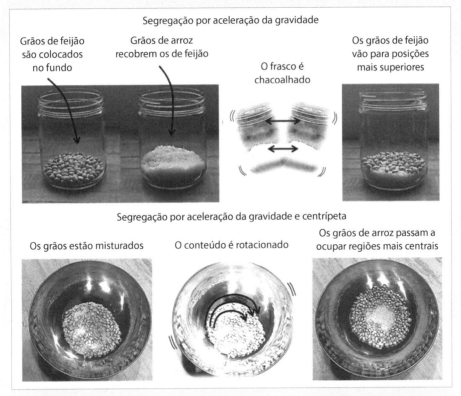

FIGURA B2.2 Segregação de particulados por aceleração da gravidade (painel superior) e por uma combinação de aceleração da gravidade e aceleração centrípeta (painel inferior). No segundo caso, os grãos de feijão são trazidos para a porção superior da mistura (como no primeiro painel) e, simultaneamente, levados para a borda.
Fonte: elaborada pelo autor.

---

11 Note que a explicação que damos na legenda da Figura B2.3 é uma versão simplificada do que ocorre em termos de potencial termodinâmico do processo com aumento da entropia do sistema. Mais detalhes sobre esse assunto podem ser encontrados em "Difusão e potenciais".

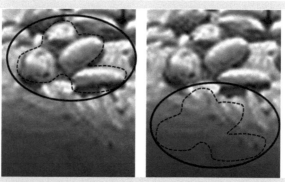

FIGURA B2.3 Ilustração de uma região contendo grãos de feijão e de arroz com os primeiros em posições mais superiores. Alguns grãos de feijão têm o contorno destacado e uma unidade de volume ao redor demarcado. Esse volume é projetado na região ocupada pelos grãos de arroz, assim como o contorno dos grãos de feijão. Podemos notar, claramente, que em uma unidade de volume há uma densidade maior na região dos grãos de arroz que na região dos grãos de feijão. Assim, de fato, a densidade maior é a que se encontra mais abaixo, como esperado no campo gravitacional.
Fonte: elaborada pelo autor.

Como esses conceitos se aplicam ao que ocorre no estômago? Na Figura 10, vemos que o estômago tem duas curvaturas de comprimentos diferentes (a grande e a pequena curvatura). Uma vez que uma onda peristáltica que nasce no corpo chega ao antro percorrendo as duas curvaturas em tempo semelhante, isso implica que a onda mais próxima à grande curvatura tem uma velocidade maior que a onda na pequena curvatura. Desse modo, um gradiente de velocidade é criado internamente ao estômago entre as curvaturas. Se há velocidades diferentes, isso significa que o particulado sendo movido está sob uma aceleração. Esse fenômeno é ilustrado na Figura B2.4. Nos exemplos que demos na Figura B2.2, mostramos como acelerações podem levar à segregação do particulado (ver Mosby et al., 1996, para mais detalhes sobre segregação). Um processo similar ocorre no estômago, permitindo a passagem de pequenas partículas ao duodeno e a retenção das maiores no estômago.

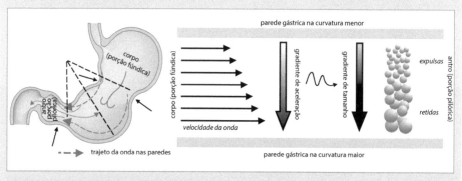

FIGURA B2.4 Gradiente de velocidade da onda peristáltica entre a grande e a pequena curvatura gástrica. No painel à nossa esquerda, vemos os trajetos da onda nas paredes e percebemos, então, que há uma diferença de velocidade. No painel à nossa direita, a grande curvatura e a pequena curvatura são ilustradas como trajetos paralelos e, entre elas, se forma um gradiente de velocidade, ou seja, o material particulado se encontra sob uma aceleração de componente ortogonal às curvaturas. Dessa forma, isso permite a criação de um gradiente de particulados, com segregação de tamanho.

O ALIMENTO NO DUODENO

Uma vez saído do estômago, o quimo atinge o duodeno. Ali, secreções da mucosa duodenal contendo bicarbonato, juntamente com o bicarbonato do suco pancreático, elevam o pH do fluido, neutralizando o ácido gástrico. Os principais componentes de digestão mecânica já ocorreram na boca e no estômago. Agora, um novo conjunto de enzimas e compostos é adicionado ao fluido, dando continuidade ao processo de digestão química. No duodeno não há absorção significativa de nutrientes, sendo esse trecho do intestino delgado o local no qual a digestão é praticamente levada ao seu término (ver adiante).

No intestino delgado, podemos identificar três tipos de movimentos (contrações da musculatura lisa). Dois desses movimentos nós já discutimos anteriormente: a propulsão peristáltica e os complexos mioentéricos migratórios, e esses últimos muitas vezes têm origem no estômago e são movimentos que ocorrem somente durante períodos de jejum (Johnson e Weisbrodt, 2007).

O terceiro tipo de movimento que se identifica são contrações de pontos isolados do tubo. Como segmentos adjacentes ao ponto de contração permanecem relaxados, há ante e retropropulsão no local. Contudo, ao ocorrer o relaxamento, o conteúdo ante e retropropulsionado volta ao local de origem. **Essas contrações são denominadas segmentação e sua função é promover uma maior mistura do quimo e, subsequentemente, do quilo.** A Figura 15 ilustra o processo de segmentação.

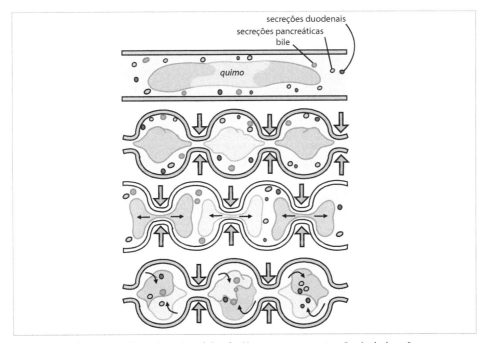

FIGURA 15 Segmentação no intestino delgado. Note como as contrações isoladas não causam propulsão efetiva, mas mistura. Note, também, como a retropropulsão tem característica diferente da retropropulsão gástrica – aqui, a retropropulsão não é um deslocamento efetivo do conteúdo e ocorre pela não propagação da onda de contração.
Fonte: adaptada de https://d1j63owfs0b5j3.cloudfront.net/tutorial/finalImage/954-1451576848605.png.

Os movimentos peristálticos do intestino delgado, também denominados reflexo peristáltico, têm origem nos plexos mioentéricos e não dependem de inervação extrínseca. Por outro lado, os chamados reflexos intestino-intestinais dependem da inervação extrínseca dada pelo SNA. Esse reflexo ocorre quando um local do intestino sofre uma grande distensão, causando uma inibição de atividade contrátil no restante do tubo.

A presença do quimo no duodeno estimula a liberação de secretina e CCK (ver Tabela 1). Esses hormônios inibem a secreção de HCl e o esvaziamento gástrico, regulando, assim, o trânsito alimentar no TGI. Além disso, estimulam a secreção de bile (contração da vesícula biliar), a secreção pancreática de bicarbonato e de enzimas. Assim, como citamos anteriormente, a digestão química luminal entra nas últimas etapas no duodeno.

Suco pancreático

O pâncreas exócrino produz fluido aquoso contendo bicarbonato, enzimas e zimogênios.[12] Esse fluido é produzido em taxas basais pequenas, e tal taxa é grandemente aumentada em decorrência de estímulos oriundos da presença do quimo no estômago e no duodeno/jejuno. A histologia do componente exócrino é bastante similar à das glândulas salivares, com células acinares formando alvéolos nos quais proteínas (enzimas e zimogênios) são secretadas e células ductais, que produzem fluido contendo altas concentrações de bicarbonato.

As células ductais e as células acinares recebem estímulos diferenciados e, assim, as taxas de secreção proteica e de bicarbonato também podem ser dissociadas umas das outras. Os principais secretagogos de enzimas e bicarbonato pancreáticos são secretina, CCK e acetilcolina (esta última via nervo vago). O principal conjunto de estímulos para a secreção pancreática ocorre na fase intestinal da digestão (ver seção "Arcos reflexos e controle central da movimentação no tubo", mais adiante), porém tanto a fase cefálica quanto a gástrica têm contribuição.

A Figura 16 apresenta uma visão esquemática da estimulação da secreção pancreática. Além do esquema das alças de estimulação, a figura contém dois gráficos. No painel mais superior, temos a secreção de bicarbonato em função do pH do fluido duodenal e podemos perceber que a produção de fluido rico em HCO_3^- é muito estimulada pelo pH ácido. No painel mais inferior, vemos a potencialização de estímulos para a produção de fluido contendo bicarbonato. A presença de fenilalanina (um aminoácido essencial[13] para seres humanos) estimula a produção de CCK, a qual estimula a liberação de acetilcolina via vagal. Isoladamente, esse efeito resulta em uma produção de fluido com baixa concentração de bicarbonato. A secretina, também isoladamente, induz uma produção mais elevada de bicarbonato. Quando os dois estímulos ocorrem simultaneamente, a produção de fluido rico em bicarbonato é aumentada a uma taxa maior que a da soma dos estímulos isolados. A produção de enzimas pelas células acinares também tem essa

---

12 Precursores enzimáticos inativos, como no caso do pepsinogênio gástrico.

13 Lembrando: aminoácidos essenciais são aqueles que o organismo não possui vias bioquímicas para produzir e precisam, então, ser obtidos pela alimentação.

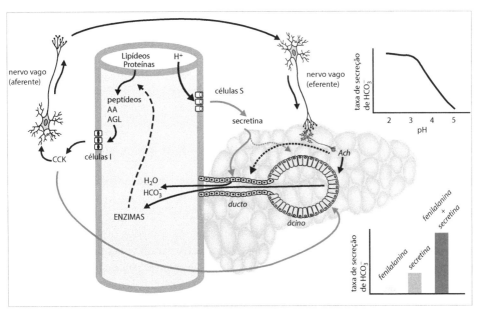

FIGURA 16 Painel à esquerda: esquema das vias de estimulação da secreção de suco pancreático. Podemos notar que os estímulos para a produção de fluido rico em bicarbonato e para a produção de enzimas são diferentes, o primeiro mais relacionado à estimulação das células S da parede duodenal, com produção de secretina, pelo quimo ácido, e o segundo pela estimulação das células I, com produção de colecistocinina (CCK), por peptídeos, aminoácidos (AA) e ácidos graxos livres (AGL). A secretina atua, via corrente sanguínea (setas em cinza), nas células ductais pancreáticas, e tem ação menor nas células acinares (seta pontilhada). A CCK atua tanto localmente quanto via corrente sanguínea. Localmente, há estimulação de receptores neurais que induzem, via SNA parassimpático, a liberação de acetilcolina (ACh) para os ácinos e, com menor ação, nos ductos. Via corrente sanguínea, a própria CCK atua nas células acinares. Assim, tanto a produção de fluido rico em bicarbonato quanto a produção de enzimas têm efeito potencializado pelos diferentes estímulos (ver painel inferior à direita e explicação no texto).
Fonte: Johnson e Weisbrodt, 2007.

característica de potencialização de resposta por estímulos diversos (CCK, secretina e acetilcolina – Johnson e Weisbrodt, 2007).

Bile

Outra ação da colecistocinina é a de induzir a contração da vesícula biliar e o relaxamento do esfíncter de Oddi (ver Figura 2). De fato, é dessa ação que deriva o nome desse hormônio, vindo do grego: *chole* (bile), *cysto* (bolsa) e *kinin* (movimento). Com a contração da vesícula e o relaxamento do esfíncter, o líquido nela acumulado durante o jejum é lançado no duodeno. A bile é formada no fígado e transportada pelos canalículos biliares até o ducto hepático comum (ver Figura 2). Essa produção é mais ou menos contínua, porém é aumentada se o fígado recebe sais biliares (ver adiante), e a vesícula funciona, assim, como um reservatório.

A bile tem compostos orgânicos e inorgânicos, sendo estes últimos Na^+, K^+, Ca^{2+}, Cl^- e HCO_3^-, principalmente. Os compostos inorgânicos catiônicos têm uma concentração maior que a dos aniônicos, e a eletroneutralidade é mantida por dissociação dos ácidos fracos biliares – o que resulta em pH levemente ácido ($\cong$ 6,8). Além disso, os compostos inorgânicos estão em uma concentração maior que a plasmática, porém uma parte deles se torna associada aos sais biliares (ver abaixo) negativamente carregados, e a bile é, então, isosmótica (Johnson e Weisbrodt, 2007).

Compostos orgânicos biliares

Ácidos biliares

Os ácidos biliares são derivados do colesterol e constituem aproximadamente 50% dos constituintes sólidos da bile (Johnson e Weisbrodt, 2007). A estrutura terciária de um ácido biliar é tal que a molécula se torna anfipática,[14] com grupos carboxílicos e hidroxílicos polares em um lado e grupos metil não dissociados (apolares) no outro. Enquanto a concentração de sais biliares for baixa, as moléculas permanecem em solução na forma de gotículas em emulsão. Com o aumento na concentração, ocorre um processo de auto-organização e as moléculas de sais biliares formam as chamadas micelas (ver "Processos celulares" no volume 1 da coleção). Tanto na emulsão quanto nas micelas, os ácidos graxos (hidrofóbicos) ficam interiorizados na porção apolar. A Figura 17 ilustra o esquema de uma micela formada por ácidos biliares e seu conteúdo lipídico. A importância da emulsão e das micelas será discutida mais adiante.

Fosfolípides

O segundo componente mais abundante da bile são os fosfolípides (ver "Processos celulares" no volume 1 da coleção), particularmente a lecitina. Os fosfolípides se agregam à estrutura micelar dos ácidos biliares e facilitam a internalização de alguns tipos de gorduras, como o colesterol.

Colesterol

O colesterol é o terceiro componente mais abundante da bile e termina internalizado nas micelas.

Pigmentos biliares – bilirrubina

Por fim, o quarto componente orgânico mais abundante da bile são os pigmentos biliares. Esses pigmentos são tetrapirróis derivados de porfirinas (p. ex., anel orgânico que contém ferro na hemoglobina) e se encontram na bile pela destruição de hemácias envelhecidas que ocorre pelo sistema reticuloendotelial (p. ex., no baço).

Hemácias envelhecidas têm menor maleabilidade e, ao atingirem os capilares esplâncnicos, são retidas e destruídas. A hemoglobina é quebrada em sua globulina e o ferro é, então, retirado. O que resta do anel, agora aberto, forma a bilirrubina, a qual é transportada, via sangue, ao fígado. **Os hepatócitos captam a bilirrubina e a conjugam com ácido glicurônico, e essa combinação é lançada na bile.**

---

14 Como os fosfolípides de membrana, há um domínio polar e um domínio apolar.

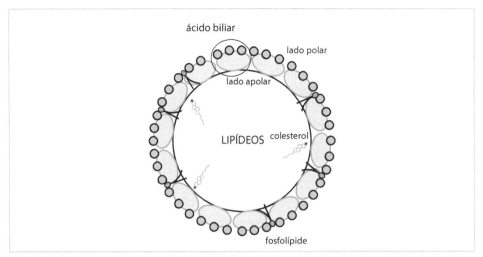

FIGURA 17 Estrutura de uma micela biliar contendo lipídeos.

Na luz intestinal, a bilirrubina conjugada terá dois destinos: 1) pode sofrer metabolismo bacteriano e voltar a formar bilirrubina e, posteriormente, por redução, **urobilinogênio**. Parte do urobilinogênio é ativamente absorvida e volta, pelo sistema porta, ao fígado. Outra parte é perdida nas fezes; 2) não sofrer metabolismo bacteriano e ser perdida nas fezes.

O urobilinogênio tem, também, dois destinos. Parte entra na circulação êntero-hepática, sendo lançado na bile e retornando à luz intestinal. Outra parte cai na circulação sistêmica e, nos rins, é ativamente excretada tanto na forma de urobilinogênio quanto na forma oxidada de **urobilina**. A Figura 18 procura apresentar, de modo esquemático e resumido, as diversas etapas envolvidas no metabolismo das bilirrubinas.

As colorações das fezes e da urina são decorrentes da bilirrubina e seus metabólitos. Assim, certos tipos de afecções hepáticas, como processos inflamatórios agudos (hepatites), que comprometem o metabolismo dos hepatócitos, levam a alterações na coloração das fezes (que se tornam esbranquiçadas – acolia fecal), da urina (que se torna escurecida – colúria) e de mucosas (que se tornam amareladas – icterícia). Em exames laboratoriais, pelo método de medição, a bilirrubina conjugada pode ser denominada bilirrubina direta. A razão entre as bilirrubinas conjugada (direta) e não conjugada (indireta) é, muitas vezes, utilizada para diagnosticar se a causa da icterícia é pré-hepática (como por hemólise aumentada), hepática (como hepatites) ou pós-hepática (como obstruções biliares).

Produção de bile

Como citado anteriormente, os hepatócitos produzem bile de modo contínuo, e a presença de sais biliares no sangue que perfunde o fígado aumenta sua produção. Assim, durante o processo digestivo, ocorre uma estimulação da produção de bile. Isso se dá por meio da chamada circulação êntero-hepática, a qual envolve o sistema porta hepático: sais biliares lançados no duodeno são absorvidos no jejuno/íleo e, através do

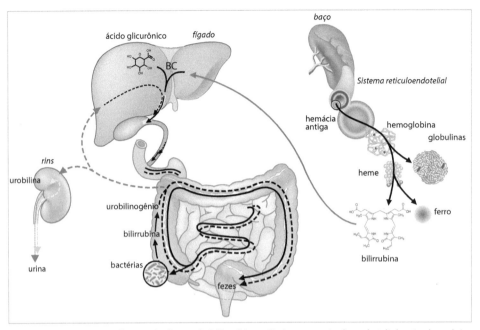

FIGURA 18 Esquema do metabolismo de bilirrubinas. O sistema reticuloendotelial retira hemácias envelhecidas da circulação e as destrói. Da hemoglobina, o grupo heme é dissociado do átomo de ferro e forma a bilirrubina. Essa, via corrente sanguínea, é captada no fígado e conjugada ao ácido glicurônico, formando a bilirrubina conjugada (BC). A BC é secretada aos canais biliares, tomando parte na bile. Nas porções terminais do íleo e no ceco, em virtude da atividade bacteriana, a bilirrubina pode ser dissociada do ácido glicurônico e é reduzida a urobilinogênio. Esse tem, basicamente, três destinos: progride no cólon junto ao quilo, tomando parte do bolo fecal; é absorvido pelo sangue, captado no fígado e re-excretado na bile; passa pelo fígado e é secretado nos rins (tanto como urobilinogênio quanto na forma oxidada de urobilina). Parte da bilirrubina conjugada não é metabolizada por bactérias e é eliminada junto ao bolo fecal. Setas tracejadas indicam os percursos do urobilinogênio e setas contínuas indicam os percursos da bilirrubina. Setas cinzas indicam transporte pela corrente sanguínea.

sistema porta hepático, atingem o fígado. Alguns sais biliares mais hidrofóbicos têm absorção passiva. Os mais hidrofílicos têm absorção ativa no íleo. Nos hepatócitos, a reabsorção dos sais vindos no sangue é ativa.

A bile, conforme vai sendo transportada ao longo dos canalículos hepáticos, vai sendo modificada em sua composição iônica. Os detalhes dessas modificações estão além dos nossos objetivos. Contudo, de modo geral, há a presença de cátions (p. ex., Na^+ e K^+) em decorrência dos sais biliares (que são ácidos e, portanto, aniônicos) e por secreção ativa. Há reabsorção de Cl^-, como decorrente perda de HCO_3^- para manter a eletroneutralidade. Esses processos são regulados por hormônios. Por exemplo, a secretina induz a formação de bile mais alcalina (Johnson e Weisbrodt, 2007).

A vesícula biliar, além de um reservatório, opera também na concentração dos sais biliares pela reabsorção ativa de Na^+. Essa reabsorção é acoplada à reabsorção de ânions (Cl^- e HCO_3^-), de modo que é um processo sem a geração de gradiente elétrico no epitélio da vesícula. Água acompanha os íons, concentrando, assim, os sais biliares na vesícula, o que pode tornar a bile até 20 vezes mais concentrada que a originalmente oriunda dos canalículos hepáticos (Johnson e Weisbrodt, 2007).

O ALIMENTO NO JEJUNO E NO ÍLEO

O quimo que deixa o duodeno passa a ser chamado de quilo. No duodeno não há absorção significativa de alimentos, porém o processo de digestão mecânica e química luminal é praticamente terminado nessa porção do tubo. Note que fazemos referência à digestão química luminal, pois o processo se completa através de enzimas associadas à própria membrana dos enterócitos, nos microvilos (ver "A superfície de absorção: pregas, vilos e microvilosidades"). Essa é a digestão química de membrana, a qual ocorre principalmente no jejuno e no íleo. De um modo esquemático, podemos, então, resumir as enzimas envolvidas na digestão química luminal da seguinte forma:

- Boca
  - Amilase.
  - Lipase oral (ou lingual).
- Estômago:
  - Pepsina.
  - Lipase gástrica.
- Duodeno (através do suco pancreático):
  - Amilase.
  - Tripsina.
  - Quimotripsina.
  - Carboxipeptidase.
  - Elastase.
  - Lipase-colipase.
  - Fosfolipase A_2.
  - Esterase (colesterol e lipase não específica).

Nas seções a seguir, detalharemos as fases finais de digestão química envolvendo as enzimas de membrana. Antes, contudo, devemos lembrar que os compostos, uma vez digeridos, devem ser absorvidos. Dependendo do composto, a absorção se dá por difusão, por difusão facilitada ou por transporte ativo (para detalhes acerca de transportadores de membrana, ver "Processos celulares" no volume 1 da coleção). Além disso, uma vez fora da luz intestinal, o composto deve atingir os capilares sanguíneos ou linfáticos, para completar a distribuição orgânica do alimento.

Absorção de carboidratos

As principais formas de carboidratos ingeridas são o amido, a sacarose (glicose + frutose), a lactose (glicose + galactose) e a maltose (glicose + glicose). O amido é um polissacarídeo de reserva vegetal. O glicogênio é o polissacarídeo de glicose de reserva em células animais. Apesar de tanto o amido quanto o glicogênio serem polissacarídeos de reserva, a ingestão de glicogênio é pequena pois, em geral, as carnes que se utilizam na culinária em maior quantidade são músculos, e o glicogênio é consumido pelas próprias células musculares no *post-mortem* imediato. O amido é composto de dois tipos de polissacarídeos: amilose e amilopectina. Esses dois polissacarídeos diferem em sua composição glicídica e no tipo de ligação entre as moléculas constituintes. Assim, o resultado da digestão luminal de amido leva a alfadextrina, maltose e maltotriose. São esses os açúcares, bem como os dissacarídeos citados logo acima, que terão a digestão completada na borda em escova dos enterócitos (Figura 19).

A absorção de glicose é amplamente apresentada e discutida em "Processos celulares" (volume 1 da coleção). Assim, aqui nos concentraremos no quadro mais geral da absorção de monossacarídeos. Em condições anaeróbias, a absorção desses compostos se dá apenas por difusão simples. Dessa maneira, a absorção se torna linearmente dependente da concentração do composto nas imediações da borda em escova (ou membrana plasmática luminal dos enterócitos). Por outro lado, na presença de oxigênio, com ATP disponível, o cotransporte associado ao sódio (e, consequentemente, à bomba de sódio/potássio) se torna presente e há um grande aumento na taxa de absorção de glicose. Como visto em "Processos celulares", o cotransporte é um processo com saturação,

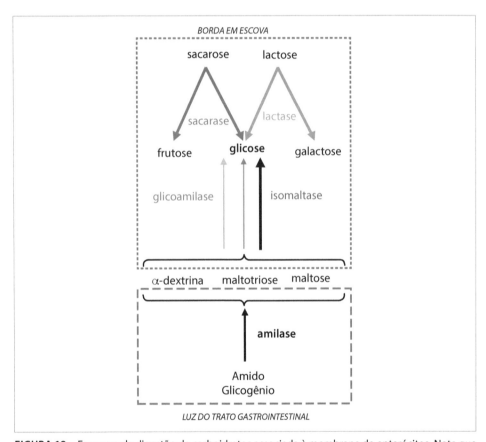

FIGURA 19 Esquema da digestão de carboidratos associada à membrana de enterócitos. Note que os produtos vindos da digestão luminal de amido/glicogênio podem ser quebrados por três diferentes enzimas na borda em escova (a espessura das setas múltiplas indica a importância relativa da enzima na quebra).

uma vez que depende da ocupação de sítios nas moléculas que fazem o trânsito pela membrana. A Figura 20 ilustra esses resultados.

Absorção de proteínas

A digestão proteica oferece um grande desafio evolutivo: uma vez que as enzimas são proteínas, a digestão de proteínas implica digerir as próprias enzimas digestivas. Mais ainda, existe a possibilidade de a enzima digerir os compostos proteicos que a inativam, ou mesmo que protegem a célula de se autodigerir. Dessa forma, uma intrincada rede de ativação e inativação enzimática ocorre no caso das proteases. No pâncreas, essas enzimas são produzidas na forma de zimogênios, como vimos anteriormente no caso do pepsinogênio no estômago, e ativadas na luz intestinal – a pepsina gástrica é inativada no pH neutro a alcalino no duodeno. A Figura 21 procura ilustrar os vários processos de ativações e de inativações das proteases no intestino.

O pâncreas lança formas inativas (**zimogênios**) de proteases na luz intestinal, entre elas o tripsinogênio. Nas microvilosidades da borda em escova, encontra-se a **enteroquinase**, a qual cliva o **tripsinogênio** liberando a forma ativa – **tripsina**. A tripsina, por sua vez, cliva os outros zimogênios, incluindo o próprio tripsinogênio, produzindo as formas ativas das proteases na luz do tubo. Assim, a tripsina forma uma alça de retroalimentação positiva com o tripsinogênio, amplificando sua ativação e a das demais proteases. Contudo, essas próprias enzimas terminam por inativar umas às outras por autodigestão. Note que a enteroquinase possui um resíduo de carboidrato (representado por um hexágono na Figura 21) para evitar, ou diminuir, sua quebra pela tripsina formada na reação catalisada pela própria enteroquinase.

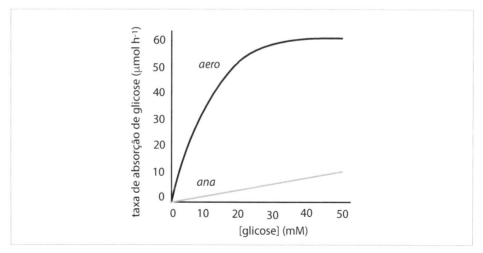

FIGURA 20 Taxas de absorção de glicose em condições anaeróbias (ana – em cinza) e aeróbias (aero – em preto). Note que, em anaerobiose, a taxa de absorção é linear com a concentração, pois é decorrente apenas de difusão. Em condições aeróbias, com ATP disponível, o transporte se torna ativo (co-transporte com o sódio), resultando em taxas bem mais elevadas de absorção, em um fenômeno com saturação.
Fonte: adaptada de Johnson e Weisbrodt, 2007.

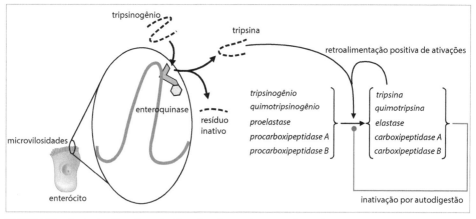

FIGURA 21 Rede de ativações e inativações das proteases no intestino.

A quebra química luminal das proteínas leva a peptídeos curtos de até seis aminoácidos, tri (3AA) e dipeptídeos (2AA) e aminoácidos livres (AA). As microvilosidades têm peptidases associadas à membrana, que fazem uma quebra final dos peptídeos curtos, liberando também moléculas de 3AA, 2AA e AA. É nessas configurações que os compostos são absorvidos. Contudo, a absorção de peptídeos 3AA e 2AA segue por uma via distinta da dos aminoácidos livres. Em outras palavras, há dois sistemas de internalização de proteínas operando paralelamente na membrana apical (borda em escova), um que transporta moléculas de 2 e 3 aminoácidos e outro que transposta moléculas de aminoácidos livres. É importante notar, ainda, que o sistema de transporte de 3AA/2AA é relativamente genérico, porém o sistema de transporte de AA tem certo grau de especificidade: há transportadores para aminoácidos neutros aromáticos e alifáticos, para fenilalanina/metionina, glutamato/aspartato, prolina/hidroxiprolina, aminoácidos básicos e aminoácidos neutros com cadeia hidrofóbica. Alguns desses transportadores são dependentes de gradiente de sódio, outros não.

Uma vez internalizados, os AA seguem, tanto por difusão simples como por transportadores na membrana basolateral, para o sangue. As moléculas de 3AA e 2AA sofrem nova clivagem por peptidases citoplasmáticas, liberando AA que seguem para o sangue.

> É importante lembrar que peptídeos curtos podem ser absorvidos diretamente sem quebras em suas moléculas originais, o que permite que medicamentos contendo certos peptídeos sejam administrados via oral.

Absorção de gorduras

Enquanto a digestão proteica tem o desafio de não causar uma autodigestão dos tecidos do próprio organismo, a digestão de lipídeos tem outro tipo de problema: a (in)solubilidade em água das gorduras. Em razão da baixa solubilidade em água, os lipídeos tendem a formar uma fase separada, o que dificulta bastante o contato com as enzimas e, além disso, o contato com as células para a absorção, pois existe uma camada de água junto à borda em escova. Evolutivamente, esses problemas foram contornados através da bile e da emulsificação das gorduras.

A emulsificação é um processo que depende tanto do ambiente químico, como os tipos de lipídeos presentes e o pH, quanto de energia mecânica (Bauer et al., 2005). Apesar de o pH ácido gástrico não ser apropriado, a atividade mecânica de parede leva à emulsificação, sendo detectadas partículas com diâmetro mediano de 56 μm (Armand et al., 1996). No duodeno, a atividade motora já não é suficiente para incrementar o processo, porém o ambiente químico é favorável. Com isso, as gotículas emulsificadas passam a tamanhos menores, com diâmetro mediano de 20 μm.

A importância da emulsificação se encontra em aumentar a área de contato com as enzimas, uma vez que a superfície é proporcionalmente maior em volumes menores.[15] Contudo, as gotículas emulsificadas são grandes para o processo de absorção.

Como explicamos anteriormente, os sais biliares e os fosfolípides da bile se auto--organizam formando estruturas micelares que permitem que os lipídeos ingeridos se acumulem internamente (ver Figura 17). As micelas têm um diâmetro menor que 100 angstrons (10^{-8} m, Johnson e Weisbrodt, 2007), o que permite um trânsito maior na camada de água estacionária junto à borda em escova. Dessa maneira, são as micelas que permitirão a absorção de lipídeos na forma de ácidos graxos livres e de monogli-cerídeos (ver adiante).

As enzimas envolvidas na quebra de lipídeos são encontradas na cavidade oral (lipase lingual), no estômago (lipase gástrica) e no duodeno, e nele essas enzimas são secretadas no suco pancreático (lipase-colipase, fosfolipase A, esterase e esterase não específica). Estima-se que cerca de 30% da digestão de lipídeos se dê até o estômago, e o restante ocorre no duodeno/jejuno.[16]

Lipase-colipase

A lipase pancreática (glicerol éster lipase) é secretada na forma ativa, e os sais biliares na emulsão inibem a atividade dessa enzima. Assim, o suco pancreático também con-tém um polipeptídio que é secretado na forma inativa, a procolipase. Na luz intestinal, a procolipase é clivada pela tripsina, liberando a colipase. Essa molécula se liga a uma gotícula de gordura em emulsão e a lipase se liga, então, a um sítio específico exposto da colipase. Com isso, a lipase permanece na interface entre a gotícula e a água circundante, e pode exercer sua ação nos lipídeos que aí chegam. A colipase pode se ligar, também, às micelas (Johnson e Weisbrodt, 2007).

O pH ótimo da lipase pancreática é ao redor de 8, sendo inativada em pH de 2,5. A enzima hidrolisa triglicérides nas posições 1 e 3, liberando ácidos graxos livres e um monoglicerídeo na posição 2 (ver Figura 22).

---

15 Ver Noções de escala biológica no capítulo "Energética" do volume 3 desta coleção.

16 Esta estimativa deve ser vista com cuidado, pois é variável entre espécies e depende da composição lipídica da dieta.

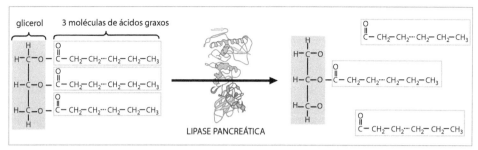

FIGURA 22 Quebra de triglicérides pela lipase pancreática com a formação de duas moléculas de ácido graxo livre e uma de monoglicerídeo.

Fosfolipase A2

Essa enzima é secretada na forma inativa e se torna ativada pela ação da tripsina. Ela requer a presença de sais biliares para sua atividade ótima, na qual quebra fosfolípides na posição 2, com liberação de ácidos graxos.

Esterase não específica ou lipase bile-dependente

Essa enzima, diferentemente da lipase, hidrolisa triglicérides nas três posições. Ela requer sais biliares para sua ação, a qual inclui, além dos triglicérides citados, ésteres de colesterol e de vitaminas lipossolúveis (A, D e E). O leite humano contém uma enzima lipolítica que tem características semelhantes às da esterase pancreática não específica.

Internalização pelos enterócitos e passagem ao organismo

As três principais vias de internalização dos lipídeos pelos enterócitos são o contato das micelas com a membrana apical nas microvilosidades e extrusão do conteúdo, o transporte de colesterol livre na membrana e a difusão sim ples de glicerol e ácidos graxos livres de cadeia curta (Hussain, 2014; Johnson e Weisbrodt, 2007). Tanto glicerol quanto ácidos graxos livres de cadeia curta passam diretamente aos capilares sanguíneos.

Uma vez internalizados, os monoglicerídeos e os ácidos graxos de cadeia longa são remontados em di e triglicérides e transportados, via proteína microssomal de transferência de triglicérides (MTP), ao complexo de Golgi, sendo combinados com a apolipoproteína B e outros lipídeos (como colesterol e fosfolípides), formando os quilomícrons. Esses são extrudidos na membrana basolateral e, por seu tamanho, não adentram os capilares sanguíneos e sim os capilares lacteais (quilíferos), sendo levados a veias centrais via corrente linfática.

O colesterol livre é internalizado por transportador específico na membrana apical e, uma vez no citoplasma, tem duas principais rotas. Pode, em conjunto com os di e triglicérides, ser incorporado a quilomícrons e seguir a via descrita acima. Pode, também, ser combinado com apolipoproteína A1 e, posteriormente, esses são combinados à lipoproteína de alta densidade (HDL) e alcançam a corrente sanguínea nos capilares.

A Figura 23 procura sintetizar os vários processos envolvidos na digestão e absorção de lipídeos. É importante notar, contudo, que há outras vias e compostos envolvidos nesses processos e que foge aos nossos objetivos um maior detalhamento.

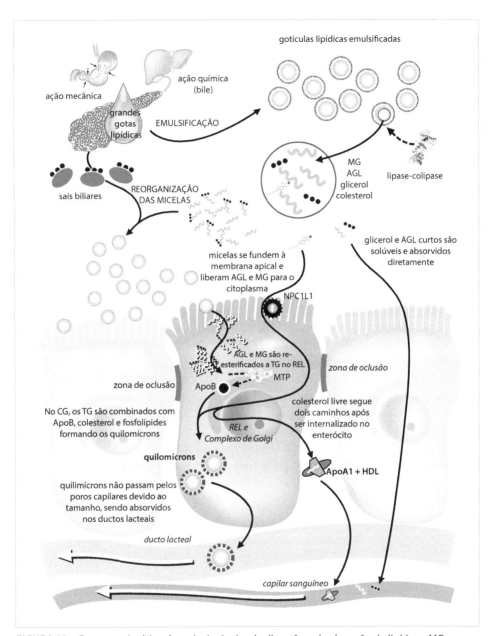

FIGURA 23 Esquema sintético das principais vias de digestão e de absorção de lipídeos. MG: monoglicerídeos; AGL: ácidos graxos livres; NPC1L1: proteína Niemann-Pick C1-símile; REL: retículo endoplasmático liso; MTP: proteína microsomal de transferência de triglicérides; ApoB: apolipoproteína B; ApoA1: apolipoproteína A1; HDL: lipoproteína de alta densidade.
Fonte: adaptada de Hussain, 2014; Johnson e Weisbrodt, 2007.

O ALIMENTO NO CÓLON

A musculatura lisa colônica longitudinal é marcadamente desenvolvida, formando as chamadas **tênias cólicas**. As tênias cólicas estão dispostas em três bandas (mesentérica, antimesentéricas direita e esquerda) e sua contração, associada à da musculatura circular, leva ao desenvolvimento das **haustrações**. As haustrações são formações saculares visíveis no intestino grosso e que dão o aspecto característico dessa porção do trato digestório (ver Figura 24).

Como no restante do TGI, o movimento do bolo alimentar no cólon se dá por peristalse. Porém, a peristalse propriamente propulsiva ocorre apenas de maneira intermitente. Na maior parte do tempo, as contrações são ditas segmentares, as quais não mantêm uma clara correlação entre si. Desse modo, o quilo sofre idas e vindas, proporcionado mistura e contato com a mucosa para absorção.

Água e eletrólitos

A água é ingerida na sua forma livre e também associada a eletrólitos ou outros compostos, como em alimentos. Isso perfaz a entrada de água pelo TGI. Ao longo do tubo, secreções líquidas são acrescentadas, assim como absorvidas. A título de exemplo, a Figura 25 apresenta valores para essas variáveis nas 24 horas do dia.

Podemos ver que há, em termos de secreções, algo ao redor de 6 litros que são perdidos do organismo para a luz do TGI antes do ceco. Considerando uma ingestão de água total ao redor de 2 litros, teríamos um déficit de 4 litros por dia, em termos de secreções. Contudo, no próprio intestino delgado, ocorre a absorção de 100% da água das secreções e 75% da água ingerida. Dessa forma, ao adentrar o ceco/cólon ascendente, há por volta de 600 mL de água no quilo (em valores para 24 horas).

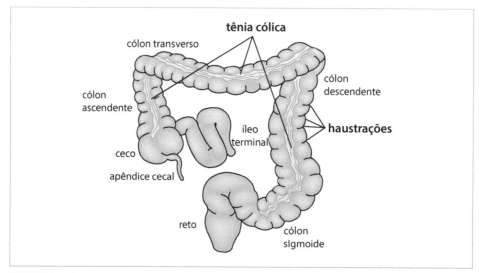

FIGURA 24 Intestino grosso com as tênias cólicas e haustrações.
Fonte: adaptada de https://c8.alamy.com/comp/2BEH3R6/large-intestine-illustration-2BEH3R6.jpg.

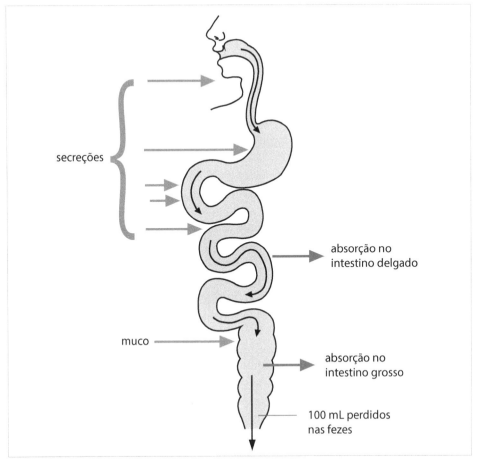

FIGURA 25 Esquema de balanço hídrico no trato digestório. O balanço final fica ao redor de 100 mL perdidos nas fezes, e que são repostos pela ingestão.
Fonte: adaptada de https://s3-us-west-2.amazonaws.com/courses-images-archive-read-only/wp-content/uploads/sites/403/2015/04/21031754/2430_Digestive_Secretions_Absorption_of_WaterN.jpg.

No cólon, 200 mL na forma de muco são acrescentados e 700 mL absorvidos, com perda de 100 mL nas fezes. Portanto, dos 2.000 mL ingeridos, 1.800 mL foram absorvidos pelo TGI, representando um ganho de água para o organismo. Desse ganho, **75% é obtido no intestino delgado e 25% no intestino grosso**. Esses 25% (700 mL no exemplo numérico que demos) podem, ainda, ser aumentados várias vezes, pois a capacidade absortiva do cólon chega a mais de 5 litros (Johnson e Weisbrodt, 2007). Contudo, por esses números, percebemos que a falha absortiva no intestino delgado pode ter consequências grandes, mesmo se a absorção no intestino grosso se encontrar preservada.

Os processos de absorção seguem mecanismos semelhantes aos que ocorrem nos túbulos renais (ver "Regulação hidreletrolítica" no volume 3 desta coleção). Assim, apresentaremos as vias sem nos preocuparmos com maiores detalhamentos sobre os mecanismos. A absorção de cálcio, ferro e cobalamina, em razão das importâncias particulares desses íons e dessa vitamina, também é apresentada.

Sódio, cloro e água

O sódio pode se difundir por espaços contendo água na membrana plasmática, contudo esse é um fluxo baixo pelo fato de a permeabilidade total ser pequena por esse tipo de via. Um segundo mecanismo envolve o cotransporte de sódio associado a compostos orgânicos como glicose e aminoácidos, e uma terceira via envolve a absorção de sódio com concomitante aumento da concentração de íon H^+ na luz intestinal. Esses dois mecanismos são os principais encontrados na parte proximal do íleo.

Uma quarta via de entrada de sódio é a via associada à absorção de cloro. Essa via ocorre nas porções mais terminais do íleo. Nessas porções também começa a ocorrer a absorção ativa de cloro associada à formação de HCO_3^- na luz intestinal (ver "Regulação ácido-base" no volume 3 da coleção para detalhes acerca da formação de bicarbonato), e essa via de absorção de cloro se intensifica no intestino grosso, tornando as fezes alcalinas.

Todo o intestino grosso absorve sódio e cloro, havendo inclusive resposta a mineralocorticoides: a aldosterona aumenta a quantidade de canais de sódio expressos e a absorção desse íon. Contudo, no cólon, não é encontrada a absorção de sódio associada à absorção de compostos orgânicos.

A água segue o gradiente das forças de Starling impostas pelas absorções de compostos osmoticamente ativos.

Cálcio

O cálcio tem uma gama de papéis muito grande no organismo (ver "Controle e regulação hormonal" – volume 3, "Difusão e potenciais" – volume 1, "Músculos e movimento" – volume 4) e, assim, sua absorção é de extrema importância. Essa absorção envolve a vitamina D, cujo detalhamento acerca da formação é apresentado em "Controle e regulação hormonal" (volume 3) (ver Figura 2). Nos enterócitos, a vitamina D induz a formação de transportador de membrana (TRPV6) e proteína transportadora intracelular calbidina (CaBP). Por essa via, o cálcio é absorvido da luz intestinal e sua extrusão pela membrana basolateral se dá por bomba ativa dependente de ATP. Também é descrita uma via paracelular de absorção de cálcio pelas zonas de oclusão (*tight junctions*), que também é dependente de vitamina D (Christakos et al., 2011; Christakos et al., 2020).

Ferro

Os principais locais de absorção de ferro são duodeno e jejuno, e esse metal é absorvido sob três principais formas: anéis heme a partir da hemoglobina ingerida, combinado à ferritina também ingerida, e na forma Fe^{2+} (Fuqua et al., 2012; Gulec et al., 2014). Os transportadores na borda luminal dos enterócitos para a absorção do anel heme e da ferritina ainda não são completamente conhecidos (Anderson e Frazer, 2017). A absorção da forma iônica divalente se dá por transportador específico (DMT1).

Uma vez internalizado, o ferro oriundo da ferritina e do anel heme é extraído e passa ao *pool* intracelular de Fe^{2+} juntamente com o absorvido já nessa forma (Gulec et al., 2014). Na membrana basolateral, outro transportador (FPN1) externaliza o ferro, que se conjuga à transferrina plasmática e é transportado via sangue.

Vitamina B12 – cobalamina

A vitamina B12 é um composto produzido apenas por algumas bactérias e arqueas,[17] em vias metabólicas envolvendo até 30 reações bioquímicas (Smith et al., 2018). Animais herbívoros, como bovinos e ovinos, obtêm cobalamina através de microrganismos simbiontes que habitam seus TGI. Galinhas e porcos são onívoros e obtêm cobalamina pela ingestão de outros animais que a contêm primariamente. Peixes herbívoros obtêm vitamina B12 incorporada ao fitoplâncton por bactérias produtoras e os carnívoros, pela carne dos herbívoros. Em geral, plantas terrestres não contêm cobalamina, enquanto algumas algas (vermelhas e verdes)[18] têm uma quantidade mais elevada (Watanabe e Bito, 2018).

Nos seres humanos, a absorção da cobalamina depende da produção do fator intrínseco pelas células parietais do estômago. A saliva contém transcobalamina I, que se liga à vitamina B12 e protege do ácido gástrico. A transcobalamina I é digerida pelas proteases pancreáticas no duodeno e a cobalamina se liga, então, ao fator intrínseco, sendo absorvida no íleo. A absorção depende do carreador de membrana apical dos enterócitos, que utiliza o fator intrínseco como ligante (Kozyraki e Cases, 2020).

Nas células eucariotas, a cobalamina atua apenas como cofator de duas enzimas, a metionina sintase e a metilmalonil-CoA mutase (Smith et al., 2018). Contudo, as reações catalisadas por essas enzimas são cruciais para as células por prover grupos metil para inúmeras outras vias metabólicas. Assim, **a deficiência de vitamina B12 incorre em sérias alterações metabólicas que podem levar à morte**. O sistema nervoso é particularmente sensível à deficiência dessa vitamina, a qual resulta em perdas cognitivas, parestesias, déficits motores e desenvolvimento deficitário (Smith et al., 2018; Wolffenbuttel et al., 2019). A anemia perniciosa é outro exemplo de deficiência de cobalamina, e essa condição ocorre pela falta de produção do fator intrínseco.

Cólon sigmoide e reto

No sigmoide, o bolo alimentar, agora já em forma pastosa e até semissólida, continua a sofrer os movimentos segmentares descritos anteriormente. Com isso, a absorção de água e eletrólitos continua ocorrendo nessa porção do tubo. De tempos em tempos, uma parte desse material é, então, passada ao reto.

O reto é, habitualmente, uma porção do TGI sem material na sua luz. Ao ser distendido, o reflexo retoesfincteriano é induzido, o que faz relaxar o esfíncter anal interno e gera a sensação de necessidade de defecação. Contudo, o esfíncter anal externo, sob comando voluntário, pode ser mantido fechado, impedindo a eliminação das fezes contidas no reto. Com isso, o reflexo se atenua por acomodação e somente quando uma nova carga de material for movimentada do sigmoide ao reto, haverá outro episódio reflexo.

---

17 Organismos unicelulares do reino Archaea.
18 *Porphyra* sp e *Chlorella* sp (Watanabe e Bito, 2018).

ARCOS REFLEXOS E CONTROLE CENTRAL DA MOVIMENTAÇÃO NO TUBO

De modo geral, os aspectos tanto de motilidade quanto de secreções do TGI foram apresentados nas seções anteriores. Existe, contudo, um conjunto de reflexos mais específicos e que ocorre em diferentes etapas da ingestão e digestão dos alimentos.

- **Fase cefálica:** a fase cefálica é um aumento na secreção ácida do estômago, elicitada pela percepção da alimentação que está por ocorrer (p. ex., odor). A percepção pelo sistema nervoso central leva a um aumento nos disparos eferentes pelo nervo vago, com liberação de acetilcolina na parede gástrica e aumento de histamina e gastrina. Esses fatores levam à produção e liberação de HCl pelas células parietais (ver Tabela 1 e Figuras 10, 14 e 16). Além disso, a atividade parassimpática inibe a produção de somatostatina, o que causa uma maior liberação de gastrina.
- **Fase gástrica:** na fase gástrica, o bolo alimentar chega, de fato, ao estômago, causando distensão desse órgão. Além disso, fatores químicos, como proteínas, se tornam presentes na luz do estômago. Tanto o estímulo físico do aumento de volume quanto os químicos induzem dois reflexos, um no próprio sistema nervoso entérico e outro via nervo vago, causando maior aumento na produção de ácido e secreção de pepsinogênio e fator intrínseco.
  A queda do pH gástrico leva a um aumento na liberação de somatostatina, o que diminui a produção de gastrina, formando-se uma alça de retroalimentação negativa e regulando a liberação de HCl.
- **Fase intestinal:** essa fase decorre da passagem do quimo ao duodeno. Inicialmente, pela presença de proteínas e peptídeos, ocorre a estimulação da produção de gastrina no estômago. Contudo, o conteúdo ácido do quimo é um forte estímulo para a inibição da secreção ácida estomacal e da motilidade gástrica. O reflexo para essa inibição se dá tanto pelo sistema nervoso entérico quanto via nervo vago, assim como por estimulação do ramo simpático. Dessa maneira, o quimo é passado mais lentamente ao duodeno.
- **Reflexo gastroileal:** logo após a ingestão alimentar, o tônus do esfíncter ileocecal diminui e, concomitantemente, a peristalse no íleo aumenta. Com isso, após a alimentação, há aumento da passagem do conteúdo do íleo ao cólon. Reciprocamente, a distensão do cólon leva a um aumento no tônus do esfíncter.

O vômito

O vômito consiste na extrusão do conteúdo estomacal pela boca. Assim, isso implica uma reversão da motilidade tanto gástrica quanto esofágica. Além disso, como fator auxiliar relevante, ocorre o aumento da pressão intra-abdominal. Dessa forma, o ato de vomitar depende de uma resposta reflexa orquestrada.

Afora algumas poucas exceções, **todos os vertebrados estudados apresentam o vômito, o qual é um reflexo primitivo operando no nível do tronco encefálico e que**

elimina compostos tóxicos e/ou patológicos, incluindo bactérias, fungos e vírus, sem que esses passem por todo o TGI (Horn et al., 2013; Wickham, 2020). Nos seres humanos contemporâneos, contudo, as causas que levam a episódios de vômito são variadas, indo além do mecanismo protetor que citamos e incluindo distúrbios do sistema vestibular, distúrbios psíquicos e estímulos emocionais/cognitivos internos ao sistema nervoso central (Zhong et al., 2021). Apesar disso, nosso foco será apenas no vômito protetivo, ou seja, no reflexo evolutivamente selecionado para eliminar compostos potencialmente nocivos. Dessa forma, apenas os estímulos de origem na luz gástrica serão considerados.

Uma vez que um estímulo nocivo chega ao estômago, sua percepção ocorre via aferentes do nervo vago. Os impulsos são conduzidos ao núcleo do trato solitário (NTS), no tronco encefálico, e a resposta integrada é desencadeada. Essa resposta consiste em sinais prodrômicos, ativações musculares e regurgitações prévias, e o episódio de extrusão propriamente dito (Horn, 2008), acompanhado por movimentos de proteção das vias aéreas (Lang et al., 2002). Dessa maneira, observam-se vasoconstrição periférica, salivação, sudorese e náuseas como sinais prodrômicos e, em geral, algumas regurgitações precedem o vômito, o qual também pode ocorrer em episódios. A Figura 26 procura esquematizar os eventos mais relevantes envolvidos em um episódio de vômito protetivo.

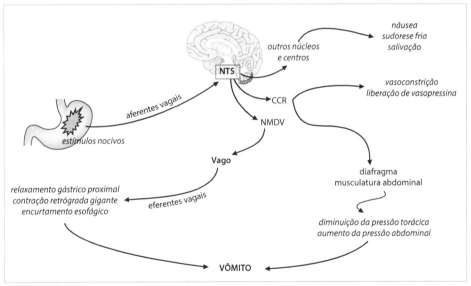

FIGURA 26 Vômito protetivo. Estímulos nocivos na luz gástrica geram sinais aferentes pelo nervo vago que são levados ao núcleo do trato solitário (NTS – no tronco encefálico). Do NTS partem vias ao núcleo motor dorsal do vago (NMDV), ao centro cardiorrespiratório (CCR) e a outros núcleos e centros do SNC. Eferentes vagais levam a respostas motoras do estômago e do esôfago, enquanto a contração da musculatura abdominal concomitante à do diafragma causa aumento da pressão intra-abdominal e diminuição da torácica. Esse conjunto de respostas motoras permite a extrusão do conteúdo gástrico pela boca.
Fonte: adaptada de Horn, 2008.

SISTEMA IMUNITÁRIO E FLORA INTESTINAL

As superfícies corpóreas em contato com o meio externo são, inexoravelmente, habitadas por microrganismos. No trato respiratório, esses microrganismos tendem a ser mantidos nas vias aéreas superiores e região orofaríngea, através tanto de mecanismos celulares (imunes) quanto químicos e físicos (muco, movimentos ciliares), e a invasão das vias aéreas inferiores (brônquios, bronquíolos e alvéolos) pode se tornar uma complicação séria. Na pele e no TGI, por outro lado, a colonização é extensa e torna-se, inclusive, uma simbiose: os microrganismos colonizadores protegem o hospedeiro da invasão por outros microrganismos de caráter patogênico e encontram, no hospedeiro, um ambiente para se manter.

No TGI, essa relação vai ainda mais longe, pois parte dos compostos necessários para a sobrevivência é dada pelo metabolismo de alguns tipos de microrganismos que habitam a luz do tubo – por exemplo, ver "Vitamina B12 – cobalamina" anteriormente). Em ruminantes, a celulose é aproveitada pelo animal em virtude da digestão desse composto por microrganismos da flora intestinal (os quais não estão presentes nos seres humanos).

A microbiota intestinal é adquirida ao nascimento[19] e tende a mudar ao longo da vida, pois depende de fatores ambientais e da alimentação do indivíduo (Kc et al., 2020). Um ser humano adulto chega a ter 2 kg de microrganismos em seu TGI, a maior parte deles no íleo terminal, ceco, cólon e reto (o estômago e o intestino delgado tendem a ser livres de microbiota em razão do ambiente ácido no primeiro e das enzimas digestivas no segundo) (Sender et al., 2016; Sidhu e Van Der Poorten, 2017). Como citado, essa microflora tem importante papel na nutrição, e, mais ainda, estudos apontam que a microbiota atua em processos imunitários, metabólicos, prevenção de doenças e mesmo na regulação fisiológica do sistema nervoso central (Kc et al., 2020; Sidhu e Van Der Poorten, 2017). Alterações da flora se associam a doenças como síndrome do cólon irritável e doença inflamatória intestinal.

A partir dessa perspectiva, o sistema imunitário no TGI termina por ter um papel mais modulador da microbiota do que de eliminação dos microrganismos. Nos seres humanos, o sistema imunitário intestinal pode ser dividido nos linfonodos mesentéricos de drenagem intestinal, tecido linfoide associado ao intestino (GALT),[20] lâmina própria e epitélio. O GALT é composto das placas de Peyer, folículos linfoides do apêndice cecal, folículos linfoides isolados (FLI) na mucosa e na submucosa (Mörbe et al., 2021). A indução da formação de linfócitos B produtores (isto é, plasmócitos) de imunoglobulina A (IgA) no GALT é grande, e a produção dessa imunoglobulina atinge vários gramas por dia (Gommerman et al., 2014). A IgA é uma imunoglobulina secretória lançada na luz intestinal, regulando tanto o crescimento da microflora quanto servindo como carreador de antígenos para os folículos. Contudo, apesar de inúmeros estudos e longo tempo de conhecimento acerca do sistema imunitário intestinal, seu completo papel

---

19 Nota: existem alguns estudos que sugerem que o TGI do feto já se torna colonizado na vida intrauterina.
20 *Gut-associated lymphoid tissues.*

em seres humanos, em condições tanto fisiológicas quanto patológicas, ainda não está esclarecido (Mörbe et al., 2021). A Figura 27 ilustra a composição celular de uma placa de Peyer humana.

ASPECTOS COMPARATIVOS DO TRATO DIGESTÓRIO

Embora o esquema geral do trato digestório dos vertebrados siga o que apresentamos para os seres humanos, há, obviamente, importantes alterações em decorrência de hábitos alimentares. Por exemplo, animais carnívoros tendem a apresentar um intestino delgado relativamente mais longo que herbívoros, pois a digestão de proteínas e gorduras demanda maior tempo de ação enzimática. Por outro lado, a herbivoria implica a necessidade de digestão de celulose (que compõe a parede de células vegetais), para qual os animais não têm as enzimas necessárias. Assim, a simbiose com microrganismos se torna imperiosa nesses casos, pois grande parte do substrato energético será adquirida pela quebra da celulose diretamente.

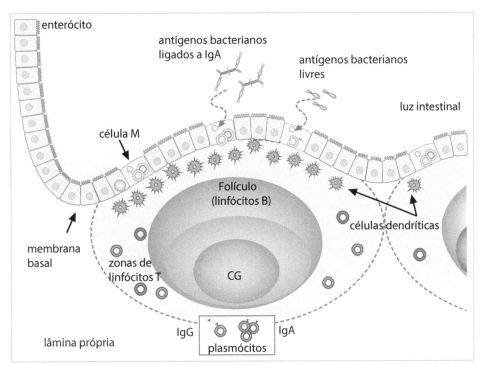

FIGURA 27 Representação de tecido linfoide associado ao intestino. Vemos um folículo logo abaixo do epitélio contendo o centro germinativo (CG) com maturação de linfócitos B em plasmócitos produtores de IgG e IgA, e a zona externa de células T (imunidade celular). No epitélio associado aos folículos, encontram-se as chamadas células M (*microfold*). Essas células operam como transportadoras de antígenos da luz intestinal para as células dendríticas (Ohno, 2016). Essas são células apresentadoras de antígeno e tanto induzirão quanto inibirão a formação de linfócitos específicos dependendo do contexto do antígeno – um detalhamento da maturação de linfócitos e reações imunitárias vai além dos objetivos deste texto.
Fonte: adaptada de Mörbe et al., 2021.

A Figura 28 ilustra o TGI de seres humanos ao lado do TGI de coelhos (lagomorfo – herbívoro) e do de galinhas (galiforme – onívoro). Comparativamente ao dos seres humanos, percebemos, nos coelhos, um ceco muito mais desenvolvido. Esses animais, assim como cavalos e alguns outros herbívoros, são fermentadores pós-gástricos, isto é, o processo de fermentação feito por microrganismos se dá após o estômago, no ceco. Ali, o alimento que chega é retido por um longo período, ocorrendo a digestão da celulose e a digestão de outros compostos (p. ex., aminoácidos podem ser obtidos pela ação dos microrganismos sobre o bolo alimentar) e, somente então, é passado ao cólon.

Coelhos têm, ainda, outra particularidade. Por seu pequeno tamanho e alta taxa metabólica massa-específica, o ceco tem um volume relativo pequeno e o tempo de permanência do alimento nesse local se torna relativamente curto (ver "Energética" do volume 3 desta coleção para uma discussão sobre escala biológica). Assim, esses animais realizam uma pseudocoprofagia. No período noturno, o alimento pré-digerido no ceco é evacuado e o animal volta a ingerir esse material, o qual permanece, agora, por um período no estômago, onde se completa o processo de digestão (Davies e Rees Davies, 2003). Colocamos pseudocoprofagia, pois as pelotas (*pellets*) evacuadas nessa etapa não são fezes verdadeiras, as quais são evacuadas somente durante o dia. Assim, caso os coelhos sejam impedidos de ter acesso às pelotas noturnas, ocorre desnutrição proteico-calórica pela digestão incompleta que terão (Schmidt-Nielsen, 1997).

As galinhas, por sua vez, são onívoras e podem se alimentar tanto de pequenos invertebrados de solo como grãos. Contudo, não têm dentes e não fazem, obviamente, mastigação. A ingestão dos pequenos invertebrados não cria problemas pelo fato de não haver mastigação (note que uma quantidade grande de carnívoros não realiza mastigação, engolindo as presas diretamente ou em pedaços), porém os grãos sim. Dessa maneira, o estômago desses animais tem duas porções: a moela e o proventrículo. O animal ingere, além dos alimentos, pequenas pedras, que se acumulam na moela. Ali, os alimentos

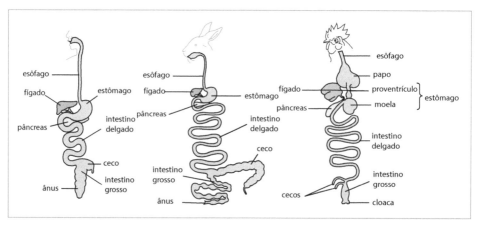

FIGURA 28 Trato gastrointestinal de seres humanos, de coelhos (lagomorfo) e de galinhas (galiforme). Note, ainda, que galinhas possuem papo, que funciona como um reservatório para o alimento ingerido e de digestão ainda não iniciada, bem como cloaca, pois o sistema geniturinário desemboca junto ao reto.
Fonte: baseada em https://bio.libretexts.org/BookshAnimalelves/Introductory_and_General_Biology/Book%3A_General_Biology_(Boundless)/34%3A__Nutrition_and_the_Digestive_System/34.04%3A_Digestive_Systems_-_Vertebrate_Digestive_Systems

sofrem, então, a trituração mecânica pelos movimentos da parede da moela, juntamente com as pedras na luz. O proventrículo é o que corresponde ao estômago químico, com liberação de ácido e enzimas antes da passagem ao intestino delgado. Além disso, em virtude da dependência, em parte, dos grãos, uma parte dos requisitos energéticos e nutricionais deve ser suprida pela fermentação por microrganismos e, assim, notamos a presença de cecos desenvolvidos.

Citamos os coelhos e os cavalos como exemplos de herbívoros de fermentação pós-gástrica. Esses animais não devem ser confundidos com os ruminantes, como bovídeos (gado doméstico, cabras etc.), os quais têm fermentação gástrica. Os ruminantes verdadeiros têm uma anatomia gástrica bastante diversa. Neles, o estômago é dividido em quatro câmaras (três, em alguns gêneros, mas não nos concentraremos nesses casos): **rúmen, retículo, omaso e abomaso**. A folhagem e os vegetais ingeridos são levados ao rúmen, onde passam um longo período sofrendo quebra e fermentação por microrganismos. Passam, então, ao retículo, onde o processo continua, e o bolo alimentar é retornado à boca. Na boca, ocorre nova e longa mastigação do material ruminado, o qual é, então, reingerido, indo, agora, ao omaso. No omaso, ocorre a absorção de ácidos voláteis e amônia produzidos pela fermentação microbiana e o bolo alimentar passa ao abomaso, que opera como o estômago. Nele, há secreção de HCl e enzimas digestivas próprias do animal e, na sequência, o bolo alimentar é dirigido ao duodeno, continuando, então, o processo digestivo e absortivo como vimos anteriormente no capítulo. A Figura 29 ilustra o TGI de um ruminante e o trajeto do alimento.

Aqui, esperamos ter conseguido apresentar uma parte da diversidade biológica em relação ao trato digestório de vertebrados. Além do conhecimento dessa diversidade como tal, isso nos permite entender particularidades dos seres humanos, como o apêndice cecal. Essa porção do trato digestório, como a própria denominação indica, foi considerada, durante muito tempo, como um "apêndice" desnecessário ao funcionamento adequado do TGI. Houve época, inclusive, na qual preconizou-se a retirada preventiva do apêndice cecal. Hoje, temos a clara percepção de sua relevância a partir da perspectiva evolutiva.

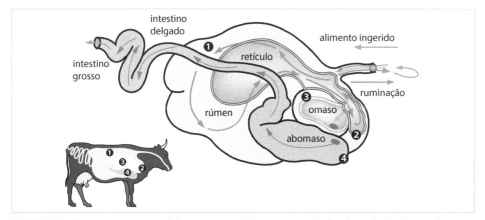

FIGURA 29 Trato gastrointestinal de ruminantes. Note a proporção do rúmen/retículo em relação ao tamanho do animal. A numeração segue o trajeto descrito no texto para o bolo alimentar.
Fonte: adaptada de https://st4.depositphotos.com/1409882/30430/v/450/depositphotos_304306120-stock-illustration-the-cow-stomach-system.jpg.

A FOME

Neurônios relacionados ao controle central do "apetite por energia", ou seja, a fome, são encontrados no núcleo do trato solitário e núcleo arqueado, e parte dos mecanismos envolvidos nessa regulação é discutida em "Controle e regulação hormonal", no volume 3 desta coleção. Aqui, iremos nos ater mais aos eventos relacionados à atividade do TGI relativos à fome. Brevemente, a título de completude, parte dos neurônios que operam nessa alça de controle não é recoberta pela barreira hematoencefálica e se torna exposta, diretamente, a hormônios na corrente sanguínea (Augustine et al., 2020), sendo a grelina um dos mais relevantes para a estimulação desses neurônios. Maiores detalhes são apresentados em "Controle e regulação hormonal".

Algumas horas após a ingestão de alimento haver cessado, o estômago se esvazia. Esse estado de estômago esvaziado não é, por si só, um sinal para haver busca por alimento. Contudo, o estômago vazio é um fator permissivo para o retorno da fome (Tack et al., 2021). Dessa forma, a sensação de fome está associada a fatores químicos e hormonais (ver "Controle e regulação hormonal"), mas, também, aos complexos motores migratórios, apresentados anteriormente. Os CMM são divididos em quatro fases:

- Fase I: repouso, com ausência de complexos (esta fase ocupa ao redor de 50% do tempo total das fases).
- Fase II: aumento da frequência de surgimento dos CMM (esta fase ocupa ao redor de 30% do tempo total das fases).
- Fase III: picos de atividade mecânica de contração da musculatura lisa (cada episódio da fase III dura, em seres humanos, por volta de 10 minutos).
- Fase IV: transição entre a fase III e a próxima fase I.

As fases dos CMM estão relacionadas a sinais tanto neurais quanto hormonais. Em seres humanos, a motilina é um dos principais sinalizadores dessas fases. Uma baixa concentração plasmática desse hormônio se relaciona à fase I, enquanto o aumento leva à transição para as fases II e III.

Como dissemos anteriormente, o "roncar" do estômago está associado aos CMM, particularmente aos da fase III. Nesses períodos, o indivíduo vivencia intensificação da sensação de fome (Tack et al., 2021). Como a fase III dura ao redor de 10 minutos, se não houve alimentação, após esse tempo a sensação de fome diminui e irá aumentar, novamente, quando um novo ciclo entrar na fase III, o que ocorre entre 90 a 130 minutos.

Na ingestão, inicialmente o estômago não pode ter sua pressão aumentada pelo bolo alimentar. Isso porque esse é o sinal mecânico mais relevante para indicar a saciedade e interromper a ingestão. Ao se iniciar a ingestão alimentar, ocorre uma abolição da fase III dos CMM e uma queda na pressão intragástrica da ordem de 6 torr (Tack et al., 2021).

O alimento no duodeno leva à liberação de CCK e incretina (peptídeo glucagon-símile 1), que diminuem motilidade gástrica. Isso diminui a taxa de esvaziamento para o duodeno. Ao mesmo tempo, CCK e incretina levam a uma diminuição da pressão intragástrica, o que aumenta a capacidade de acomodação do estômago (Tack et al.,

2021). Assim, tomados em conjunto, esses sinais hormonais e o estímulo inicial de queda da pressão estomacal permitem uma acomodação de alimento no estômago.

Contudo, ao diminuir a taxa de esvaziamento gástrico, haverá uma maior quantidade de alimento retida no estômago. Ao mesmo tempo, a queda de pressão induzida inicialmente vai sendo perdida com o incremento no tônus muscular da parede gástrica. Consequentemente, esses fatores concorrem para um aumento de pressão intragástrica e sinalização de saciedade.

Dessa forma, do outro lado da moeda temos que ingestão alimentar tem de ser interrompida por mecanismos de saciedade. Isso deve ocorrer bastante antes das reservas energéticas e nutricionais sinalizarem seus reabastecimentos completos, devido a uma simples questão temporal entre a ingestão e a absorção. Em outras palavras, deve haver alças de antealimentação e de retroalimentação negativas que indicam a saciedade.

Essas alças de controle que interrompem a ingestão alimentar são compostas de sinais hormonais e mecânicos. Assim, agudamente, a leptina diminui a quantidade total ingerida e potencializa sinais aferentes via nervo vago de saciedade (Neyers et al., 2020),[21] enquanto a distensão mecânica do estômago é outro sinal de extrema relevância para indicar a saciedade e interromper a ingestão (Tack et al., 2021; Piessevaux et al., 2001). A Figura 30 procura esquematizar vários aspectos da ingestão alimentar que apresentamos no texto.

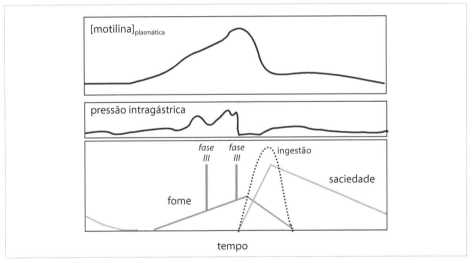

FIGURA 30 Relações temporais entre parte dos eventos relacionados à ingestão alimentar. No painel inferior, temos a sensação de fome (cinza escuro), a ingestão alimentar (tracejado preto) e a sensação de saciedade (cinza claro). Note a exacerbação da sensação de fome desencadeada pela fase III dos complexos motores migratórios. No painel central, vemos a pressão intragástrica média. Note: (a) o progressivo aumento da pressão com a passagem para a fase II (não indicada); (b) incrementos relacionados às fases III; (c) a intensa diminuição concomitante ao início da ingestão alimentar; e (d) o aumento da pressão como sinal mecânico de saciedade. No painel superior, a concentração plasmática de motilina é apresentada. Note a correlação com a sensação de fome.
Fonte: adaptada de Tack et al., 2021.

---

21 O papel crônico da leptina é estudado em "Controle e regulação hormonal".

REFERÊNCIAS

1. Anderson GJ, Frazer DM. Current understanding of iron homeostasis. Am J Clin Nutr. 2017;106(Suppl 6):1559S-1566S.
2. Armand M, Borel P, Pasquier B, Dubois C, Senft M, Andre M, et al. Physicochemical characteristics of emulsions during fat digestion in human stomach and duodenum. Am J Physiol. 1996;271(1 pt 1):G172-83.
3. Augustine V, Lee S, Oka Y. Neural control and modulation of thirst, sodium appetite, and hunger. Cell. 2020;180(1):25-32.
4. Bauer E, Jakob S, Mosenthin R. Principles of physiology of lipid digestion. Asian Australas J Anim Sci. 2005;18(2):282-95.
5. Carbo AI, Brown M, Nakrour N. Fluoroscopic swallowing examination: radiologic findings and analysis of their causes and pathophysiologic mechanisms. RadioGraphics. 2021;41(6):1733-49.
6. Christakos S, Dhawan P, Porta A, Mady LJ, Seth T. Vitamin D and intestinal calcium absorption. Mol Cell Endocrinol. 2011;347(1-2):25-9.
7. Christakos S, Li S, De La Cruz J, Shroyer NF, Criss ZK, Verzi MP, Fleet JC. Vitamin D and the intestine: review and update. J Steroid Biochem Mol Biol. 2020;196:105501.
8. Davies RR, Rees Davies JA. Rabbit gastrointestinal physiology. Vet Clin North Am Exot Anim Pract. 2003;6(1):139-53.
9. Fuqua BK, Vulpe CD, Anderson GJ. Intestinal iron absorption. J Trace Elem Med Biol. 2012;26(2-3):115-9.
10. Gommerman JL, Rojas OL, Fritz JH. Re-thinking the functions of IgA + plasma cells. Gut Microbes. 2014;5(5):652-62.
11. Goyal RK, Guo Y, Mashimo H. Advances in the physiology of gastric emptying. Neurogastroenterol Motil. 2019;31(4):1-14.
12. Gulec S, Anderson GJ, Collins JF. Mechanistic and regulatory aspects of intestinal iron absorption. Am J Physiol Gastrointest Liver Physiol. 2014;307(4):G397-G409.
13. Helander HF, Fändriks L. Surface area of the digestive tract – revisited. Scand J Gastroenterol. 2014;49(6):681-9.
14. Horn CC. Why is the neurobiology of nausea and vomiting so important? Appetite. 2008;50(2-3):430-4.
15. Horn CC, Kimball BA, Wang H, Kaus J, Dienel S, Nagy A, et al. Why can't rodents vomit? A comparative behavioral, anatomical, and physiological study. PLoS One. 2013;8(4):e60537.
16. Huizinga JD, Thuneberg L, Vanderwinden JM, Rumessen JJ. Interstitial cells of Cajal as targets for pharmacological intervention in gastrointestinal motor disorders. Trends Pharmacol Sci. 1997;18(10):393-403.
17. Hussain MM. Intestinal lipid absorption and lipoprotein formation. Curr Opin Lipidol. 2014;25(3):200-6.
18. Johnson LR, Weisbrodt NW. Gastrointestinal physiology. 7. ed. Philadelphia: Mosby-Elsevier; 2007.
19. Jurgens H, Peitgen HO, Saupe D. The language of fractals. Sci Am. 1990;263(2):60-7.
20. Kc D, Sumner R, Lippmann S. Gut microbiota and health. Postgrad Med. 2020;132(3):274.
21. Koeppen B, Stanton B. Berne & Levy physiology. 6.ed. Mosby; 2008.
22. Kozyraki R, Cases O. Cubilin, the intrinsic factor-vitamin B12 receptor in development and disease. Curr Med Chem. 2020;27(19):3123-50.
23. Lang IM, Dana N, Medda BK, Shaker R. Mechanisms of airway protection during retching, vomiting, and swallowing. Am J Physiol Gastrointest Liver Physiol. 2002;283(3):G529-G536.
24. Mandelbrot BB, Wheeler JA.The fractal geometry of nature. Am J Physics. 1983;51:286-7.
25. Mörbe UM, Jørgensen PB, Fenton TM, von Burg N, Riis LB, Spencer J, et al. Human gut-associated lymphoid tissues (GALT); diversity, structure, and function. Mucosal Immunol. 2021;14(4):793-802.
26. Mosby J, de Silva SR, Enstad GG. Segregation of particulate materials – mechanisms and testers. KONA Powder Part J. 1996;14:31-43.
27. Neyens D, Zhao H, Huston NJ, Wayman GA, Ritter RC, Appleyard SM. Leptin sensitizes NTS neurons to vagal input by increasing postsynaptic NMDA receptor currents. J Neurosci. 2020;40(37):7054-64.
28. Ohno H. Intestinal M cells. J Biochem. 2016;159(2):151-60.
29. Piessevaux H, Tack J, Wilmer A, Coulie B, Geubel A, Janssens J. Perception of changes in wall tension of the proximal stomach in humans. Gut. 2001;49(2):203-8.
30. Rao AA, Johncy S. Tennis courts in the human body: a review of the misleading metaphor in medical literature. Cureus. 2022;14(1):1-10.
31. Riklis E, Quastel JH. Effects of cations on sugar absorption by isolated surviving guinea pig intestine. Can J Biochem Physiol; 1958;36(1):347-62.
32. Schmidt-Nielsen K. Animal physiology: adaptation and environment. 5. ed. Cambridge: Cambridge University Press; 1997.
33. Sender R, Fuchs S, Milo R. Are we really vastly outnumbered? Revisiting the ratio of bacterial to host cells in humans. Cell. 2016;164(3):337-40.
34. Sidhu M, Van Der Poorten D. The gut microbiome. Microbiome in health. Afp. 2017;46(4):206-11.

35. Smith AD, Warren MJ, Refsum H. Vitamin B12. Adv Food Nutr Res. 2018;83:215-79.
36. Szurszewski J. A migrating electric complex of canine small intestine. Am J Physiol. 1969;217(6):1757-63.
37. Tack J, Verbeure W, Mori H et al. The gastrointestinal tract in hunger and satiety signalling. United Eur Gastroenterol J. 2021;9(6):727-34.
38. Watanabe F, Bito T. Vitamin B 12 sources and microbial interaction. Exp Biol Med (Maywood). 2018;243(2):148-58.
39. Wickham RJ. Revisiting the physiology of nausea and vomiting – challenging the paradigm. Support Care Cancer. 2020;28(1):13-21.
40. Wolffenbuttel BHR, Wouters HJCM, Heiner-Fokkema MR, van der Klauw MM. The many faces of cobalamin (vitamin B12) deficiency. Mayo Clin Proc Innov Qual Outcomes. 2019;3(2):200-14.
41. Zhong W, Shahbaz O, Teskey G, Beever A, Kachour N, Venketaraman V, Darmani NA. Mechanisms of nausea and vomiting: current knowledge and recent advances in intracellular emetic signaling systems. Int J Mol Sci. 2021;22(11):5797.

Índice remissivo

A

Absorção 250
  de carboidratos 279
  de glicose 280
  de gorduras 282
  de proteínas 281
Acetilcolina 268
Ácido carbônico 216
Ácidos biliares 276
Admissão venosa 220
Água 286, 288
Alimentação 249
Alimento no cólon 286
Alimento no duodeno 273
Alimento no estômago 264
Alimento no jejuno e no íleo 279
Altitude 170, 186
Alvéolo(s) 137
  ideal 184
Anastomoses 5
Anemia 217
Arcos reflexos 290
Área alveolar 246
Área funcional 246
Arritmia sinusal ventilatória 70
Artérias 3
Arteríolas 4, 13
  terminais 20
Ausculta 94
  artérias 95
  cardíaca 97

B

Balanço hídrico no capilar 83

Barorreceptores 65
Bicarbonato 216
Bile 275
  produção 277
Bilirrubina 276
Bomba(s) 3
  auxiliares 120

C

Caixa torácica 134
Cálcio 288
Capacitância 89, 102
  pulmonar 150
Capilares 4
Carga 34
Casamento de impedâncias 92
Cavidade pleural 136
Células acinares 274
Células ductais 274
Células intersticiais de Cajal 260
Ciclo inspiratório-expiratório comum 142
Circulação 1
  cutânea 65
  fetal 121
Circulação pulmonar 6, 244
Circulação sanguínea 103
  condição dinâmica 103
Cloro 288
Coagulação sanguínea 126
Cobalamina 289
Colesterol 276
Cólon sigmoide 289
Coluna hídrica 79

Complacência pulmonar 150
Complexos mioentéricos migratórios 268
Composição da atmosfera 165
Composição do gás alveolar 179
  cálculo aproximado 179
Compostos carbamino 215
Compostos orgânicos biliares 276
Condutância gasosa pulmonar 193
Contração ventricular 5
Controle central da movimentação no tubo 290
Controle ventilatório 242
  atividade física aeróbia 242
Conversão de pressões 247
Coração 3
  anatomia 20
  demanda energética 49
  elétrico 24
  histologia 20
  mecânico 30
Corações miogênicos 24
Corações neurogênicos 24
Curva de saturação da hemoglobina 201

D

Débito cardíaco 6, 109
Deglutição 259, 260, 263
Desoxiemoglobina 18, 200
Diagrama de Wiggers 42, 97

Diapedese 12
Diástole 5
Difusibilidade gasosa pulmonar 193
Digestão 249
Digestão de lipídeos 282
Digestão dos alimentos 290
    fase cefálica 290
    fase gástrica 290
    fase intestinal 290
    reflexo gastroileal 290
Digestão mecânica 266
Digestão proteica 281

E
Edema(s) 85
    inflamatório 87
    linfático 87
    vascular 86
Efeito Bohr 204
Efeito de Farheus-Linquist 77
Efeito Haldane 205
Elasticidade 152
Eletrocardiograma 28
Eletrólitos 286
Emulsificação 283
Enchimento diastólico 37
Endotélio 12
Energia 3
Energia cinética 51
    cálculo 51
Entalpia 50
Epitélio pavimentoso 137
Equação de Fick 212
Equação de Hagen-Poiseuille 53
    implicações 56
Equação do gás alveolar ideal 184
Eritrócitos 209
Espaço morto alveolar 226
Espaço morto anatômico 180
Espaço morto fisiológico 226
Espaço pleural 135
Estenoses arteriais 96
Esterase não específica 284
Estresse de parede 118
Esvaziamento gástrico 266
Eucarióticos multicelulares 1
Eupneia 144, 177
Exercício físico 108

F
Feitos Bohr e Haldane 204
Fermentação 130
Ferro 288
Fibras elásticas 12
Flora intestinal 292
Fluido (líquido) circulante 3
Fluido newtoniano 76
Fluido pericárdico 21
Fluxo cardíaco 105
Fluxo de sangue 41
Fluxo expiratório 158
Fluxo periférico 105
Fome 296
Fosfolipase A2 284
Fosfolípides 276
Frequência cardíaca 6

G
Gás alveolar 177
Gás carbônico 215
Gastrina 268
Glândulas difusas 254
Glândulas focais 253
Grandes artérias 14
Grandes veias 13
Gravidade 79

H
Haustrações 286
Hemoglobina 197
    dinâmica da ligação do oxigênio 199
    estrutura 198
Hemoglobina fetal 205
Hemorragia 107
Hepatócitos 276
Hidrodinâmica de fluxo intermitente 88
Hiperventilação 240
Hipotensão ortostática 107
Histamina 268
Histerese 151, 203

I
Ictus cardíaco 23
Impedância 89
    a 0 Hz 92
    arterial 35
Indutância 89
Inertância 89

Isometria 108

L
Limiar de lactato 243
Limiar ventilatório 243
Lipase bile-dependente 284
Lipase-colipase 283
Lipase pancreática 283
Líquido pleural 136

M
Mastigação 259, 260
Mecanismo de Frank-Starling 38
Mergulho livre 240
    hiperventilação 240
Meta-arteríolas 20
Metabolismo anaeróbio 130
Microbiota intestinal 292
Microcirculação 15
Microflora 292
Microvilosidades 256
Modulação da curva de saturação da hemoglobina 202
Monóxido de carbono 218
    intoxicação 218
Movimentos peristálticos 274

N
Nó atrioventricular 27
Nó sinoatrial 26
Número de Reynolds 95

O
Onda de pulso 41
Oxiemoglobina 200

P
Pâncreas exócrino 274
Paredes vasculares 11
    histologia 11
    musculatura lisa 12
Peptídeo atrial natriurético 68
    modulação 68
Perfusão 2, 19
Pericárdio 35
    parietal 20
Peristalse 259
Pigmentos biliares 276
Pneumócitos tipo I 137

Pneumócitos tipo II 137
Ponto de operação 110
Pós-carga 35
Pré-carga 35
Pregas 256
Pressão 2
Pressão arterial 5, 37, 106
  medida 98
Pressão barométrica 170
Pressão de estagnação 83, 102
  condição estática 102
Pressão de vapor 167
Pressão hidrostática 79
Pressão parcial de um gás em
  uma fase líquida 174
Pressão venosa central 5
Pressões estáticas 147
Processos difusivos 1
Pulmões 134

Q
Quantificação da circulação 49
  coração 49
  pressão e fluxo 52
Quebra 250
Quilo 273
Quimo 265

R
Ramificações 6
Reflexão de onda 90
Reflexo de Bainbridge 70
Reflexo peristáltico 274
Regulação da secreção ácida
  268
Relação ventilação/perfusão
  222
Reologia 73
Respiração 130
  aeróbia 130
  celular 131
Resposta miogênica 18
Respostas reflexas 68
Retenção fúndica 267
Retentores de gás carbônico
  242
Reto 289
Retropropulsão peristáltica 267

S
Sangue 3
Sangue arterial 5
Sangue venoso 5, 195
  arterialização 195
Sangue venoso misto 192
Shunt 6, 220
Sistema cardiovascular 94
Sistema circulatório 1
  equacionando 101
  modulação 58
Sistema de vasos 3
Sistema digestório 250
  glândulas difusas 254
  glândulas focais 253
  sistema nervoso autôno-
    mo 254
  tubo 252
Sistema His-Purkinje 26
Sistema imunitário 292
Sistema linfático 85
Sistema nervoso autônomo
  60, 254
  modulação 60
Sistema renina-angiotensina-
  -aldosterona 67
  modulação 67
Sistema respiratório 133
Sistema vascular 8
Sístole 5
  cardíaca 5
Sódio 288
Suco pancreático 274
Superfície de absorção 256
Surfactante 137, 152

T
Tamanho alveolar 152
Tempo de trânsito capilar 195
Tênias cólicas 286
Tensão superficial 147, 152
Termorregulação 65
Trabalho cardíaco externo 49
Trabalho ventilatório 155
Transferência de gases 164
Transporte convectivo 1
Transporte de gases 197
  quantificação 210

Transporte no esôfago 263
Trato digestório 293
  aspectos comparativos
    293
Trato gastrointestinal 255
Trocas nos alvéolos 192
Tubo 252
  movimentação 259
Turgor cutâneo 85

U
Umidade relativa 168
Urobilina 277
Urobilinogênio 277

V
Válvulas venosas 120
Vapor d'água 166
Variabilidade cardíaca 70
Variações de capacitância e re-
  sistência 117
Vasoconstrição 6, 55
  hipóxica 245
Vasodilatação 5, 55
  induzida por hipóxia
    capilar/venosa 18
Vasodilatação mediada por
  fluxo 18
Veias 3
Velocidade de ejeção 37
Ventilação pulmonar 130, 142
  controle 233
  distribuição 163
  sinais químicos 236
Vênulas 4
Vesícula biliar 278
Vias aéreas 136
  inferiores 137
  superiores 136
Vilos 256
Viscosidade 76
Vitamina B12 289
Volume diastólico final 40
Volume sistólico 6
Volumes pulmonares estáticos
  145
Volume venoso 106
Vômito 290